变压器检修工

国网河北省电力有限公司人力资源部　组织编写

《电力行业职业技能鉴定考核指导书》编委会　编

中国建材工业出版社

图书在版编目(CIP)数据

变压器检修工/国网河北省电力有限公司人力资源部组织编写 . --北京：中国建材工业出版社，2018.11
电力行业职业技能鉴定考核指导书
ISBN 978-7-5160-2203-0

Ⅰ.①变… Ⅱ.①国… Ⅲ.①变压器—检修—职业技能—鉴定—自学参考资料 Ⅳ.①TM407

中国版本图书馆 CIP 数据核字（2018）第 062593 号

内 容 简 介

为提高电网企业生产岗位人员理论和技能操作水平，有效提升员工履职能力，国网河北省电力有限公司根据《电力行业职业技能鉴定指导书》《国家电网公司技能培训规范》，结合国网河北省电力有限公司生产实际，组织编写了《电力行业职业技能鉴定考核指导书》。

本书包括了变压器检修工职业技能鉴定五个等级的"理论试题""技能操作大纲"和"技能操作考核"项目，规范了变压器检修工各等级的技能鉴定标准。本书密切结合国网河北省电力有限公司生产实际，鉴定内容基本涵盖了当前生产现场的主要工作项目，考核操作步骤与现场规范一致，评分标准清晰明确，既可作为变压器检修工技能鉴定指导书，也可作为变压器检修工的培训教材。

本书是职业技能培训和技能鉴定考核命题的依据，可供劳动人事管理人员、职业技能培训及考评人员使用，也可供电力类职业技术院校教学和企业职工学习参考。

变压器检修工

国网河北省电力有限公司人力资源部　组织编写
《电力行业职业技能鉴定考核指导书》编委会　编

出版发行：中国建材工业出版社
地　　址：北京市海淀区三里河路 1 号
邮　　编：100044
经　　销：全国各地新华书店
印　　刷：北京鑫正大印刷有限公司
开　　本：787mm×1092mm　1/16
印　　张：35.5
字　　数：730 千字
版　　次：2018 年 11 月第 1 版
印　　次：2018 年 11 月第 1 次
定　　价：102.00 元

前　言

为进一步加强国网河北省电力有限公司职业技能鉴定标准体系建设，使职业技能鉴定适应现代电网生产要求，更贴近生产工作实际，让技能鉴定工作更好地服务于公司技能人才队伍建设，国网河北省电力有限公司组织相关专家编写了《电力行业职业技能鉴定考核指导书》（以下简称《指导书》）系列丛书。

《指导书》编委会以提高员工理论水平和实操能力为出发点，以提升员工履职能力为落脚点，紧密结合公司生产实际和设备设施现状，依据《电力行业职业技能鉴定指导书》《中华人民共和国职业技能鉴定规范》《中华人民共和国国家职业标准》和《国家电网公司生产技能人员职业能力培训规范》所规定的范围和内容，编制了"职业技能鉴定理论试题""技能操作大纲"和"技能操作项目"，重点突出实用性、针对性和典型性。在国网河北省电力有限公司范围内公开考核内容，统一考核标准，进一步提升职业技能鉴定考核的公开性、公平性、公正性，有效提升公司生产技能人员的理论技能水平和岗位履职能力。

《指导书》按照人力资源和社会保障部所规定的国家职业资格五级分级法进行分级编写。每级别中由"理论试题"和"技能操作"两大部分组成。理论试题按照单选题、判断题、多选题、计算题、识图题五种题型进行选题，并以难易程度顺序组合排列。技能操作包含"技能操作大纲"和"技能操作项目"两部分内容。技能操作大纲系统规定了各工种相应等级的技能要求，设置了与技能要求相适应的技能培训项目与考核内容，其项目设置充分结合了电网企业现场生产实际。技能操作项目中规定了各项目的操作规范、考核要求及评分标准，既能保证考核鉴定的独立性，又能充分发挥对培训的引领作用，具有很强的系统性和可操作性。

《指导书》最大程度地力求内容与实际紧密结合，理论与实际操作并重，既可作为技能鉴定学习辅导教材，又可作为技能培训、专业技术比赛和相关技术人员的学习辅导材料。

因编者水平有限和时间仓促，书中难免存在错误和不妥之处，我们将在今后的再版修编中不断完善，敬请广大读者批评指正。

《电力行业职业技能鉴定考核指导书》编委会

编 制 说 明

　　国网河北省电力有限公司为积极推进电力行业特有工种职业技能鉴定工作，更好地提升技能人员岗位履职能力，更好地推进公司技能员工队伍建设，保证职业技能鉴定考核公开、公平、公正，提高鉴定管理水平和管理效率，紧密结合各专业生产现场工作项目，组织编写了《电力行业职业技能鉴定考核指导书》（以下简称《指导书》）。

　　《指导书》编委会依据《电力行业职业技能鉴定指导书》《中华人民共和国职业技能鉴定规范》《中华人民共和国国家职业标准》和《国家电网公司生产技能人员职业能力培训规范》所规定的范围和内容进行编写，并按照人力资源和社会保障部所规定的国家职业资格五级分级法进行分级。

一、分级原则

　　1. 依据考核等级及企业岗位级别

　　依据人力资源和社会保障部规定，国家职业资格分为 5 个等级，从低到高依次为初级工、中级工、高级工、技师和高级技师，其框架结构如下图。

| 初级工
（五级） | 中级工
（四级） | 高级工
（三级） | 技师
（二级） | 高级技师
（一级） |

　　个别职业工种未全部设置 5 个等级，具体设置以各工种鉴定规范和国家职业标准为准。

　　2. 各等级鉴定内容设置

　　每级别中由"理论试题"和"技能操作"两大部分内容构成。

　　理论试题按照单选题、判断题、多选题、计算题、识图题五种题型进行选题，并以难易程度顺序组合排列。

　　技能操作含"技能操作大纲"和"技能操作项目"两部分。技能操作大纲系统规定了各工种相应等级的技能要求，设置了与技能要求相适应的技能培训项目与考核内容，使之完全公开、透明，充分考虑到电网企业的实际需要，充分结合电网企业现场生产实际。技能操作项目规定了各项目的操作规范、考核要求及评分标准，既能保证考核鉴定的独立性，又能充分发挥对培训的引领作用，具有很强的针对性、系统性、操作性。

　　目前该职业技能知识及能力四级涵盖五级；三级涵盖五、四级；二级涵盖五、

四、三级；一级涵盖五、四、三、二级。

二、试题符号含义

1. 理论试题编码含义

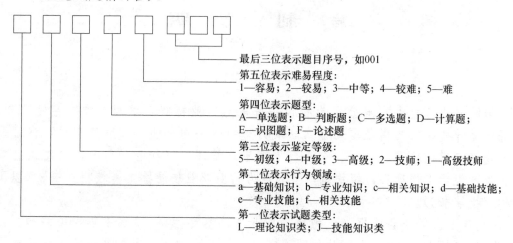

最后三位表示题目序号，如001

第五位表示难易程度：
1—容易；2—较易；3—中等；4—较难；5—难

第四位表示题型：
A—单选题；B—判断题；C—多选题；D—计算题；
E—识图题；F—论述题

第三位表示鉴定等级：
5—初级；4—中级；3—高级；2—技师；1—高级技师

第二位表示行为领域：
a—基础知识；b—专业知识；c—相关知识；d—基础技能；
e—专业技能；f—相关技能

第一位表示试题类型：
L—理论知识类；J—技能知识类

2. 技能操作试题编码含义

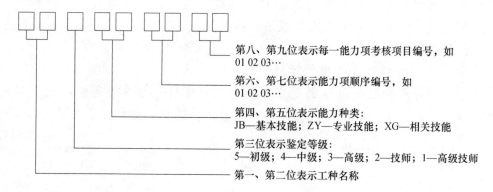

第八、第九位表示每一能力项考核项目编号，如
01 02 03…

第六、第七位表示能力项顺序编号，如
01 02 03…

第四、第五位表示能力种类：
JB—基本技能；ZY—专业技能；XG—相关技能

第三位表示鉴定等级：
5—初级；4—中级；3—高级；2—技师；1—高级技师

第一、第二位表示工种名称

其中第一、二位表示具体工种名称，如：GJ—高压线路带电检修工；SX—送电线路工；PX—配电线路工；DL—电力电缆工；BZ—变电站值班员；BY—变压器检修工；BJ—变电检修工；SY—电气试验工；JB—继电保护工；FK—电力负荷控制员；JC—用电监察员；CS—抄表核算收费员；ZJ—装表接电工；DX—电能表修校工；XJ—送电线路架设工；YA—变电一次安装工；EA—变电二次安装工；NP—农网配电营业工配电部分；NY—农网配电营业工营销部分；KS—用电客户受理员；DD—电力调度员；DZ—电网调度自动化运行值班员；CZ—电网调度自动化厂站端调试检修员；DW—电网调度自动化维护员。

三、评分标准相关名词解释

1. 行为领域：d—基础技能；e—专业技能；f—相关技能。

2. 题型：A—单项操作；B—多项操作；C—综合操作。

3. 鉴定范围：对农网配电营业工划分了配电和营销两个范围，对其他工种未明确划分鉴定范围，所以该项大部分为空。

目 录

第一部分 初 级 工

第二部分 中 级 工

第三部分 高 级 工

第四部分　技　　师

1　理论试题 ·· 349

2　技能操作 ·· 404

第五部分　高级技师

1　理论试题 ·· 449

第一部分 初 级 工

第一篇 附 编 工

1 理论试题

1.1 单选题

La5A1001 螺纹的三大要素为牙型、外径和( )。
(A) 牙型   (B) 外径   (C) 内径   (D) 螺距
答案：**D**

La5A2002 图样上的尺寸单位是( )。
(A) 厘米   (B) 米   (C) 千米   (D) 毫米
答案：**D**

La5A2003 螺纹有内外之分，在外圆柱面上的螺纹称为外螺纹；在内圆柱面（即圆孔）上的螺纹称为( )。
(A) 外螺纹   (B) 内螺纹   (C) 大螺纹   (D) 小螺纹
答案：**B**

La5A2004 三视图的三等对应关系为：主、俯视图长度方向对正；主左视图高度方向平齐；俯、左视图( )方向相等。
(A) 长度   (B) 高度   (C) 宽度   (D) 南北
答案：**C**

La5A3005 绘图时不可见的轮廓线一般用( )表示。
(A) 粗实线   (B) 细实线   (C) 虚线   (D) 不画线
答案：**C**

La5A3006 零件图的内容应包括图形、( )、技术要求和标题栏。
(A) 尺寸   (B) 符号   (C) 说明   (D) 画图人
答案：**A**

La5A3007 图形上所标注的尺寸数值必须是机件的( )尺寸。
(A) 实际   (B) 图形   (C) 比实际小   (D) 比实际大
答案：**A**

La5A3008 英制长度单位与法定长度单位的换算关系是：1inch＝( )mm。

(A) 25.4   (B) 25   (C) 24.5   (D) 24

答案：**A**

La5A3009 变压器绕组的感应电动势 E，频率 f，绕组匝数 N，磁通 F 和幅值 Φ_m 的关系式是( )。

(A) $E＝4.44fN\Phi_m$ (B) $E＝2.22fN\Phi_m$

(C) $E＝4.44fN\Phi$ (D) $E＝fN$

答案：**A**

La5A4010 通有电流的导体在磁场中受到力的作用，力的方向是用( )确定的。

(A) 右手螺旋法则   (B) 右手定则

(C) 左手定则   (D) 左、右手都用

答案：**C**

La5A4011 当线圈与磁场发生相对运动时，在导线中产生感应电动势，电动势的方向可用( )来确定。

(A) 右手螺旋法则   (B) 右手定则   (C) 左手定则   (D) 左、右手都用

答案：**A**

La5A4012 磁通密度的国际制单位是( )。

(A) 韦伯   (B) 特斯拉   (C) 高斯   (D) 麦克斯韦尔

答案：**B**

La5A5013 三极管发射极的作用是( )载流子。

(A) 发射   (B) 收集   (C) 控制   (D) 抑制

答案：**A**

Lb5A1014 变压器额定容量的单位是( )。

(A) VA 或 kV·A   (B) V 或 kV

(C) A 或 kA   (D) Wh 或 kW·h

答案：**A**

Lb5A1015 变压器铭牌上的额定容量是指( )。

(A) 有功功率   (B) 无功功率

(C) 视在功率   (D) 最大功率

答案：**C**

Lb5A1016 电力系统电流互感器的二次侧额定电流均为( )A。

(A) 220 　　　　(B) 380 　　　　(C) 1 或 5 　　　　(D) 100

答案：**C**

Lb5A1017 电力系统电压互感器的二次侧额定电压均为( )V。

(A) 220 　　　　(B) 380 　　　　(C) 36 　　　　(D) 100

答案：**D**

Lb5A2018 运行中电压互感器二次侧不允许短路,电流互感器二次侧不允许( )。

（A）短路 　　　　（B）开路 　　　　（C）短接 　　　　（D）串联

答案：**B**

Lb5A2019 互感器的二次绕组必须一端接地,其目的是( )。

（A）防雷 　　　　　　　　　　（B）保护人身及设备的安全

（C）防鼠 　　　　　　　　　　（D）起牢固作用

答案：**B**

Lb5A2020 变压器温度升高时,绕组直流电阻测量值( )。

（A）增大 　　　　（B）降低 　　　　（C）不变 　　　　（D）成比例增大

答案：**A**

Lb5A2021 变压器温度升高时,绝缘电阻测量值( )。

（A）增大 　　　　（B）降低 　　　　（C）不变 　　　　（D）成比例增大

答案：**B**

Lb5A2022 变压器油的闪点一般在( )间。

（A）135～140℃ 　　　　　　　　（B）－45～10℃

（C）250～300℃ 　　　　　　　　（D）300℃以上

答案：**A**

Lb5A2023 变压器油中的( )对油的绝缘强度影响最大。

（A）凝固点 　　　　（B）黏度 　　　　（C）水分 　　　　（D）硬度

答案：**C**

Lb5A2024 变压器油中含微量气泡会使油的绝缘强度( )。

（A）不变 　　　　（B）升高 　　　　（C）增大 　　　　（D）下降

答案：**D**

Lb5A2025 当发现变压器本体油的酸价(　　)时，应及时更换净油器中的吸附剂。

(A) 下降 　　(B) 减小 　　(C) 变小 　　(D) 上升

答案：**D**

Lb5A3026 中性点不接地系统中单相金属性接地时，其他两相对地电压升高(　　)。

(A) 3 倍 　　(B) 1.732 倍 　　(C) 2 倍 　　(D) 1.414 倍。

答案：**B**

Lb5A3027 三相交流电 ABC 三相涂相色的依次规定是(　　)。

(A) 黄绿红 　　(B) 黄红绿 　　(C) 红绿黄 　　(D) 现场现确定

答案：**A**

Lb5A3028 带负荷的线路合闸时，断路器和隔离开关的操作顺序是先合隔离开关，后合(　　)。

(A) 隔离开关 　　(B) 断路器 　　(C) 断开导线 　　(D) 隔离刀闸

答案：**B**

Lb5A3029 带负荷的线路拉闸时，先拉断路器后拉(　　)。

(A) 隔离开关 　　　　　　　　(B) 断路器

(C) 电源导线 　　　　　　　　(D) 负荷开关

答案：**A**

Lb5A3030 变压器套管是引线与(　　)间的绝缘。

(A) 高压绕组 　　(B) 低压绕组 　　(C) 油箱 　　(D) 铁芯

答案：**C**

Lb5A3031 变压器绕组对油箱的绝缘属于变压器的(　　)。

(A) 外绝缘 　　(B) 主绝缘 　　(C) 纵绝缘 　　(D) 次绝缘

答案：**B**

Lb5A3032 油浸式电力变压器装设水银温度计刻度为(　　)。

(A) 0~50℃ 　　(B) 0~100℃ 　　(C) 0~120℃ 　　(D) 0~45℃

答案：**C**

Lb5A3033 变压器运行时，温度最高的部位是(　　)。

(A) 铁芯 　　(B) 绕组 　　(C) 上层绝缘油 　　(D) 下层绝缘油

答案：**B**

Lb5A3034 铁芯夹紧结构中带有方铁时，方铁应( )。

(A) 与铁芯及夹件绝缘 (B) 与铁芯有一点相连，与夹件绝缘

(C) 与铁芯绝缘，与夹件有一端相连 (D) 与铁芯绝缘，与夹件两端相连

答案：**D**

Lb5A3035 变压器铁芯应在( )的情况下运行。

(A) 不接地 (B) 一点接地 (C) 两点接地 (D) 多点接地

答案：**B**

Lb5A3036 变压器铁心叠装法中，损耗最小的是( )。

(A) 直接 (B) 半直半斜 (C) 斜接 45° (D) 搭接

答案：**C**

Lb5A4037 变压器正常运行时的声音是( )。

(A) 断断续续的嗡嗡声 (B) 连续均匀的嗡嗡声

(C) 时大时小的嗡嗡声 (D) 无规律的嗡嗡声

答案：**B**

Lb5A4038 变压器油在变压器内主要起( )作用。

(A) 冷却和绝缘 (B) 消弧 (C) 润滑 (D) 填补

答案：**A**

Lb5A4039 固体绝缘材料如果受潮，其绝缘强度( )。

(A) 增高 (B) 不变 (C) 降低 (D) 大

答案：**C**

Lb5A4040 变色硅胶由蓝变( )时表明已受潮。

(A) 白 (B) 黄 (C) 红 (D) 黑

答案：**C**

Lb5A4041 国产变压器油的牌号是用油的( )来区分和表示的。

(A) 凝固点 (B) 温度 (C) 绝缘强度 (D) 水分

答案：**A**

Lb5A4042 变压器 10kV 引线绝缘厚度应不小于( )mm。

(A) 1.5 (B) 2 (C) 2.5 (D) 4

答案：**B**

Lb5A5043 变压器油的黏度说明油的流动性好坏，温度越高，黏度（　　）。

（A）越小　　　　　（B）越大　　　　　（C）非常大　　　　　（D）不变

答案：**A**

Lb5A5044 油浸式互感器中的变压器油，对电气强度的要求是：额定电压为 35kV 及以下时，油的电气强度要求 40kV；额定电压为 63～110kV 时，油的电气强度要求 45kV；额定电压为 220～330kV 时，油的电气强度要求（　　）kV；额定电压为 500kV 时，油的电气强度要求 60kV。

（A）40　　　　　（B）45　　　　　（C）50　　　　　（D）60

答案：**C**

Lb5A5045 变压器常用的绝缘材料有变压器油、电话纸、（　　）等。

（A）绝缘纸板　　　（B）金属薄膜　　　（C）水　　　　　（D）塑料

答案：**A**

Lc5A1046 8 号线直径是（　　）mm。

（A）4mm　　　　　（B）8mm　　　　　（C）2mm　　　　　（D）6mm

答案：**A**

Lc5A2047 当两分力的大小一定时，则合力（　　）。

（A）大小一定　　　　　　　　　　（B）与两分力的夹角有关

（C）与两分力的作用点有关　　　　（D）为两分力之和

答案：**B**

Lc5A2048 在起重工作中常用的多股钢丝绳有：6×19，6×37 和 6×61 等几种，上述规范中的数字 6 表示（　　）。

（A）6 股　　　　　（B）6kg　　　　　（C）6N　　　　　（D）6t

答案：**A**

Lc5A3049 DL 408—1991《电业安全规程》对起重所用的 U 形环规定负荷应按最小截面积乘以（　　）来计算。

（A）9.8kg　　　　（B）8000 牛顿　　　（C）9.8t　　　　　（D）9.8N

答案：**D**

Lc5A3050 多股软铜引线与扁铜线焊接时，应先将多股软引线端头用细铜线绑扎并打扁，在导线上搭接的长度应为导线宽度的（　　）倍。

（A）5　　　　　　（B）3　　　　　　（C）0.5　　　　　（D）1.5～2.5

答案：**D**

Lc5A3051 扁导线搭接焊的搭接长度一般为宽度的（　　）倍

（A）3～4　　　　　　（B）1.5～2　　　　　（C）2～2.5　　　　　（D）2.5～3

答案：**C**

Lc5A4052 绕组上扁铜导线进行搭接焊接时，导线端部应先锉成对称的斜坡，搭接长度应为导线宽度的（　　）倍。

（A）1.5～2　　　　　　（B）5　　　　　　　　（C）3　　　　　　　　（D）0.5

答案：**A**

Lc5A4053 检修变压器和油断路器时，禁止使用（　　）。

（A）电灯　　　　　　　（B）手提灯　　　　　　（C）行灯　　　　　　　（D）喷灯

答案：**D**

Lc5A5054 一只标有"1kΩ，10W"的电阻，允许电压（　　）。

（A）无限制　　　　　　（B）有最高限制　　　　（C）有最低限制　　　　（D）多高都行

答案：**B**

Jd5A1055 拆装精密的螺钉和螺母时需用（　　）。

（A）呆扳手　　　　　　（B）活扳手　　　　　　（C）梅花扳手　　　　　（D）电工刀

答案：**A**

Jd5A2056 起重时两极钢丝绳之间的夹角越大，所能起吊的重量越小，但夹角一般不得大于（　　）。

（A）60°　　　　　　　（B）30°　　　　　　　（C）90°　　　　　　　（D）45°

答案：**A**

Jd5A3057 快热式电烙铁持续通电时间不可超过（　　）min。

（A）5　　　　　　　　（B）2　　　　　　　　（C）10　　　　　　　　（D）8

答案：**B**

Jd5A4058 兆欧表是测量绝缘电阻和（　　）的专用仪表。

（A）吸收比　　　　　　（B）变比　　　　　　　（C）电流比　　　　　　（D）电压比

答案：**A**

Jd5A5059 锯条锯齿的粗细是以锯条（　　）mm 长度内的齿数来表示的。

（A）20　　　　　　　　（B）25　　　　　　　　（C）30　　　　　　　　（D）35

答案：**B**

Je5A1060 橡胶密封垫是靠橡胶的弹力来密封的，控制橡胶密封件的压缩量保证密封质量的方法是( )。

(A) 压缩量控制在垫厚的 1/3 左右

(B) 压缩量控制在垫厚的 1/4 左右

(C) 压缩量过小，压缩后密封件弹力小

(D) 压缩量超过橡胶的极限而失去弹力，易造成裂纹，都起不到密封作用，或影响橡胶垫的使用寿命

答案：A

Je5A2061 常见 400V 复合式套管，由于上下胶垫面积不等造成渗漏油，应( )处理。

(A) 将面积大的胶垫减小　　　　　(B) 将面积小的胶垫增大

(C) 将上下胶垫的面积同时减小　　(D) 将上下胶垫的面积同时增大

答案：A

Je5A2062 变压器油箱涂漆后，检查外表面漆膜黏着力的方法是：用刀在漆膜表面划个( )形裂口，顺裂口用刀剥，若很容易剥开，为黏着力不佳。

(A) 米字形　　　(B) 十字形　　　(C) 一字形　　　(D) 圆形

答案：B

Je5A3063 干燥变压器应保持( )温度为宜。

(A) 75～85℃　　(B) 85～95℃　　(C) 95～100℃　　(D) 100～105℃

答案：C

Je5A3064 变压器吊芯大修时，器身暴露在空气中的时间：当空气相对湿度小于 65% 时，允许暴露 16h；当空气相对湿度大于 65%，但小于 75% 时，允许暴露( )h。时间从器身开始与空气接触时算起，注油时间不包括在内。

(A) 16　　　(B) 12　　　(C) 48　　　(D) 8

答案：B

Je5A4065 变压器油在过滤过程中，如果滤油机上的压力表指示逐渐升高，说明油中杂质填满了滤油纸的孔隙，此时必须( )。

(A) 加大油压　　(B) 减小油压　　(C) 继续进行　　(D) 更换滤油纸

答案：D

Je5A5066 测量电压的电压表内阻要 ( )。

(A) 为零　　　(B) 适中　　　(C) 越小越好　　　(D) 多大都行

答案：B

Jf5A1067 在检修 10kV 系统中的配电装置时，工作人员与带电设备的最小安全距离是( )m。

(A) 0.35 (B) 0.50 (C) 0.60 (D) 0.90

答案：**A**

Jf5A2068 我国规定的安全电压是( )V 及以下。

(A) 36 (B) 110 (C) 220 (D) 380

答案：**A**

Jf5A2069 对电气设备停电检修时，实施的技术措施中，在停电和装设接地线之间必须进行的一项工作是( )。

(A) 挂标志牌 (B) 设栅栏
(C) 讲解安全注意事项 (D) 验电

答案：**D**

Jf5A3070 国网十八项反措中要求：对运行年限超过( )年储油柜的胶囊和隔膜应更换。

(A) 5 (B) 10 (C) 15 (D) 20

答案：**C**

Jf5A3071 国网十八项反措中要求：现场放置时间超过( )个月的变压器应注油保存，并装上储油柜和胶囊，严防进水受潮。

(A) 2 (B) 3 (C) 5 (D) 6

答案：**B**

Jf5A3072 国网十八项反措中要求：为防止出口及近区短路，10kV 的线路、变电站出口( )公里内宜考虑采用绝缘导线。

(A) 1 (B) 2 (C) 3 (D) 4

答案：**B**

Jf5A4073 国网十八项反措中要求：( )kV 及以上电压等级变压器须进行驻厂监造。

(A) 35 (B) 110 (C) 220 (D) 500

答案：**C**

1.2 判断题

La5B1001 当机件具有对称平面时，为了既表达内形又表达外形，一般以对称轴为界，一半画视图，该种剖视图称为全剖视图。（×）

La5B1002 尺寸标注的基本要求是完整、正确、清晰、合理。（√）

La5B2003 设电子质量为 m，电量为 Q，由静止状态直线加速到具有速度 v 时，其所需电压是 $Qmv^2/2$。（√）

La5B2004 把一个电量为 7.5×10^{-4} C 的正电荷从绝缘体 A 移到绝缘体 B，需克服电场力作功，电位高的绝缘体是 B。（√）

La5B2005 并联电路的总电阻等于各并联电阻之和。（×）

La5B2006 对称的三相交流电路中，无论负载是星形接法还是三角形接法，三相总有功功率 $P = 1.732 U_1 I_1 \cos\Phi$。（√）

La5B2007 变压器三相电流对称时，三相磁通的向量和为零。（√）

La5B3008 对称的三相四线制交流电路中，中线电流一定为零。（√）

La5B3009 中性点不接地系统单相金属性接地时，线电压仍然对称。（√）

La5B3010 三相输电线的相线与中线间的电压叫线电压；三相输电线的相线之间的电压叫相电压。（×）

La5B3011 三相电源作星形连接且电压对称时，线电压和相电压的量值关系是：$U_L = 1.732 U_P$，三相电压互差 120°电角度。（√）

La5B3012 电感线圈制成后，就具有一定量的电感，而没有一定大小的电阻。（×）

La5B3013 由一个线圈中电流发生变化而使其他线圈产生电流的现象叫作自感。（×）

La5B3014 磁路磁通 Φ_m、磁阻 R_m 和磁动势 F 之间的关系是 $\Phi_m = F/R_m$。（√）

La5B4015 一段直导线在磁场中运动，导线两端一定产生感生电动势。（×）

La5B4016 描述磁场中某一面积上磁场强弱的物理量叫磁通，符号是 Φ，单位是韦伯。（√）

La5B4017 若两段导线的长度相等，通过的电流大小相等，则它们在某一匀强磁场中所受的磁场力也处处相等。（×）

La5B5018 磁场对载流导体的电磁力的作用，用公式表示是 $F = BLI$。使用这一公式的条件应该是载流导体与磁场方向垂直。（√）

La5B5019 描述磁场中各点磁场强弱及方向的物理量是磁感应强度，符号是 B，单位是韦伯。（×）

Lb5B1020 变压器以每一台为单元（包括附属设备），三台单相变压器为三个单元。（√）

Lb5B1021 变压器按中性点绝缘水平分为：全绝缘变压器和半绝缘变压器。（√）

Lb5B1022 变压器按绝缘介质可分为：油浸式变压器、干式变压器、充气式变压器。（√）

Lb5B1023 变压器工作时，高压绕组的电流强度总是比低压绕组的电流强度大。（×）

Lb5B1024 变压器工作时，一次绕组中的电流强度是由二次绕组中的电流强度决定的。（√）

Lb5B1025 变压器的一次、二次侧的漏阻抗 Z_1 和 Z_2 是常数。（√）

Lb5B1026 变压器的输出侧容量与输入侧容量之比称为变压器效率。（×）

Lb5B1027 单相变压器电压比、电流比与匝数比的关系为 $U_1/U_2＝N_1/N_2＝I_2/I_1$。（√）

Lb5B2028 三相变压器的额定电压和额定电流是指相值。（×）

Lb5B2029 电流互感器的二次侧有一点，并且只能有一点接地，目的是为了防止其一次侧线圈、二次侧线圈绝缘击穿时，一次侧的高电压窜入二次侧，危及人身和设备安全。（√）

Lb5B2030 电流互感器额定电压是指电流互感器一次绕组的绝缘水平。（×）

Lb5B2031 三相供电系统中的中线必须安装熔断器。（×）

Lb5B2032 中性点直接接地系统单相接地故障时，非故障相的对地电压增高。（×）

Lb5B2033 中性点经消弧绕组接地的系统属于大接地电流系统。（×）

Lb5B2034 电力系统中变压器的安装容量比发电机的容量大5～8倍。（√）

Lb5B2035 任何运用中的星形接线设备的中性点，必须视为带电设备。（√）

Lb5B2036 隔离刀闸是高压开关的一种，所以也可以用它来接通和切断负载电流及短路电流。（×）

Lb5B2037 消弧线圈的电感电流对接地电流的补偿程度应选择全补偿。（×）

Lb5B2038 电能质量的两个基本指标是电压和频率。（√）

Lb5B2039 电力系统的可靠性并不等于有关设备可靠性的平均值，而低于系统中最差设备的可靠性。（√）

Lb5B2040 发生人身轻伤事故应中断事故单位的安全记录。（×）

Lb5B2041 用扁导线绕制的高压圆筒式绕组，其分接头应在最外层线匝上沿径向引出，根部用布带绑扎在相邻线匝上。（√）

Lb5B2042 气体继电器按动作原理不同，可分为两种结构，一是浮筒式气体继电器，二是挡板式气体继电器；按其接点形式不同，又有水银接点的气体继电器和干簧接点的气体继电器两种。（√）

Lb5B2043 分接开关带电部分对油箱壁的绝缘属于纵绝缘。（×）

Lb5B2044 我国统一规定套管的次序，由低压侧看，自左向右为（N）、A（a）、B（b）、C（c）。（×）

Lb5B2045 变压器绕组的纵绝缘是指绕组匝间、层间、段间及线段与静电板间的绝缘。（√）

Lb5B2046 防爆管是用于变压器正常呼吸的安全气道。（×）

Lb5B2047 绕组绕好后，沿径向排列的多根并联导线中的任一根导线出头应较上面的一根长出一段尺寸。（√）

Lb5B2048 小容量的配电变压器铁芯接地方式是将接地铜片的一端插在上铁轭2～3级之间，另一端夹在夹件与铁轭绝缘纸板之间；下夹件通过垂直拉杆与上夹件相连，上夹件通过角钢及吊芯螺杆与箱盖相连。（√）

Lb5B3049 铁轭的夹紧方式有铁轭穿芯螺杆夹紧、环氧树脂玻璃丝粘带绑扎以及钢带绑扎等几种。(√)

Lb5B3050 变压器的匝间绝缘属于主绝缘。(×)

Lb5B3051 铁芯柱截面积应大于铁轭截面积。(×)

Lb5B3052 由于变压器铁芯必须接地，则变压器铁芯垫脚与油箱底钢垫脚之间无需采取绝缘措施。(×)

Lb5B3053 油箱上装有接地小套管的大型变压器，器身上、下夹件都有接地铜片。(×)

Lb5B3054 变压器绕组相间隔板与高低压绕组之间的软纸筒属于主绝缘。(√)

Lb5B3055 消弧线圈的铁芯结构为均匀多间隙铁芯柱。(√)

Lb5B3056 用垫块将线段隔开而形成的间隙称为层间油道；层间用撑条（或瓦楞纸板）隔开的间隙称为段间油道。(×)

Lb5B3057 绕组的匝间绝缘是指相邻的两根导线间的绝缘；层间绝缘是指圆筒式绕组中相邻两层导线间的绝缘。(√)

Lb5B3058 分接开关分头间的绝缘属于纵绝缘。(√)

Lb5B3059 变压器绕组常见的型式有圆筒式、螺旋式、连续式、纠结式等几种。(√)

Lb5B3060 铁芯硅钢片涂漆的目的是减少漏磁。(×)

Lb5B3061 对于变压器铁芯和金属构件均通过油箱可靠接地的方式，无法在油箱外检查铁芯是否有多点接地。(√)

Lb5B3062 油浸变压器的主要部件由绕组、铁芯、油箱、套管、变压器油及冷却装置等组成。(√)

Lb5B3063 变压器的夹紧装置与铁轭相贴处无须绝缘。(×)

Lb5B3064 配电变压器的高压套管一般采用充油型套管。(×)

Lb5B3065 铁轭是指铁芯中不套线圈的部分。(√)

Lb5B3066 变压器绕组的主绝缘是指绕组对铁芯、油箱和其他接地部件及不同相绕组之间或不同侧绕组之间的绝缘。(√)

Lb5B3067 在变压器中，相对于用穿心螺杆夹紧铁芯的方法，采用环氧玻璃丝粘带绑扎铁芯可减少空载电流和空载损耗。(√)

Lb5B3068 10kV 变压器套管在空气中的相间及对地距离应不小于 110mm。(√)

Lb5B3069 变压器绕组的铁轭绝缘在变压器中的作用是使绕组端部和铁轭绝缘；平衡绝缘的作用是垫平对着绕组的铁轭夹件肢板，使其与铁轭保持同一平面。(√)

Lb5B3070 变压器调压装置分为无励磁调压装置和有载调压装置两种，它们是以调压时变压器是否需要停电来区别的。(√)

Lb5B3071 变压器在额定负载时效率最高。(×)

Lb5B3072 变压器二次负载电阻或电感减小时，二次电压将一定比额定值高。(×)

Lb5B3073 变压器在负载时不产生空载损耗。(×)

Lb5B3074 为了减少接触电阻，用作变压器接地片的紫铜片表面要搪锡。(√)

Lb5B3075　变压器油箱试漏的方法有气压法、静压法和油压等。（√）

Lb5B3076　由于有检验员把关，检修人员对变压器检修工序质量就不必管了。（×）

Lb5B3077　某变压器现场干燥需要制作一些电炉子，变压器干燥在 150min 内需要 25MJ 的热量，使用电阻丝 10 根，其每根丝的电阻为 25Ω，额定电流为 5A 能够达到要求。（√）

Lb5B3078　如误把电流表与负载并联，电流表将烧坏。（√）

Lb5B3079　仪表的准确度等级越高，基本误差越小。（√）

Lb5B3080　用角尺测量工件垂直度时，应先用锉刀去除工件棱边上的毛刺。（√）

Lb5B4081　变压器工频耐压试验应在其他破坏性试验完毕以后才能进行。（×）

Lb5B4082　在进行工频耐压试验时，如果未发现内部绝缘击穿或局部损伤，则试验合格。（√）

Lb5B4083　铁芯穿芯螺栓绝缘电阻过低，会造成变压器整体绝缘电阻试验不合格。（×）

Lb5B4084　可以通过测量绝缘电阻值来判断变压器的绝缘状况。（√）

Lb5B4085　绝缘电阻试验是考核变压器绝缘水平的一个决定性试验项目。（×）

Lb5B4086　按国家标准规定，电压等级为 10kV 新出厂的变压器，工频试验电压有效值为 35kV。（√）

Lb5B4087　进行变压器试验时，应首先进行工频耐压试验，以考验变压器的绝缘水平。（×）

Lb5B4088　变压器在负载损耗试验时，原边要加额定电压。（×）

Lb5B4089　铁芯硅钢片的加工毛刺一般不应大于 0.03～0.05mm。（√）

Lb5B4090　电老化是一般变压器中最主要的老化形式。（×）

Lb5B4091　电力变压器的铁芯都采用硬磁材料。（×）

Lb5B4092　变压器油中的水分主要存在变压器油中。（×）

Lb5B4093　电场作用会减慢变压器油的氧化过程。（×）

Lb5B4094　每厘米变压器油层的平均击穿电压叫作油的绝缘强度。（√）

Lb5B4095　变压器内绝缘油状况的好坏对整个变压器的绝缘状况没有影响。（×）

Lb5B4096　电力变压器中的油起绝缘、散热作用。（√）

Lb5B5097　绝缘油的耐压强度与油中含水量、油劣化产物和机械混合物有关。（√）

Lb5B5098　阳光照射会加速变压器油的氧化过程。（√）

Lb5B5099　变压器油在发生击穿时所施加的电压值叫作击穿电压。（√）

Lb5B5100　变压器油温升高时，油的密度变大。（×）

Lb5B5101　变压器油温越高，因氧化作用使油的劣化速度越慢。（×）

Lb5B5102　变压器油中的铜和铁可以使油的氧化过程加快。（√）

Lb5B5103　变压器油中含有水分，会加速油的氧化过程。（√）

Lc5B1104　滚动牵引重物时，可以用手去拿滚杠。（×）

Lc5B2105　滚动牵引重物时，为防止滚杠压伤手，禁止用手去拿滚杠。（√）

Lc5B3106　在密闭容器内，可以同时进行电焊及气焊工作。（×）

Lc5B4107 异步电动机的转速 n 越大，转差率 s 就越小。（√）

Jd5B1108 画外螺纹的外径（即牙顶）用细实线，内径（即牙根）用虚线，螺纹界线用粗实线表示。（×）

Jd5B2109 不准在千斤顶的摇把上套接管子或用其他任何方法来加长摇把的长度。（√）

Jd5B3110 使用万用表测量直流时，红表笔接正极，黑表笔接负极。（√）

Jd5B3111 在机械加工过程中，常用的量具有钢尺、游标卡尺、千分尺、百分表及极限量规等。（√）

Jd5B4112 被测电压低于 600V 时，一般可用电压表直接测量。（√）

Jd5B5113 用绝缘兆欧表可以测量变压器的吸收比。（√）

Je5B1114 电力变压器小修时，必须吊出铁芯。（×）

Je5B2115 在拧变压器油箱上的阀门螺钉时，为了保证密封性能，将螺钉拧得越紧越好。（×）

Je5B2116 冷却器风扇装好以后，应用 1000V 的摇表测量电动机及接线的绝缘电阻，数值不得低于 2MΩ，同时用手转动扇叶应无摆动、卡阻及窜动等现象。（√）

Je5B3117 变压器吊心检修的项目有：检修绕组和铁芯；检修分接开关；检修套管；检修箱体及附件；检修冷却系统；检修测量仪表；清洗箱体及喷漆；滤油。（√）

Je5B3118 配电变压器大修时，如果需要更换套管，必须事先对套管进行工频耐压试验。（√）

Je5B4119 叠装铁芯时只能使用木块或铜块进行修整，不能用铁块敲打硅钢片边缘，以防止硅钢片产生较大的内应力或由于硅钢片卷边使铁芯片间短路导致铁芯损耗增大。（√）

Je5B4120 配电变压器重绕大修后可以不做变压比试验。（×）

Je5B5121 通常采用绝缘摇表来测量变压器的绝缘电阻。（√）

Je5B1122 弯制绝缘纸板时，应在弯折处涂酒精（或蒸馏水），以防弯制时绝缘纸板断裂。（√）

Jf5B1123 离地面 5m 以上才使用安全带。（×）

Jf5B2124 在砂轮机上工作时，必须戴护目镜，在钻床上进行钻孔工作时严禁戴手套。（√）

Jf5B3125 线路送电时一定要先合断路器，后合隔离开关。（×）

Jf5B4126 线路或设备的验电，应逐相进行。（√）

1.3　多选题

La5C1001　一般在绘制机件图时，最常用的三种基本视图是(　　)。
(A) 主视图　　　　(B) 俯视图　　　　(C) 左视图　　　　(D) 右视图
答案：**ABC**

La5C1002　使用下列(　　)步骤可以得到一个剖面图。
(A) 假想用剖切平面将机件某处切断　　　　(B) 仅画出断面的图形
(C) 将机件某处切断　　　　(D) 画出轮廓图
答案：**AB**

La5C1003　安装接线图是表示电气设备、元件的连接关系，用于配线、查线、接线等，一般可分为(　　)。
(A) 单元接线图　　　　(B) 单线接线图
(C) 互连接线图　　　　(D) 端子接线图
(E) 中断法接线图
答案：**ACD**

La5C1004　电流分直流和交流两种。电流的(　　)和(　　)不随时间变化的叫作直流。
(A) 大小　　　　(B) 强度　　　　(C) 周期　　　　(D) 方向
答案：**AD**

La5C1005　电压及其方向的规定是(　　)。
(A) 电场力将单位正电荷由 A 点推到 B 点所做的功叫作 A、B 两点间的电压
(B) 方向是由高电位指向低电位
(C) 电位升高的方向
(D) 电位降低的方向
(E) 方向是由高电位指向高电位
答案：**AD**

La5C1006　电位的计算实质上是电压的计算。下列说法正确的有(　　)。
(A) 电阻两端的电位是固定值
(B) 电压源两端的电位差由其自身确定
(C) 电流源两端的电位差由电流源之外的电路决定
(D) 电位是一个相对量
答案：**BCD**

La5C1007 电能质量的两个基本指标是( )。

（A）电压 （B）电流 （C）功率 （D）频率

答案：**AD**

La5C1008 把 220V 交流电压加在 440 Ω 电阻上，则电阻的电压和电流是( )。

（A）电压有效值 220V （B）电流最大值 0.5A

（C）电压最大值 220V （D）电流有效值 0.5A

答案：**AD**

La5C1009 电阻串联电路中，能够成立的关系是( )。

（A）总电流等于各电阻上电流之和 （B）等效电阻等于各电阻之和

（C）总电压等于各电阻上电压降之和 （D）电阻上的电压与电阻成反比

（E）电阻上的电压与电阻成正比

答案：**BCE**

La5C1010 基尔霍夫定律的公式表现形式为( )。

（A）$\Sigma I = 0$ （B）$\Sigma U = IR$ （C）$\Sigma E = IR$ （D）$\Sigma E = 0$

答案：**AC**

La5C1011 应用基尔霍夫定律的公式 KCL 时，要注意以下几点( )。

（A）KCL 是按照电流的参考方向来列写的

（B）KCL 与各支路中元件的性质有关

（C）KCL 也适用于包围部分电路的假想封闭面

答案：**AC**

La5C2012 正弦交流电的三要素( )。

（A）瞬时值 （B）最大值 （C）相位

（D）角频率 （E）初相位

答案：**BDE**

La5C2013 正弦交流电的最大值等于有效值的( )倍，其平均值等于( )。

（A）1.414 （B）1.732 （C）有效值 （D）零

答案：**AD**

La5C2014 正弦交流电的平均值等于( )；其有效值就是与它的( )相等的直流值。

（A）有效值 （B）0 （C）磁效应 （D）热效应

答案：**BD**

La5C2015 三相电源连接三相负载，三相负载的连接方法分为( )。
(A) 星形连接 　　　(B) 串联连接 　　　(C) 并联连接 　　　(D) 三角形连接
答案：**AD**

La5C2016 正弦电路既有有功功率又有无功功率的是( )电路。
(A) 纯电阻
(B) 纯电感
(C) 电阻与电感并联
(D) 电阻与电感串联
(E) 电阻与电容并联
答案：**CDE**

La5C2017 三相正弦交流电路中，对称三相正弦量具有( )。
(A) 三个频率相同
(B) 三个幅值相等
(C) 三个相位互差120°
(D) 它们的瞬时值或相量之和等于零
答案：**ABCD**

La5C2018 三相正弦交流电路中，对称三角形连接电路具有( )。
(A) 线电压等于相电压
(B) 线电压等于相电压的3倍
(C) 线电流等于相电流
(D) 线电流等于相电流的3倍
答案：**AD**

La5C2019 当线圈与磁场发生相对运动时，在导线中产生( )，其方向可用
( )来确定。
(A) 感应电动势
(B) 感应电流
(C) 右手螺旋法则
(D) 左手螺旋法则
答案：**AC**

La5C2020 磁力线具有( )基本特性。
(A) 磁力线是一个封闭的曲线
(B) 对永磁体，在外部，磁力线由N极出发回到S极
(C) 磁力线可以相交的
(D) 对永磁体，在内部，磁力线由S极出发回到N极
答案：**ABD**

La5C2021 通电绕组在磁场中的受力不能用( )判断。
(A) 安培定则
(B) 右手螺旋定则
(C) 右手定则
(D) 左手定则
答案：**ABC**

La5C2022 能用于整流的半导体器件有(　　)。

(A) 二极管　　　　　(B) 三极管　　　　　(C) 晶闸管　　　　　(D) 场效应管

答案：AC

Lb5C2023 下列观点能体现变压器的基本工作原理的有(　　)。

(A) 一次侧和二次侧通过电磁感应而实现了能量的传递

(B) 铁芯中的交变磁通在变压器一次、二次绕组的单匝上感应电动势的大小是相同的

(C) 当二次侧接上负载时，二次侧电流也产生磁动势，而主磁通由于外加电压不变而趋于不变，随之在一次侧增加电流，使磁动势达到平衡，实现了能量的传递

(D) 一次、二次侧感应电动势之比等于一次、二次侧匝数之比

答案：ABCD

Lb5C2024 变压器额定容量的单位是(　　)。

(A) V·A　　　　　(B) W·h　　　　　(C) kV·A　　　　　(D) kW·h

答案：AC

Lb5C2025 变压器型号 SFPSZ－63000/110 中关于后边两个数字说法正确的是(　　)。

(A) 63000 表示容量为 63000kV·A

(B) 63000 表示容量为 63000V·A

(C) 110 表示中压侧额定电压为 110kV

(D) 110 表示高压侧额定电压为 110kV

答案：AD

Lb5C2026 变压器型号可表示出变压器的(　　)。

(A) 额定容量　　　　　　　　　　(B) 低压侧额定电压

(C) 高压侧额定电压　　　　　　　(D) 高压侧额定电流

答案：AC

Lb5C2027 变压器型号 SFPSZ－63000/110 中，第 1 个 S 表示三相，第 2 个 S 表示三绕组，F、P、Z 分别表示(　　)，63000 表示容量为 63000kV·A，110 表示高压侧额定电压为 110kV。

(A) Z 表示自动调压、F 表示辅助、P 表示强迫循环

(B) P 表示强迫油循环

(C) Z 表示有载调压

(D) F 表示风冷

答案：BCD

Lb5C2028 (　　)工作的有效时间，以批准的检修时间为限。

(A) 第一种工作票　　　　　　　　(B) 第二种工作票

（C）带电作业工作票　　　　　　　（D）事故应急抢修单

答案：ABC

Lb5C2029 配电变压器的匝间绝缘一般采用（　　　）材料。

（A）油隙　　　　　　　　　　　　（B）漆包线的漆膜

（C）电缆纸　　　　　　　　　　　（D）电话纸

答案：BCD

Lb5C2030 在带电设备周围禁止使用（　　　）进行测量工作。

（A）钢卷尺　　　　　　　　　　　（B）绝缘绳

（C）皮卷尺　　　　　　　　　　　（D）线尺（夹有金属丝者）

答案：ACD

Lb5C2031 各类作业人员有权拒绝（　　　）

（A）强令冒险作业　　　　　　　　（B）违章指挥

（C）加班工作　　　　　　　　　　（D）带电工作

答案：AB

Lb5C2032 变压器器身包括铁芯和（　　　）等部件。

（A）绕组　　　　（B）绝缘部件　　　（C）夹件　　　　（D）引线

答案：ABCD

Lb5C2033 变压器主要部件有器身、绝缘套管和（　　　）。

（A）压力释放阀　　　　　　　　　（B）调压装置

（C）油箱及冷却装置　　　　　　　（D）保护装置

答案：BCD

Lb5C2034 变压器保护装置包括储油柜、安全气道、吸湿器和（　　　）等。

（A）气体继电器　　（B）油箱　　　（C）净油器　　　（D）测温装置

答案：ACD

Lb5C2035 变压器调压装置的作用是（　　　）。

（A）变换线圈的分接头　　　　　　（B）改变高低线圈的匝数

（C）改变高低线圈的匝数比　　　　（D）调整电压，使电压保持稳定

答案：ACD

Lb5C2036 油枕（储油柜）的作用是（　　　）。

（A）调节油量，保证变压器油箱内经常充满油

（B）增大变压器的散热面积，提高变压器的散热能力

（C）减小油和空气的接触面，防止油受潮或氧化速度过快

（D）方便变压器带电补油

答案：AC

Lb5C2037 变压器套管的作用有（　　）。

（A）将变压器内部高、低压引线引到油箱外部

（B）作为引线对地绝缘

（C）是变压器载流元件之一

（D）固定引线

答案：ABCD

Lb5C2038 变压器油的黏度说明油的（　　）好坏，温度越高，黏度（　　）。

（A）流动性　　　　（B）黏滞性　　　　（C）越大　　　　（D）越小

答案：AD

Lb5C3039 变压器的油箱和冷却装置作用有（　　）。

（A）变压器的油箱和冷却装置是变压器的骨架

（B）油箱是变压器的外壳，同时起一定的散热作用

（C）冷却装置有降低变压器油温的作用

答案：BC

Lb5C3040 呼吸器（吸湿器）的作用是（　　）。

（A）使进入油枕的空气所带潮气和杂质得到过滤

（B）吸附油中的杂质和氧化生成物

（C）吸收变压器油中的水分

（D）确保变压器储油柜上部的空气保持干燥

答案：AD

Lb5C3041 变压器油在变压器中的主要作用是（　　）。

（A）绝缘　　　　（B）防腐　　　　（C）熄弧　　　　（D）散热

答案：AD

Lb5C3042 气体继电器的作用是（　　）。

（A）内部发生故障时，产生的油气冲破视窗玻璃，可以起压力释放作用

（B）是变压器重要的保护组件

（C）发生故障后，可以通过气体继电器的视窗观察气体颜色，以及取气体进行分析，从而对故障的性质做出判断

（D）当变压器内部发生故障，油中产生气体或油气流动时，则气体继电器动作，发出信号或切断电源，以保护变压器

答案：BCD

Lb5C3043 变压器分接开关触头接触不良或有油垢有（　　）后果。

（A）不会造成太大的损坏　　　　　　（B）触头发热

（C）严重的可导致开关烧毁　　　　　（D）空载损耗增加

（E）直流电阻增大

答案：BCE

Lb5C3044 变压器的油箱和冷却装置作用有（　　）。

（A）变压器的油箱和冷却装置是变压器的骨架

（B）油箱是变压器的外壳，同时起一定的散热作用

（C）冷却装置有降低变压器油温的作用

答案：BC

Lb5C3045 以下有关变压器绕组的说法，正确的有（　　）。

（A）匝数多的一侧电流小，电压高

（B）匝数少的一侧电压低，电流大

（C）匝数多的一侧电流大，电压高

（D）匝数少的一侧电压低，电流小

答案：AB

Lb5C3046 变压器并联运行应满足（　　）条件。

（A）绕组数相同

（B）一次、二次侧额定电压分别相等

（C）阻抗电压标幺值（或百分数）相等

（D）额定容量相等

（E）连接组标号相同

答案：BCE

Lb5C3047 变压器检修后，正确地安装无激磁开关操作杆的要点是（　　）。

（A）按原来的相位回装

（B）分头指示必须与运行要求位置相符，法兰标记相符

（C）倒换分头可用摇表表进行"通""断"测量

（D）安装后必须做变比、直流电阻试验

（E）分头指示必须与实际位置相符，法兰拆卸所做的记号也应相符

答案：ADE

Lb5C3048 变压器绝缘件要保持清洁的原因是( )。

(A) 会降低绝缘件的电气强度

(B) 杂质分散到变压器油中，会降低油的电气绝缘强度

(C) 绝缘件上的灰尘易引起表面放电

(D) 绝缘件不清洁影响变压器的美感，影响产品整体形象

答案：BC

Lb5C3049 变压器吊芯对绕组应做( )项目的检查。

(A) 绕组表面应清洁无油垢、碳素及金属杂质

(B) 绕组表面无碰伤，无露铜

(C) 绕组表面应无放电及烧伤

(D) 绕组无松散，引线抽头须绑扎牢固，端绝缘应无损伤、破裂

(E) 对绝缘等级做出鉴定

答案：ABDE

Lb5C3050 铁芯只允许一点接地的原因是( )。

(A) 多点接地会产生循环电流，损耗增加

(B) 多点接地会产生循环电流，损耗减少

(C) 多点接地可能使接地片烧断

(D) 铁芯多点接地会造成绕组对地放电

答案：AC

Lb5C3051 变压器运行前，在( )情况下可不用吊芯检查。

(A) 新出厂的配电变压器，经短途运输，道路平坦，确信无大的震动和冲撞

(B) 新经检修合格的配电变压器，经短途运输，道路平坦，确信无大的震动和冲撞

(C) 返厂大修的变压器

(D) 现场试验合格的变压器

答案：AB

Lb5C3052 变压器绕组进行干燥处理的目的是( )。

(A) 提高绕组的绝缘水平

(B) 提高绕组的耐热能力

(C) 在一定压力下干燥，可以提高绕组的机械强度

(D) 提高绕组的散热能力

答案：AC

Lb5C3053 万用表可以测量的量有( )。

(A) 电压　　　　(B) 电流　　　　(C) 电阻　　　　(D) 功率

答案：ABC

Lb5C3054 变压器常用 A 级绝缘材料有：绝缘纸板、电缆纸和(　　)等。

(A) 聚酯薄膜　　　(B) 酚醛纸板　　　(C) 木材

(D) 变压器油　　　(E) 黄漆绸

答案：BCDE

Lb5C3055 丁腈橡胶在酒精灯上点燃，燃烧特征是(　　)。

(A) 易燃烧无自熄灭

(B) 火焰为蓝色，喷射火花与火星，冒浓白烟

(C) 残渣略膨胀、带节、无黏性

(D) 残渣无节、有黏性

(E) 不易燃烧，可以自熄灭

(F) 火焰为橙黄色，喷射火花与火星，冒浓黑烟

答案：ACE

Lb5C3056 变压器油的作用是(　　)。

(A) 在变压器中的作用是绝缘、冷却

(B) 在变压器中的作用是绝缘、冷却、熄弧

(C) 在有载开关中用于熄弧

答案：AC

Lb5C3057 在低温度的环境中，变压器油牌号使用不当，会产生(　　)后果。

(A) 变压器运行时，油发生凝固，失去流动性

(B) 变压器停用时，油发生凝固，失去流动性

(C) 变压器停用后，如果立即投入运行，热量散发不出去将威胁变压器安全运行

(D) 不会产生任何影响

答案：BC

Lc5C3058 零件图的内容应包括(　　)、技术要求和标题栏。

(A) 尺寸　　　(B) 图形　　　(C) 说明　　　(D) 画图人

答案：AB

Lc5C3059 锯割安全规则是(　　)。

(A) 锯割时要一锯到底，避免锯割面不整齐

(B) 不能用没有齿的锯条

(C) 材料快锯断时，要用手扶着锯下的部分，或支撑起来

(D) 锯割时必须使用新锯条

(E) 锯条不能太松或太紧

答案：BCE

Lc5C3060 螺纹连接有（　　）防松方法。

（A）螺母下加装弹簧垫圈

（B）加装锁紧螺母

（C）加装止动垫圈

（D）局部破坏螺纹

（E）加装开口销子

（F）在螺母后边将螺母与螺杆焊接

答案：ABCE

Lc5C3061 起重工作中的吊是用起重机械、起重桅杆或其他吊装设备（　　）。

（A）将重物吊起的操作

（B）将重物水平移动的操作

（C）将重物一面吊起，一面移动到某个确定位置上的操作。

答案：AC

Lc5C3062 滑就是把重物放在滑道上，用（　　）牵引，使重物滑动的操作。

（A）机车　　　　　（B）卷扬机　　　　　（C）电动机　　　　　（D）人力

答案：BD

Lc5C3063 起重工作中滚是（　　）

（A）在重物下设置上滚道和滚杠

（B）在重物下设置上下滚道和滚杠

（C）物体随着上下滚道间滚杠的滚动不断向前移动

（D）物体随着上下滚道间的滚杠不断向前滚动

答案：BC

Lc5C3064 变压器绕组铜线焊接使用（　　）焊料。

（A）银焊料

（B）铜焊料

（C）直径 1.0mm 以下的导线允许用锡焊料

（D）磷铜焊料

答案：ACD

Lc5C3065 异步电动机的铁耗与（　　），机械损耗与（　　）。

（A）U_1^2 成正比

（B）U_1 成正比

（C）与 U_1 无关

答案：AC

Lc5C3066 在（　　）进行电焊作业，应使用一级动火工作票。

（A）变压器油箱上

（B）蓄电池室（铅酸）内

（C）电缆夹层内

（D）危险品仓库内

答案：ABD

Lc5C3067 人体触电所受的伤害主要有（　　）两种。

（A）高温　　　（B）电击　　　（C）电伤　　　（D）高摔

答案：BC

Lc5C3068 非电量控制电器是依靠外力或非电量信号如（　　）等的变化而动作的电器。

（A）速度　　　（B）电压　　　（C）压力　　　（D）温度

答案：ACD

Jd5C3069 关于六角头螺栓 M20×80（GB30—1976）表示正确的是（　　）。

（A）公制普通螺纹

（B）英制普通螺纹

（C）外径 20mm

（D）有效长度 20mm

（E）有效长度 80mm

答案：ACE

Jd5C3070 在手锯上安装锯条时应注意（　　）事项。

（A）必须使锯齿朝向前推的方向

（B）必须使锯齿朝向后拉的方向

（C）锯条越紧越好

（D）锯条的松紧要适当

（E）装好后应检查是否歪斜、扭曲

（F）锯条安装后就可以使用

答案：ADE

Jd5C3071 台虎钳正确使用方法有（　　）。

（A）虎钳必须牢固地固定在钳台上

（B）可以在活动钳身的平滑面上校正工件

（C）丝杠螺母和其他活动面应经常加油并保持清洁

（D）夹紧工件时，只允许用扳动手柄

（E）不要在活动钳身的平滑面上敲击

答案：ACDE

Jd5C3072 各种起重机的吊钩钢丝绳应保持垂直，禁止使吊钩斜着拖吊重物，其原因是（　　）。

（A）会使重物倾斜

（B）会使钢丝绳卷出滑轮槽外或天车掉道

(C) 会使重物摆动与其他物相撞

(D) 会造成超负荷

答案：BCD

Jd5C3073 起重工作中，滚是（　　）

(A) 在重物下设置上滚道和滚杠

(B) 在重物下设置上下滚道和滚杠

(C) 物体随着上下滚道间滚杠的滚动不断向前移动

(D) 物体随着上下滚道间的滚杠不断向前滚动

答案：BC

Jd5C3074 常用千斤顶的种类有（　　）。

(A) 齿条式　　　　(B) 螺旋式　　　　(C) 气压式

(D) 油压式　　　　(E) 复合式

答案：ABD

Jd5C3075 常用滤油机按出油量（L/min）大致可分为：10、25、（　　）等容量，可根据需要选择。

(A) 50　　　　(B) 125　　　　(C) 150　　　　(D) 300

答案：ACD

Jd5C3076 真空泵启动前应注意（　　）事项。

(A) 真空罐密封是否完好　　　　(B) 真空泵是否完好

(C) 冷却水是否正常　　　　(D) 皮带轮是否正常

(E) 检查真空阀门是否打开

答案：BCDE

Jd5C4077 使用千分尺的注意事项是（　　）。

(A) 在使用时可以与其他工具一起混放

(B) 轻轻转动测力装置，当听到"嘎嘎"声时停止转动，进行读数

(C) 不要摔、砸千分尺，禁止用力拧微分筒，或把千分尺当钳卡使用

(D) 读数时不要从工件上取下千分尺，应边测边读，以免擦伤尺测量面

(E) 使用前要校对零位，并把千分尺测量面与被测量面擦净

答案：BCDE

Jd5C4078 使用兆欧表应注意（　　）事项。

(A) 确定被试设备确实不带电

(B) 兆欧表应水平放置，接上绝缘良好的试验引线后，试摇检查兆欧表是否良好；如需

要接入"G"端，"G"端一般应靠近"L"端；"G"端对"L""E"两端都应有足够的绝缘

（C）转速应恒定，大约为 120r/min，指针稳定后，方可读数

（D）测量大电容量的设备时，在读取读数后，应在转动情况下将兆欧表与被试设备断开；在测量过程中，应防止电机突然停转而烧坏兆欧表；试验完毕，应将被试设备充分放电

答案：ABCD

Jd5C4079 关于变压器铁芯的填充系数（利用系数）说法正确的是（　　）。

（A）填充系数越大，铁芯的制造工艺越简单

（B）在一定的直径下，铁芯柱的截面积越大，填充系数越大

（C）填充系数越大，阶梯级数越多，叠片种类越多

（D）变压器铁芯柱截面多为阶梯形，填充系数是铁芯柱截面积与外接圆面积之比

答案：BCD

Je5C4080 变压器小修一般包括（　　）内容。

（A）检查并消除现场可以消除的缺陷

（B）清扫变压器油箱及附件，紧固各部法兰螺钉；检查各处密封状况，消除渗漏油现象；检查一次、二次套管，安全气道薄膜及油位计玻璃是否完整

（C）调整垫块，更换损坏的绝缘

（D）调整储油柜油面，补油或放油

（E）进行定期的测试和绝缘试验

（F）检查气体继电器；检查吸湿器变色硅胶是否变色；检查调压开关转动是否灵活，各接点接触是否良好

答案：ABDEF

Je5C4081 为确保安装的法兰不渗漏油，在安装时应注意（　　）。

（A）密封垫的面积应大于法兰面积

（B）法兰紧固力应均匀一致，胶垫压缩量应控制在 1/3 左右

（C）法兰紧固力应均匀一致，压得越紧越好

（D）根据连接处形状选用不同截面和尺寸的密封垫，并安放正确

答案：BD

Je5C4082 变压器油密封胶垫必须用耐油胶垫的原因是（　　）。

（A）变压器油能溶解普通橡胶胶酯

（B）不耐油胶垫容易污染变压器

（C）耐油的丁腈橡胶垫不能被变压器油溶解

（D）油变压器油能溶解沥青酯等有机物质

答案：ABCD

Je5C4083 气体继电器的作用是（　　）。

（A）内部发生故障时，产生的油气冲破视窗玻璃，可以起压力释放作用

（B）是变压器重要的保护组件

（C）发生故障后，可以通过气体继电器的视窗观察气体颜色，以及取气体进行分析，从而对故障的性质做出判断

（D）当变压器内部发生故障，油中产生气体或油气流动时，则气体继电器动作，发出信号或切断电源，以保护变压器

答案：BCD

Je5C4084 在绝缘上做标记不用铅笔而用红蓝铅笔的原因是（　　）。

（A）铅笔芯是非导体，在绝缘零件上用铅笔做标号不会引起表面放电

（B）红蓝笔芯是导体，在绝缘零件上用红蓝笔做标号容易引起表面放电

（C）铅笔芯是导体，在绝缘零件上用铅笔做标号易引起表面放电

（D）红蓝笔芯是非导体，在绝缘零件上用红蓝笔做标号不会引起表面放电

答案：CD

Je5C4085 清洗变压器油箱及附件的正确方法是（　　）。

（A）使用清洁剂的水溶液直接清洗

（B）将油箱等附件放在水箱内，用浓度 2%～5% 的氢氧化钠溶液加热浸煮数小时，然后用清水冲净

（C）可以先将油箱等附件放到盐酸或硝酸溶液浸泡，然后用清水冲净

（D）可用铲刀和钢丝刷将表面的油泥和锈除去，再用加热的磷酸三钠溶液进行洗刷，最后用清水冲净

答案：BD

Je5C4086 变压器油箱涂底漆和一道、二道漆有（　　）要求。

（A）油漆的质量要符合要求

（B）底漆和第一道漆厚度一般在 0.05mm 左右

（C）漆膜光滑均匀

（D）一道、二道漆的厚度一致

（E）前一道漆干透后再涂下一道漆

答案：BCE

Je5C4087 冷却器风扇装好以后，应检查以下项目（　　）。

（A）应用 500V 的摇表测量电动机及接线的绝缘电阻，数值不得低于 0.5 MΩ

（B）用手转动扇叶应无摆动、窜动等现象

（C）用手转动扇叶应无卡阻现象

答案：ABC

Je5C4088 变压器的大修项目一般有（　　）。

（A）对外壳进行清洗、试漏、补漏及重新喷漆；对所有附件（油枕、安全气道、散热器、所有截门、气体继电器、套管等）进行检查、修理及必要的试验；检修冷却系统

（B）对器身进行检查及处理缺陷；检修分接开关（有载或无励磁）的接点和传动装置；检修及校对测量仪表

（C）滤油；重新组装变压器

（D）按规程进行试验

答案：ABCD

Je5C4089 为确保安装的法兰不渗漏油，在安装时应注意（　　）。

（A）密封垫的面积应大于法兰面积

（B）法兰紧固力应均匀一致，胶垫压缩量应控制在1/3左右

（C）法兰紧固力应均匀一致，压得越紧越好

（D）根据连接处形状选用不同截面和尺寸的密封垫，并安放正确

答案：BD

Je5C4090 变压器大修时要检查绕组压钉的紧固情况的原因是（　　）。

（A）运行中震动会造成绕组压钉退丝

（B）变压器绕组的机械强度和稳定性降低，承受不住变压器二次侧短路时的电动力

（C）机械力长期作用于绕组压钉造成丝扣疲劳松动

（D）由于机械力的作用和绝缘物水分的扩散，绕组绝缘尺寸收缩，使变压器的轴向紧固松动

答案：BD

Je5C4091 变压器绕组制造工艺不良主要是（　　）。

（A）绕组端部垫块少，对地绝缘不够

（B）主变压器绕组过线换位处损伤而引起匝间短路

（C）配电变压器绕组有绕线不均匀及摆匝现象、层间绝缘不足或破损、绕组干燥不彻底、绕组结构强度不够及绝缘不足等

（D）高低压绕组间的主绝缘不够

答案：BC

Je5C4092 使用滤油机应注意（　　）事项。

（A）电源接线是否正确，接地是否良好

（B）极板与滤油纸放置是否正确，压紧极板不要用力过猛，机身放置平稳

（C）压紧极板要用力过猛，否则压不紧

（D）用完后及时清理干净并断开电源

（E）压力、油位及声音是否正常

答案：ABDE

Je5C4093 常用滤油机结构型式可分为( )。

(A) 复合式 （B) 板框式 （C) 离心式 （D) 真空式

答案：BCD

Je5C4094 检查变压器无励磁分接开关的方法( )。

(A) 触头应无伤痕、接触严密，绝缘件无变形及损伤

(B) 就地及远方操作正常，位置指示一致

(C) 定位螺钉固定后，动触头应处于定触头的中间

(D) 各部零件紧固、清洁，操作灵活，指示位置正确

答案：ACD

Je5C4095 更换气体继电器时应注意( )。

(A) 关闭有关蝶阀

(B) 新气体继电器安装前的检查

(C) 注意油流方向，箭头方向指向油枕

(D) 充满油排气方法正确

(E) 进行保护接线时应防止接错和短路

(F) 投入运行前应进行绝缘摇测及传动试验

答案：ABCDEF

Je5C4096 变压器呼吸器堵塞变压器不能进行呼吸可能会出现( )后果。

(A) 胶囊破裂 （B) 漏油、进水

(C) 假油面 （D) 防爆膜破裂或压力释放阀动作

答案：BCD

Je5C4097 变压器在试验或运行中变压器铁芯及其他所有金属构件要可靠接地的原因是( )。

(A) 在磁场中铁芯和接地金属件会产生悬浮电位

(B) 在电场中铁芯和接地金属件所处的位置不同，产生的电位相同

(C) 当金属件之间或金属件对其他部件的电位差超过其间的绝缘强度时，就会放电

(D) 在电场中铁芯和接地金属件会产生悬浮电位

答案：CD

Je5C4098 关于吸收比说法正确的是( )。

(A) 吸收比是摇测 60s 的绝缘电阻值与 15s 时的绝缘电阻值之比

(B) 吸收比可以反映局部缺陷

(C) 测量吸收能发现绝缘受潮

(D) 吸收比能发现整体缺陷

答案：AC

Je5C5099 在处理变压器引线绝缘损坏处理方法中包含（　　）步骤。

（A）及时更换损坏绝缘的引线

（B）按规定的绝缘厚度包扎，包好后再包一层布带

（C）按规定的绝缘厚度包扎，包好后不必再另行加包绝缘

（D）将损坏的绝缘剥成锥形（锥形长度不小于5～7倍的绝缘厚度）

答案：BD

Je5C5100 新装和更换净油器硅胶要注意（　　）问题。

（A）选用大颗粒的干燥硅胶

（B）运行中更换硅胶应停用重瓦，工作完毕后，应放气

（C）换硅胶时要注意检查滤网，工作后要打开阀门

（D）工作完毕后放气时，应打开上部阀门放气

答案：ABC

Je5C5101 变压器检修后，正确地安装无激磁开关操作杆的要点是（　　）。

（A）按原来的相位回装

（B）分头指示必须与运行要求位置相符，法兰标记相符

（C）倒换分头可用摇表表进行"通""断"测量

（D）安装后必须做变比、直流电阻试验

（E）分头指示必须与实际位置相符，法兰拆卸所做的记号也应相符

答案：ADE

Je5C5102 对电气设备进行交流耐压试验之前，应进行（　　）工作。

（A）检查风冷系统是否良好、接头是否紧固

（B）将套管表面擦净、并打开各放气堵，将残留的气体放净

（C）检查被试设备外壳是否良好接地、各处零部件应处于正常位置

（D）利用其他绝缘试验进行综合分析判断该设备的绝缘是否良好

答案：BCD

Je5C5103 变压器在运行中温度不正常地升高，可能是由（　　）原因造成的。

（A）气温不正常地升高

（B）分接开关接触不良

（C）绕组匝间短路

（D）铁芯有局部短路

（E）油冷却系统有故障

（F）负载急剧变化

答案：BCDE

Je5C5104 在变压器运行中，长期通过负载电流，当变压器外部发生短路时通过短路电流，对变压器套管有( )要求。

(A) 必须具有规定的电气强度和足够的机械强度

(B) 必须具有良好的热稳定性，并能承受短路时的瞬间过热

(C) 外形小、质量小、密封性能好、通用性强和便于维修

(D) 外绝缘必须采用憎水性材料

答案：ABC

Jf5C5105 带电部分在工作人员( )方，且无可靠安全措施的设备必须停电。

(A) 上   (B) 下   (C) 前   (D) 后

(E) 左   (F) 右

答案：ABDEF

Jf5C5106 工作负责人、工作许可人任何一方不得擅自变更安全措施，工作中如有特殊情况需要变更时，应( )。

(A) 先取得对方同意

(B) 先取得工作票签发人同意

(C) 先取得当值调度的同意

(D) 变更情况及时记录在值班日志内

(E) 及时恢复

答案：ADE

Jf5C5107 安全带正确的使用方法是( )。

(A) 挂在结实牢固的构件上

(B) 挂在专为挂安全带用的钢丝绳上

(C) 采用高挂低用的方式

(D) 挂在 CVT 绝缘子上

(E) 挂在母线支柱绝缘子上

答案：ABC

Jf5C5108 安全带的挂钩或绳子应挂在( )，并应采用高挂低用的方式。

(A) 结实牢固的构件上

(B) 专为挂安全带用的钢丝绳上

(C) 可移动的构架上

(D) CVT 绝缘子

答案：AB

Jf5C5109 电气设备着火，必须用防止人身触电的灭火器材进行扑救。如( )等。

(A) 水   (B) 二氧化碳灭火器   (C) 干粉灭火器   (D) 干燥的砂子

答案：BCD

Jf5C5110 ( )工作的有效时间，以批准的检修时间为限。

(A) 第一种工作票

(B) 第二种工作票

(C) 带电作业工作票

(D) 事故应急抢修单

答案：ABC

1.4 计算题

La5D1001 如图所示，是一个分压器的原理图。已知 $U=X_1$V，d 是公共接地点，$R_1=150\text{k}\Omega$，$R_2=100\text{k}\Omega$，$R_3=50\text{k}\Omega$，则从 b 点输出的电压 U_{bd} 为_____ V 和 c 点输出的电压 U_{cd} 为_____ V。

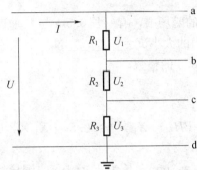

X_1 取值范围：120，180，240，300，360。

计算公式：

从 b 点输出的电压

$$U_{bd} = U_2 + U_3 = U \times \frac{R_2 + R_3}{R_1 + R_2 + R_3} = X_1 \times \frac{100 + 50}{150 + 100 + 50} = \frac{X_1}{2} \ (V)$$

从 c 点输出的电压

$$U_{cd} = U_3 = U \times \frac{R_3}{R_1 + R_2 + R_3} = X_1 \times \frac{50}{150 + 100 + 50} = \frac{X_1}{6} \ (V)$$

La5D2002 已知某一三相电路的线电压为 380V，线电流为 X_1A，求三相电路总功率 $=$_____ V·A。

X_1 取值范围：2.0 到 20.0 的整数。

计算公式：

三相电路总功率为

$$S = \sqrt{3}UI = \sqrt{3} \times 380 \times X_1 = 658 \times X_1 (V \cdot A)$$

La5D2003 $R=X_1\Omega$ 的电阻与 $X_L=40\Omega$ 的电感线圈串联，接到正弦交流电压上，已知电阻两端电压 $U_R=60$V，求电路中的有功功率 $Y_1 =$_____ W 和无功功率 $Y_2 =$_____ V·A。

X_1 取值范围：10.0 到 40.0 的整数。

计算公式：

电流

$$I = \frac{U_R}{R} = \frac{60}{X_1} \ (A)$$

有功功率

$$P = I^2R = \left(\frac{60}{X_1}\right)^2 \times X_1 = \frac{60^2}{X_1} \ (\text{W})$$

无功功率

$$Q = I^2X_L = \left(\frac{60}{X_1}\right)^2 \times 40 \ (\text{V} \cdot \text{A})$$

La5D2004 在 $B = X_1 \text{T}$ 的磁场中，有一长 0.5m 与 B 垂直的载流导体，通过导体的电流 $I = 4\text{A}$，导体在磁场中受力的大小 $F = \underline{\qquad}$ N。

X_1 的取值范围：2.0 到 8.0 的整数。

计算公式：

载流导体在磁场中的受力

$$F = BIL = X_1 \times 4 \times 0.5 = X_1 \times 2 \ (\text{N})$$

Lb5D3005 一直径为 $D_1 = 3\text{mm}$，长为 $L_1 = 1\text{m}$ 的铜导线，被均匀拉长至 $L_2 = X_1\text{m}$（设体积不变），则此时电阻 R_2 是原电阻 R_1 的 $\underline{\qquad}$ 倍。

X_1 的取值范围：$3，4，5，6$。

计算公式：

铝线电阻

$$R = \frac{\rho L}{S}$$

体积不变

$$V = L_1 S_1 = L_2 S_2$$

则电阻 R_2 是原电阻 R_1 的倍数

$$N = \frac{R_2}{R_1} = \frac{\dfrac{\rho L_2}{S_2}}{\dfrac{\rho L_1}{S_1}} = \frac{L_2}{S_2} \cdot \frac{S_1}{L_1} = \frac{L_2^2}{L_1^2} = \left(\frac{X_1}{1}\right)^2$$

Lb5D3006 一台铝线圈的配电变压器，在温度为 $X_1℃$ 时短路试验测得的损耗为 660W，$75℃$ 时的短路损耗值 $\underline{\qquad}$ W。

X_1 的取值范围：10.0 到 35.0 的整数。

计算公式：

$75℃$ 时的短路损耗值

$$P_{k75} = P_{kt} \cdot \frac{t+75}{T+t} = 660 \times \frac{225+75}{225+X_1} = \frac{198000}{225+X_1}$$

Lb5D3007 一台三相三绕组变压器，其额定容量为 $X_1\text{kV} \cdot \text{A}$，它们之间的容量比为 $100\%/100\%/50\%$；高、中、低三个电压分别为 220000V、110000V、38500V，求高压侧的额定电流 $\underline{\qquad}$，低压侧额定电流 $\underline{\qquad}$ A。

X_1 的取值范围：50000，60000，70000。

计算公式：

高压侧的额定电流

$$I_{1n} = \frac{S}{\sqrt{3}U} = \frac{X_1}{1.732 \times 220} = \frac{X_1}{381.04}$$

低压侧的额定电流

$$I_{3n} = \frac{S}{2\sqrt{3}U} = \frac{X_1}{2 \times 1.732 \times 38.5} = \frac{X_1}{133.364}$$

Lb5D3008 一台 X_1kV·A 的变压器，接线组为 Y11，D11，变比 35000/10500V，求高压侧线电流_____ A、低压侧线电流_____ A。

X_1 取值范围：8000，9000，10000。

计算公式：

高压侧线电流

$$I_{1l} = \frac{S}{\sqrt{3}U_1} = \frac{X_1}{1.732 \times 35} = \frac{X_1}{60.62}$$

低压侧线电流

$$I_{2l} = \frac{S}{\sqrt{3}U_2} = \frac{X_1}{1.732 \times 10.5} = \frac{X_1}{18.186}$$

Lb5D3009 某接线组别为 Y，d11 的 35kV 变压器，接在线电压为 35kV 的工频交流电源上，其高低压绕组分别为 X_1 匝和 150 匝，铁芯磁通有效值 = _____ Wb。

X_1 的取值范围：303，401，350。

计算公式：

铁芯磁通有效值

$$\varphi = \frac{\varphi_m}{\sqrt{2}} = \frac{\left(\dfrac{E_1}{4.44fW}\right)}{\sqrt{2}} = \frac{\left(\dfrac{U_p}{4.44fW}\right)}{\sqrt{2}} = \frac{\left[\dfrac{\left(\dfrac{35000}{\sqrt{3}}\right)}{4.44 \times 50 \times X_1}\right]}{\sqrt{2}} = \frac{64.36}{X_1}$$

Lb5D4010 一台额定电流为 X_1A 的三相变压器，空载试验时测得的空载电流三相分别为：2.44A，2.44A，2.75A，该变压器的空载电流百分数为_____。

X_1 的取值范围：40.0 到 60.0 的一位小数。

计算公式：

该变压器的空载电流百分数为

$$I_0 = \frac{2.44 + 2.44 + 2.75}{3 \times X_1} \times 100\% = \frac{2.54}{X_1} \times 100\%$$

Jd5D4011 单相供电长 X_1m 的线路，负载电流为 4A，如采用截面积为 10mm² 的铝线（$\rho = 0.029\Omega\text{mm}^2/\text{m}$），导线上的电压损失（电压降）$U =$ _____ V。

X_1 的取值范围：100.0 到 300.0 的整数。

计算公式：

铝线电阻

$$R = \frac{\rho L}{S} = \frac{0.029 \times 2 \times X_1}{10} = 0.0058 \times X_1$$

则电压降

$$U = IR = 4 \times 0.0058 \times X_1 = 0.0232 \times X_1$$

Je5D4012 用直径 0.31mm 的铜导线（$\rho = 0.0175\Omega\text{mm}^2/\text{m}$）绕制变压器的一次侧绕组 254 匝，平均每匝长 X_1m；二次侧绕组用直径为 0.87mm 的铜导线绕 68 匝，平均每匝长 X_2m，变压器一次侧绕组电阻＿＿＿＿Ω，二次侧绕组电阻＿＿＿＿Ω。

X_1 的取值范围：0.21 到 0.28 的两位小数；

X_2 的取值范围：0.32 到 0.38 的两位小数。

计算公式：

一次侧

$$L_1 = 254 \times X_1$$

$$S_1 = \pi\left(\frac{d_1}{2}\right)^2 = 3.14 \times \left(\frac{0.31}{2}\right)^2 = 0.075$$

$$R_1 = \frac{\rho L}{S} = \frac{0.0175 \times 254 \times X_1}{0.075} = 59.27 \times X_1$$

二次侧

$$L_2 = 68 \times X_2$$

$$S_2 = \pi\left(\frac{d_2}{2}\right)^2 = 3.14 \times \left(\frac{0.87}{2}\right)^2 = 0.59$$

$$R_1 = \frac{\rho L}{S} = \frac{0.0175 \times 68 \times X_2}{0.59} = 2.02 \times X_2$$

Je5D5013 为了测量变压器的运行温度，用铂丝电阻温度计测得变压器在运行前的绕组电阻值为 0.15Ω（环境温度为 20℃），运行一段时间后，电阻值为 X_1Ω。则变压器绕组的平均温度为＿＿＿＿℃。（温度系数 $\alpha = 0.0036$）

X_1 的取值范围：0.17 到 0.19 的两位小数。

计算公式：

因为

$$R_2 = R_1[1 + \alpha(t_2 - t_1)]$$

则变压器绕组的平均温度为

$$t_2 = \frac{R_2 - R_1}{\alpha R_1} + t_1 = \frac{X_1 - 0.15}{0.0036 \times 0.15} + 20 = \frac{X_1 - 0.15}{0.00054} + 20$$

Je5D4014 功率因数为 1 的瓦特表，电压量限为 300V，电流量限为 5A，满刻度是

150 格。用它测量一台单相变压器短路试验消耗的功率，当表针指数为 X_1 格时，变压器的短路损耗功率 $Y_1 =$ _____ W。

X_1 的取值范围：50，60，70，80，90，100。

计算公式：

变压器的短路损耗功率

$$P = CX_1 = \frac{U_e I_e \cos\varphi}{\alpha_m} \cdot X_1 = \frac{300 \times 5 \times 1}{150} \times X_1 = 10 \times X_1$$

1.5 识图题

La5E1001 表示管的外表面粗糙度 Ra 不大于 $5\mu m$，其余部分 Ra 不大于 $2.5\mu m$ 的说明图哪个是正确的(   )。

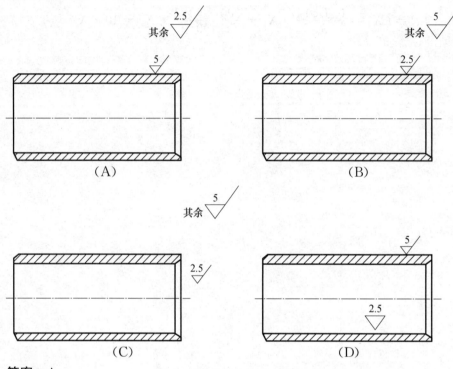

答案：**A**

La5E1002 下图为内螺纹的剖视图，反映其圆孔的视图是(   )。

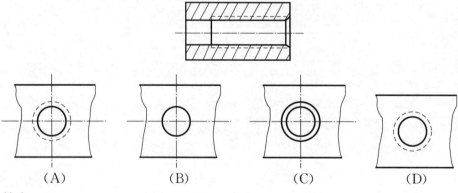

答案：**A**

La5E2003 下图为已知立体图，三视图是（　　　）。

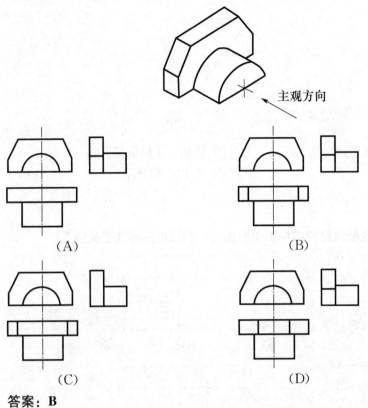

主观方向

（A）　　　　　　　　　（B）

（C）　　　　　　　　　（D）

答案：**B**

La5E2004 下图中，图右边为轴侧视图，如把左边与其对应的投影图编号填入括号中，则对应顺序（从上到下）是（　　　）。

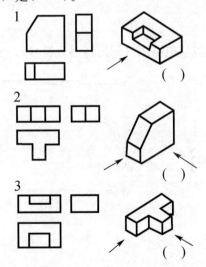

1

2

3

（A）1、2、3；（B）2、1、3；（C）3、2、1；（D）3、1、2

答案：**D**

La5E2005 对称三相电路中，下图是( )时的电压相量图。

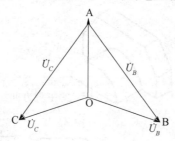

(A) C相、B相负载短路   (B) C相、B相负载开路

(C) A相负载短路   (D) A相负载开路

答案：**C**

La5E2006 三相四线制线路的结构图中的相电压和线电压标注正确的是( )。

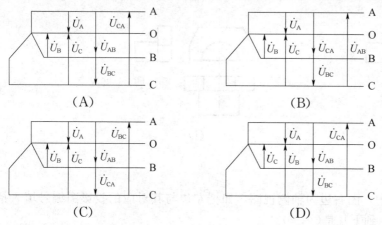

答案：**A**

Lb5E3007 变压器空载等值电路图（标出各参数符号）。哪个是正确的( )。

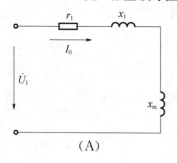

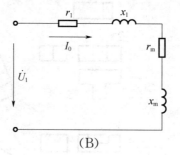

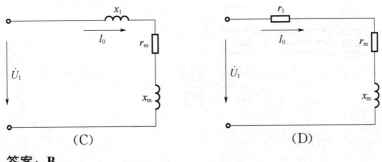

（C） （D）

答案：**B**

Lb5E3008 以下变压器负载时的 T 型等值电路（标出各参数符号），哪个是正确的（ ）。

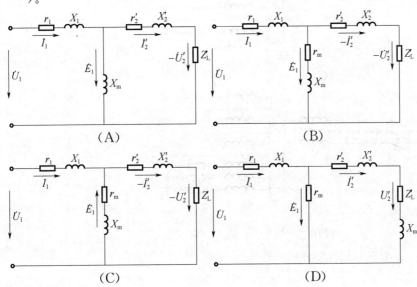

（A） （B）

（C） （D）

答案：**B**

Lb5E4009 110kV 单相电压互感器接成三相组时的接线图是（ ）。

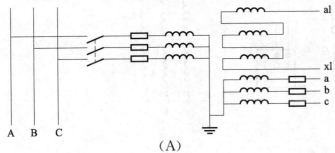

（A）

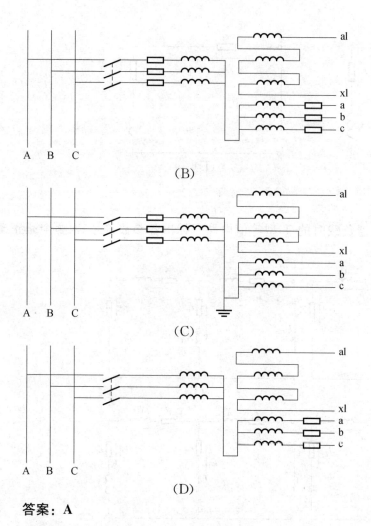

(B)

(C)

(D)

答案：A

Lb5E3010 测量三相变压器绕组绝缘电阻（高压对低压及地）接线图是（   ）。

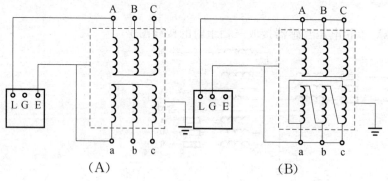

(A)   (B)

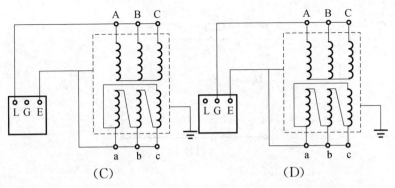

（C） （D）

答案：**C**

Lb5E2011 三相直接缝铁芯选积图是（　　）。

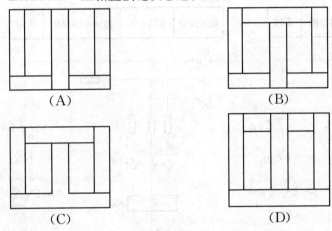

（A） （B）

（C） （D）

答案：**B**

Lb5E3012 变压器短路时的简化等值电路图（标出各参数符号），哪个是正确的（　　）。

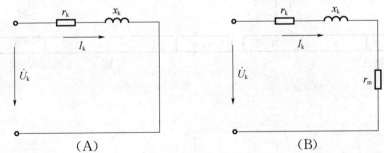

（A） （B）

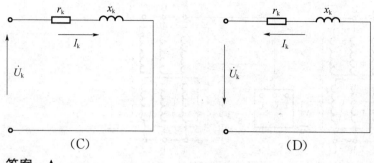

(C)   (D)

答案：A

Jd5E3013 下面哪个电动机单向启动控制电路图是正确的（　　）。

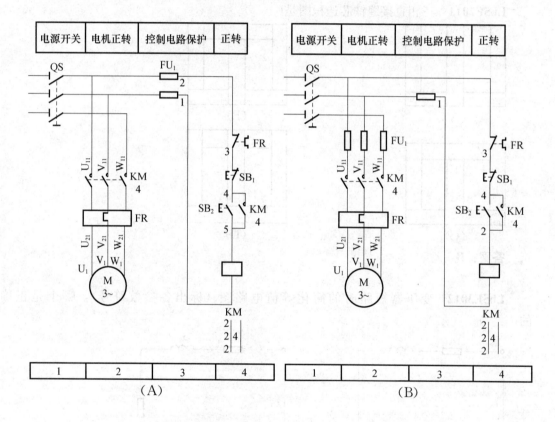

（A）   （B）

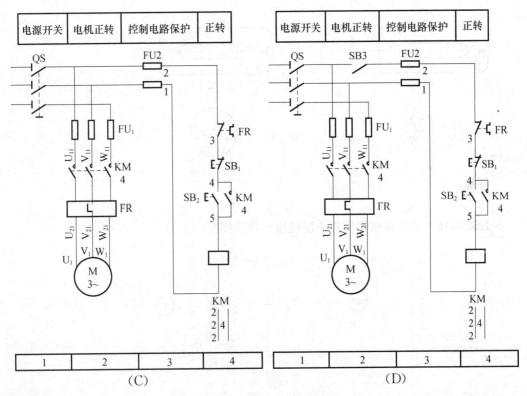

1	2	3	4

（C）

1	2	3	4

（D）

答案：**C**

Jd5E3014 下面双头螺栓连接图哪个是正确的（   ）。

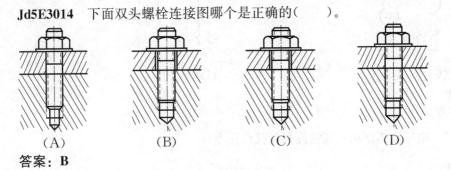

（A）   （B）   （C）   （D）

答案：**B**

Jd5E3015 下列四个图哪个画法是正确的（   ）。

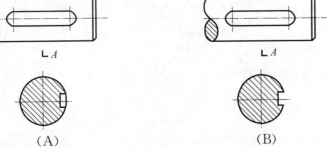

（A）   （B）

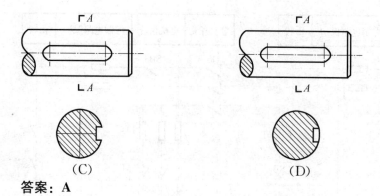

(C)   (D)

答案：**A**

Je5E4016 电流互感器用直流法测极性接线图是(　　　)。

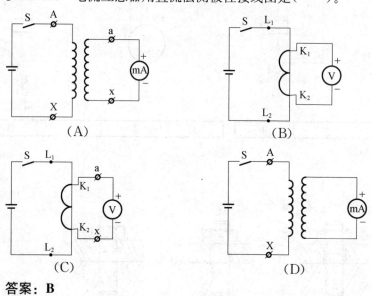

答案：**B**

Je5E4017 电压互感器用直流法测极性接线图是(　　　)。

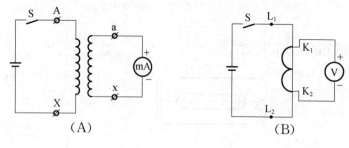

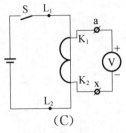

（C）

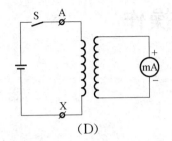

（D）

答案：**A**

Jc5E4018 用交流电压表测量极性的接线图是（ ）。

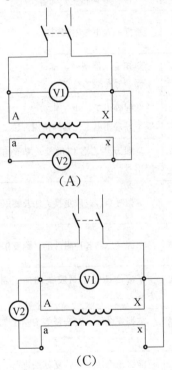

（A）

（C）

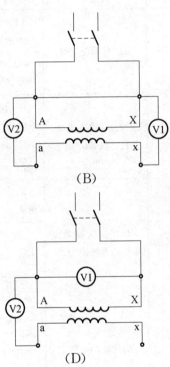

（B）

（D）

答案：**C**

2 技能操作

2.1 技能操作大纲

变压器检修工（初级工）鉴定 技能操作考核大纲

等级	考核方式	能力种类	能力项	考核项目	考核主要内容
初级工	技能操作	基本技能	01. 检修施工图	01. 变电站一次系统图识别	掌握一般电气图的识读
				02. 变压器铭牌参数意义	熟知变压器型号、容量、电压比等主要型号参数的意义
			02. 专用工机具、量具、仪器仪表	01. 常用电工工具的使用	掌握验电笔、电工钳、电工刀、活扳手等常用电工工具的使用方法
				02. 万用表的使用	掌握万用表各档位及表笔的正确使用
		专业技能	01. 变压器类设备小修及维护	01. 呼吸器硅胶更换	掌握呼吸器硅胶更换方法及要求
				02. 变压器附件识别	掌握变压器各种附件的名称及作用
				03. 密封胶垫加工制作	掌握变压器密封胶垫的加工制作方法
		相关技能	01. 安全生产	01. 安全工具使用	掌握安全帽、安全带等安全工具的使用方法
				02. 心肺复苏法	能够正确使用心肺复苏法进行人员抢救
			02. 书写记录	创建与编辑工作表	能应用 WPS 等办公软件填写变压器检修记录，能用简明的专业术语汇报、记录本岗位的工作

2.2 技能操作项目

2.2.1 BY5JB0101 变电站一次系统图识别

1. 作业

1) 工器具、材料、设备

(1) 工器具：无。

(2) 材料：35kV 变电站一次主接线图（下图）、笔、A4 纸。

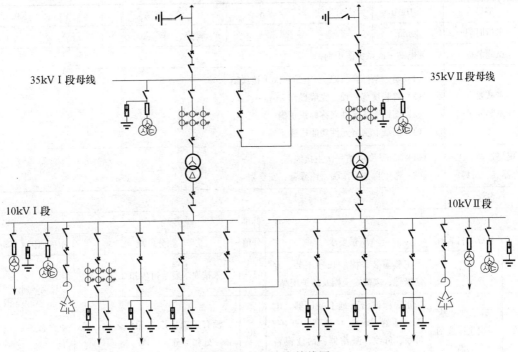

35kV 变电站一次主接线图

(3) 设备：无。

2) 安全要求

严格执行《电业安全工作规程》作业要求。

3) 操作步骤及工艺要求

(1) 按照要求着装，正确佩戴安全帽。

(2) 根据给定的图纸，按考评老师要求指出图纸上元件名称、作用。

(3) 要求：正确指出 35kV 母线、10kV 母线、主变压器、35kV 及 10kV 母线 PT、BL、35kV 及 10kV 母联、站变、10kV 出线等位置及内容。

2. 考核

1) 考核场地

变压器检修实训室。

2）考核时间

参考时间为 30min，考评员允许开工开始计时，到时即停止工作。

3）考核要点

（1）着装规范。

（2）图纸上各元件名称标识正确。

（3）图纸上制定元件功能描述正确。

3. 评分标准

行业：电力工程　　　　　　工种：变压器检修工　　　　　　等级：五

编号	BY5JB0101	行为领域	e	鉴定范围		
考核时限	30min	题型	A	满分	100分	得分
试题名称	变电站一次系统图识别					
考核要点 及其要求	（1）给定条件：35kV 变电站一次主接线图 （2）着装规范，独立完成操作 （3）图纸上各元件名称标识正确 （4）图纸上制定元件功能描述正确					
现场设备、工器具、材料	（1）35kV 变电站一次主接线图 （2）考生自备工作服、绝缘鞋、安全帽					
备注						

评分标准

序号	考核项目名称	质量要求	分值	扣分标准	扣分原因	得分
1	着装	正确着装、棉质长袖工装、穿绝缘鞋、佩戴安全帽及防护用品	10	未按要求着装每项扣 2 分		
2	35kV 变电站一次主接线图识别	正确标识出图纸上变压器、电压互感器、电流互感器、开关、母联、母线，避雷器、站变设备名称	40	没有正确标识出元件名称，每错一处扣 5 分		
3	图纸元件主变开关作用	能正确写出变压器、开关设备的作用	20	（1）没有正确写出电气设备作用，每错一处扣 10 分，描写不全扣 5 分 （2）该项分值扣完为止		
4	图纸元件 CT、PT、BL 作用	能正确写出电压互感器、电流互感器、避雷器设备的作用	30	（1）没有正确写出电气设备作用，每错一处扣 10 分，描写不全扣 5 分 （2）该项分值扣完为止		

说明：　等级：五—初级工；　　四—中级工；　　三—高级工；　　二—技师；　　—高级技师。

行为领域：d—基础技能；　e—专业技能；　f—相关技能。

题型：A—单项操作；B—多项操作；C—综合操作。

鉴定范围：可不填。

2.2.2 BY5JB0102 变压器铭牌参数意义

1. 作业

1) 工器具、材料、设备

(1) 工器具：无。

(2) 材料：220kV 变压器铭牌（型号 SFPSZ－180000/220）、纸张若干、碳素笔一支。

(3) 设备：无。

2) 安全要求

(1) 按照考核场地要求，有人带领进入考试地点。

(2) 考核全过程，严格执行《电业安全工作规程》作业要求。

3) 操作步骤及工艺要求

(1) 按照要求正确着装，佩戴安全帽。

(2) 铭牌上面，字母及数字代表含义写到考试纸上面，字迹工整，表述完整。

(3) 根据给定的铭牌，按考评老师的要求完成。

2. 考核

1) 考核场地

变压器检修实训室。

2) 考核时间

参考时间为 30min，考评员允许开工开始计时，到时即停止工作。

3) 考核要点

正确指出各数字及字母含义。

3. 评分标准

行业：电力工程		工种：变压器检修工				等级：五	
编号	BY5JB0102	行为领域	d	鉴定范围			
考核时限	30min	题型	A	满分	100 分	得分	
试题名称	变压器铭牌参数意义						
考核要点及其要求	正确指出并说明各字母及数字含义						
现场设备、工器具、材料	220kV 变压器铭牌（型号 SFPSZ－180000/220）、纸张若干、碳素笔一支						
备注							

评分标准

序号	考核项目名称	质量要求	分值	扣分标准	扣分原因	得分
1	着装	正确着装，棉质长袖工装，穿绝缘鞋，佩戴安全帽及防护用品	10	未按要求着装每项扣 2 分		
2	变压器铭牌字母	正确指出字母含义：第一个 S 表示三相，F 表示风冷，P 表示强迫油循环，第二个 S 表示三绕组，Z 表示有载调压	30	没有正确指出字母含义，每错一处扣 6 分		

序号	考核项目名称	质量要求	分值	扣分标准	扣分原因	得分
3	变压器铭牌数字	正确指出数字含义：180000 表示容量为 180000kV·A，220 表示高压侧额定电压为 220kV	30	没有正确指出数字含义，每错一处扣 15 分		
4	变压器铭牌参数的意义	变压器为三相强迫油循环、风冷、三绕组、有载调压、220kV 变压器额定容量为 180000kV·A	30	没有正确指出铭牌含义，每处扣 6 分		

说明：　等级：五—初级工；　四—中级工；　三—高级工；　二—技师；　一—高级技师。

行为领域：d—基础技能；　e—专业技能；　f—相关技能。

题型：A—单项操作；　B—多项操作；　C—综合操作。

鉴定范围：可不填。

2.2.3 BY5JB0201 常用电工工具的使用

1. 作业

1) 工器具、材料、设备

(1) 工器具：验电笔、螺钉旋具、电工钳、尖嘴钳、电工刀、活动扳手。

(2) 材料：各种线径导线、绝缘手套、绝缘垫或绝缘靴。

(3) 设备：在线配电盘。

2) 安全要求

(1) 现场周围设置围栏。

(2) 严格执行有关规程、规范，确保人身和设备的安全。

(3) 验电全过程必须有监护人。

3) 操作步骤及工艺要求

(1) 根据给定的工器具，按考评老师要求进行操作。

(2) 使用验电笔验电时要求：选择验电笔是否符合测试电压的要求。

(3) 验电前应戴好绝缘手套，穿好绝缘靴，站在绝缘垫上面验电。

(4) 使用其他工具前应先检查该工具完好性及作用用途，手握姿势正确。

(5) 使用电工钳，检查绝缘柄是否良好，手握姿势是否正确，剪切导线方法正确，剥削导线绝缘层方法正确。

(6) 使用电工刀手握姿势正确，刨削长度量准，刨削方法正确，导线无损伤。

(7) 活动扳手的使用，手握姿势正确，调整扳口开度方法正确，拧紧或拆卸大螺母方法正确，拧紧或拆卸小螺母方法正确。

2. 考核

1) 考核场地

变压器检修实训室。

2) 考核时间

参考时间为 30min，考评员允许开工开始计时，到时即停止工作。

3) 考核要点

(1) 着装规范，要求一人完成操作。

(2) 文明生产，执行《电业安全工作规程》作业要求，工具、材料摆放整齐。

3. 评分标准

行业：电力工程　　　　　　　　　工种：变压器检修工　　　　　　　　　等级：五

编号	BY5JB0201	行为领域	d	鉴定范围		
考核时限	30min	题型	B	满分	100 分	得分	
试题名称	常用电工工具的使用					
考核要点及其要求	(1) 着装规范，独立完成操作 (2) 执行《电业安全工作规程》作业要求 (3) 正确使用工器具					
现场设备、工器具、材料	(1) 工器具：验电笔、螺钉旋具、电工钳、尖嘴钳、电工刀、活动扳手 (2) 材料：各种线径导线、绝缘手套、绝缘垫或绝缘靴 (3) 设备：在线配电盘					

试题名称	常用电工工具的使用
备注	

评分标准

序号	考核项目名称	质量要求	分值	扣分标准	扣分原因	得分
1	着装	按要求着装，棉质长袖工装，穿绝缘鞋、佩戴安全帽及防护用品	5	未按要求着装每项扣2分		
2	验电笔的使用	(1) 握笔姿态正确 (2) 先到确实有电的带电体上验电，检查验电笔是否良好 (3) 检测未知带电体是否有电 (4) 再次到确实有电点的带电体上验电，以检查验电结果的可靠性	20	(1) 姿势错误扣4分 (2) 未检查扣5分 (3) 检测不对扣6分 (4) 未检查扣5分		
3	螺钉旋具的使用	(1) 手握姿势正确 (2) 拧入时用力适当，不伤顶头	10	(1) 姿势不当扣5分 (2) 用力不当使顶头损伤扣5分		
4	电工钳的使用	(1) 口述用法口诀：剪切导线用刀口，剪切钢丝用侧口，扳旋螺母用齿口，弯绞导线用钳口 (2) 检查绝缘柄是否良好 (3) 手握姿势是否正确 (4) 剪切导线方法正确 (5) 剥削导线绝缘层方法正确	20	(1) 不能口述扣5分 (2) 未检查扣2分 (3) 姿势不当扣3分 (4) 方法不当扣5分 (5) 方法不当扣5分		
5	尖嘴钳的使用	(1) 手握姿势正确 (2) 弯绞导线端环	15	(1) 姿势不当扣5分 (2) 弯绞导线端方法不当扣10分		
6	电工刀的使用	(1) 手握姿势正确 (2) 刨削长度量准 例：30mm、50mm长 (3) 刨削方法正确 (4) 导线无损伤	15	(1) 姿势不当扣3分 (2) 量度超差较大扣3分 (3) 刨削方法不当扣4分 (4) 有损伤扣5分		
7	活动扳手的使用	(1) 手握姿势正确 (2) 调整扳口开度方法正确 (3) 拧紧或拆卸大螺母方法正确 (4) 拧紧或拆卸小螺母方法正确	15	(1) 姿势不当扣3分 (2) 方法不当扣3分 (3) 方法不当扣4分 (4) 方法不当扣5分		
8	否决项	否决内容				
8.1	安全否决	发生测试电压短路等危及安全操作违章行为	否决	整个操作项目得0分		
8.2	质量否决	发生验电笔损坏而不能修复	否决	整个操作项目得0分		

说明： 等级：五—初级工； 四—中级工； 三—高级工； 二—技师； 一—高级技师。

行为领域：d—基础技能； e—专业技能； f—相关技能。

题型：A—单项操作； B—多项操作； C—综合操作。

鉴定范围：可不填。

2.2.4 BY5JB0202 万用表的使用

1. 作业

1) 工器具、材料、设备

(1) 工器具：组合电工工具、万用表。

(2) 材料：测量导线、1.5V 电池。

(3) 设备：控制箱或电源箱。

2) 安全要求

(1) 严格执行《电业安全工作规程》有关要求、规范，防止触电伤人，使用万用表前，认真检查完好，无损伤，测试时手指不得超过表笔的档手。

(2) 防止设备损坏：在进行电流测试时，接入电路前先断开电路电源。

(3) 工作周围设围栏。

3) 操作步骤及工艺要求

(1) 根据给定万用表类型，按考评老师要求进行数据测量（注意万用表档位正确使用）。

(2) 准备工作

①规范着装。

②选择工具，外观检查。

③选择材料，外观检查。

(3) 工作过程

①使用前，检查仪表、表笔完整性，熟悉电源开关、量程开关、插口、特殊插口的作用。

②将电源开关置于"ON"位置。

③根据测量的种类及大小，选择转换开关的档位及量程。

④交直流电压的测量，根据需要将量程开关拨到"DC"（直流）或"AC"（交流）的合适档位红表笔插入"V/Ω"孔，黑表笔插入"COM"孔，将表笔与被测线路并联，读数即显示。

⑤交直流电流测试将量程开关拨到"DC"（直流）或"AC"（交流）的合适量程，红表笔插入"MA"或"10A"孔，黑表笔插入"COM"孔，并将万用表串联在被测电路中，即显示读数。

⑥电阻测量将量程开拨到"Ω"的合适量程，红表笔插入"V/Ω"孔，黑表笔插入 COM 孔。

(4) 工作结束，工器具、材料放回原处，清理现场，退场。

(5) 工艺要求及注意事项

①在测量电流、电压时，不得带电换量程。

②测量电阻时，不得带电测试。

③测量不同参数时要选择正确的档位。

2. 考核

1) 考核场地

变压器检修实训室。

2）考核时间

参考时间为 30min，考评员允许开工开始计时，到时即停止工作。

3）考核要点

（1）着装规范。

（2）万用表各档位识别。

（3）万用表各档位作用。

3. 评分标准

行业：电力工程　　　　　　　　工种：变压器检修工　　　　　　　　等级：五

编号	BY5JB0202	行为领域	d	鉴定范围		
考核时限	30min	题型	A	满分	100 分	得分
试题名称	万用表的使用					
考核要点及其要求	（1）给定条件：数字万用表 （2）着装规范，独立完成操作 （3）万用表各档位识别 （4）万用表各档位作用					
现场设备、工器具、材料	（1）工器具：组合电工工具、万用表 （2）材料：测量导线、1.5V 电池 （3）设备：控制箱或电源箱					
备注						

评分标准

序号	考核项目名称	质量要求	分值	扣分标准	扣分原因	得分
1	着装	按要求着装，棉质长袖工装，穿绝缘鞋、佩戴安全帽及防护用品	10	（1）未按要求着装每项扣 2 分 （2）该项分值扣完为止		
2	测量直流电压	（1）估计被测量电压数值，转换开头转向处的适当档位 （2）红表笔插入"＋"孔内，黑表笔插入"－"孔内，黑表笔触及电源负极，红表笔触及电源正极 （3）测量、读数，数值测量准确 （4）测量中不得转换档位	20	（1）转换开关选择档位不对扣 5 分 （2）未区分黑、红表笔扣 5 分 （3）数值测量不准确扣 4 分 （4）测量中转换档位扣 6 分		
3	测量交流电压	（1）估计被测量数值，转换开关转向"V"处适当档位 （2）测量、读数。数值测量准确 （3）测量中不得转换档位	20	（1）转换开关选择档位不对扣 5 分 （2）数值测量不准确扣 5 分 （3）测量中转换档位扣 10 分		

58

序号	考核项目名称	质量要求	分值	扣分标准	扣分原因	得分
4	测量直流电流	（1）估计被测值，转换开关转向"mA"或"A"的适当档位 （2）万用表串入电路红表笔接断开点的正极性端。黑表笔接另一端 （3）测量、读数，数值测量准确 （4）测量中不得转换档位	25	（1）转换开关选择档位不对扣5分 （2）串入错误扣5分 （3）数值测量不准确扣5分 （4）测量中转换档位扣10分		
5	测量电阻	（1）估计被测值，转换开关转向"Ω"处的适当档位 （2）两表笔短路，旋动调节钮进行调零，指针指在"0"位 （3）测量、读数，数值测量准确 （4）测量中不得转换档位或电阻带电测量	25	（1）转换开关选择档位不对扣5分 （2）未调零扣5分 （3）数值测量不准确扣5分 （4）测量中转换档位或电阻带电测量扣10分		
6	否决项	否决内容				
6.1	安全否决	（1）发生人身触电造成伤害 （2）测试电压及电流短路等危及安全操作违章行为	否决	整个操作项目得0分		
6.2	质量否决	测量过程中造成万用表损坏而不能修复	否决	整个操作项目得0分		

说明： 等级：五—初级工； 四—中级工； 三—高级工； 二—技师； 一—高级技师。

行为领域：d—基础技能； e—专业技能； f—相关技能。

题型：A—单项操作； B—多项操作； C—综合操作。

鉴定范围：可不填。

2.2.5　BY5ZY0101　呼吸器硅胶更换

1. 作业

1) 工器具、材料、设备

(1) 工器具：28 件套筒扳手 1 盒、活动扳手 1 把、螺丝刀 1 把。

(2) 材料：变色硅胶 1kg，密封胶垫 2 个，清洁布块足量，变压器油 1kg。

(3) 设备：1kg 悬式呼吸器。

2) 安全要求

(1) 严格执行《电业安全工作规程》规定，做好安全安全措施，办理工作票及两卡，将气体继电器跳闸改投信号。

(2) 防止设备损坏，注意不要损伤玻璃罩。

(3) 工作周围设安全围栏。

3) 操作步骤及工艺要求（含注意事项）

(1) 根据给定的呼吸器类型，按考评老师要求更换变色硅胶。

(2) 准备工作

①规范着装。

②选择工具，外观检查。

③选择材料，外观检查。

(3) 工作过程解体检修

①拆除油封罩。

②拆除穿芯螺杆两侧螺母。

③拆除上下法兰座，取出滤网，倒出失效硅胶。

④将拆下所有部件妥善存放。

⑤清擦并检查上下法兰座应干净、平整、无径向沟痕。

⑥清擦并检查玻璃罩、油封罩、滤网无污垢，无损坏。

(4) 组装

①在呼吸器内装入经筛选的变色硅胶，其颗粒为 4～7mm。

②变色硅胶填充量应是呼吸器整体的 4/5。

③紧固穿芯螺杆使两侧密封胶垫压缩量达到 1/3 左右。

(5) 回装

①将换好硅胶的呼吸器回装，紧固顶部螺钉胶垫压缩量为 1/3。

②呼吸器油杯油位应在低油位与高油位之间，用手紧固后再向松的方向旋转一圈（保证呼吸畅通）。

2. 考核

1) 考核场地

变压器检修实训室。

2) 考核时间

参考时间为 30min，考评员允许开工开始计时，到时即停止工作。

3）考核要点

（1）着装规范。

（2）按硅胶变色工艺要求更换硅胶。

（3）步骤准确，符合《电业安全工作规程》要求。

（4）文明生产，材料设备、工器具摆放整齐，工作完毕现场清理干净。

3．评分标准

行业：电力工程　　　　　　　　工种：变压器检修工　　　　　　　等级：五

编号	BY5ZY0101	行为领域	e	鉴定范围		
考核时限	30min	题型	C	满分	100 分	得分
试题名称	呼吸器硅胶更换					
考核要点及其要求	（1）给定条件：1kg 悬式呼吸器 （2）考生自备工作服、绝缘鞋、安全帽，着装规范，独立完成操作 （3）轻拿轻放，防止发生磕碰现象					
现场设备、工器具、材料	（1）28 件套筒扳手 1 盒、活动扳手 1 把、螺丝刀 1 把 （2）变色硅胶 1kg，密封胶垫 2 个，清洁布块足量，变压器油 1kg （3）1kg 悬式呼吸器					
备注						

评分标准

序号	考核项目名称	质量要求	分值	扣分标准	扣分原因	得分
1	准备	（1）做好个人安全防护措施，着装齐全 （2）做好安全安全措施，办理第二种工作票 （3）向工作人员交待安全措施，并履行确认手续 （4）准备所需的工器具、备品备件、材料 （5）安全措施，将气体继电器跳闸改投信号；办理工作票及两卡 （6）拆除悬式呼吸器的油杯放置不影响工作的位置，松开固定呼吸器上部紧固螺钉取下呼吸器	10	（1）准备工作不到位，未按要求执行每项扣 1 分 （2）该项分值扣完为止		
2	解体	（1）拆除油封罩 （2）拆除穿芯螺杆两侧螺母 （3）拆除上下法兰座，取出滤网，倒出失效的硅胶 （4）将玻璃和拆卸的所有部件妥善存放	25	（1）解体拆卸程序错误每项扣 5 分 （2）该项分值扣完为止		

序号	考核项目名称	质量要求	分值	扣分标准	扣分原因	得分
3	检修	（1）清洗上下法兰座，达到无锈蚀、无污垢 （2）检修上下法兰座密封面，应平整、无径向沟痕 （3）清洗玻璃罩达到清洁、透明。检查玻璃罩密封面应无损伤 （4）检查滤过网应完整、无破损 （5）检查穿芯螺杆两侧螺纹应良好，无滑扣 （6）清洗油封罩达到清洁无污垢	25	（1）清洗不清洁扣3分 （2）密封面存在缺陷未处理扣5分 （3）玻璃罩密封面有损伤未换扣5分 （4）滤过网破损未更换扣5分 （5）穿芯螺杆存在缺陷未更换扣5分 （6）油封罩清洗不洁净扣2分		
4	组装	（1）在呼吸器内装入经筛选的变色硅胶，其颗粒为4～7mm （2）变色硅胶填充量应是呼吸器整体的4/5 （3）紧固穿芯螺杆使两侧密封胶垫压缩量达到1/3左右	20	（1）硅胶未经筛选扣7分 （2）填充量不正确扣6分 （3）玻璃罩密封不严扣7分		
5	回装	（1）将换好硅胶的呼吸器回装，紧固顶部螺钉胶垫压缩量为1/3 （2）呼吸器油杯油位应在低油位与高油位之间，用手紧固后再向松的方向旋转一圈（保证呼吸畅通）	10	（1）呼吸器松动扣5分 （2）安装油杯方法不正确扣5分		
6	填写记录	（1）填写检修记录内容完整、准确、文字工整 （2）结束工作票	5	（1）内容不全、不准确、文字潦乱每项扣1分 （2）该项扣完分为止		
7	安全文明生产	（1）严格执行电业安全工作规程 （2）现场清洁 （3）工具、材料、设备摆放整齐	5	（1）违章作业每次扣1分 （2）不清洁扣1分 （3）工具、材料、设备摆放凌乱扣1分 （4）该项分值扣完为止		
8	否决项	否决内容				
8.1	安全否决	发生人身伤害危及安全作业违章行为 （1）未办理工作票及两卡 （2）未将气体继电器跳闸改投信号	否决	整个操作项目得0分		
8.2	质量否决	检修过程中造成呼吸器损坏，玻璃罩破碎而不能修复	否决	整个操作项目得0分		

说明：　等级：五—初级工；　四—中级工；　三—高级工；　二—技师；　—高级技师。

行为领域：d—基础技能；　e—专业技能；　f—相关技能。

题型：A—单项操作；　B—多项操作；　C—综合操作。

鉴定范围：可不填。

2.2.6 BY5ZY0102 变压器附件识别

1. 作业

1）工器具、材料、设备

（1）工器具：无。

（2）材料：纸张，碳素笔。

（3）设备：SFSZ10－800/35 变压器一台。

2）安全要求

（1）严格执行《电业安全工作规程》规定。做好安全安全措施，注意周围带电设备，保持与带电的安全距离。

（2）防止设备损坏，注意不要损伤玻璃及瓷质设备。

（3）工作周围设安全围栏。

3）操作步骤及工艺要求

（1）根据指定的变压器，按考评老师要求指出变压器附件名称。

（2）规范着装：着棉质长袖工装，穿绝缘鞋，戴安全帽。

（3）正确识别变压器附件要求：油枕，油位计，呼吸器，瓦斯继电器，压力释放阀，净油器，散热器，温度计，一次、二次电缆，高、中、低压侧套管，蝶阀，法兰，有载开关本体，有载开关控制部分，风扇电机，风冷控制箱等。

2. 考核

1）考核场地

变压器检修实训室。

2）考核时间

参考时间为 30min，考评员允许开工开始计时，到时即停止工作。

3）考核要点

（1）着装规范。

（2）SFSZ10－800/35 变压器上各附件名称识别正确。

（3）进入考核现场，应有专人带领进入指定地点。

3. 评分标准

行业：电力工程　　　　　　　工种：变压器检修工　　　　　　等级：五

编号	BY5ZY0102	行为领域	e	鉴定范围			
考核时限	30min	题型	B	满分	100分	得分	
试题名称	变压器附件识别						
考核要点及其要求	（1）给定条件：型号：SFSZ10－800/35 变压器一台 （2）考生自备工作服、绝缘鞋、安全帽，着装规范，独立完成作业 （3）变压器上各附件名称识别正确						
现场设备、工器具、材料	（1）设备：SFSZ10－800/35 变压器一台 （2）材料：纸张，碳素笔						
备注							

评分标准

序号	考核项目名称	质量要求	分值	扣分标准	扣分原因	得分
1	着装	按要求着装，棉质长袖工装，穿绝缘鞋、佩戴安全帽及防护用品	25	(1) 未按要求着装每项扣 5 分 (2) 该项分值扣完为止		
2	变压器附件识别	正确识别变压器附件：一次、二次电缆，温度计，高、中、低压侧套管，散热器，蝶阀，法兰，有载开关本体，风扇电机	30	(1) 没有正确识别出附件名称，每错一处扣 3 分 (2) 该项扣完分为止		
3	变压器控制保护部分	有载开关控制部分，风冷控制箱，压力释放阀，瓦斯继电器，油枕，油位计，呼吸器，净油器	30	(1) 没有正确识别出控制保护部分名称，每错一处扣 3 分 (2) 该项扣完分为止		
4	填写记录结束工作	检修过程的识别记录内容完整、准确、文字工整	10	内容不全、不准确、字迹潦乱每项扣 3 分		
5	安全文明生产	(1) 严格执行《电业安全工作规程》 (2) 现场清洁 (3) 材料、设备摆放整齐	5	(1) 违章作业每次扣 3 分 (2) 不清洁扣 1 分 (3) 材料、设备摆放凌乱扣 1 分		

说明：　等级：五—初级工；　　四—中级工；　　三—高级工；　　二—技师；　　——高级技师。
　　　　行为领域：d—基础技能；　e—专业技能；　f—相关技能。
　　　　题型：A—单项操作；B—多项操作；C—综合操作。
　　　　鉴定范围：可不填。

2.2.7　BY5ZY0103　密封胶垫加工制作

1. 作业

1) 工器具、材料、设备

(1) 工器具：φ300 割圆器 1 个、剪刀一把、250mm 钢板尺 1 个、油性炭素笔 1 支、6in 铁划规 1 个、150mm 油标卡尺 1 把。

(2) 材料：150×150×6（mm）丁腈橡胶板 1 块。

(3) 设备：工作台 1 张。

2) 安全要求

(1) 执行《电业安全工作规程》规定要求。

(2) 防止刀具伤人，作业前检查割圆器完好，各部件紧固良好，防止伤人。

(3) 工作周围设安全围栏。

3) 操作步骤及工艺要求（含注意事项）

(1) 根据给定的图纸，按考评老师要求制作胶垫。

(2) 准备

①规范着装，正确穿戴工作服、安全帽及劳动防护品。

②选择工具，检查工具情况。

③选择材料是否为丁腈橡胶板并外观检查。

(3) 工作过程

①口述丁腈橡胶板的特点。

②丁腈橡胶板外观检查。

③丁腈橡胶板厚度，尺寸是否满足制作要求。

④胶垫切割加工，完毕后检查及尺寸校核。

(4) 工作总结

①工器具、材料放回原处。

②现场清洁，退场。

(5) 工艺要求

①核对使用材料应为丁腈橡胶板。

②用游标卡尺测量其厚度，应为 6mm。

③选择的橡胶板外观检查，应有一定硬度和弹性。且表面平整，无破裂、穿孔、起层、起泡、局部肿大、表面嵌附颗粒等现象。

④胶垫加工后内外径边缘不应存在飞边以及跑刀造成的多级台阶现象。

⑤内外径边缘不应存在起层、起泡现象，否则应重新加工。

⑥内外径允许偏差±1.0mm。

2. 考核

1) 考核场地

变压器检修实训室。

2) 考核时间

参考时间为 30min，考评员允许开工开始计时，到时即停止工作。

3）考核要点

①规范着装，正确穿戴工作服、安全帽及劳动防护品。

②选择工具，检查工具情况。

③选择材料是否为丁腈橡胶板并外观检查。

④选择的橡胶板外观检查，应有一定硬度和弹性。且表面平整、无破裂、穿孔、起层、起泡、局部肿大、表面嵌附颗粒等现象。

⑤胶垫加工后内外径边缘不应存在飞边以及跑刀造成的多级台阶现象。

⑥内外径边缘不应存在起层、起泡现象，否则应重新加工。

⑦内外径允许偏差±1.0mm。

3. 评分标准

行业：电力工程		工种：变压器检修工			等级：五	
编号	BY5ZY0103	行为领域	e	鉴定范围		
考核时限	30min	题型	A	满分	100 分	得分
试题名称	密封胶垫加工制作					
考核要点及其要求	(1) 给定条件，尺寸偏差±1.0mm (2) 着装规范，考生自备工作服、绝缘鞋，独立完成操作					
现场设备、工器具、材料	(1) 设备：工作台 1 张 (2) 材料：150×150×6（mm）丁腈橡胶板 1 块 (3) 工器具：φ300 割圆器 1 个、剪刀一把、250mm 钢板尺 1 个、油性炭素笔 1 支、6in 铁划规 1 个、150mm 油标卡尺 1 把					
备注						

评分标准

序号	考核项目名称	质量要求	分值	扣分标准	扣分原因	得分
1	着装	正确着装，棉质长袖工装，穿绝缘鞋，佩戴安全帽及劳动防护品	10	(1) 未按要求着装、着装不规范每项扣 2 分 (2) 该项分值扣完为止		
2	准备	(1) 核对使用材料应为丁腈橡胶板 (2) 用游标卡尺测量其厚度，应为 6mm (3) 选择的橡胶板外观检查，应有一定硬度和弹性，且表面平整，无破裂、穿孔、起层、起泡、局部肿大、表面嵌附颗粒等现象	20	(1) 未核对材料扣 5 分 (2) 未测量扣 5 分 (3) 材料存在明显缺陷未发现每项扣 2 分 (4) 该项分值扣完为止		
3	制作					
3.1	制作 1	胶垫加工后内外径边缘不应存在飞边以及跑刀造成的多级台阶现象	10	存在飞边、跑刀现象扣 10 分		
3.2	制作 2	内外径边缘不应存在起层、起泡现象，否则应重新加工	20	边缘存在缺陷，未重新加工扣 20 分		

序号	考核项目名称	质量要求	分值	扣分标准	扣分原因	得分
3.3	制作3	内外径允许偏差±1.0mm	20	超出允许偏差扣20分		
4	安全文明生产	（1）严格遵守《电业安全工作规程》 （2）现场清洁 （3）工具、材料摆放整齐	20	（1）违章作业每次扣10分 （2）现场不清洁扣5分 （3）工具材料摆放凌乱扣5分		
5	否决项	否决内容				
5.1	安全否决	发生人身伤害危及安全作业违章行为 刀具伤至他人和伤至自己	否决	整个操作项目得0分		

说明：　等级：　五—初级工；　四—中级工；　三—高级工；　二—技师；　——高级技师。

　　　　行为领域：d—基础技能；　e—专业技能；　f—相关技能。

　　　　题型：A—单项操作；　B—多项操作；　C—综合操作。

　　　　鉴定范围：可不填。

2.2.8 BY5XG0101 安全工具使用

1. 作业

1) 工器具、材料、设备

(1) 工器具：安全带、安全帽。

(2) 材料：无。

(2) 设备：无。

2) 安全要求

安全带、安全帽正确使用方法符合《电业安全工作规程》相关规定。

3) 操作步骤及工艺要求（含注意事项）

(1) 安全带的检查、使用及注意事项

①试验日期在规定日期内（试验期限1年），外观检查无损伤、护套完好、卡簧弹性良好、无起毛断股、无油污。

②正确佩戴。高挂低用，挂在牢固位置或安全带悬挂器上，禁止挂在避雷器及独立支瓶上。

(2) 安全帽外观检查、使用及注意事项

①试验日期在规定日期内（试验期限1年），外观检查无损伤、帽带齐全、无油污。

②正确佩戴。调整帽带适当，下颌带要系牢，任何人进入生产现场应戴安全帽，在低矮部位行走或作业时，防止头部碰撞到尖锐、坚硬的部位，严禁当坐垫使用。

2. 考核

1) 考核场地

变压器检修实训室。

2) 考核时间

参考时间为30min，考评员允许开工开始计时，到时即停止工作。

3) 考核要点

(1) 安全带、安全帽使用范围、注意事项。

(2) 工作服、绝缘鞋、安全帽自备。

3. 评分标准

行业：电力工程		工种：变压器检修工				等级：五	
编号	BY5XG0101	行为领域	d	鉴定范围			
考核时限	30min	题型	B	满分	100分	得分	
试题名称	安全工具使用						
考核要点及其要求	(1) 安全带、安全帽使用范围、注意事项 (2) 独立完成操作						
现场设备、工器具、材料	安全带、安全帽						
备注							

评分标准

序号	考核项目名称	质量要求	分值	扣分标准	扣分原因	得分
1	安全带检查	（1）试验日期在规定日期内（试验期限1年） （2）外观检查无损伤、护套完好、卡簧弹性良好、无起毛断股、无油污	25	（1）未检查试验日期扣5分 （2）外观检查漏一项扣4分		
2	安全带的使用及注意事项	（1）正确佩戴 （2）高挂低用 （3）挂在牢固位置或安全带悬挂器上，禁止挂在避雷器及独立支瓶上	25	（1）使用及注意事项漏一项扣5分 （2）该项分值扣完为止		
3	安全帽检查	（1）试验日期在规定日期内（试验期限1年） （2）外观检查无损伤、无变形、帽带齐全、无油污	25	（1）安全帽试验日期未检查扣5分 （2）外观检查漏一项扣5分		
4	安全帽的使用及注意事项	（1）正确佩戴。调整帽带适当，下颌带要系牢 （2）任何人进入生产现场应戴安全帽 （3）在低矮部位行走或作业时，防止头部碰撞到尖锐、坚硬的部位 （4）严禁当坐垫使用	25	（1）安全帽使用及注意事项漏一项扣5分 （2）该项分值扣完为止		

说明：　等级：　五—初级工；　四—中级工；　三—高级工；　二—技师；　一—高级技师。

行为领域：　d—基础技能；　e—专业技能；　f—相关技能。

题型：　A—单项操作；　B—多项操作；　C—综合操作。

鉴定范围：　可不填。

2.2.9 BY5XG0102 心肺复苏法

1. 作业

1) 工器具、材料、设备工具

(1) 工器具：无。

(2) 材料：纱布或纸巾若干。

(3) 设备：橡皮人。

2) 安全要求

(1) 做胸外按压时要注意不得用力过猛。

(2) 注意清除橡皮人口中的异物。

(3) 严格执行《电业安全工作规程》有关规定。

3) 操作步骤及工艺要求

(1) 判断橡皮人意识，并进行呼救。

(2) 使用低头抬颌法，打开气道。

(3) 实施人工呼吸。

(4) 实施胸外按压。

(5) 进行人工循环，实施心肺复苏法抢救。

(6) 清理工作现场。

2. 考核

1) 考核场地

变压器检修实训室。

2) 考核时间

参考时间为 30min，考评员允许开工开始计时，到时即停止工作。

3) 考核要点

(1) 判断完橡皮人意识后，要有求救行为。

(2) 正确使用低头抬颌法，打开气道，要注意清除橡皮人口中的异物。

(3) 先进行呼吸判断，再进行人工呼吸，次数不得少于 2 次，每次吹气时间 1～1.5s。

(4) 先进行心跳判断，在进行胸外按压，按压时定位要准，按压深度要在 5cm 以上，频率要大于每分钟 100 下。

(5) 人工呼吸与胸外按压循环进行，比例为 2：15，进行 5 个周期。

3. 评分标准

行业：电力工程　　　　　　　工种：变压器检修工　　　　　　　等级：五

编号	BY5XG0102	行为领域	f	鉴定范围		
考核时限	30min	题型	A	满分	100分	得分
试题名称	心肺复苏法					

考核要点及其要求	(1) 判断完橡皮人意识后，要有求救行为 (2) 正确使用低头抬颌法，打开气道，要注意清除橡皮人口中的异物 (3) 先进行呼吸判断，再进行人工呼吸，次数不得少于 2 次，每次吹气时间 1～1.5s (4) 先进行心跳判断，在进行胸外按压，按压时定位要准，按压深度要在 5cm 以上，频率要大于每分钟 100 下 (5) 人工呼吸与胸外按压循环进行，比例为 2∶15，进行 5 个周期 (6) 考生自备工作服独立完成作业
现场设备、工器具、材料	(1) 材料：纱布或纸巾若干 (2) 设备：橡皮人
备注	

评分标准

序号	考核项目名称	质量要求	分值	扣分标准	扣分原因	得分
1	意识判断	(1) 通过拍打双肩，轻声呼唤来判断伤者意识 (2) 进行呼救	10	(1) 未做意识判断扣 5 分 (2) 未向考评员发出求救信号或做出打救护电话 120 手势，扣 5 分		
2	打开气道	(1) 将伤者进行仰卧 (2) 用仰头抬颌法打开气道 (3) 清除口中异物（橡皮人口中假牙）	20	(1) 体位要求：先将橡皮人双手上举，然后将其仰卧，然后将双臂放在躯干两侧，头平躺，方法不对扣 5 分 (2) 使用仰头抬颌法打开气道，一手置于橡皮人前额上稍用力后压，另一手食指置于橡皮人下颌下沿处，将橡皮人向上抬起，使口腔、咽喉呈直线，方法不对扣 10 分 (3) 清除橡皮人口中异物（假牙），未清除扣 5 分		
3	人工呼吸	(1) 判断呼吸 (2) 进行人工呼吸	30	(1) 通过看、听、感三种方法来判断伤者是否有呼吸，少做一种方法扣 5 分 (2) 口对口人工呼吸，要求先将一块纱布放在橡皮人口上，用拇指和食指捏紧橡皮人的鼻孔，然后口对口对橡皮人以中等力量，1～1.5s 的速度向患者口中吹入约为 800mL 的空气，吹至橡皮人胸廓上升，吹气后操作者即抬头侧离一边，捏鼻的手同时松开，让橡皮人呼气，方法不对扣 15 分		

序号	考核项目名称	质量要求	分值	扣分标准	扣分原因	得分
4	胸外按压	(1) 判断心跳 (2) 进行胸外按压的位置明确 (3) 进行胸外按压	30	(1) 触摸橡皮人颈动脉，观察橡皮人心跳，时间不得超过 10s，方法不对扣 10 分 (2) 明确按压位置，先找到肋弓下缘，用一只手的食指和中指沿肋骨下缘向上摸至两侧肋缘于胸骨连接处的剑突穴，以食指和中指放于剑突穴上，将另一只手的掌根部放于食指旁，再将第一只手叠放在另一只手的手背上，两手手指交叉扣起，手指离开胸壁，位置找不对，扣 10 分 (3) 实行按压，前倾上身，双肩位于患者胸部上方正中位置，双臂与患者的胸骨垂直，利用上半身的体重和肩臂力量，垂直向下按压胸骨，深度大于 5cm，频率大于每分钟 100 次，方法不对扣 10 分		
5	循环进行	人工呼吸与胸外按压循环进行，比例为 2∶15，进行 5 个周期	10	(1) 比例不对，扣 5 分 (2) 周期不够扣 5 分		

说明： 等级： 五—初级工； 四—中级工； 三—高级工； 二—技师； ——高级技师。

行为领域： d—基础技能； e—专业技能； f—相关技能。

题型： A—单项操作； B—多项操作； C—综合操作。

鉴定范围： 可不填。

2.2.10 BY5XG0201　创建与编辑工作表

1. 作业

1）工具、材料、设备

（1）工具：无。

（2）材料：无。

（3）设备：装有 Windows 7 操作系统和 WPS Office 或 MS Office 办公软件的计算机，打印机。

2）安全要求

严格执行《电业安全工作规程》有关规定。

3）操作步骤及工艺要求

（1）打开 WPS Office 或 MS Office 程序，新建一个空白 Excel 表格。

（2）按照给定的样张输入在工作表内输入数据。

（3）存盘到指定位置。

（4）将排序后的表格打印出来，交至考评员手中。

2. 考核

1）场地

变压器检修实训室或多煤体教室。

2）考核时间

参考时间为 30min，考评员允许开工开始计时，到时即停止工作。

3）考核要点

（1）凭准考证或身份证开考前 15 分钟内进入考试场地。

（2）不得携带手机、U 盘等其他电子设备进入考试场地。

（3）采用无纸化考试，上机操作，在规定时间内完成指定操作。

（4）在 Windows7 操作系统下，能应用 WPS office 或 MS office 完成文档的创建。

（5）掌握 Excel 表格的一些基本应用。

3. 评分标准

行业：电力工程　　　　　　　工种：变压器检修工　　　　　　　等级：五

编号	BY5XG0201	行为领域	f	鉴定范围			
考核时限	30min	题型	A	满分	100 分	得分	
试题名称	创建与编辑工作表						
考核要点及其要求	（1）凭准考证或身份证开考前 15min 内进入考试场地 （2）不得携带手机、U 盘等其他电子设备进入考试场地 （3）采用无纸化考试，上机操作，在规定时间内完成指定操作 （4）在 Windows 7 操作系统下，能应用 WPS Office 或 MS Office 完成文档的创建 （5）掌握 Excel 表格的一些基本应用 （6）对工作表按照要求进行存盘 （7）将文档打印在 A4 纸上，交至考评员手中 （8）离开机房						

现场设备、工器具、材料	装有 Windows 7 操作系统和 WPS Office 或 MS Office 办公软件的计算机、打印机
备注	

评分标准

序号	考核项目名称	质量要求	分值	扣分标准	扣分原因	得分
1	创建工作表	（1）打开 WPS Office 或 MS Office 程序，新建一个空白工作表 （2）按照给定的样张输入文字内容	10	（1）少输或漏输一项扣 2 分 （2）该项分值扣完为止		
2	排序	对工作表按照用户类别选择升序进行排序行	30	（1）未排序扣 15 分 （2）不是按照用户类别的升序要求排序扣 15 分		
3	存盘	对文档进行存盘，将文件存在桌面技能鉴定文件夹内。文件名为"考生姓名考试文档"	30	（1）存盘位置错误扣 15 分 （2）存盘的文件名称不对扣 15 分		
4	打印	（1）设置单元格格式：选中外边框、内边框、单实线，颜色自动 （2）表格中的文字设置为垂直居中，水平左对齐 （3）将设置好的工作表格打印出来	30	（1）设置单元格式不正确、打印出的表格格式与样表不一样，每项扣 5 分 （2）该项分值扣完为止		

第二部分　中　级　工

1 理论试题

1.1 单选题

La4A1001 图中所注尺寸的意义是( )。

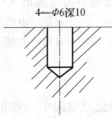

4—Φ6深10

（A）4 个直径为 6mm，深度为 10mm 的光孔
（B）1 个直径为 6mm，深度为 10mm 的光孔
（C）4 个直径为 10mm，深度为 6mm 的光孔
（D）10 个直径为 4mm，深度为 6mm 的光孔
答案：A

La4A1002 图纸上给出的绕组撑条长度比一般绕组高度长( )mm 以上。
（A）400 　　（B）150 　　（C）200 　　（D）100
答案：C

La4A2003 有一毫安表，其表头内阻为 20Ω，量程为 50mA，要改为 10A 电流表，分流电阻是( )Ω。
（A）0.1 　　（B）1.0 　　（C）0.8 　　（D）0.3
答案：A

La4A2004 对称的三相非正弦交流电源中的每相三次谐波电动势为 E_3，三相电源作三角形连接时，在闭合三角形回路内的三次谐波合成电动势为( )。
（A）零 　　（B）E_3 　　（C）$2E_3$ 　　（D）$3E_3$
答案：C

La4A2005 把 220V 的交流电压加在 440Ω 的电阻上，则电阻的电压和电流是( )。
（A）电压有效值 220V，电流有效值 0.5A
（B）电压有效值 220V，电流最大值 0.4A
（C）电压最大值 220V，电流最大值 0.4A

（D）电压最大值 220V，电流有效值 0.4A

答案：A

La4A2006 单臂电桥不能测量小电阻的主要原因是（   ）。

（A）桥臂电阻过大 　　　　　　　　（B）检流计灵敏度不够

（C）电桥直流电源容量太小 　　　　　（D）测量引线电阻及接触电阻影响大

答案：D

La4A2007 纯电容电路中，流过电容器电流的大小（   ）。

（A）由所加电压大小决定 　　　　　　（B）由电压对时间的变化率决定（即频率）

（C）由电压的初相角决定 　　　　　　（D）与所加电压波形决定

答案：B

La4A2008 在 R、L、C 并联的交流电路中，如果总电压相位落后于总电流相位时，则表明（   ）。

（A）$X_L = X_C = R$ 　　　　　　　　（B）$X_L > X_C$

（C）$X_C > X_L$ 　　　　　　　　　　（D）$X_L = X_C$

答案：B

La4A3009 负载的有功功率为 P，无功功率为 Q，电压为 U，电流为 I 时，电阻 R 和电抗 X 的表达式为（   ）。

（A）$R = P/I^2$，$X = Q/I^2$ 　　　　　（B）$R = P/I$，$X = Q/I$

（C）$R = I^2/P^2$，$X = I^2/Q^2$ 　　　　（D）$R = E^2I/P$，$X = E^2I/Q$

答案：A

La4A3010 某电站的输出功率为 P，输电线的电阻为 R，若用电压 U 送电，则在 t 秒内导线上消耗的电能为（   ）。

（A）U^2t/R 　　　（B）$0.24Pt$ 　　　（C）U^2t/P 　　　（D）$(P/U)^2Rt$

答案：D

La4A3011 关于相位说法正确的是（   ）。

（A）交流电在时间 $t = 0$ 时的角度 　　　（B）交流电在时间 $t = T/4$ 时的角度

（C）交流电在时间 $t = T/2$ 时的角度 　　（D）交流电在时间 $t = 3T/4$ 时的角度

答案：A

La4A3012 当正弦交流电流电压有效值不变，频率增加一倍作用于纯电感电路（   ）

（A）流过纯电感的电流不变 　　　　　（B）流过纯电感的电流增加一倍

（C）流过纯电感的电流减小一倍　　　　（D）流过纯电感的电流减小 1.732 倍

答案：**C**

La4A3013　磁场中与磁介质的性质无关的物理量是(　　)。

（A）磁感应强度　　（B）磁场强度　　（C）磁通　　　　（D）导磁系统

答案：**B**

La4A3014　对电力变压器而言，其在铁芯磁化曲线上的工作点通常选在(　　)。

（A）初始阶段　　　（B）直线阶段　　（C）开始饱和阶段　　（D）深度饱和阶段

答案：**C**

La4A3015　在一个未经磁化的铁芯上绕有由绝缘导线制成的线圈，通过调节励磁电流的方式将磁场强度从零增加到 H_m，对应的磁感应强度也从零增加到 B_m，得一原始磁化曲线，减少磁场强度时，磁感应强度的下降曲线将(　　)。

（A）与原始磁化曲线重合　　　　　　（B）高于原始磁化曲线

（C）低于原始磁化曲线　　　　　　　（D）与原始磁化曲线交叉

答案：**B**

La4A3016　线圈匝数一定后，线圈中感应电动势的大小取决于线圈中磁通量的(　　)。

（A）大小　　　　（B）变化量　　（C）变化率　　（D）变化趋势

答案：**C**

La4A4017　对比磁路和电路，磁路中的磁感应强度相当于电路中的(　　)。

（A）电流　　　　（B）电动势　　（C）电流密度　　（D）电压

答案：**C**

La4A4018　判断通电线圈产生磁场的方向是用(　　)确定的。

（A）右手螺旋法则　（B）右手定则　　（C）左手定则　　（D）左、右手都用

答案：**A**

La4A4019　变压器中主磁通是指在铁芯中成闭合回路的磁通，漏磁通是指(　　)。

（A）在铁芯中成闭合回路的磁通

（B）要穿过铁芯外的空气或油路才能成为闭合回路的磁通

（C）在铁芯柱的中心流通的磁通

（D）在铁芯柱的边缘流通的磁通

答案：**B**

La4A4020 磁力线在外磁路中( )。

(A) 由 S 极发出到 N 极不相交

(B) 由 N 极发出到 S 极不相交

(C) 由 N 极发出到 S 极构成闭合曲线不相交

(D) 由 S 极发出到 N 极构成闭合曲线不相交

答案：**B**

La4A4021 铁磁物质的磁导率 μ 与真空的磁导率 μ_0 相比( )。

(A) μ 远大于 μ_0　　(B) μ 略大于 μ_0　　(C) μ 等于 μ_0　　(D) μ 小于 μ_0

答案：**A**

La4A5022 磁路磁阻 R_C 的表达式为( )。

(A) $R_C = \mu l/S$　　(B) $R_C = \mu S/l$　　(C) $R_C = l/\mu S$　　(D) $R_C = S/l\mu$

答案：**C**

La4A5023 三相变压器的三相磁路不对称，正常情况下，三相空载励磁电流不相等，三相芯柱中的磁通量为( )。

(A) 两边相相等，并大于中间相　　　　(B) 两边相相等，并小于中间相

(C) 三相相等　　　　　　　　　　　　(D) 三相不相等，且无规律

答案：**C**

Lb4A1024 三相电力变压器的容量是指在额定运行情况下( )。

(A) 三相中任一相输出的视在功率

(B) 三相输出视在功率的总和

(C) 三相中任一相输出的有功功率

(D) 三相输出有功功率的总和

答案：**B**

Lb4A1025 有一台 320kV·A，Y/y—12 的变压器，其分接开关在Ⅰ位置时，电压比 k_1 为 10.5/0.4；在Ⅱ位置时，电压比 k'_1 为 10/0.4；在Ⅲ位置时，电压比 k''_1 为 9.5/0.4，已知二次绕组匝数 N_2 为 36，问分接开关在Ⅰ、Ⅱ、Ⅲ位置时，一次绕组的匝数 N_1、N'_1、N''_1 分别是( )。

(A) 945 匝、920 匝、855 匝　　　　(B) 945 匝、900 匝、855 匝

(C) 945 匝、920 匝、875 匝　　　　(D) 955 匝、925 匝、855 匝

答案：**B**

Lb4A1026 一台三相降压变压器，连接组标号为 Yd11，一次侧相绕组匝数为 N_1，二次侧绕组匝数为 N_2，该三相变压器的变比为( )。

（A）$K=N_1/N_2$　　（B）$K=\sqrt{3}N_1/N_2$　（C）$N_1/\sqrt{3}N_2$　　（D）$3N_1/N_2$

答案：**B**

Lb4A1027　对称的三相非正弦电流可分解为基波和 3、5、7、9、11、13…n 次谐波，三相同相位的是（　　）。

（A）基波

（B）3 次和 9 次谐波

（C）5 次和 11 次谐波

（D）7 次和 13 次谐波

答案：**B**

Lb4A1028　一台普通的双绕组单相变压器，变比 $K=5$，在将低压方各量折算到高压方时，凡是单位为欧姆的物理量均应乘以（　　）。

（A）25　　　　（B）5　　　　（C）1/5　　　　（D）1/25

答案：**A**

Lb4A1029　电源频率增加一倍，变压器绕组的感应电动势（　　）（电源电压不变为前提）。

（A）增加一倍　　（B）不变　　（C）是原来的 1/2　（D）略有增加

答案：**A**

Lb4A1030　某单相变压器的一次、二次绕组匝数之比等于 25。二次侧额定电压是 400V，则一次侧额定电压是（　　）。

（A）10000V　　（B）20000V　　（C）6000V　　（D）3300V

答案：**A**

Lb4A1031　电源电压不变时，电源频率增加一倍，变压器绕组的感应电动势（　　）。

（A）增加一倍　　（B）不变　　（C）是原来的 1/2　（D）略有增加

答案：**A**

Lb4A1032　某主变压器型号为 OSFPS－120000/220，容量比 $S_1/S_2/S_3$ 为 120000kV・A/120000kV・A/60000kV・A，额定电压比 $U_{1N}/U_{2N}/U_{3N}$ 为 220kV/121kV/11kV，该变压器各侧的额定电流 I_{1N}、I_{2N}、I_{3N} 是（　　）。

（A）384A、593A、3797A

（B）314A、593A、3797A

（C）384A、573A、3149A

（D）314A、573A、3149A

答案：**D**

Lb4A1033　一台三相变压器的 $S_N=60000$kV・A，$U_{1N}/U_{2N}=220$V/11kV，Y/d 联结，低压绕组匝数 $N_2=1100$ 匝，额定电流 I_{1N}、I_{2N} 和高压绕组匝数 N_1 是（　　）。

（A）157A，3149A，12702 匝

（B）189A，3367A，12702 匝

(C) 157A，3149A，15600 匝　　　　(D) 189A，3367A，15600 匝

答案：**A**

Lb4A1034　某电力变压器的型号为 SFL1－8000/35，额定容量为 8000kV·A，$U_{1N}=$ 35kV，$U_{2N}=11$kV，YN，d11 联结，额定负载时，高低压绕组中流过的电流是（　　）。

(A) 132A、242A　(B) 156A、268A　(C) 156A、242A　(D) 132A、268A

答案：**A**

Lb4A1035　一台单相降压自耦变压器，变比 $K=2$，当一次侧电流为 1000A 时，公共绕组中的电流为（　　）。

(A) 500A　　　　(B) 1000A　　　　(C) 2000A　　　　(D) 3000A

答案：**B**

Lb4A1036　电力变压器一次侧加额定电压二次侧开路时，一次侧的电流成为空载电流，它一般为额定电流的（　　）。

(A) 0.1%～0.5%　(B) 2%～10%　(C) 10%～30%　(D) 30%～50%

答案：**B**

Lb4A1037　变比为 K 的自耦变压器的电磁设计容量为铭牌额定容量的（　　）倍。

(A) $K-1$　　　(B) $1/K$　　　(C) $1/（K-1）$　　　(D) $1-1/K$

答案：**D**

Lb4A1038　电力变压器的变比是指变压器在（　　）运行时，一次电压与二次电压的比值。

(A) 负载　　　　(B) 空载　　　　(C) 满载　　　　(D) 欠载

答案：**B**

Lb4A2039　自耦变压器的短路阻抗与普通双绕组变压器相比（　　）。

(A) 自耦变压器的短路阻抗小

(B) 自耦变压器的短路阻抗大

(C) 二者的短路阻抗小

(D) 二者的短路阻抗都大

答案：**A**

Lb4A2040　一般讲，容量愈大，电压愈高，短路阻抗（　　）。

(A) 愈小　　　　(B) 愈大　　　　(C) 与它们无关　　(D) 都不正确

答案：**B**

Lb4A2041 一台三相变压器的连接组标号为 Y，y$_8$，一次侧、二次侧对应线电动势之间的相位关系为（　　）。

(A) 一次侧 E_{uv} 超前二次侧 E_{uv}120°　　(B) 一次侧 E_{uv} 滞后二次侧 E_{uv}120°

(C) 二次侧 E_{uv} 超前一次侧 E_{uv}120°　　(D) 二次侧 E_{uv} 滞后一次侧 E_{uv}150°

答案：C

Lb4A2042 在 Y，y 对称三相电路中，当负载端一相断线时，断线开口处的电压为（　　）。

(A) 相电压　　　　　　　　　　(B) 线电压半

(C) 0.5 倍的相电压　　　　　　(D) 1.5 倍相电压

答案：D

Lb4A2043 在 Y，y 对称三相电路中，当负载端一相断线时，设端线的阻抗可忽略不计，电源中性点和负载中性点之间的电压（　　）。

(A) 仍为零　　　　　　　　　　(B) 为相电压的一半

(C) 为相电压　　　　　　　　　(D) 为线电压

答案：B

Lb4A2044 在 Y，y 对称三相电路中，当负载端一相短路时，设端线的阻抗可忽略不计，另两相负载的电压（　　）。

(A) 仍为相电压　　　　　　　　(B) 降为相电压的一半

(C) 升高为 2 倍相电压　　　　　(D) 升高为线电压

答案：D

Lb4A2045 一台双绕组变压器，高压星形连接绕组额定电压为 10000V，低压中性引出的星形绕组，额定电压为 400V，两个星形连接绕组的电压同相位（钟序数为 D）其连接组标号（　　）。

(A) Y，y$_{n0}$　　　(B) Y，d11　　(C) Y$_N$，y$_{n0}$d11　　(D) Y，y$_0$

答案：A

Lb4A2046 对绕组为 Y，y$_{n0}$ 连接的配电变压器，测二次侧有功电能时需用（　　）。

(A) 三相三线有功电能表　　　　(B) 三相四线有功电能表

(C) 两只单相电能表　　　　　　(D) 一只单相电能表

答案：B

Lb4A2047 三相双绕组变压器相电动势波形最差的连接组别是（　　）。

(A) Y，y 连接的三铁芯柱式变压器

(B) Y，y 连接的三相变压器组

（C）Y，d连接的三铁芯柱式变压器

（D）Y，d连接的三相变压器组

答案：B

Lb4A2048 变压器的一次、二次绕组均接成星形，绕线方向相同，首端为同极性端，接线组标号为Y，y_{n0} 若一次侧取首端，二次侧取尾端为同极性端，则其接线组标号为（　　）。

（A）Y，y_{n0}　　　　（B）Y，y_{n6}　　　　（C）Y，y_{n8}　　　　（D）Y，y_{n12}

答案：B

Lb4A2049 一台三相变压器的连接组标号为Y，d11，一次侧、二次侧首端均标在同极性端，其一次侧 U 相电动势与二次侧 U 相电动势的相位关系为（　　）。

（A）二者同相位

（B）二者相反

（C）一次侧 U 相电动势超前二次侧 U 相电动势 30°

（D）一次侧 U 相电动势滞后二次侧 U 相电动势 30°

答案：A

Lb4A2050 某电力变压器的型号为 SFSZL3－50000/110，额定电压为 $110\pm3\times2.5\%/38.5/11kV$，接线组别为Y，d，y－11－12，对应各抽头，高低压绕组间的电压比 k_1 是（　　）、k_3 是（　　）、k_4 是（　　）。

（A）$k_1=10.75\ k_3=10.25\ k_4=10$　　　（B）$k_1=10.25\ k_3=10\ k_4=9.75$

（C）$k_1=10.75\ k_3=10\ k_4=9.25$　　　（D）$k_1=10\ k_3=10.25\ k_4=10.5$

答案：A

Lb4A2051 空气间隙两端的电压高到一定程度时，空气就完全失去其绝缘性能，这种现象叫作气体击穿或气体放电。此时加在间隙之间的电压叫作（　　）。

（A）安全电压　　　（B）额定电压　　　（C）跨步电压　　　（D）击穿电压

答案：D

Lb4A2052 变压器承受的内部过电压的幅值主要取决于（　　）。

（A）电网额定电压　　　　　　　（B）电网元件参数

（C）变压器本身容量　　　　　　（D）当时气候环境

答案：A

Lb4A2053 沿固体介质表面的放电电压（　　）。

（A）比空气中的放电电压低

（B）比固体介质击穿电压低，但比空气的放电电压高

（C）比固体介质击穿电压高

（D）比空气中的放电电压高

答案：A

Lb4A2054 中性点不接地的10kV系统，当C相断线接地时，指示电压互感器（三卷五柱式）二次侧每相的相电压 U_a、U_b、U_c 是多少（　　）。

（A）U_a、U_b、U_c 都为零

（B）$U_a = U_b = 100V$、$U_c = 0V$

（C）$U_a = U_b = U_c = 100V$

（D）$U_a = U_b = U_c = 220V$

答案：B

Lb4A2055 油浸自冷、风冷变压器规定油箱上层油温不得超过（　　）。

（A）95℃　　　（B）85℃　　　（C）105℃　　　（D）75℃

答案：A

Lb4A2056 变压器油温表测量的温度是指（　　）。

（A）绕组温度

（B）铁芯温度

（C）上层油的平均温度

（D）油枕温度

答案：C

Lb4A2057 自然油冷却的变压器，其重瓦斯的动作流速整定一般为（　　）m/s。

（A）0.9～1.2　　（B）0.7～1.0　　（C）0.5～0.7　　（D）1.0～2.0

答案：B

Lb4A2058 电动机铭牌上的温升是指（　　）。

（A）电动机工作的环境温度

（B）电动机的最高工作温度

（C）电动机的最低工作温度

（D）电动机绕组最高允许温度和环境温度之差值

答案：D

Lb4A2059 变压器的短路损耗要比绕组电阻损耗大，其原因是（　　）。

（A）短路阻抗比电阻大

（B）交流电流是有效值

（C）增加了杂散损耗

（D）增加了铁损

答案：C

Lb4A2060 变压器温度升高时，线圈直流电阻测量值（　　）。

（A）增大　　　（B）降低　　　（C）不变　　　（D）成比例增长

答案：A

Lb4A2061 接在电网中的变压器绝缘承受的大气过电压的幅值主要取决于（　　）。

（A）电网额定电压　　　　　　　　　　（B）电网元件参数

（C）变压器本身容量　　　　　　　　　　（D）雷电参数和防雷措施

答案：**D**

Lb4A2062 中性点不接地的 10kV 系统，当 C 相断线接地时，10kV 系统中性点电压是多少（　　）。

（A）6kV　　　　　（B）10kV　　　　　（C）0kV　　　　　（D）17kV

答案：**A**

Lb4A2063 限流电抗器的作用是（　　）。

（A）补偿线路电容电流，防止线端电压升高，使系统操作过电压有所降低

（B）限制短路电流，提高母线残余电压

（C）降低电容器组投切过程中的涌流倍数和抑制电容器支路的高次谐波，降低操作过电压

答案：**B**

Lb4A2064 为避免发生串联谐振过电压，目前电网大都采用（　　）补偿方式，采用这种补偿方式消弧线圈的容量选择要适当。

（A）全补偿　　　　（B）欠补偿　　　　（C）过补偿　　　　（D）任意

答案：**C**

Lb4A2065 消弧线圈的容量应由（　　）决定，同时必须估计电网发展并按过补偿计算他的容量。

（A）电网内总的电容电流　　　　　　　　（B）负荷电容电流

（C）变压器容量　　　　　　　　　　　　（D）电网的额定电压

答案：**A**

Lb4A2066 当雷电波传播到变压器绕组时，传播端部相邻两匝间的电位差比运行时工频电压作用下（　　）。

（A）小　　　　　（B）差不多　　　　　（C）大很多　　　　　（D）不变

答案：**C**

Lb4A2067 为防止（　　）损坏消弧线圈，在消弧线圈旁应装有避雷器。

（A）操作过电压　　　　　　　　　　　　（B）大气过电压

（C）工频过电压　　　　　　　　　　　　（D）谐振过电压

答案：**B**

Lb4A2068 变压器中性点接地叫( )。

（A）工作接地 （B）保护接地 （C）工作接零 （D）保护接零

答案：A

Lb4A2069 规程规定运行中的风冷油浸电力变压器的上层油温不得超过( )℃。

（A）105 （B）85 （C）75 （D）45

答案：B

Lb4A2070 油浸式变压器绕组温升极限为( )。

（A）75K （B）80K （C）65K （D）55K

答案：C

Lb4A2071 串联电抗器的作用是( )。

（A）补偿线路电容电流，防止线端电压升高，使系统操作过电压有所降低

（B）限制短路电流，提高母线残余电压

（C）降低电容器组投切过程中的涌流倍数和抑制电容器支路的高次谐波，降低操作过电压。

答案：C

Lb4A2072 运行的变压器在( )情况下，不许停用气体保护。

（A）操作低压线路 （B）带电滤油

（C）由下部用油泵补充油 （D）不详

答案：A

Lb4A2073 变压器中性点经消弧线圈接地是为了( )。

（A）提高电网的电压水平

（B）限制变压器故障电流

（C）补偿电网系统单相接地时的电容电流

（D）消除"潜供电流"

答案：C

Lb4A2074 变压器运行会有"嗡嗡"的响声，主要是( )产生的。

（A）整流、电炉等负荷 （B）零、附件振动

（C）绕组振动 （D）铁芯片的磁致伸缩

答案：D

Lb4A2075 自耦变压器中性点必须接地，这是为了避免当高压侧电网内发生单相接地时( )。

（A）中压侧出现过电压 （B）高压侧出现过电压

（C）高、中压侧都出现过电压　　　　（D）低压侧出现过电压

答案：**C**

Lb4A3076　击穿电压与（　　）。

（A）时间的作用长短无关

（B）介质材料有关

（C）电压的作用时间长短和介质的老化均有关

（D）电压和电流的大小均有关

答案：**C**

Lb4A3077　电力系统发生短路会引起（　　）。

（A）电压不变，电流增大　　　　　（B）电流增大，电压降低

（C）电压升高，电流增大　　　　　（D）电流不变，电压降低

答案：**B**

Lb4A3078　在大容量电力变压器油箱上套管的安装孔间有一段不锈钢材料，其目的是（　　）。

（A）加强机械强度　　　　　　　　（B）增加磁阻减少涡流

（C）防止生锈　　　　　　　　　　（D）便于安装检修

答案：**B**

Lb4A3079　电气试验用仪表准确度要求在（　　）以上。

（A）0.5级　　　（B）1.0级　　　（C）0.2级　　　（D）1.5级

答案：**B**

Lb4A3080　衡量电能质量的重要指标是（　　）。

（A）频率、电压、波形　　　　　　（B）频率、电压、功率因数

（C）频率、电压、电流　　　　　　（D）电压、波形、功率因数

答案：**A**

Lb4A3081　一台单相变压器铁芯工作于饱和阶段，空载时磁通和电动势波形为正弦形，励磁电流为（　　）。

（A）正弦波　　　（B）锯齿波　　　（C）平顶波　　　（D）尖形波

答案：**D**

Lb4A3082　将空载变压器从电网切除，对变压器来说（　　）。

（A）会引起激磁涌流　　　　　　　（B）会引起过电压

（C）会引起急剧发热　　　　　　　（D）不会产生任何影响

答案：**B**

Lb4A3083　一般电力变压器激磁电流的标幺值是(　　)。

(A) 0.5～0.8　　　　(B) 0.02～0.1　　　(C) 0.4～0.6　　　(D) 0.5～0.8

答案：**B**

Lb4A3084　变压器的铁损与(　　)有关。

(A) 线圈电流　　　　　　　　　(B) 变压器电压

(C) 与电流、电压均有关　　　　(D) 与容量、电流、电压均有关

答案：**B**

Lb4A3085　一台单相降压变压器的变比为 K，从一次侧看进去的短路阻抗为(　　)。

(A) $Z_k = Z_1 + Z_2$　(B) $Z_k = Z_1 + KZ_2$　(C) $Z_k = Z_1 + K^2 Z_2$　(D) $Z_k = Z_1 + Z_2/K$

答案：**C**

Lb4A3086　三相三铁芯柱变压器空载运行时，三相空载电流的大小关系为(　　)。

(A) 三相都相等　　　　　　(B) 三相都不相等

(C) 中间 V 相大于两边 U、W 相　(D) 中间 V 相小于两边 U、W 相

答案：**D**

Lb4A3087　电动机的额定功率是指在额定运行状态下(　　)。

(A) 从电源输入的电功率　　　(B) 电动机的发热功率

(C) 电动机轴输出的机械功率　(D) 电动机所消耗的功率

答案：**C**

Lb4A3088　两台变比不同的变压器并连接于同一电源时，由于二次侧(　　)不相等，将导致变压器二次绕组之间产生环流。

(A) 绕组感应电动势　　　　(B) 绕组粗细

(C) 绕组长短　　　　　　　(D) 绕组电流

答案：**A**

Lb4A3089　电压互感器的一次绕组的匝数(　　)二次绕组的匝数。

(A) 远大于　　　(B) 略大于　　　(C) 等于　　　(D) 小于

答案：**A**

Lb4A3090　TYD220/3 电容式电压互感器，其额定开路的中间电压为 13kV，若运行中发生中间变压器的短路故障，则主电容 C_1 承受的电压将提高约(　　)。

(A) 5%　　　　(B) 10%　　　(C) 15%　　　(D) 20%

答案：**B**

Lb4A3091 油浸式互感器一般不允许卧式运输，运输倾斜角不宜大于( )。

(A) 15°   (B) 25°   (C) 35°   (D) 45°

答案：**A**

Lb4A3092 三相三绕组电压互感器的铁芯应采用( )。

(A) 双框式   (B) 三相五柱式   (C) 三相壳式   (D) 三相柱式

答案：**B**

Lb4A3093 电流互感器运行时，其一次绕组中的电流大小( )。

(A) 完全取决于被测电路的负荷电流   (B) 取决于二次电流大小

(C) 取决于绕组连接方式   (D) 取决于二次绕组所接负荷的性质

答案：**A**

Lb4A3094 电流互感器的相角误差是指( )的相角差。

(A) 一次电流 i_1 与二次电流 i_2 (B) 一次电流与二次电流的相角差

(C) 电流与电动势   (D) 激磁电流与磁通

答案：**B**

Lb4A3095 三绕组电压互感器的辅助二次绕组是接成( )。

(A) 开口三角形   (B) 三角形   (C) 星形   (D) 曲折接线

答案：**A**

Lb4A3096 变压器铁芯采用相互绝缘的薄硅钢片制造，主要目的是为了降低( )。

(A) 铜耗   (B) 杂散损耗   (C) 涡流损耗   (D) 磁滞损耗

答案：**C**

Lb4A3097 10kV 电压等级的高压线圈对轭铁的最小距离为( )mm。

(A) 25   (B) 20   (C) 30   (D) 35

答案：**A**

Lb4A3098 同一绕组各引出线间的绝缘属( )。

(A) 外绝缘   (B) 主绝缘   (C) 纵绝缘   (D) 半绝缘

答案：**C**

Lb4A3099 为增高击穿电压，缩小变压器的结构尺寸，110kV 及以上的电力变压器的高、低压绕组之间的绝缘结构常采用( )。

(A) 厚纸筒大油道 (B) 厚纸筒小油道 (C) 薄纸筒大油道 (D) 薄纸筒小油道

答案：**D**

Lb4A3100 如果用冷轧硅钢片叠装变压器铁芯，在以下几种叠装方式中，损耗最小的是（　　）。

(A) 直接　　　　(B) 半直半斜　　　(C) 斜接 45°　　　(D) 搭接

答案：C

Lb4A3101 线圈的绕向是按（　　）确定的。

(A) 起头　　　(B) 末端　　　(C) 中部　　　(D) 1/4 处

答案：A

Lb4A3102 变压器绕组出头包扎绝缘多采用（　　）。

(A) 油性漆绸带　　　　　　　(B) 无碱玻璃纤维带

(C) 有机硅玻璃粘带　　　　　(D) 电工白布带

答案：A

Lb4A3103 电力变压器中的铁芯接地属于（　　）。

(A) 工作接地　　　(B) 防静电接地　　　(C) 防雷接地　　　(D) 保护接地

答案：B

Lb4A3104 一般扁导线厚度在 1.25～2.8mm，宽度在 4～10mm，宽度与厚度之比为（　　）范围。

(A) 1～2　　　(B) 2～3　　　(C) 2～5　　　(D) 3～8

答案：C

Lb4A3105 变压器本身采用的过电压保护方法有（　　）。

(A) 加强厚度，采用绝缘剂

(B) 加大绝缘层

(C) 采用避雷器

(D) 加强绝缘，采用纠结式绕阻，增大匝间电容

答案：D

Lb4A3106 引线和分接开关的绝缘属（　　）。

(A) 内绝缘　　　(B) 外绝缘　　　(C) 半绝缘　　　(D) 全绝缘

答案：A

Lb4A3107 下列变压器绝缘中，属于内部主绝缘的是（　　）。

(A) 匝间绝缘　　　　　　　　(B) 绕组对地绝缘

(C) 套管绝缘闪络和泄漏距离　(D) 分接开关各部分间绝缘

答案：B

Lb4A3108 普通双绕组降压变压器一次侧、二次侧绕组匝数及导线截面的相对关系是( )。

（A）一次侧匝数多，导线截面大 （B）一次侧匝数少，导线截面小

（C）一次侧匝数多，导线截面小 （D）一次侧匝数少，导线截面大

答案：**C**

Lb4A3109 对 220kV 的变压器的高压线圈全部采用纠结式，匝间绝缘厚度不小于( )mm。

（A）1.5 （B）1.95 （C）2.5 （D）2.95

答案：**B**

Lb4A3110 变压器的纵绝缘是以冲击电压作用下( )发生的过电压为设计依据。

（A）相绕组之间 （B）绕组对铁芯

（C）绕组的匝间、层间、段间 （D）出线套管之间

答案：**C**

Lb4A3111 运行中的变压器铁芯允许( )。

（A）一点接地 （B）两点接地 （C）多点接地 （D）不接地

答案：**A**

Lb4A3112 在三绕组升压变压器中，三个电压等级的绕组在铁芯柱上由里到外的排列顺序通常是( )。

（A）低压、中压、高压 （B）高压、中压、低压

（C）中压、低压、高压 （D）低压、高压、中压

答案：**C**

Lb4A3113 当叠片系数为 0.92～0.93，铁芯直径在( )mm 以上时，在铁芯叠片间应留有油道。

（A）400 （B）380 （C）360 （D）340

答案：**B**

Lb4A3114 当变压器电压为 60kV 以上且三相绕组均为星形连接时，铁芯夹紧结构的方铁( )。

（A）两端必须与夹件绝缘，但不与铁芯绝缘

（B）一端必须与夹件绝缘，且与铁芯绝缘

（C）两端必须与夹件绝缘，但不与铁芯绝缘

（D）两端与夹件相连，与铁芯不绝缘

答案：**B**

Lb4A3115 小容量电力变压器中一般采用结构简单、绕制方便的(   )。

(A) 连续式绕组   (B) 圆筒式绕组   (C) 螺旋式绕组   (D) 纠结式绕组

答案：**B**

Lb4A3116 当叠片系数为 0.94～0.95，铁芯直径在(   )mm 以上时，在铁芯叠片间应留有油道。

(A) 380   (B) 400   (C) 430   (D) 450

答案：**C**

Lb4A3117 在进行纠结式绕组的纠接连接以前，检查所要焊接的两根导线是否是纠结线的方法是(   )。

(A) 两根导线从纠结单元的两段中分别引出，且在线段中位置相同

(B) 两根导线从纠结单元的两段中分别引出，且互不相通

(C) 两根导线从两个纠结单元中分别引出，且在线段中位置相同；

(D) 两根导线从纠结单元的两段中分别引出，且互相导通

答案：**B**

Lb4A3118 变压器绕组对油箱的绝缘属于(   )。

(A) 外绝缘   (B) 主绝缘   (C) 纵绝缘   (D) 横绝缘

答案：**B**

Lb4A3119 在高压大容量电力变压器中，为了在出现大气过电压时起始电压分布均匀，一般采用(   )。

(A) 纠结式绕组   (B) 连续式绕组   (C) 螺旋式绕组   (D) 圆筒式绕组

答案：**A**

Lb4A3120 在进行纠结式绕组的纠结连接以前，检查所要焊接的两根导线是否是纠结线的方法是(   )。

(A) 两根导线从纠结单元的两段中分别引出，且在线段中位置相同

(B) 两根导线从纠结单元的两段中分别引出，且互不相通

(C) 两根导线从两个纠结单元中分别引出，且在线段中位置相同

(D) 两根导线从两个纠结单元中分别引出，且在线段中位置相同。

答案：**B**

Lb4A3121 有载调压变压器可按各单位批准的现场运行规程的规定过载运行，但过载(   )倍以上时禁止操作有载开关。

(A) 1.1   (B) 1.15   (C) 1.2   (D) 1.25

答案：**C**

Lb4A3122 两台有载调压变并列运行允许在变压器( )额定负荷以下进行调压，不得在单台主变上连续调节两级。

(A) 110%   (B) 100%   (C) 90%   (D) 85%

答案：**D**

Lb4A3123 在有载分接开关中，过渡电阻的作用是( )。

(A) 限制分头间的过电压   (B) 熄弧
(C) 限制切换过程中的循环电流   (D) 限制切换过程中的负载电流

答案：**C**

Lb4A3124 组合型有载分接开关( )。

(A) 结构简单，拆装便利，灵活性强
(B) 结构复杂，价格昂贵，常用于大型变压器
(C) 结构较简单，拆装便利，故大中小型变压器都能用
(D) 结构简单，价格便宜，常用于小型变压器

答案：**B**

Lb4A3125 通常作为变压器后备保护的是( )。

(A) 气体保护   (B) 电流速断保护
(C) 差动保护   (D) 过电流保护

答案：**D**

Lb4A3126 三相电力变压器一次侧线电动势 E_{UV} 超前二次侧线电动 $E_{uv}150°$，该变压器的连接组标号为( )。

(A) Y, y_4 (B) Y, d_5 (C) Y, d_7 (D) Y, y_8

答案：**B**

Lb4A3127 负载取星形连接，还是三角形连接，是根据( )。

(A) 电源的接法而定
(B) 电源的额定电压而定
(C) 负载所需电流大小而定
(D) 电源电压大小，负载额定电压大小而定

答案：**D**

Lb4A4128 对变压器绝缘强度影响最大的是( )。

(A) 温度   (B) 水分   (C) 杂质   (D) 纯度

答案：**B**

Lb4A4129 大型同步发电机和电力变压器绕组绝缘受潮后，其极化指数（　　）。

（A）变大　　　　（B）变小　　　　（C）不变　　　　（D）不稳定

答案：**B**

Lb4A4130 变压器绝缘普遍受潮以后，绕组绝缘电阻、吸收比和极化指数（　　）。

（A）均变小

（B）均变大

（C）绝缘电阻变小、吸收比和极化指数变大

（D）绝缘电阻和吸收比变小，极化指数变大

答案：**A**

Lb4A4131 变压器的气体保护是变压器（　　）的非电量主保护。

（A）绕组相间短路　　　　　　　（B）绕组发热

（C）套管相间短路　　　　　　　（D）铁芯发热

答案：**A**

Lb4A4132 一台 800kV·A 的配电变压器一般应配备（　　）保护。

（A）差动、过流　　（B）过负荷　　（C）过电流、瓦斯　　（D）差动

答案：**C**

Lb4A4133 在用铅、铜、铁、铝四种材料分别制成的相同长度和截面的导线中，电阻最小的是（　　）。

（A）铅　　　　　（B）铜　　　　　（C）铁　　　　　（D）铝

答案：**B**

Lb4A4134 有机玻璃的介电系数为（　　）。

（A）1.1～1.9　　（B）2.1～3.0　　（C）3.3～4.5　　（D）4.7～6.0

答案：**C**

Lb4A4135 材料受外力而不破坏或不改变其本身形状的能力叫强度，其单位用（　　）表示。

（A）N/mm^2　　（B）N/mm　　（C）N/m　　（D）N

答案：**A**

Lb4A4136 常用的冷却介质是变压器油和（　　）。

（A）水　　　　　（B）空气　　　　（C）冷却剂　　　　（D）SF_6

答案：**B**

Lb4A4137 在绝缘材料的诸多性能中，限制变压器最大允许负荷的重要特性是(　　)。

(A) 绝缘特性　　(B) 耐腐蚀性能　　(C) 耐热性能　　(D) 机械性能

答案：**C**

Lb4A4138 影响变压器使用寿命的主要原因是(　　)。

(A) 绝缘　　(B) 导线　　(C) 油箱　　(D) 铁芯

答案：**A**

Lb4A4139 变压器套管等瓷质设备，当电压达到一定值时，这些瓷质设备表面的空气发生放电，叫作(　　)。

(A) 气体击穿　　(B) 气体放电　　(C) 瓷质击穿　　(D) 沿面放电

答案：**D**

Lb4A4140 在变压器高、低压绕组绝缘纸筒端部设置角环是为了防止端部(　　)。

(A) 绝缘水平下降　(B) 结构变形　　(C) 电晕放电　　(D) 沿面放电

答案：**D**

Lb4A4141 用于浸渍电机、电器和变压器绕组的绝缘材料是(　　)。

(A) 1030 醇酸浸渍漆　　　　　(B) 1032 三聚氰醇酸浸渍漆

(C) 1231 醇酸凉干漆　　　　　(D) 1320 和 1321 醇酸灰瓷漆

答案：**A**

Lb4A4142 经耐受 105℃ 的液体介质浸渍过的纸、纸板、棉纱等都属于(　　)绝缘。

(A) A 级　　(B) B 级　　(C) Y 级　　(D) F 级

答案：**A**

Lb4A4143 低碳钢的含碳量小于(　　)。

(A) 0.15%　　(B) 0.2%　　(C) 0.25%　　(D) 0.30%

答案：**C**

Lb4A4144 皱纹纸在油中的电气性能很好，它是由硫酸盐纸浆制成(　　)再加工制成的。

(A) 电缆纸　　(B) 电话纸　　(C) 电容器纸　　(D) 浸渍纸

答案：**A**

Lb4A4145 黄铜是以锌为主加入元素的铜合金，含铜80%的普通黄铜牌号为(　　)。

(A) T80　　(B) 80　　(C) X80　　(D) H80

答案：**D**

Lb4A4146 中碳钢的含碳量为( )。

(A) 0.20%～0.55% (B) 0.25%～0.60%

(C) 0.30%～0.65% (D) 0.35%～0.70%

答案：B

Lb4A4147 变压器的引线一般采用( )进行包绕绝缘。

(A) 薄纸板 (B) 皱纹纸 (C) 电话纸 (D) 电缆纸

答案：B

Lb4A4148 纯瓷套管主要用于( )kV 及以下的电压等级。

(A) 35 (B) 10 (C) 220 (D) 500

答案：A

Lb4A4149 冷轧硅钢片的导磁性能比热轧硅钢片的好，磁通密度允许在( )。

(A) 1.5～1.6T (B) 1.7～1.8T (C) 1.65～1.7T (D) 1.7～1.75T

答案：C

Lb4A4150 变压器中用来叠积铁芯的硅钢片的退火温度一般不低于( )。

(A) 500℃ (B) 800℃ (C) 1000℃ (D) 2000℃

答案：B

Lb4A4151 干燥的电工纸板的介电系数为( )。

(A) 1.1～1.9 (B) 2.5～4.0 (C) 4.0～5.0 (D) 5.0～6.0

答案：B

Lb4A4152 碳素钢是含碳量小于( )的铁碳合金。

(A) 2% (B) 2.11% (C) 3.81% (D) 1.41%

答案：B

Lb4A4153 硅钢片退火的温度一般不低于( )。

(A) 700℃ (B) 800℃ (C) 1000℃ (D) 600℃

答案：B

Lb4A4154 变压器的纯瓷套管主要用于( )kV 及以下的电压等级。

(A) 10 (B) 35 (C) 110 (D) 220

答案：B

Lb4A4155 绝缘材料按耐热等级分为 7 个等级，变压器中所用的绝缘纸板和变压器油都是 A 级绝缘，其耐热温度是(　　)。

(A) 85℃ (B) 95℃ (C) 105℃ (D) 120℃。

答案：**C**

Lb4A4156 匝间绝缘一般采用(　　)mm 的电缆纸。

(A) 0.075～0.12 (B) 0.03～0.05 (C) 0.01～0.05 (D) 0.05～0.09

答案：**A**

Lb4A4157 净油器中的吸附剂用量是根据油的总量确定的，当使用除酸硅胶时，约为总油量的(　　)。

(A) 0.3％～0.5％ (B) 0.75％～1.25％

(C) 1.3％～2％ (D) 2.1％～3％

答案：**B**

Lb4A5158 配置熔断器作为变压器保护，其高低压熔断器的时间配合关系为(　　)。

(A) 高压熔断器的时间应小于低压熔断器的时间

(B) 两熔断器的熔断时间应相等

(C) 低压熔断器的时间应小于高压熔断器的时间

(D) 怎样都行

答案：**C**

Lb4A5159 有一台变压器，其总油量为 6000kg，问净油器中的吸附剂除酸硅胶需用(　　)kg。(除酸硅胶的重量占总油量的 0.75％～1.25％)

(A) 45～75 (B) 30～80 (C) 45～60 (D) 20～75

答案：**A**

Lb4A5160 DW 型无激磁分接开关的动触头与定触头之间，应保持的接触压力为(　　)。

(A) 0.5～1.5kg (B) 2～5kg (C) 9～11kg (D) 7～8kg

答案：**B**

Lb4A5161 只能作为变压器的后备保护的是(　　)保护。

(A) 瓦斯 (B) 过电流 (C) 差动 (D) 过负荷

答案：**B**

Lb4A5162 10kV 套管在变压器箱盖上的最小距离为(　　)mm。

(A) 120 (B) 130 (C) 150

答案：**B**

Lb4A5163 110kV 以上的电力变压器引出线套管一般采用（　　）。

(A) 单体瓷绝缘套管　　　　　　　(B) 有附加绝缘的瓷套管

(C) 充油式套管　　　　　　　　　(D) 电容式套管

答案：**D**

Lb4A5164 新绝缘油的酸值不应大于 0.03mgKOH/g，运行中的油不应大于（　　）。

(A) 0.1mgKOH/g　　　　　　　　(B) 0.2mgKOH/g

(C) 0.3mgKOH/g　　　　　　　　(D) 0.4mgKOH/g

答案：**A**

Lb4A5165 运行中变压器油的水溶性酸允许指标 pH 值不低于（　　）。

(A) 5　　　　　(B) 3.8　　　　　(C) 4.2　　　　　(D) 4

答案：**C**

Lb4A5166 变压器油的酸价（酸值）随使用时间的增长而（　　）。

(A) 不变　　　　(B) 增高　　　　(C) 下降　　　　(D) 减小

答案：**B**

Lb4A5167 油浸式变压器中绝缘油的作用是（　　）。

(A) 绝缘　　　(B) 散热　　　(C) 绝缘和散热　　　(D) 灭弧、绝缘和散热

答案：**C**

Lb4A5168 变压器油中水分增加可使油的介质损耗因数（　　）。

(A) 降低　　　　(B) 增加　　　　(C) 不变　　　　(D) 不定

答案：**B**

Lb4A5169 国家标准中规定的变压器油闪点指的是（　　）。

(A) 闭口闪点　　　(B) 开口闪点　　　(C) 二者均可　　　(D) 不作规定

答案：**A**

Lb4A5170 变压器油老化后产生酸性、胶质和沉淀物，会（　　）变压器内金属表面和绝缘材料。

(A) 破坏　　　　(B) 腐蚀　　　　(C) 强化　　　　(D) 加强

答案：**B**

Lb4A5171 新变压器油在 20℃，频率为 50Hz，其介电系数为（　　）。

(A) 1.1～1.9　　　(B) 2.1～2.3　　　(C) 3.1～3.3　　　(D) 4.1～4.9

答案：**B**

Lb4A5172 （　　）kV・A 及以上电力变压器应采取措施保证变压器油不与空气直接接触（如装隔膜装置）。

(A) 8000kV・A   (B) 16000kV・A

(C) 3150kV・A   (D) 6300kV・A

答案：**A**

Lc4A1173 锉刀的粗细等级为 1 号纹、2 号纹、3 号纹、4 号纹、5 号纹五种；3 号纹用于（　　）。

(A) 中粗锉刀   (B) 细锉刀   (C) 双细锉刀   (D) 油光锉刀

答案：**B**

Lc4A1174 垂直吊起一轻而细长的物体应打（　　）。

(A) 倒背扣   (B) 活扣   (C) 背扣   (D) 直扣

答案：**A**

Lc4A2175 力偶只能使物体转动，力偶（　　）。

(A) 没有合力   (B) 可以有一个外力与它平衡

(C) 有合力   (D) 不能用力偶平衡

答案：**A**

Lc4A2176 三角皮带以两侧斜面与轮槽接触，因此，在同样的初拉力下，其摩擦力是平型带的（　　）倍。

(A) 2   (B) 2.5   (C) 3   (D) 5

答案：**C**

Lc4A2177 氩弧焊时，要保持电弧（　　）。

(A) 越大越好   (B) 越小越好   (C) 稳定   (D) 不稳定

答案：**C**

Lc4A2178 变压器温度上升，绕组绝缘电阻（　　）。

(A) 变大   (B) 变小   (C) 不变   (D) 变得不稳定

答案：**B**

Lc4A2179 在配电所现场检修变压器和油断路器时，禁止使用喷灯。其他部位使用明火时，与带电部位的距离，10kV 及以下电压时不小于（　　）m。

(A) 1.5   (B) 2   (C) 3   (D) 5

答案：**A**

Lc4A2180 在火灾危险环境中，对装有电气设备的箱、盒等，应用（　　）制品。

（A）塑料　　　　　（B）木　　　　　（C）易燃　　　　　（D）金属

答案：**D**

Lc4A3181 油量在 2500kg 及以上的变压器与油量在 600kg 及以上的充油电气设备之间，其防火距离不应小于（　　）。

（A）3m　　　　　（B）10m　　　　　（C）5m　　　　　（D）8m

答案：**C**

Lc4A3182 不论高压设备带电与否，值班人员不得单独移开，或越过遮栏进行工作；若有必要移遮栏时，必须有监护人在场，检查 10kV 所用变压器必须保持足够安全距离，应不小于：（　　）。

（A）0.4m　　　　（B）0.5m　　　　（C）0.7m　　　　（D）1m

答案：**C**

Lc4A3183 为了保障人身安全，将电气设备正常情况下不带电的金属外壳接地称为（　　）。

（A）工作接地　　　（B）保护接地　　　（C）工作接零　　　（D）保护接零

答案：**B**

Lc4A3184 在梯子上工作时，梯与地面的斜角度为（　　）度左右。

（A）50　　　　　（B）60　　　　　（C）70　　　　　（D）80

答案：**B**

Lc4A3185 当高压电气设备发生接地时，值班人员在室内不得接近故障点（　　）以内。

（A）2m　　　　　（B）3m　　　　　（C）4m　　　　　（D）5m

答案：**C**

Lc4A3186 进行大中型变压器高压套管顶端工作时，要特别注意高空作业人身安全，登高时可采用（　　）。

（A）工作人员携带安全带直接攀登　　　（B）用小竹梯靠在导管上攀登

（C）采用脚手架或高空作业升降平台　　　（D）都不对

答案：**C**

Lc4A3187 变电所主变压器停电或事故停电时电气值班人员可进行下列工作：（　　）。

（A）清扫主变上部杂物和油污

（B）检查主变高低压桩头测温片，必要时更换

（C）进行主变周围巡视、清扫、不触及设备本体

（D）立即合上主变开关

答案：C

Lc4A3188 手提照明灯不准用作（　　）V 的普通电灯。

（A）220　　　　　（B）36　　　　　（C）18　　　　　（D）6

答案：A

Lc4A4189 电气值班人员进行主变投运或停用操作中发生疑问时（　　）。

（A）应立即停止操作并向值班调度员或值班负责人报告

（B）应更改操作票

（C）应由值班长修改操作内容更改操作票内容

（D）应由变电所所长修改操作内容更改操作票内容

答案：A

Lc4A4190 喷灯在使用前应先加油，油量为储油罐的（　　）。

（A）1/2　　　　　（B）3/4　　　　　（C）1/3　　　　　（D）1/4

答案：B

Lc4A4191 电气试验用仪表准确度要求在（　　）以上。

（A）0.5级　　　　（B）1.0级　　　　（C）0.2级　　　　（D）1.5级

答案：A

Lc4A4192 在下述种类的电工仪表中，精确度差的是（　　）。

（A）磁电系仪表　　（B）电磁系仪表　　（C）电动系仪表　　（D）数字仪表

答案：B

Lc4A5193 异步电动机转子的转速与旋转磁场的关系是（　　）。

（A）转子转速小于磁场转速　　　　　（B）转子转速大于磁场转速

（C）转子转速等于磁场转速　　　　　（D）转子转速与磁场转速无关

答案：A

Lc4A5194 控制三相异步电动机正、反转是通过改变（　　）实现的。

（A）电流大小　　（B）电流方向　　（C）电动机结构　　（D）电源相序

答案：D

Jd4A1195 钢丝绳用于以机器为动力的起重设备时，其安全系数应取5～6；用于绑扎起重物的绑扎绳时，安全系数应取（　　）。

（A）10　　　　　　　（B）5　　　　　　　（C）3　　　　　　　（D）2

答案：A

Jd4A2196 滚动法搬动设备时，放置滚杠的数量有一定要求，如滚杠较少，则所需要的牵引力（　　）。

（A）增加　　　　　（B）减少　　　　　（C）不变　　　　　（D）增减都可能

答案：A

Jd4A2197 吊钩在使用时，一定要严格按规定使用。在使用中（　　）。

（A）只能按规定负荷的70%使用

（B）不能超负荷使用

（C）只能超过规定负荷的10%

（D）可以短时按规定负荷的一倍半使用

答案：B

Jd4A2198 千分尺是属于（　　）量具。

（A）标准　　　　　（B）专用　　　　　（C）游标　　　　　（D）微分

答案：D

Jd4A2199 用电桥法测量直流电阻，当被测试电阻在10Ω以上时，一般采用（　　）法测量。

（A）单臂电桥　　　（B）双臂电桥　　　（C）西林电桥　　　（D）都不对。

答案：A

Jd4A3200 普通万用表的交流档，测量机构反映的是（　　）。

（A）有效值，定度也按有效值

（B）平均值，定度是按正弦波的有效值

（C）平均值，定度也按平均值

（D）峰值，定度也按峰值

答案：B

Jd4A3201 要测量380V的交流电动机绝缘电阻，应选用额定电压为（　　）的绝缘电阻表。

（A）250V　　　　　（B）500V　　　　　（C）1000V　　　　　（D）1500V

答案：B

Jd4A3202 测3kV以下交流电动机的绕组绝缘电阻，宜采用（　　）兆欧表。

（A）250V　　　　　（B）1000V　　　　　（C）2500V　　　　　（D）5000V

答案：B

Jd4A3203 为修复万用表，需绕制一个 3Ω 的电阻，若选用截面积为 0.21mm^2 的锰铜丝，问需要(　　)m。($\rho=0.42\Omega\text{mm}^2/\text{m}$)

(A) 1.0 　　　　(B) 0.8 　　　　(C) 2.3 　　　　(D) 1.5

答案：**D**

Jd4A3204 兆欧表输出的电压是(　　)电压。

(A) 直流 　　　(B) 正弦交流 　　　(C) 脉动的直流 　　　(D) 非正弦交流

答案：**C**

Jd4A4205 测量变压器绕组的绝缘电阻时，所谓的稳定值是指兆欧表施加的直流电压与(　　)的比值。

(A) 充电电流

(B) 吸收电流

(C) 泄漏电流

(D) 充电电流、吸收电流和泄漏电流三者之和

答案：**C**

Jd4A4206 配电变压器大修后测量绕组直流电阻时，当被测绕组电阻不超过 10Ω，应采用(　　)进行测量

(A) 万用表 　　　(B) 单臂电桥 　　　(C) 双臂电桥 　　　(D) 西林电桥

答案：**C**

Jd4A4207 测量电力变压器的绕组绝缘电阻、吸收比或极化指数，宜采用(　　)兆欧表。

(A) 2500V 或 5000V 　　　　　(B) 1000V～5000V

(C) 500V 或 1000V 　　　　　(D) 500～2500V

答案：**A**

Jd4A5208 在下述种类的电工仪表中，不能交流、直流两用的是(　　)。

(A) 磁电系仪表 　　　　　(B) 电磁系仪表

(C) 电动系仪表 　　　　　(D) 数字仪表

答案：**A**

Je4A1209 考验变压器绝缘水平的一个决定性试验项目是(　　)。

(A) 绝缘电阻试验 　　　　　(B) 工频耐压试验

(C) 变压比试验 　　　　　(D) 介质损失角

答案：**B**

Je4A2210 油浸电力变压器的呼吸器硅胶的潮解不应超过（　　）。

(A) 1/2 　　　　(B) 1/3 　　　　(C) 1/4 　　　　(D) 1/5

答案：**A**

Je4A2211 发电机、变压器绕组绝缘受潮后，其吸收比（　　）。

(A) 变大 　　　　(B) 变小 　　　　(C) 不变 　　　　(D) 不稳定

答案：**B**

Je4A3212 起吊变压器本体（或钟罩）时，吊绳的夹角应不大于（　　）。

(A) 45° 　　　　(B) 60° 　　　　(C) 75° 　　　　(D) 90°

答案：**B**

Je4A3213 观察变压器绕组纸绝缘状态时，如色泽略暗，绝缘稍硬，但用手按压时无开裂脱落现象，说明（　　）。

(A) 绝缘良好

(B) 为合格状态，尚可使用

(C) 为不十分可靠状态，尚可短时运行

(D) 绝缘劣化，已不能用

答案：**B**

Je4A4214 变压器绕组的扁铜导线进行搭接焊接时，导线端部应先锉成对称的斜面，搭接长度应为导线宽度的（　　）倍。

(A) 0.5～1 　　　　(B) 1.5～2 　　　　(C) 3～4 　　　　(D) 5～6

答案：**B**

Je4A5215 引线或出头绝缘搭接处削出的锥形斜梢长度为（　　）。

(A) 一般应不小于绝缘厚度的 6 倍 　　　　(B) 一般应不大于绝缘厚度的 6 倍

答案：**A**

Jf4A1216 在火灾危险环境中，对装有电气设备的箱、盒等，应用（　　）制品。

(A) 塑料 　　　　(B) 木 　　　　(C) 易燃 　　　　(D) 金属

答案：**D**

Jf4A1217 油浸电力变压器、电压互感器，电流互感器其交接工频耐压试验值分别为出厂值的（　　）。

(A) 85%、85%、90% 　　　　(B) 85%、90%、90%

(C) 90%、90%、90% 　　　　(D) 90%、85%、90%

答案：**B**

Jf4A1218 规程规定电力变压器，电压、电流互感器交接及大修后的交流耐压试验电压值均比出厂值低，这主要是考虑（   ）。

（A）试验容量大，现场难以满足

（B）试验电压高，现场不易满足

（C）设备绝缘的积累效应

（D）绝缘裕度不够

答案：C

Jf4A2219 在三相变压器中，三相五柱式变压器的开口电压（   ）三相铁芯式变压器的开口电压。

（A）大于　　　　　（B）小于　　　　　（C）等于　　　　　（D）无法确定

答案：A

Jf4A2220 变压器感应耐压试验的作用是考核变压器的（   ）强度。

（A）主绝缘　　　（B）匝绝缘　　　（C）层绝缘　　　（D）主绝缘和纵绝缘

答案：D

Jf4A2221 从变压器（   ）试验测得的数据中，可求出变压器阻抗电压百分数。

（A）空载损耗和空载电流　　　　　（B）电压比和联结组标号

（C）交流耐压和感应耐压　　　　　（D）负载损耗和短路电压及阻抗

答案：D

Jf4A2222 下列缺陷中能够由工频耐压试验考核的是（   ）。

（A）线圈匝间绝缘损伤

（B）外线圈相间绝缘距离过小

（C）高压线圈与高压分接引线之间绝缘薄弱

（D）高压线圈与低压线圈引线之间绝缘薄弱

答案：D

Jf4A2223 变压器温度升高时，绝缘电阻测量值（   ）。

（A）增长　　　　（B）降低　　　　（C）不变　　　　（D）成比例增长

答案：B

Jf4A2224 变压器绝缘的介质损耗与（   ）成正比。

（A）外加电压平方和电源频率平方　　（B）外加电压和电源频率

（C）外加电压和电源频率平方　　　　（D）外加电压平方和电源频率

答案：D

Jf4A3225 介质损失角试验能够反映出绝缘所处的状态，但（　　）。

（A）对局部缺陷反应灵敏，对整体缺陷反应不灵敏

（B）对整体缺陷反应灵敏，对局部缺陷反应不灵敏

（C）对整体缺陷和局部缺陷反应都不灵敏

（D）对整体缺陷和局部缺陷反应都灵敏

答案：B

Jf4A3226 测量变压器绕组绝缘的 $\tan\delta$ 时，非被试绕组应（　　）。

（A）对地绝缘　　（B）短接　　（C）开路　　（D）短接后接地或屏蔽

答案：D

Jf4A3227 测量变压器绕组直流电阻时除抄录其铭牌参数编号之外，还应记录（　　）。

（A）环境空气湿度　　　　　　　　　（B）变压器上层油温（或绕组温度）

（C）变压器散热条件　　　　　　　　（D）变压器油质试验结果

答案：B

Jf4A3228 运行油浸电力变压器更换绕组后，其交流耐压试验值为出厂试验值的（　　）。

（A）50%　　　　（B）65%　　　　（C）75%　　　　（D）85%

答案：A

Jf4A3229 进行直流泄漏或直流耐压试验时，在降压断开电源后，应对试品进行放电。其放电操作的最佳方式是（　　）将试品接地放电。

（A）直接用导线

（B）通过电容

（C）通过电感

（D）先通过电阻接地放电，然后直接用导线。

答案：D

Jf4A3230 外绝缘配置不满足污区分布图要求及防覆冰（雪）闪络、大（暴）雨闪络要求的输变电设备应予以改造，中重污区的防污闪改造应优先采用（　　）防污闪产品。

（A）铝制　　　（B）硅橡胶类　　　（C）塑料　　　（D）漆式

答案：B

Jf4A3231 依据十八项反措规定（　　）及以上电压等级的变压器都应进行抗震计算。

（A）35　　　　（B）110　　　　（C）220　　　　（D）500

答案：C

Jf4A3232 （　　）kV 及以上电压等级变压器须进行驻厂监造。

(A) 35 　　　(B) 110 　　　(C) 220 　　　(D) 500

答案：C

Jf4A3233 为防止出口及近区短路，10kV 的线路、变电站出口（　　）公里内宜考虑采用绝缘导线。

(A) 1 　　　(B) 2 　　　(C) 3 　　　(D) 4

答案：B

Jf4A3234 充气运输的变压器运到现场后，必须密切监视气体压力，压力低于（　　）要补干燥气体。

(A) 0.01MPa 　　　(B) 0.1MPa 　　　(C) 0.01kPa 　　　(D) 0.1kPa

答案：A

Jf4A4235 现场放置时间超过（　　）个月的变压器应注油保存，并装上储油柜和胶囊，严防进水受潮。

(A) 1 　　　(B) 2 　　　(C) 3 　　　(D) 4

答案：C

Jf4A4236 充气运输的变压器运到现场后，必须密切监视气体压力，压力过低时要补干燥气体，现场放置时间超过（　　）月应注油保存。

(A) 3 　　　(B) 4 　　　(C) 6 　　　(D) 12

答案：A

Jf4A4237 对运行年限超过（　　）年储油柜的胶囊和隔膜应更换。

(A) 5 　　　(B) 10 　　　(C) 15 　　　(D) 20

答案：C

Jf4A4238 强油导向的变压器潜油泵，应选用转速不大于（　　）r/min 的低速潜油泵。

(A) 1200 　　　(B) 1400 　　　(C) 1500 　　　(D) 1600

答案：C

Jf4A4239 强油循环结构的潜油泵启动应逐台启用，延时间隔应在（　　）秒以上。

(A) 25 　　　(B) 30 　　　(C) 40 　　　(D) 50

答案：B

Jf4A5240 强迫油循环的冷却系统必须配置（　　）独立的电源，并采用自动切换装置

(A) 一个 　　　(B) 两个 　　　(C) 两个以上 　　　(D) 三个

答案：B

Jf4A5241 为保证气体继电器（瓦斯继电器）可靠动作，要求变压器大盖沿油枕方向应有( )升高坡度。

(A) 1%至 1.5% (B) 2.2%至 4%

(C) 4%至 6% (D) 6%至 10%

答案：A

Jf4A5242 变压器在充氮运输或保管时，必须有压力监视装置，压力应保持( )MPa。

(A) 0.1～0.2 (B) 0.2～0.3

(C) 0.4～0.5 (D) 0.01～0.03

答案：D

1.2 判断题

La4B1001 图样上所注的尺寸是基本尺寸。（√）

La4B1002 图纸中完整的尺寸是由尺寸线、尺寸界线、箭头、尺寸数字 4 部分组成的。（√）

La4B2003 电路中两点的电压随零电位点选择不同而不同。（×）

La4B2004 在三相三线制电路中，不论三相负载是否对称，三个线电流的相量之和等于零。（√）

La4B2005 变压器的输出侧容量与输入侧容量之比称为变压器效率。（×）

La4B2006 下图所示，磁铁插入闭合线圈产生的感生电动势的方向已知，这时磁铁的运动方向向下。（√）

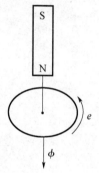

La4B2007 条形磁铁两端具有 S、N 两极，从当中折断后分成两块，一块只具有 N 极，另一块只具有 S 极。（×）

La4B3008 磁力线是磁场中实际存在着的若干曲线，从磁极 N 出发而终止于磁极 S。（×）

La4B3009 磁力线始于 N 极，终止于 S 极。（×）

La4B3010 线圈中通入直流电流，进入稳定状态后会产生自感电动势。（×）

La4B3011 下图所示，线圈 A 固定不动，线圈 B 可以绕 OO′轴自由转动，则 B 将逆时针转动（由 O′侧看）。（√）

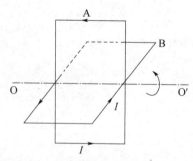

La4B3012 下图所示，互感线圈 1、线圈 4（或线圈 2、线圈 3）是同名端。（√）

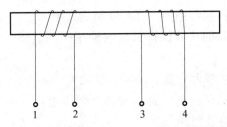

La4B3013 当电流增大时，线圈两端产生的自感电动势的极性如下图所示。（√）

La4B3014 载流导线周围存在的磁场是由感应来的。（×）

La4B4015 在磁场中，导线切割磁力线产生的感应电动势的大小与以下因素有关：①导线的有效长度；②导线垂直于磁场方向的运动速度；③磁感应强度。（√）

La4B4016 一铁芯绕组的磁路有可调气隙，如果流过绕组的电流大小和磁路总长度不变，当磁路气隙增大时，磁路中磁通会减少。（√）

La4B4017 铁磁物质通过交变磁通时产生的磁滞损耗与其磁滞回线所包围的面积成正比。（√）

La4B4018 在通有交流励磁电流的铁芯线圈中，由于磁通是由励磁电流建立的，所以励磁电流与磁通同相位。（×）

La4B5019 电磁功率对电动机来说，就是吸取机械能转化为电能的这部分功率。（×）

La4B5020 由于没有严格的磁绝缘材料，磁路中不存在开路或短路的概念。（√）

Lb4B1021 三相负载作三角形连接时，若测出的三个相电流相等，则三个线电流也必然相等。（×）

Lb4B1022 电压比是指变压器空载运行时，一次电压与二次电压的比值。（√）

Lb4B1023 变压器一次绕组电流与二次绕组电流之比等于一次绕组电压与二次绕组电压之比的倒数。（√）

Lb4B1024 在设计电力变压器时，磁通密度的选择应考虑变压器在过激磁5％时，在空载下能连续运行。（√）

Lb4B1025 变压器额定相电压之比等于其对应相匝数之比。（√）

Lb4B1026 一台连接组标号为 Y，d11 的电力变压器，其一次侧、二次侧线电压的比值为 35000V/1000V，其一次侧、二次侧绕组的匝数比为 35。（×）

Lb4B1027 无论三相变压器的三相绕组怎么连接，其变比都等于相绕组的匝数比。（×）

Lb4B1028 在进行变压器连接组试验时，目前采用的较为广泛的方法有双电压表法、直流法、相位表和变比电桥法。（√）

Lb4B1029 变压器在带负载时不产生空载损耗。（×）

Lb4B1030 全绝缘变压器可不装设接地保护。（×）

Lb4B1031 变压器的铁损和铜损一样，随负荷大小而变。(×)

Lb4B1032 由于变压器的瓦斯保护只反映油箱内部故障，因此不能作为变压器主保护。(×)

Lb4B1033 变压器的铁损和铜损，均随负载的大小而变。(×)

Lb4B2034 变压器启动试运行，是指设备开始带电，并带一定的负荷即可能的最大负荷连续运行 24h 所经历的过程。(√)

Lb4B2035 对于 2000～10000kV·A 及以下较小容量的变压器，由于变压器容量不大，在降压变电所电源侧的引出端和受电侧引出端上发生故障时，流过故障点的短路电流值相差很大，但电流速断保护对受电侧套管及引出线发生故障还是能起保护作用的。(×)

Lb4B2036 当变压器的储油柜或防爆管发生喷油时，应立即停止运行。(√)

Lb4B2037 消弧线圈常采用过补偿运行。(√)

Lb4B2038 中性点不接地系统单相金属性接地时，线电压仍然对称。(√)

Lb4B2039 变压器油顶层温升限值为 55K，当超过此温度时应经一定延时后将变压器切除。(×)

Lb4B2040 中性点经消弧线圈接地的系统属于大接地电流系统。(×)

Lb4B2041 变压器按用途可以分为：电力变压器、试验变压器、测量变压器、调压器、特种变压器。(√)

Lb4B2042 电压互感器的误差分为电压误差和电流误差两部分。(×)

Lb4B2043 国标 GB 1094.1—85 规定：电力变压器正常的使用条件是海拔不超过 1000m，最高气温 40℃，最高日平均气温 30℃，最高年平均气温 20℃，最低气温 −30℃（适用于户外式变压器）或 −5℃（适用于户内式变压器）。(√)

Lb4B2044 某变电所运行中主变发生事故时，变电所值班人员应接受本局局长或主任工程师领导，进行有关事故处理工作。(×)

Lb4B2045 变压器的过电流保护不仅可以反映变压器油箱内部短路故障，也可反映套管和引出线故障。(√)

Lb4B2046 轻瓦斯保护的动作容积一般整定为 25～30cm³。(×)

Lb4B2047 气体继电器保护可以作为消除变压器内部故障的主保护。(√)

Lb4B2048 继电保护装置必须满足下列四项基本要求：选择性、快速性、灵敏性、可靠性。(√)

Lb4B2049 气体继电器保护的功能按作用原理不同又可分为轻瓦斯保护和重瓦斯保护。(√)

Lb4B2050 规程规定容量在 560kV·A 以下的配电变压器可采用熔断器保护。(√)

Lb4B2051 变压器瓦斯继电器应逐步更换为 QJ 型瓦斯继电器。(√)

Lb4B2052 为了工作方便，可以在电流互感器的二次侧装设熔断器。(×)

Lb4B2053 当变压器绕线发生匝间短路时，在短路的线匝内流着超过额定数值的电流，但在变压器外电路中的电流值还不足以使变压器的过电流保护或差动保护动作，在这种情况下，瓦斯保护却能动作。(√)

Lb4B2054 反应外部相间短路的过电流保护可作为变压器主保护的后备。(√)

Lb4B2055 为反映由于外部故障而引起的变压器过电流，一般变压器还应装设过电流保护。（√）

Lb4B2056 瓦斯继电器的二次线不允许直接接入晶体管保护。（√）

Lb4B2057 有一台1600kV·A的配电变压器，一般按规程要求应装设过电流、电流速断、瓦斯、过负荷保护及过电流、电流速断、瓦斯、过负荷和温度信号装置。（√）

Lb4B2058 变压器套管表面脏污和潮湿并不会造成沿面闪络电压的下降。（×）

Lb4B2059 自耦变压器的几何尺寸是由通过容量决定的。（×）

Lb4B2060 在各变电所采用的断路器中，均含有多油断路器、少油断路器、空气断路器、六氟化硫断路器、真空断路器等五个类型。（×）

Lb4B2061 沿固体介质表面的放电电压与气象条件无关。（×）

Lb4B2062 过电压可分为大气过电压和内部过电压。（√）

Lb4B2063 沿固体介质表面的放电电压与固体表面状态无关。（×）

Lb4B2064 瓷绝缘发生污闪的两个必要条件是表面落有脏污粉尘和表面干燥。（×）

Lb4B3065 各变电所的一次设备中均有：变压器、开关、母线、绝缘子、消弧线圈、电抗器、防雷接地装置等设备。（×）

Lb4B3066 为保证变压器的瓦斯保护可靠动作，由变压器到油枕的油管应有升高坡度。（√）

Lb4B3067 空气中沿固体介质表面的放电电压比同样的空气间隙放电电压高。（×）

Lb4B3068 变压器的空载损耗主要是空载电流流过一次绕组产生的铜耗。（×）

Lb4B3069 变压器负载损耗中，绕组电阻损耗与温度成正比；附加损耗与温度成反比。（√）

Lb4B3070 变压器空载运行时绕组中的电流称为额定电流。（×）

Lb4B3071 变压器空载时的主磁通由空载磁动势所产生，负载时的主磁通由原二次侧的合成磁动势所产生，因此负载时的主磁通大于空载时的主磁通。（×）

Lb4B3072 变压器接入负载后，只要保持电源电压和频率不变，则主磁通也将保持不变。（√）

Lb4B3073 变压器接线组别不同而并联运行，将产生很大的环流，所以接线组别不同，绝对不能并联运行。（√）

Lb4B3074 变压器并联运行的条件之一是两台变压器的变比应相等，实际运行时允许相差±10%。（×）

Lb4B3075 变压器的短路电压百分值不同而并联运行，将引起负载分配不均衡，短路电压百分值小的满载，则短路电压百分值大的欠载。（√）

Lb4B3076 阻抗电压不相等的两台变压器并联时，负载的分配与阻抗电压成正比。（×）

Lb4B3077 电抗器的类型主要有空芯电抗器、带气隙的铁芯电抗器、铁芯电抗器。（√）

Lb4B3078 电容式电压互感器是利用电容分压原理制成的，由电容分压器和中间变压器两部分组成。（√）

Lb4B3079 一般把变压器接交流电源的绕组叫做一次绕组，把与负载相连的绕组叫作二次绕组。（√）

Lb4B3080 变压器的铁芯是由厚度为 0.35～0.5（或以下）mm 的硅钢片叠成。为了减小涡流损耗，硅钢片应涂绝缘漆。（√）

Lb4B3081 110kV 绕组匝绝缘厚度为 1.35mm，所包的匝绝缘电缆纸厚度及层数为 0.08mm、8 层。（√）

Lb4B3082 35kV 及以下电压等级，容量为 1600kV·A 及以下半连续式绕组，其段间纸圈应至少伸出绕组外径 8mm。（√）

Lb4B3083 电力变压器通常采用同心式绕组，其高压绕组布置在里面靠近铁芯的位置。（×）

Lb4B3084 圆筒式绕组在冲击电压作用下匝间电压分布不均匀。（×）

Lb4B3085 铁芯柱的填充系数（或利用系数）是指铁芯几何截面积与铁芯外接圆面积之比，铁芯叠片系数为铁芯有效截面积与铁芯几何截面积之比。（√）

Lb4B3086 外径需要在匝间垫纸板条。如果需垫的纸条总厚度较大，应集中垫在一匝上放置。（×）

Lb4B3087 35kV 及以下的绕组匝绝缘厚度为 0.45mm，所包的匝绝缘电缆纸厚度及层数为：0.12mm、2 层或 0.08mm、3 层。（√）

Lb4B3088 60kV 及以上电压等级的变压器，在铁芯的窗高度内，可用铁螺栓固定引线支架，原因是由于漏磁及静电感应，不接地金属螺栓会产生较高的悬浮电压，容易引起放电。（×）

Lb4B3089 在纠结式绕组中，"纠线"上的换位称为连位，"连线"上的换位线称为纠位，内部换位称为底位。（×）

Lb4B3090 纠结式绕组中的纠线是指纠结单元内进行"纠结"连接的导线，连线是指由一个纠结单元进入下一个纠结单元的导线。（√）

Lb4B3091 变压器正常运行时，其铁芯需一点接地，不允许有两点或两点以上接地。（√）

Lb4B3092 铁芯的有效截面积与几何截面积之比叫做叠片系数，它与硅钢片的平整度、厚度、片间绝缘厚度及压紧力有关。（√）

Lb4B3093 变压器一般都从高压侧抽头，这是因为一般无激磁（无载）调压变压器抽分头都在高压侧，因高压线圈套在低压的外面，抽头引出和连接方便些，另因高压侧电流小，其引出线截面也小些，接触不良等问题也易解决之故。（√）

Lb4B3094 220kV 绕组匝绝缘厚度为 1.95mm，所包的匝绝缘电缆纸厚度及层数为：0.08mm、10 层，0.12mm、1 层。（√）

Lb4B3095 连续式绕组的缺点是能在很大的范围内适应容量和电压的要求，而且机械强度高，散热性能好。（×）

Lb4B3096 插入电容式线圈的绕制是在连续式线圈线段内部插入增加纵向电容的屏线而成。（√）

Lb4B3097 变压器铁芯接地是防止因静电感应而在铁芯或其他金属构件上产生悬浮

电位后形成对地放电。（√）

Lb4B3098 油纸电容式套管顶部密封不良，可能导致进水使绝缘击穿，下部密封不良将使套管渗油使油面下降。（√）

Lb4B3099 40kV 及以下变压器的绝缘套管是一瓷质或主要以瓷质作为对地绝缘的套管。它由瓷套、导电杆和有关零部件组成。（√）

Lb4B3100 油纸电容式套管末屏上引出的小套管是供套管介损试验和变压器局部放电试验用的。正常运行中小套管应可靠地接地。（√）

Lb4B3101 QJ1－80 气体继电器轻瓦斯元件为开口杯式，重瓦斯为挡板式。（√）

Lb4B3102 油浸变压器的冷却方式有油浸自然冷却、油浸风冷却、强迫油循环风冷却和强迫油循环水冷却 4 种。（√）

Lb4B3103 有载调压变压器在任何时候都可以调压。（×）

Lb4B3104 采用正反向调压线卷的优点是增加抽头数目使有载开关结构复杂化。缺点是减小了调压范围。（×）

Lb4B3105 变压器有载调压常采用的接线方式是中部调压。（×）

Lb4B3106 电阻式有载分接开关是指过渡电路采用电阻作为限流元件的有载分接开关；电阻式有载分接开关按结构和动作原理不同可分为组合式和复合式两种有载分接开关。（√）

Lb4B3107 变压器有载调压复合型分接开关是切换开关和选择开关合为一体。（√）

Lb4B3108 如果将一台三相变压器的相别标号 A、C 互换一下，则变压器接线组别不会改变。（×）

Lb4B4109 绝缘介质受潮和有缺陷时，其绝缘电阻会增大。（×）

Lb4B4110 发电机或油浸式变压器绝缘受潮后，其绝缘的吸收比（或极化指数）增大。（×）

Lb4B4111 运行中 35kV 套管 1min 工频耐受电压应为 100kV；110kV 套管，1min 工频耐受电压应为 265kV。（×）

Lb4B4112 电力变压器的吸收比应大于 1.3。（√）

Lb4B4113 测量自耦变压器是绝缘电阻时，自耦绕组可视为一个绕组。（√）

Lb4B4114 绝缘预防性试验首先应进行非破坏性试验，后进行破坏性试验。（√）

Lb4B4115 测量直流电阻的目的是检查导电回路的完整性、检验线圈及引线的焊接、检查开关及套管的接触情况。（√）

Lb4B4116 测量三绕组变压器绝缘电阻时，至少应做三次试验，分别测量高压对中压、低压和地的电阻；中压对高压、低压和地的电阻；低压对高压、中压和地的电阻。（√）

Lb4B4117 有一容量 5000kV·A 的变压器，测得 35kV 侧直流电阻为 $R_{AB}=0.566\Omega$，$R_{BC}=0.570\Omega$，$R_{CA}=0.561\Omega$。此变压器直流电阻是合格的。（×）

Lb4B4118 变压器空载试验在高压侧进行和在低压侧进行测得的空载电流 $I_0\%$ 数值相同。（√）

Lb4B4119 测量变压器变压比时，常用的方法是电压表法和变比电桥。（√）

Lb4B4120　无激磁分接开关触头接触电阻应不大于 $500\mu\Omega$。（√）

Lb4B4121　电力变压器 35kV 侧出厂时的工频耐压值应为 85kV，大修后应为 72kV，试验时间均为 1min。（√）

Lb4B4122　尼龙绳与涤纶绳耐油，不怕虫蛀，都耐有机酸和无机酸腐蚀。（√）

Lb4B4123　电介质老化主要有电、热、化学、机械作用等几种原因。（√）

Lb4B4124　变压器瓦斯继电器与变压器端子线接线箱之间的连接电缆应采用防油电缆。（√）

Lb4B4125　在变压器检修中，经常使用丁腈橡胶制品，这类橡胶制品的介电性能比较低，但耐油性好，常用作电缆护层及耐油胶皮垫等。（√）

Lb4B4126　金属的弹性变形是指在外力作用下材料发生变形，外力消除后，仍能恢复原状。金属的塑性变形是指在外力作用下材料发生变形，外力消除后，不能恢复原状。（√）

Lb4B4127　在外拉力作用下，材料被拉断时的拉应力，称为抗拉强度或抗拉强度极限。（×）

Lb4B4128　A 级绝缘变压器的"六度法则"是指变压器运行温度超过温升极限值时，温度每增加 6℃，变压器寿命减少一半。（√）

Lb4B4129　变压器绕组浸漆主要是为增强绝缘。（×）

Lb4B4130　在变压器中压紧绕组的压板用厚纸板制作时，由于无须考虑短路环流问题，压板可以做成不开口的整圆形。（√）

Lb4B4131　油介质电工绝缘纸板、电话纸、酚醛纸板、环氧酚醛玻璃布板、油性玻璃漆布等绝缘材料都属于 A 级绝缘。（×）

Lb4B4132　绝缘材料按耐热等级分为 Y、A、E、B、F、H 级与 C7 级，其相应的耐热温度分别为 90℃、105℃、120℃、130℃、155℃、180℃及 180℃以上。（√）

Lb4B4133　2 张 1mm 厚的绝缘板的电气强度高于同样品质 1 张 2mm 的纸板。（√）

Lb4B5134　在变压器绕组中，直纹布带的作用是保护或加固绝缘，斜纹布带的作用是绑扎线环及加固保护绝缘，它们能当作独立的绝缘材料使用。（×）

Lb4B5135　皱纹纸主要用于引线焊接弯曲处包扎绝缘。（√）

Lb4B5136　变压器中使用的是 A 级绝缘材料，运行中，只要控制变压器的上层油温不超过 A 级绝缘材料的极限温度，就不影响变压器的使用寿命。（×）

Lb4B5137　酚醛树脂漆的溶剂和稀释剂是油漆溶剂油或 120 号汽油。（×）

Lb4B5138　导线漆膜厚度约为 0.07～0.1mm，击穿强度保证值为 400V，实际可达 700～1000V。（√）

Lb4B5139　变压器油黏度小，则流动性好，不利于变压器散热。（×）

Lb4B5140　变压器油闪点是指能发生闪火现象时的最高温度。（×）

Lb4B5141　45 号变压器油的凝固点是 -45℃。（√）

Lb4B5142　国产变压器油的油号数即是其凝固点的温度数。（√）

Lb4B5143　25 号变压器油的凝固点是 25℃。（×）

Lb4B5144　变压器油中的铁和铜可以使油的氧化过程加快。（√）

Lb4B5145 同牌号的新油与开始老化（或接近运行中油最低指标）油相混时，应按实际混合比例进行混合油的油泥析出试验，有沉淀物产生时，可以混合使用。（×）

Lb4B5146 测定变压器油比重的较简便的方法是比重计法。（√）

Lc4B1147 用刮刀在工件表面上刮去一层很薄的金属，此操作方法称为刮削。刮削是机加工前的一道粗加工工序。（×）

Lc4B2148 起重工吹一长声表示起吊。（×）

Lc4B2149 牵引搬运具有一定的安全性，如地面障碍、地锚、铁轨等不会出问题。（×）

Lc4B2150 两根尺寸为 2.1×10 的扁导线搭接铜焊，搭接长度 10mm，通过导线的工作电流为 80A（搭接面电流密度小于 1.5A/mm^2）。（√）

Lc4B3151 "QC 小组"就是班组，是班组的英文缩写。（×）

Lc4B3152 因果图是分析产生质量问题原因的一种分析图。（√）

Lc4B3153 齿轮机构是利用主动、从动两轮轮齿之间的直接接触来传递运动或动力的一种机构。（√）

Lc4B4154 当异步电动机加上三相对称电压，如果电磁转矩大于负载转矩时，电动机就从静止状态过渡到稳定运行状态，这个过程叫做异步电动机的起动。（√）

Lc4B5155 仪表的准确度等级越高，基本误差越大。（×）

Jd4B1156 剖视图上不可见部分的轮廓线均不必画出。（×）

Jd4B1157 尺寸偏差是指实际尺寸与其相应的基本尺寸的代数差。（√）

Jd4B2158 绘制同一机件的各个视图时，应采用相同比例；若采用不同比例，必须另行标注。（√）

Jd4B2159 在机器零件制造过程中，只保证图纸上标注的尺寸，不标注的不予以保证。（√）

Jd4B2160 零件图的主视图确定后，应优先考虑用右视图和俯视图。（×）

Jd4B2161 零件图是制造零件时所使用的图纸，是零件加工制造检验的主要依据。（√）

Jd4B2162 为了准确清晰地表达机件的结构形状特点，其表达方式主要有视图、剖视图、剖面图。（√）

Jd4B3163 锯割薄壁管材时，应边锯边向推锯的方向转过一定角度，沿管壁依次锯开，这样才不容易折断锯条。（√）

Jd4B3164 麻花钻的顶角越大，主切削减短，钻孔省力；顶角越小，主切削增长，钻孔费力。（×）

Jd4B3165 移动式起重机在带电区域附近工作时，除应设专人监护外，起重机与输电线中带电设备的最小安全距离为：1kV 以下为 1.5m，10～24kV 为 2.0m，35～110kV 为 4.0m，220kV 为 6.0m，330kV 为 7.0m，500kV 为 7.5m。（√）

Jd4B3166 绑架子用的铁丝一般选用 6mm 粗的铁丝。（×）

Jd4B3167 用千斤顶顶升物体时，应随物体的上升而在物体下面及时增垫保险枕木，以防止千斤顶倾斜或失灵而引起危险。（√）

Jd4B3168　使用千斤顶时，千斤顶的顶部与物体的接触处应垫木板。目的是避免顶坏物体和防滑。（√）

Jd4B4169　用准确度等级为 1.0 的 MF18 型万用表的 15V 直流电压档测量某一电路，在真值为 10V 时，测得的数据为 10.20V，测得的数值是合格的。（×）

Jd4B4170　兆欧表和万用表都能测量绝缘电阻，基本原理是一样的，只是适用范围不同。（×）

Jd4B4171　测量电力变压器绕组的绝缘电阻应使用 2500V 或 5000V 兆欧表进行测量。（√）

Jd4B4172　用兆欧表测量绝缘电阻时，兆欧表的"L"端（表内发电机负极）接地，"E"端（表内发电机正极）接被试物。（×）

Jd4B5173　直流双臂电桥基本上不存在接触电阻和接线电阻的影响，所以，测量小阻值电阻可获得比较准确的测量结果。（√）

Jd4B5174　测量绝缘电阻吸收比（或极化指数）时，应用绝缘工具先将高压端引线接通试品，然后驱动兆欧表至额定转速，同时记录时间；在分别读取 15s 和 60s（或 1min 和 10min）时的绝缘电阻后，应先停止兆欧表转动，再断开兆欧表与试品的高压连接线，将试品接地放电。（×）

Je4B1175　温度越高线圈的直流电阻越小。（×）

Je4B2176　根据测得设备绝缘电阻的大小，可以初步判断设备绝缘是否有贯穿性缺陷、整体受潮、贯穿性受潮或脏污。（√）

Je4B2177　进行与温度有关的各项试验时，应同时测量记录被试品的温度、周围空气的温度和湿度。（√）

Je4B2178　与防爆筒一样，压力释放阀必须在真空解除后才能安装。（×）

Je4B3179　复合式有载分接开关芯子从绝缘筒内吊出时，应分两步进行，即先吊出 60mm 高后，转一个角度，向上提出芯子，这样做是为了开关芯子上的触头与绝缘筒的触头互相错开，避免撞击和磨损触头。当芯子复位时，步骤相反。（√）

Je4B3180　有载分接开关的电动操动机构在极限位置设有电气限位和机械限位装置。向极限位置以外操作时，电气限位装置应先起作用。（√）

Je4B3181　变压器油箱充氮气时，氮气压力为 19.6～29.4kPa，充氮气的变压器在安装前应始终保持负压。（×）

Je4B4182　运行的变压器轻瓦斯动作发出信号，收集到的气体为淡灰色强烈臭味可燃气体，由此可以判断变压器发生的故障为纸和纸板故障。（√）

Je4B4183　变压器绕组大修进行重绕后，如果匝数不对，进行变比试验时即可发现。（√）

Je4B5184　在平台上叠装铁芯时，必须注意测量窗口距离尺寸和窗口对角线，以保证铁芯不码成菱形，每码完一级要测量铁芯端面垂直度，每级叠片厚度。（√）

Je4B5185　采用油箱涡流加热法干燥变压器时，由于油箱下部温度较低，影响干燥效果，因此需要在箱底设置加热装置。（√）

Jf4B1186　室内充有 SF_6 气体的设备发生紧急事故后，应立即开启全部通风系统，工

作人员根据事故情况，佩戴防毒面具或氧气呼吸器，进入现场进行处理。（√）

Jf4B2187 主变大修工作负责人需长时间离开现场，此时应指定能胜任的班组人员代替，离开前应将工作现场交待清楚，并告知全体工作人员。（×）

Jf4B3188 电气设备发生火灾时，火势迅猛，来不及断电，为了争取灭火时机，防止灾情扩大，则可进行带电灭火，灭火器应采用：二氧化碳、1211、干粉灭火器及泡沫灭火器等。（×）

Jf4B4189 变压器交接时绝缘电阻不低于出厂值的 70%。（√）

1.3 多选题

La4C1001 选零件图的主视图的原则是( )。

（A）形状特征原则

（B）加工位置原则

（C）工作位置原则

（D）上述三项原则要全面综合考虑，最好都能兼顾，如有矛盾，应首先满足形状特征原则

答案：ABCD

La4C1002 对变电所一次电气主接线的基本要求是( )。

（A）安全　　　　（B）耐用　　　　（C）可靠

（D）经济　　　　（E）方便

答案：ACDE

La4C1003 电力变压器调压的接线方式按调压绕组的位置不同分为( )。

（A）中性点调压　　（B）中部调压　　（C）尾部调压　　（D）端部调压

答案：ABD

La4C1004 应用基尔霍夫定律的公式 KCL 时，要注意以下几点( )。

（A）KCL 是按照电流的参考方向来列写的

（B）KCL 与各支路中元件的性质有关

（C）KCL 也适用于包围部分电路的假想封闭面

答案：AC

La4C1005 下列关于交流电和直流电说法正确的是( )。

（A）直流电是方向不随时间变化的电流

（B）交流电是大小和方向随时间作周期性变化的电流

（C）直流电一定是大小和方向不随时间变化的电流

答案：AB

La4C1006 单臂电桥，其中测量电阻为一个桥臂，标准电阻为一个桥臂，两个桥臂间连接( )，当测量电阻和标准电阻相同时，( )等于零，这时标准电阻的读数即为被测阻值。

（A）电流表　　　（B）电流　　　　（C）电压表　　　　（D）电压

答案：AB

La4C1007 在 R、L、C 串联电路中，下列情况正确的是（   ）。

(A) $\omega L > \omega C$，电路呈感性

(B) $\omega L = \omega C$，电路呈阻性

(C) $\omega L > \omega C$，电路呈容性

(D) $\omega C > \omega L$，电路呈容性

答案：ABD

La4C1008 两只电灯泡，当额定电压相同时，下列说法正确的是（   ）。

(A) 功率小的电阻大

(B) 功率大的电阻大

(C) 功率与电阻成正比

(D) 功率与电阻成反比

(E) 两只灯泡的功率与其电阻的乘积相等

答案：ADE

La4C1009 能用于整流的半导体器件有（   ）。

(A) 二极管　　　(B) 三极管　　　(C) 晶闸管　　　(D) 场效应管

答案：AC

Lb4C1010 变压器的内绝缘包括绕组绝缘和（   ）。

(A) 套管上部绝缘

(B) 分接开关绝缘

(C) 引线绝缘

(D) 套管下部绝缘

答案：BCD

Lb4C1011 双绕组三相变压器常用的三种接线组别是（   ）。

(A) Y_n，d11　　(B) Y，d11　　(C) D，y_n11　　(D) Y，y_n0

答案：ABCD

Lb4C1012 变压器发生穿越性故障时，对瓦斯保护可能产生的影响及相应的处理措施是（   ）。

(A) 瓦斯保护可能会发生误动作

(B) 瓦斯保护不会发生误动作

(C) 可在变压器出口加装限流电抗器来避免

(D) 可用调整气体继电器的流速定值来躲过

答案：AD

Lb4C1013 在中性点不接地系统发生单相接地故障时，有很大的电容性电流流经故障点，使接地电弧不易熄灭，有时会扩大为相间短路。在系统不接地中性点加装消弧线圈可以（   ）。

(A) 防止系统谐振

(B) 有助与使故障电弧迅速熄灭

(C) 使接地电弧自动熄灭

（D）用电感电流补偿电容电流

答案：BD

Lb4C2014 不停电工作是指（　　）。

（A）高压设备部分停电，但工作地点完成可靠安全措施，人员不会触及带电设备的工作

（B）可在带电设备外壳上或导电部分上进行的工作

（C）高压设备停电的工作

（D）工作本身不需要停电并且不可能触及导电部分的工作

答案：BD

Lb4C2015 对于高处作业，说法正确的是（　　）。

（A）凡在坠落高度基准面 1.5m 及以上的高处进行的作业，都应视作高处作业

（B）电焊作业人员所使用的安全带或安全绳应有隔热防磨套

（C）高处作业应一律使用工具袋

（D）高处作业区周围应设置安全标志，夜间还应设红灯示警

答案：BCD

Lb4C2016 配电变压器低压熔断器的保护范围是（　　）。

（A）变压器过负荷　　　　　　　　（B）低压侧过电压

（C）变压器高压套管处短路　　　　（D）低压电网短路

答案：AD

Lb4C2017 在用磁动势平衡原理说明变压器一次电流随二次负荷电流变化而变化时，下述观点能用到的有（　　）。

（A）电源电压不变，铁芯中主磁通也不改变

（B）电源电压与铁芯中主磁通没有关系

（C）一次侧新增电流 I_1，产生与二次绕组磁动势相抵消的磁动势增量，以保证主磁通不变

（D）当二次绕组接上负载后，二次侧便有电流 I_2，产生的磁动势 I_2W_2 使铁芯内的磁通趋于改变

答案：ACD

Lb4C2018 变压器 T 型等值电路中，以下描述正确的是（　　）。

（A）把变压器的二次侧的物理量折算到一次侧

（B）凡是单位为伏的物理量折算值等于原来的数值乘以 K

（C）凡单位为欧姆的物理量归折算值等于原值乘以 K^2

（D）电流的折算值等于原值乘以 K

（E）电流的折算值等于原值乘以 $1/K$

答案：ABCE

Lb4C2019 一次、二次侧额定电压分别不相等（即变比不相等）的变压器并联运行会造成（   ）。

（A）二次电压之间的相位差会很大　　　（B）占据变压器容量，增加损耗器

（C）肯定会烧坏变压器　　　　　　　　（D）负载分配不合理

（E）二次回路中会产生循环电流

答案：CE

Lb4C2020 变压器并联运行应满足（   ）条件。

（A）绕组数相同　　　　　　　　　　　（B）一、二次侧额定电压分别相等

（C）阻抗电压标幺值（或百分数）相等　（D）额定容量相等

（E）联接组标号相同

答案：BCE

Lb4C2021 联接组标号（联接组别）不同的变压器并联运行会造成（   ）。

（A）二次电压之间的相位差会很大　　　（B）占据变压器容量，增加损耗器

（C）肯定会烧坏变压器　　　　　　　　（D）负载分配不合理

（E）二次回路中会产生很大的循环电流

答案：ACE

Lb4C2022 阻抗电压标幺值（或百分数）不相等的变压器并联运行会造成（   ）。

（A）二次电压之间的相位差会很大　　　（B）一台满载，另一台欠载或过载的现象

（C）肯定会烧坏变压器　　　　　　　　（D）负载分配不合理

（E）二次回路中会产生循环电流

答案：BD

Lb4C2023 110kV 及以上高压互感器真空干燥以后，或吊芯大修后，均须采用真空注油工艺注油的原因是（   ）。

（A）真空注油，可以提高套管的局放量

（B）采取真空注油，绝缘中的空气容易被抽出，油容易浸透到绝缘中去

（C）采取真空注油加油速度快，工作效率高

（D）电压等级高、内部绝缘很厚

答案：BD

Lb4C2024 关于硅钢片漆膜的绝缘电阻观点正确的是（   ）。

（A）越大越好，大的涡流损耗小

（B）越小越好，小的涡流损耗小

（C）漆膜绝缘电阻太大，有可能造成铁芯不能整个接地

（D）漆膜的绝缘电阻既不能太大也不能太小

答案：CD

Lb4C2025 变压器铁芯绝缘损坏会造成（　　）后果。

（A）变压器运行声音变大 　　　　　（B）产生环流热

（C）事故 　　　　　　　　　　　　（D）局部过热

答案：BCD

Lb4C2026 如因外部损伤或绝缘老化等原因，使硅钢片间绝缘损坏，会造成（　　）。

（A）通过铁芯接地点的电流增大 　　（B）涡流增大

（C）局部过热 　　　　　　　　　　（D）严重时还会造成变压器失火

答案：BCD

Lb4C2027 变压器铁芯用硅钢片材料有（　　）。

（A）非晶态合金 　　（B）热轧硅钢片 　　（C）冷轧硅钢片

答案：AC

Lb4C2028 变压器绝缘导线的质量要求有（　　）。

（A）导线质量良好、不脆化、表面光滑平整无毛刺

（B）电阻率符合国标要求、尺寸在允许公差之内

（C）导线的宽厚比不控制在 3～5 之间

（D）绝缘完整、无破损

答案：ABD

Lb4C2029 变压器绕组制造工艺不良主要是（　　）。

（A）绕组端部垫块少，对地绝缘不够

（B）主变压器绕组过线换位处损伤而引起匝间短路

（C）配电变压器绕组有绕线不均匀及摆匝现象、层间绝缘不足或破损、绕组干燥不彻底、绕组结构强度不够及绝缘不足等

（D）高低压绕组间主绝缘不够

答案：BC

Lb4C2030 变压器绕组损坏大致有（　　）原因。

（A）制造工艺不良

（B）运行维护不当变压器进水受潮

（C）遭受雷击造成绕组过电压

（D）外部短路，绕组受电动力冲击产生严重变形或匝间短路

（E）大型强油冷却的变压器，油泵故障，叶轮磨损，金属进入变压器本体

答案：ABCD

Lb4C2031 变压器绕组的隐患有（　　）等。

（A）绝缘操作不良 　　　　　　　（B）导线采用薄绝缘

（C）导线有毛刺 　　　　　　　　（D）焊接不良

答案：ACD

Lb4C2032 换位导线的优点是（　　）。

（A）可以提高绕组抗过电压的能力和抗短路能力

（B）每根扁线的尺寸减小，降低了涡流损耗

（C）导线已经换位，绕制时不必再进行换位，绕制方便

（D）线绝缘所占空间位置减小，提高了绕组的空间利用率

答案：BCD

Lb4C2033 在绕组上常采用（　　）过电压保护措施。

（A）增加导线的绝缘厚度 　　　　（B）静电环

（C）加强绕组端部绝缘 　　　　　（D）铝箔屏蔽

（E）加强线饼；（F）静电屏

答案：BDEF

Lb4C2034 变压器绕组的线匝经常采用数根并联导线绕成，由于并联的各导线（　　）原因，使并联的导线间产生循环电流，从而增加导线的损耗，若消除并联导线中的环流，并联的导线必须换位。

（A）在漏磁场中所处的位置不同，漏电抗也不等

（B）导线的长度不同，电阻也不相等

（C）在漏磁场中所处的位置不同，感应的电动势也不相等

（D）每根导线上分配的负荷不相等，各导线的电流不相等

答案：BC

Lb4C2035 电力变压器无激磁调压的分接开关有（　　）。

（A）三相中性点调压无激磁分接开关　（B）三相中部调压无激磁分接开关

（C）单相中部调压无激磁分接开关　（D）单相中性点调压无激磁分接开关

答案：ABC

Lb4C2036 以下关于同极性端说法正确的是（　　）。

（A）同极性端是一个线圈的两端

（B）交变的主磁通作用下感应电动势的两线圈，在某一瞬时同极性端的电位同正或同负

（C）两个绕组的同极性端，在变压器的结构上位置一定相同

（D）同极性端就是同名端

答案：**BD**

Lb4C2037 变压器干燥经常使用加热方法有（   ）。

（A）电阻加热、电阻远红外线加热

（B）微波加热

（C）外壳涡流加热、零序电流加热、短路法加热

（D）蒸汽加热、煤油气相加热及热油循环加热

答案：**ACD**

Lb4C2038 当变压器发生穿越性故障时，瓦斯保护可能会发生误动作，其原因是（   ）。

（A）短路电流产生的高温使部分绝缘油迅速分解，产生的油气造成气体继电器误动

（B）穿越性故障电流使绕组发热，短路电流使绕组温度上升很快，使油的体积膨胀，造成气体继电器误动

（C）在穿越性故障电流作用下，绕组或多或少产生辐向位移，将使一次和二次绕组间的油隙增大，油隙内和绕组外侧产生一定的压力差，加速油的流动；当压力差变化大时，气体继电器就可能误动

（D）穿越性故障电流使变压器油流动加速造成气体继电器误动

答案：**BC**

Lb4C2039 有载分接开关操作机构产生连调现象的原因是（   ）。

（A）顺序接点调整不当，不能断开或断开时间过短

（B）交流接触器铁芯有剩磁或结合面上有油污

（C）按钮接点粘连

（D）时间继电器调整偏大

答案：**ABC**

Lb4C2040 鉴定绕组绝缘的老化程度的方法是按绝缘的（   ）确定的。

（A）弹性　　　　　　　　　　（B）电气强度

（C）用手按绝缘有无变形　　　（D）色泽

答案：**ACD**

Lb4C2041 对绝缘不同老化程度的处理方法正确的是（   ）。

（A）1级、2级绝缘属正常状态，可以放心使用

（B）3 级绝缘属不正常状态，绕组可以继续使用，但应酌情安排更换绕组

（C）达到 4 级老化的绕组不能继续使用

（D）达到 3 级、4 级老化的绕组只要绕组不损坏都可以继续使用

答案：ABC

Lb4C2042 关于硅钢片的铁损和导磁性能说法正确的有（　　）。

（A）铁损越大越好

（B）铁损越小越好

（C）导磁性能越小越好

（D）导磁性能越大越好

答案：BD

Lb4C2043 螺纹连接有（　　）的防松方法。

（A）螺母下加装弹簧垫圈

（B）加装锁紧螺母

（C）加装止动垫圈

（D）局部破坏螺纹

（E）加装开口销子

（F）在螺母后边将螺母与螺杆焊接

答案：ABCE

Lb4C2044 变压器常用 A 级绝缘材料有：绝缘纸板、电缆纸和（　　）等。

（A）聚酯薄膜

（B）酚醛纸板

（C）木材

（D）变压器油

（E）黄漆绸

答案：BCDE

Lb4C2045 变压器常用 B 级绝缘材料有：环氧树脂、环氧树脂绝缘烘漆和（　　）等。

（A）环氧玻璃布板

（B）黄漆绸

（C）醇酸玻璃漆布

（D）酚醛纸板

（E）聚酯薄膜

答案：ACE

Lb4C3046 铁芯硅钢片要进行退火处理的原因是（　　）。

（A）退火可以提高铁芯的绝缘特性，减少铁芯多点接地的几率

（B）退火处理可消除内应力，恢复材料本身的电磁性

（C）退火处理改变材料本身的电磁性，降低磁滞损耗

（D）硅钢片在加工过程中，容易产生内应力，使局部金相结构改变，降低磁导率，增加磁滞损耗

答案：BD

Lb4C3047 金属材料的机械性能是指材料在外力作用下所表现的抵抗能力，一般包括（　　）。

（A）强度　　　　（B）抗拉强度　　　（C）性能

（D）疲劳强度　　（E）硬度

答案：ACDE

Lb4C3048　关于变压器油的酸价正确的有（　　）。

（A）当油氧化时，酸价增减小

（B）当油氧化时，酸价增大

（C）酸价可用来说明油的氧化程度

（D）酸价是中和1g油中所含酸性化合物所必需的氢氧化钾的毫克数

（E）酸价就是变压器油的pH值

答案：BCD

Lb4C3049　我国目前进行变压器油击穿电压试验的油杯下列说法正确的是（　　）。

（A）直径25mm的平板电极　　　（B）直径25mm的半球形电极

（C）极间距离是2.5mm　　　　　（D）极间距离是2.0mm

答案：AC

Lb4C3050　变压器油进行过滤的目的是（　　）。

（A）除去油中的水分和杂质

（B）提高油的耐电强度

（C）保护油中的纸绝缘

（D）在一定程度上提高油的物理、化学性能

答案：ABCD

Lb4C3051　净油器的作用是（　　）。

（A）吸附油中的水分、游离碳、氧化生成物等

（B）使变压器油保持良好的电气、化学性能

（C）吸附油中的水分和游离碳，但不吸附油的氧化生成物

答案：AB

Lc4C3052　台虎钳的正确使用方法有（　　）。

（A）虎钳必须牢固地固定在钳台上

（B）可以在活动钳身的平滑面上校正工件

（C）丝杠螺母和其他活动面应经常加油并保持清洁

（D）夹紧工件时，只允许用扳动手柄

（E）不要在活动钳身的平滑面上敲击

答案：ACDE

Lc4C3053 各种起重机的吊钩钢丝绳应保持垂直，禁止使吊钩斜着拖吊重物，其原因是(　　)。

（A）起重机斜吊会可能造成货物的损坏

（B）起重机斜吊会使重物摆动与其他物相撞

（C）起重机斜吊会造成超负荷

（D）起重机斜吊会使钢丝绳卷出滑轮槽外或天车掉道

答案：BCD

Lc4C3054 在撬动设备或构件时要(　　)。

（A）先将一端撬起，垫上枕木，再撬起另一端垫上枕木，重复进行操作，逐渐把构件或设备垫高

（B）若一次垫不进一根枕木，可先垫小一些的方木，第二次垫进枕木后，再将小方木抽出

（C）可以用撬的办法将构件或设备从枕木上落下

（D）在撬动设备或构件时，每撬动一次都应能垫上一块枕木

答案：ABC

Lc4C3055 导线搭接铜焊时，应注意(　　)事项。

（A）导线接触表面的电流强度不应超过 $1.5A/mm^2$

（B）大容量的变压器，如果绕组的若干组导线分别焊到一个铜排上，必须把铜排割开，分成相当的几股，割开的方向应与铜排中工作电流的方向垂直

（C）两铜排焊接时，其中之一应割开

（D）用电焊夹子焊接时，焊接点与相邻部分之间应有足够的放置电焊夹子的自由空间；焊接绕组导线与引线时，应防止把绕组烤坏

（E）在一排相邻焊接点之间应有足够的距离，使焊接附近部分不被烧热，已完成的焊接不被熔化

答案：ACDE

Lc4C3056 特高压设备与超高压设备的主要区别是(　　)。

（A）设备高一些

（B）承受更高电压

（C）机械强度要求更高

（D）可靠性要求更高。

答案：BCD

Lc4C3057 变压器可以带油进行补焊的原因有(　　)。

（A）在带油的变压器焊接补漏时，由于油的对流作用，电焊产生的热量可迅速散开，焊点附近温度不高

（B）补漏电焊时间较短

（C）油内不含大量氧气

（D）带油补焊控制得当，焊接技术好

答案：ABC

Lc4C3058 （   ）属于"二级动火区"。

（A）油管道支架

（B）电缆沟道（竖井）内

（C）控制室内

（D）户外 220kV 刀闸基座上（附近无电缆沟）

答案：ABC

Lc4C3059 伤员眼球固定、瞳孔散大，无反应时，应立即用手指甲掐压（   ）约 5s。

（A）风池穴　　　　（B）人中穴　　　　（C）合谷穴　　　　（D）涌泉穴

答案：BC

Jd4C3060 油枕隔膜密封的原理是（   ）。

（A）隔膜是用耐油尼龙橡胶膜制成的，将油枕分隔为气室与油室

（B）当温度升高，油位上升时，气室向外排气；当油面下降时，油室呈现负压，气室吸气

（C）变压器的呼吸完全由气室与外界进行，油则与外界脱离接触

（D）隔膜将油枕分隔为气室与油室主要是防止变压器油受潮

答案：ABCD

Jd4C3061 套管按绝缘材料和绝缘结构分为（   ）。

（A）单一绝缘套管　　　　　　　（B）复合绝缘套管

（C）浇注式套管　　　　　　　　（D）电容式套管

答案：ABD

Jd4C3062 绘制零件图的技术要求有（   ）。

（A）表面粗糙度　　　　　　　　（B）加工精度

（C）工艺要求　　　　　　　　　（D）热处理要求和表面修饰等

（E）尺寸数据　　　　　　　　　（F）材料的要求和说明

答案：ABCDF

Jd4C3063 起重作业中钢丝绳卡子有（   ）用途。

（A）在钢丝绳与设备之间起连接作用　（B）使钢丝绳可靠地与牵引设备连接

（C）夹紧钢丝绳。

答案：BC

Jd4C3064 起重设备的操作人员和指挥人员应（   ）后方可独立上岗作业。

（A）经专业技术培训　　　（B）经实际操作及有关安全规程考试合格、取得合格证

（C）熟悉起重设备　　　（D）熟悉作业指导书

答案：AB

Jd4C3065 捆绑操作的要点是（   ）。

（A）根据对象或设备的形状及其重心的位置确定适当的绑扎点；起吊前应先行试吊

（B）捆绑重物，必须考虑起吊时吊索与水平面要具有一定的角度，以及吊索拆除是否方便

（C）捆绑有棱角的对象时，应垫木板、旧轮胎、麻袋等物，以免对象棱角和钢丝绳了受到损伤

（D）起吊过程中应检查钢丝绳是否有拧劲现象

（E）起吊各种零碎散对象时，须采用与其相适应的捆缚夹具，以保证吊运平稳安全

（F）一般不得用单根吊索悬吊重物，以防重物旋转而将吊索扭伤；使用两根或多根吊索悬吊重物时，应避免吊索并列；正确的方法应使用两根吊索，并有适当的角度

答案：ABCDEF

Jd4C3066 使用吊环应注意（   ）。

（A）使用前应检查螺杆是否有弯曲变形，丝扣规格是否符合要求，丝牙有无损伤等

（B）吊环拧入螺孔时，一定要拧到螺杆根部

（C）两个以上的吊点使用吊环时，两根钢丝绳角不宜大于 $60°$

（D）吊环的允许吊重可根据吊环丝杆直径查表

（E）吊环拧入螺孔时，可以将吊环螺杆部露在外面

答案：ABCD

Jd4C3067 卸卡又称卡环，俗称 U 形环，由（   ）主要部分组成。

（A）弯环　　　　（B）轴销　　　　（C）横销　　　　（D）U 形卡

答案：AC

Jd4C3068 人字架在使用时要（   ）。

（A）人字架的两根圆木之间的夹角一般在 $25°\sim30°$ 之间

（B）人字架的两根圆木之间的夹角一般在 $30°\sim60°$ 之间

（C）两脚之间应用绳索系结

（D）应有两根扒杆拖拉绳，并尽量对称布置，固定在已经计算的地锚或建筑物上

（E）如圆木不直有弯度，应将弯度朝内绑扎；（F）如圆木不直有弯度，应将弯度朝外绑扎

答案：ACDF

Jd4C3069 游标卡尺可测量工件的( )尺寸。

(A) 高   (B) 长宽   (C) 孔洞深度   (D) 内外径

答案：BCD

Jd4C3070 根据千分尺不同类型，可分别测量( )。

(A) 测量零件的内径   (B) 测量零件的外径

(C) 测量厚度   (D) 测量深度

答案：ABD

Jd4C3071 使用千分尺的注意事项是( )。

(A) 在使用时可以与其他工具一起混放

(B) 轻轻转动测力装置，当听到"嘎嘎"声时停止转动，进行读数

(C) 不要摔、砸千分尺，禁止用力拧微分筒，或把千分尺当钳卡使用

(D) 读数时不要从工件上取下千分尺，应边测边读，以免擦伤尺测量面

(E) 使用前要校对零位并把千分尺测量面与被测量面擦净

答案：BCDE

Jd4C3072 真空泵启动前应注意( )事项。

(A) 真空罐密封是否完好   (B) 真空泵是否完好

(C) 冷却水是否正常   (D) 皮带轮是否正常

(E) 检查真空阀门是否打开

答案：BCDE

Jd4C3073 使用滤油机应注意( )事项。

(A) 电源接线是否正确，接地是否良好

(B) 极板与滤油纸放置是否正确，压紧极板不要用力过猛，机身放置平稳

(C) 压紧极板要用力过猛，否则压不紧

(D) 用完后及时清理干净并断开电源

(E) 压力、油位及声音是否正常

答案：ABDE

Jd4C3074 真空干燥变压器效果好的原因是( )。

(A) 真空度越高水分子沸点越低，加温的水分易于挥发

(B) 抽真空可以加快了水分的蒸发

(C) 真空度越高水分子沸点越高，加温的水分易于挥发

(D) 可以提高变压器的抗短路能力

(E) 可以提高变压器的热稳定能力

答案：ABC

Jd4C3075　使用万用表需注意(　　)问题?

(A) 按线端子的选择。被测直流电压的正极接表的"＋"端,被测直流电的流入方向接表的"＋"端

(B) 测量种类选择。根据测量对象,将转换运送拨到需要的位置,如直流电压、电流;交流电压、电流、电阻等。严禁用电阻档、电流档测电压

(C) 正确读数,分清各类标尺

(D) 测量结束后,要将万用表的转换开关拨到交流电压最大档,以保护电表

(E) 工作完毕后,拆下电池

答案:ABCD

Jd4C3076　做变压器油耐压试验应注意(　　)事项。

(A) 油耐压机外壳可靠接地,校对电极距离,用好油冲洗电极表面

(B) 放置或取出油杯时,须站在绝缘垫上并带绝缘手套

(C) 放置或取出油杯时,须在断开电源的条件下进行

(D) 试油机升压速度不宜太快,约 3000V/s 为宜;试验 3~5 次,每次加压间隔 2~3min,在断开电压之前应先将电压降到零

(E) 按正确的方法取样,油在杯中静止 5~10min。

答案:ACDE

Jd4C3077　用电桥法测量变压器直流电阻时,应注意(　　)事项。

(A) 使用时先合检流计开关,再合电源开关;断开时先断开检流计开关,再断开电源开关

(B) 测量 220kV 及以上的变压器时,在切断电源前,要先断开检流计开关和被试品进入电桥的测量电压线

(C) 电流线截面要足够大;被测绕组外的其他绕组出线端不得短路

(D) 电流稳定后,方可合上检流计开关;读数后拉开电源开关前,先断开检流计

答案:BCD

Jd4C3078　做交流耐压试验使用电压互感器测量高压时,应注意(　　)事项。

(A) 应做好预防过电压的措施

(B) 电压互感器二次绕组一定要有一端接地,且二次绕组不能短路

(C) 精确等级满足试验设备要求

(D) 电压互感器的额定电压应大于或等于试验电压

答案:BCD

Jd4C3079　影响测量绝缘电阻准确度的因素主要有(　　)。

(A) 温度　　　　　　　　　　(B) 湿度

(C) 试验时间　　　　　　　　(D) 瓷套管表面脏污

（E）操作方法

答案：ABDE

Jd4C3080 变压器小修一般包括（　　）内容。

（A）检查并消除现场可以消除的缺陷

（B）清扫变压器油箱及附件，紧固各部法兰螺钉；检查各处密封状况，消除渗漏油现象；检查一次、二次套管，安全气道薄膜及油位计玻璃是否完整

（C）调整垫块，更换损坏的绝缘

（D）调整储油柜油面，补油或放油

（E）进行定期的测试和绝缘试验

（F）检查气体继电器；检查吸湿器变色硅胶是否变色；检查调压开关转动是否灵活，各接点接触是否良好

答案：ABDEF

Jd4C3081 变压器新油应由厂家提供新油（　　）报告。

（A）无腐蚀性硫　　　　　　　　（B）结构簇

（C）糠醛　　　　　　　　　　　（D）油中颗粒度

（E）油耐压试验值

答案：ABCD

Jd4C3082 油纸电容式套管内强力弹簧的作用是（　　）。

（A）将上、下瓷套通过导管压紧，保证套管的密封

（B）通过导管压紧电容芯子

（C）保持密封胶垫的压力

（D）压紧套管上部的储油柜

答案：AC

Jd4C3083 变压器使用的温度计种类有（　　）。

（A）电压温度计　　　　　　　　（B）压力式信号温度计

（C）微电子温度计　　　　　　　（D）电阻温度计

（E）玻璃液面温度计

答案：BDE

Jd4C3084 新装和更换净油器硅胶要注意（　　）问题。

（A）选用大颗粒的干燥硅胶

（B）运行中更换硅胶应停重气体断电器，工作完毕后，应放气

（C）换硅胶时要注意检查滤网，工作后要打开阀门

（D）工作完毕后放气时，应打开上部阀门放气

答案：ABC

Jd4C3085　在变压器本体注油后，对胶囊式油枕进行注油的方法有（　　）。

（A）直接注油至正常油位

（B）直接注油至正常油位，然后由三通接头向胶囊中充气，使之膨胀，当放气塞出油后，关闭入气塞

（C）在变压器注油时将油枕和本体一起注满，然后在从下部放油至正常位置

（D）检查胶囊是否有损伤，并对油枕进行清刷、检查，然后打开油枕上部的放气塞，当油从放气塞中溢出时停止注油，关闭放气塞，再从阀门放油至正常油面

答案：BD

Jd4C3086　铁芯多点接地的原因可能有：铁芯夹件股板距心柱人近硅钢片翘起触及夹件肢板；穿心螺杆的钢套过长与铁轭硅钢片相碰；铁芯与下垫脚间的纸板脱落；铁压板位移与铁芯柱相碰；以及（　　）。

（A）悬浮金属粉末或异物进入油箱，在电磁引力作用下形成桥路，使下铁轭与垫脚或箱底接通

（B）温度计座套过长或运输时芯子窜动，使铁芯或夹件与油箱相碰

（C）铁芯绝缘受潮或损坏，使绝缘电阻降为零

（D）上下夹件夹得过紧

答案：ABC

Jd4C3087　铁芯多点接地的原因可能是：悬浮金属粉末或异物进入油箱，在电磁引力作用下形成桥路，使下铁轭与垫脚或箱底接通；温度计座套过长或运输时芯子窜动，使铁芯或夹件与油箱相碰；铁芯绝缘受潮或损坏，使绝缘电阻降为零；铁压板位移与铁芯柱相碰；以及（　　）。

（A）铁芯夹件肢板距心柱太近，硅钢片翘起触及夹件肢板

（B）夹件对地绝缘损坏，使绝缘电阻降为零

（C）铁芯与下垫脚间的纸板脱落

（D）穿心螺杆的钢套过长与铁轭硅钢片相碰

答案：ACD

Jd4C3088　有载分接开关操纵机构运行前应进行（　　）项目的检查。

（A）检查电动机轴承、齿轮等部位是否有良好的润滑

（B）做手动操作试验，检查操作机构的动作是否正确和灵活，位置指示器的指示是否与实际相符，到达极限位置时电气和机械限位装置是否正确可靠地动作；手动操作时，检查电气回路能否断开

（C）上下位置指示是否一致

（D）接通临时电源进行往复操作，检查刹车是否正确、灵活，顺序接点及极限位置电气闭锁接点能否正确动作，远距离位置指示器指示是否正确

（E）电源电压是否符合设备要求

答案：ABD

Jd4C3089　强油风冷却器油流继电器常开常闭接点接错后有（　　）后果。

（A）冷却器正常工作时，红色信号灯反而不亮

（B）冷却器故障停运时，备用冷却器启动

（C）冷却器虽然正常工作，但备用冷却器却启动

（D）冷却器故障停运时，备用冷却器不能启动

答案：ACD

Jd4C3090　变压器大修检查铁芯时应注意（　　）问题。

（A）检查铁芯各处螺钉是否松动，铁芯表面应无杂物、油垢、水锈

（B）检查可见硅钢片、绝缘漆膜应完整、清洁、无过热等现象，硅钢片应无损伤断裂

（C）检查接地套管是否完好

（D）铁芯、穿心螺钉及夹件绝缘良好

（E）接地片良好，不松动，插入深度不小于 70mm（配变不小于 30mm）；铁压环接地片无断裂，应压紧且接地良好

答案：ABDE

Jd4C4091　变压器压力释放阀在（　　）时应进行校验。

（A）变压器例行试验　　　　　　（B）交接

（C）变压器大修　　　　　　　　（D）变压器小修

答案：BC

Jd4C4092　变压器的大修项目一般有（　　）。

（A）对外壳进行清洗、试漏、补漏及重新喷漆；对所有附件（油枕、安全气道、散热器、所有截门、气体继电器、套管等）进行检查、修理及必要的试验；检修冷却系统

（B）对器身进行检查及处理缺陷；检修分接开关（有载或无励磁）的接点和传动装置；检修及校对测量仪表

（C）滤油；重新组装变压器

（D）按规程进行试验

答案：ABCD

Jd4C4093　变压器大修时要检查绕组压钉的紧固情况的原因是（　　）。

（A）运行中震动会造成绕组压钉退丝

（B）变压器绕组的机械强度和稳定性降低，承受不住变压器二次侧短路时的电动力

（C）机械力长期作用于绕组压钉造成丝扣疲劳松动

（D）由于机械力的作用和绝缘物水分的扩散，绕组绝缘尺寸收缩，使变压器的轴向紧固松动

答案：BD

Jd4C4094 变压器吊芯检查前应做( )试验。

(A) 绝缘油耐压

(B) 绝缘电阻

(C) 高低压直流电阻试验

(D) 交流耐压试验

(E) 主变压器还要做 tgδ 和泄漏电流试验

答案：ABCE

Jd4C4095 220kV 及以上电压等级变压器现场拆装套管后，应进行( )试验。

(A) 绝缘电阻　　(B) 直流电阻　　(C) 局部放电　　(D) 空载损耗

答案：ABC

Jd4C4096 对运行年限超过 15 年储油柜的( )应更换。

(A) 波纹管　　(B) 胶囊　　(C) 隔膜　　(D) 油位计

答案：BC

Jd4C4097 变压器露天吊芯时若周围气温高于芯子温度，为防止芯子受潮可采取( )措施。

(A) 在吊出芯体前应停搁一些时间

(B) 将芯体冷却至低于周围温度 10℃

(C) 吊芯后在芯体周围释放干燥空气

(D) 将芯体加热至高于周围温度 10℃

答案：AD

Jd4C4098 变压器吊芯时对器身温度和周围气温有一定要求的原因是( )。

(A) 若器身温度低于周围空气温度，空气中的水分在器身表面会形成凝结水，使变压器的芯体受潮

(B) 因温度低容易被污染

(C) 绝缘件容易吸水受潮

(D) 若器身温度高于周围空气温度，空气中的水分在器身表面会形成凝结水，使变压器的芯体受潮

答案：AC

Jd4C4099 变压器在晴朗的天气进行露天吊芯时，对空气湿度及时间的要求是( )。

(A) 当空气相对湿度小于 75%，芯子在空气中暴露应小于 12h

(B) 当空气相对湿度小于 75%，芯子在空气中暴露应小于 8h

(C) 空气相对湿度若小于 65% 时，可以暴露 16h 以内

（D）空气相对湿度若小于 65％时，可以暴露 12h 以内

答案：**AC**

Jd4C4100 变压器露天吊芯应采取（ ）措施。

（A）应有防火、防盗、防小动物短路措施

（B）若周围气温高于芯子温度，在吊出芯子前应停搁一些时间，必要时也可将芯子加热至高于周围温度 10℃

（C）应在晴朗的天气进行，空气相对湿度小于 75％时进行

（D）应有防止灰尘和雨水浇在器身上的有效措施

答案：**BCD**

Jd4C4101 引线或出头绝缘搭接处要削出锥形斜梢的原因是（ ）。

（A）变压器的降低局部放电量

（B）使引线焊接后所包的绝缘逐层搭压，避免降低引线的绝缘强度

（C）增加引线的爬电距离，避免闪络放电

（D）绝缘包扎方便

答案：**BC**

Jd4C4102 变压器吊芯（罩）时使用的主要设备和材料有（ ）。

（A）起重设备、油容器及滤油设备、电气焊设备、一般工具及专用工具

（B）布带、干燥的绝缘纸板、电缆纸和其他备品备件

（C）工具箱和医用保健箱

（D）摇表、双桥电阻计、温度计和其他试验设备

（E）梯子及消防设备

答案：**ABDE**

Jd4C4103 鉴定绕组绝缘的老化程度一般为 4 级：1 级，弹性良好，色泽新鲜；（ ）；3 级，绝缘变脆、色泽较暗，手按出现轻微裂纹，变形不太大。绕组可以继续使用，但应酌情安排更换绕组；（ ）。

（A）2 级，弹性稍硬，色泽新鲜

（B）2 级，绝缘稍硬，色泽较暗，手按无变形

（C）4 级，绝缘变脆、色泽较暗，绕组可以继续使用

（D）4 级，绝缘变脆，手按即脱落或断裂。达到 4 级老化的绕组不能继续使用

答案：**BD**

Jd4C4104 油浸电容式套管在起吊时要注意（ ）问题。

（A）使用尼龙吊带可以吊套管瓷瓶或将军帽，注意套管的倾斜角度应与升高座一致

（B）直立起吊安装时，应使用法兰盘上的吊耳，并用麻绳绑扎套管上部以防倾倒

（C）不能吊套管瓷裙，以防钢丝绳与瓷套相碰处损坏；竖起套管时，应避免任一部位着地

（D）起吊速度要缓慢，避免碰撞其他物体

答案：BCD

Jd4C4105 检查变压器无励磁分接开的方法（　　）。

（A）触头应无伤痕、接触严密，绝缘件无变形及损伤

（B）就地及远方操作正常，位置指示一致

（C）定位螺钉固定后，动触头应处于定触头的中间

（D）各部零件紧固、清洁，操作灵活，指示位置正确

答案：ACD

Jd4C4106 安装 DW 型无激磁分接开关时，开关帽指针指示不正，处理时应用到下列（　　）步骤。

（A）校正开关帽指针，修正连接杆的插入位置

（B）重新装好开关帽，反复操作开关，看开关指示是否正确

（C）小心取下开关帽及调整花盘（保持位置不动），翻过来便可看到调整花盘有一个孔与开关帽某一个孔对正，上好固定螺钉

（D）将开关帽及调整花盘临时装到操作杆上，找正开关帽指针与开关字盘的位置

（E）拧下定位螺栓，把开关转到接触良好的位置；取下开关帽，拧下帽内调整花盘的固定螺钉

答案：BCDE

Jd4C4107 220kV 及以上的变压器真空注油的工艺过程包括（　　）。

（A）首先检查变压器及连接管道密封是否完好，所有不能承压的附件是否堵死或拆除

（B）启动真空泵，在 1h 内均匀地提高其真空度到 600mmHg，维持 1h，如无异常，可将真空度逐渐提高到 740mmHg 维持 1h，检查油箱有无较大变形与异常情况，排除可能出现的漏气点

（C）在真空状态下进行注油；注油过程中应使真空度维持在（740±5）mmHg（98.42±0.665）kPa，当油面距箱顶盖约 200mm 时停止注油；总注油时间不应少于 6h

（D）在（740±5）mmHg 真空度下继续维持 6h，即可解除真空，拆除注油管，并向油枕补充油。

答案：ABCD

Jd4C4108 在干燥变压器器身时，抽真空有（　　）作用。

（A）提高变压器器身的加热速度

（B）节省能源

（C）干燥比较彻底

（D）加速干燥过程，缩短干燥时间

答案：BCD

Jd4C4109 变压器油箱涂漆后，用锐利的小刀刮下一块漆膜，若（　　）即认为弹性良好。

（A）很容易割下 　　　　　　　　（B）不碎裂

（C）不粘在一起 　　　　　　　　（D）切割面平整、光滑

（E）能自然卷起

答案：BCE

Jd4C4110 为确保安装的法兰不渗漏油，在安装时应注意（　　）。

（A）密封垫的面积应大于法兰面积

（B）法兰紧固力应均匀一致，胶垫压缩量应控制在 1/3 左右

（C）法兰紧固力应均匀一致，压得越紧越好

（D）根据连接处形状选用不同截面和尺寸的密封垫，并安放正确

答案：BD

Jd4C4111 变压器过载运行只会烧坏绕组，铁芯不会彻底损坏的原因是（　　）。

（A）铁芯与绕组之间有绝缘材料隔开

（B）外加电源电压始终不变，主磁通也不会改变，铁芯损耗不大

（C）变压器过载运行，一次、二次侧电流增大，绕组温升提高，可能造成绕组绝缘损坏

（D）变压器过载运行，一次、二次侧电流增大，铁芯中的主磁通减小，铁芯损耗减小

答案：BC

Jd4C4112 变压器绝缘导线的质量要求有（　　）。

（A）导线质量良好、不脆化、表面光滑平整无毛刺

（B）电阻率符合国标要求、尺寸在允许公差之内

（C）导线的宽厚比不控制在 3～5

（D）绝缘完整、无破损

答案：ABD

Jd4C4113 绕组感应电动势的方向与绕组绕向有关，绕组绕向的确定方法正确的是（　　）。

（A）由起头开始，线匝沿左螺旋前进为右绕向，反之为左绕向

（B）由起头开始，线匝沿左螺旋前进为左绕向，反之为右绕向

（C）面对绕组起绕端观察，线匝由起端开始按逆时针方向旋转为左绕向，反之为右绕向

（D）面对绕组起绕端观察，线匝由起端开始按逆时针方向旋转为右绕向，反之为左绕向

答案：BC

Jd4C4114 变压器绕组绕制应注意( )事项。

（A）在绕线过程中应随时注意导线匝绝缘是否破裂或出现跑层、少层现象，导线的弯曲状况

（B）测量上好撑条的绕线胎外径，尺寸应符合图纸要求；撑条档距太宽时须备有与撑条数日相等的临时撑条垫在固定撑条中间，以免绕组内径不圆

（C）注意绕组的高度，内、外径尺寸

（D）看清图纸、注意绕向、抽头的位置、匝数及导线焊接质量

答案：ABD

Jd4C4115 叠装铁芯时要注意测量铁芯叠厚，如不符合要求应( )处理。

（A）用临时夹件加紧后重新测量

（B）更换测量工具

（C）消除硅钢片搭片、错片、毛刺、弯曲等缺陷

（D）应重新测量各级叠厚

（E）更换新的硅钢片

答案：CD

Jd4C5116 在测量分接开关接触压力中将用到下列( )步骤。

（A）在定触头和动触头上接上万用表（或信号灯）

（B）测量时将万用表打到电压或电流档

（C）当万用表指针开始动作时（或灯刚熄灭时）读取测力计上指示的力

（D）用测力计沿着触头的压力方向，缓慢地拉（或顶）起触头

答案：ACD

Jd4C5117 水分对变压器的危害有( )。

（A）水分能使油中混入的固体杂质更容易形成导电路径而影响油耐压

（B）水分在高电场中分解，产生的气体容易使气体继电器误动作

（C）水分容易与别的元素化合成低分子酸而腐蚀绝缘

（D）水分及其生成的化合物能使油加速氧化

答案：ACD

Jd4C5118 变压器在( )情况下应进行干燥处理。

（A）本体绝缘油耐压低于规定值

（B）器身在空气中暴露的时间太长，器身受潮

（C）绝缘逐年大幅度下降，并已证明器身受潮

（D）变压器大修后

（E）经常更换绕组或绝缘

答案：BCE

Jd4C5119 变压器经常使用的干燥方法有（　　）。

（A）烘箱中干燥 　　　　　　（B）在特制的真空罐内干燥

（C）在变压器自身油箱中干燥 　（D）在普通烘房中干燥

答案：BCD

Jf4C5120 在发生人身触电事故时，可以不经许可，即行断开有关设备的电源，但事后应立即报告（　　）和（　　）。

（A）调度控制中心（或设备运维管理单位）

（B）上级部门

（C）医疗部门

答案：AB

Jf4C5121 变压器油箱带油电焊补漏时防止火灾的措施是（　　）。

（A）补焊时补漏点应在油面以下200mm，油箱内无油时不可施焊

（B）不对运行的变压器进行焊接补漏

（C）油箱易入火花处应用铁板或其他耐热材料挡好，附近不能有易燃物，同时准备好消防器材

（D）不长时间施焊，必要时采用负压补焊

答案：ACD

Jf4C5122 变压器进行工频耐压试验前应具备（　　）条件。

（A）绝缘特性试验全部合格

（B）变压器上部清洁、无异物

（C）变压器内应有足够的油面，注油后按电压等级要求静放足够的时间，套管及其他应放气的地方都放气完毕

（D）所有不试验的绕组均应短路接地

（E）引线接头紧固

答案：ACD

Jf4C5123 变压器吊芯检查前应做（　　）试验。

（A）低电压空、负载试验 　　　（B）绝缘电阻、泄漏电流试验

（C）主变压器要做 $\tan\delta$ 　　　（D）高低压直流电阻

（E）绝缘油耐压

答案：BCDE

Jf4C5124 关于吸收比说法正确的是( )。

（A）吸收比是摇测 60s 的绝缘电阻值与 15s 时的绝缘电阻值之比

（B）吸收比可以反映局部缺陷

（C）测量吸收能发现绝缘受潮

（D）吸收比能发现整体缺陷

答案：**AC**

Jf4C5125 无激磁调压变压器调倒分头后要测量直流电阻的原因是( )。

（A）测量直流电阻是变压器预防性试验的一个项目

（B）分接开关接触部位可能有氧化膜，造成倒分头后接触不良

（C）开关分头位置可能不正，造成接触不良

（D）试验人员的习惯

答案：**BC**

Jf4C5126 用电桥法测量变压器直流电阻时，电源开关和检流计开关的操作顺序是( )。

（A）使用时先合检流计开关，再合电源开关

（B）读数后断开时拉开电源开关前，先断开检流计

（C）使用时先合上电源开关，等电流稳定后，方可合上检流计开关

（D）读数后断开时先断开检流计开关，再断开电源开关

答案：**BC**

Jf4C5127 特高压设备与超高压设备的主要区别是( )。

（A）设备高一些 （B）承受更高电压

（C）机械强度要求更高 （D）可靠性要求更高

答案：**BCD**

Jf4C5128 对新投运的 220kV 及以上电压等级电流互感器，1~2 年内应取油样进行( )。

（A）耐压试验 （B）油色谱 （C）微水分析 （D）酸价分析

答案：**BC**

Jf4C5129 加强电流互感器末屏接地检测、检修及运行维护管理。对( )的末屏应进行改造；检修结束后应检查确认末屏接地是否良好。

（A）结构不合理 （B）截面偏小

（C）内置接地 （D）强度不够

答案：**ABD**

Jf4C5130 变压器经过长途运输震动，可能造成（   ），所以必须进行吊芯检查。

（A）变压器定位装置损坏

（B）螺栓松动

（C）绕组变形或引线的绝缘距离改变

（D）造成零部件损坏

答案：ABCD

1.4 计算题

La4D2001 如图所示，$E_1 = X_1$V，$E_2 = 30$V，$r_1 = r_3 = r_4 = 5\Omega$，$r_2 = 10\Omega$，则 $U_{bc} = $ _____ V，$U_{ac} = $ _____ V。

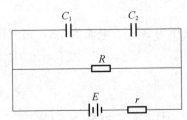

X_1 的取值范围：10，20，30，40。

计算公式：

由图可知

$$U_{ab} = E_2 = 30 \, (\text{V})$$

$$I = \frac{E_1}{r_2 + r_3 + r_4} = \frac{X_1}{20} (\text{A})$$

对于 r_2、r_3、r_4 闭合回路

$$U_{bc} = Ir_4 - E_1 = \frac{X_1}{20} - X_1 (\text{V})$$

$$U_{ac} = U_{ab} + U_{bc} = 30 + \frac{X_1}{20} - X_1 (\text{V})$$

La4D1002 某节点 B 为三条支路的连接点，其电流分别为 $I_1 = X_1$A，$I_2 = 4$A，则 I_3 为 _____ A。（设电流参考方向都指向节点 B）

X_1 的取值范围：1 到 10 的整数。

计算公式：

$$I_1 + I_2 + I_3 = 0$$
$$I_3 = -I_1 - I_2 = -X_1 - 4 \, (\text{A})$$

La4D2003 如图所示，已知 $E = X_1$V，$r = 1\Omega$，$C_1 = 4\mu$F，$C_2 = 15\mu$F，$R = 19\Omega$，求 C_1、C_2 两端电压 $U_1 = $ _____ V，$U_2 = $ _____ V。

X_1 的取值范围：10，20，30，40，50。

计算公式：

R 两端电压

$$U_R = E \cdot \frac{R}{R+r} = X_1 \times \frac{19}{19+1} = 0.95X_1$$

因为 C_1 与 C_2 串联，其电量相等，设 C_1 与 C_2 各承受电压 U_1 与 U_2，所以有

$$C_1 U_1 = C_2 U_2$$

又因 C_1 与 C_2 串联后与 R 并联，则其电压相等，即

$$U_1 + U_2 = U_R$$

列方程

$$\begin{cases} 4U_1 = 15U_2 \\ U_1 + U_2 = 0.95X_1 \end{cases}$$

解方程得 $U_1 = 0.75X_1$，$U_2 = 0.2X_1$。

La4D5004　如图所示，已知 $E = X_1$ V，$R_1 = 300\Omega$，$R_2 = 400\Omega$，$R_3 = 1200\Omega$。求：当开关 S 接到 2 以及打开时，电压表的读数 $U_2 = \underline{\hspace{2cm}}$ V，$U_3 = \underline{\hspace{2cm}}$ V。

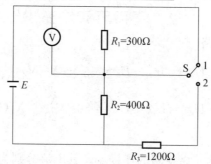

X_1 的取值范围：10，20，30，40。

计算公式：

当开关 S 接到 2 时，电压表的读数

$$U = E \cdot \frac{R_1}{R_1 + \dfrac{R_2 \cdot R_3}{(R_2 + R_3)}} = X_1 \times \frac{300}{300 + \dfrac{400 \times 1200}{(400 + 1200)}} = X_1 \times 0.5$$

当开关 S 打开时，电压表的读数

$$U = E \cdot \frac{R_1}{R_1 + R_2} = X_1 \times \frac{300}{300 + 400}$$

La4D1005　某电阻上的电压为 X_1 V，电流为 5A，则消耗的功率为 $\underline{\hspace{2cm}}$ W。

X_1 的取值范围：5，7，10。

计算公式：

消耗的功率

$$P = UI = X_1 \times 5 \text{ (W)}$$

146

La4D1006　如图所示，已知电阻功率 $P=X_1$W，则流过电流 I 为＿＿＿＿ A。

X_1 的取值范围：5 到 10 的整数

计算公式：
$$p=-I\times 10$$
$$I=-\frac{p}{10}=-\frac{X_1}{10}\ (A)$$

La4D2007　如图所示，已知电压 $U=X_1$V，电流 $I=-2$A，则电阻 R 为＿＿＿＿ Ω。

X_1 的取值范围：5 到 10 的整数

计算公式：
$$U=-IR$$
$$R=-\frac{U}{I}=-\frac{X_1}{-2}=\frac{X_1}{2}\ (\Omega)$$

La4D2008　如图所示，已知 $R=X_1\Omega$，电压 $u=5$V，则电流 i 为＿＿＿＿ A，功率为 ＿＿＿＿ W。

X_1 的取值范围：1，2，3。

计算公式：

电流
$$i=-\frac{u}{R}=-\frac{5}{X_1}\ (A)$$

功率
$$p=-ui=-5\times\left(-\frac{5}{X_1}\right)=\frac{5^2}{X_1}\ (W)$$

La4D2009　如图所示，已知 $U=X_1$V，$U_E=10$V，$R=0.4$kΩ，则电流 I 为 ＿＿＿＿ A。

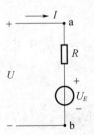

X_1 的取值范围：12 到 20 的整数。

计算公式：

电流

$$I = \frac{U - U_E}{R} = \frac{X_1 - 10}{400} \text{ (A)}$$

La4D2010 四个电池串联，如图所示。每个电池的 $E = X_1 \text{V}$，$r_0 = 1.2\Omega$。若负载电阻 $R = 15\Omega$，则负载电流 I 为 _____ A。

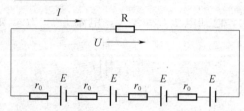

X_1 的取值范围：1 到 2 的一位小数。

计算公式：

电流

$$I = \frac{4E}{4r_0 + R} = \frac{4X_1}{4 \times 1.2 + 15} \text{ (A)}$$

La4D2011 如图所示，$R_1 : R_2 : R_3 = 2 : 4 : 6$，$U_{AB} = X_1 \text{V}$，则电阻 R_1 上的电压为 _____ V。

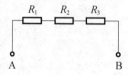

X_1 的取值范围：18，24，36。

计算公式：

设各电阻上的电压分别为 U_{R1}、U_{R2} 及 U_{R3}，根据电阻串联电路中各电阻上分配的电压与各电阻阻值成正比，得

$$R_1 : R_2 : R_3 = 2 : 4 : 6 = 1 : 2 : 3$$

则

$$U_{R2} = 2U_{R1}$$
$$U_{R3} = 3U_{Z1}$$

故

$$U_{R1} + U_{R2} + U_{R3} = U_{R1} + 2U_{R1} + 3U_{R1} = 6U_{R1}$$
$$U_{AB} = U_{R1} + U_{R2} + U_{R3} = 6U_{R1} = X_1$$

则

$$U_{R1} = \frac{X_1}{6} \text{ (V)}$$

La4D3012 在图示电路中，$E = X_1$ V，$R_1 = R_2 = 18\,\Omega$，$R_3 = R_4 = 9\,\Omega$，电压表的读数为_____ V。

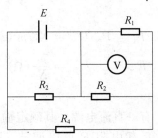

X_1 的取值范围：6，12，18。

计算公式：

由图可知，电阻 R_1 与 R_2 并联后与电阻 R_3 串联，再同电阻 R_4 并联后接在电源两端，由于 $R_1 /\!/ R_2 = R_3$，所以

$$U = E\,\frac{R_1 /\!/ R_2}{R_3 + R_1 /\!/ R_2} = X_1 \times \frac{18 /\!/ 18}{9 + 18 /\!/ 18} = \frac{X_1}{2}\ (\text{V})$$

La4D3013 在图示电路中，$E = X_1$ V，在开关 S 打开时，A 点的电位 U_A 为_____ V，在开关 S 合时，A 点的电位 U_A 为_____ V。

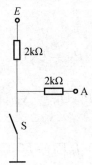

X_1 的取值范围：6，12，18。

计算公式：

开关 S 打开时

$$U_A = E = X_1\,(\text{V})$$

开关 S 闭合时

$$U_A = 0\ (\text{V})$$

La4D3014 在图示电路中，有一直流电源，其额定输出功率 $P_N = X_1$ W，额定输出电压 $U_N = 50$ V，内阻 $R_0 = 0.5\,\Omega$，负载电阻 R 可以调节。则额定工作状态下的电流为_____ A，负载电阻为_____ Ω。

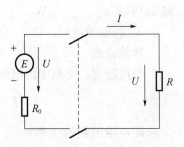

X_1 的取值范围：200，400，500。

计算公式：

因为
$$P_N = U_N I_N$$

所以
$$I_N = P_N/U_N = X_1/50\,(\mathrm{A})$$

$$R_N = U_N/I_N = \frac{50^2}{X_1}\,(\Omega)$$

La4D3015 在图示电路中，有一直流电源，其额定输出功率 $P_N = X_1\mathrm{W}$，额定输出电压 $U_N = 50\mathrm{V}$，内阻 $R_0 = 0.5\Omega$，负载电阻 R 可以调节。则开路状态下的电源端电压为 ＿＿＿＿＿ V，电源短路状态下的电流为 ＿＿＿＿＿ A。

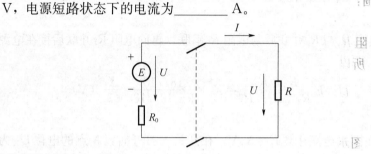

X_1 的取值范围：200，400，500。

计算公式：

因为
$$P_N = U_N I_N$$

所以
$$I_N = P_N/U_N = X_1/50\,(\mathrm{A})$$

开路状态下的电源端电压
$$U_0 = E = U_N + I_N R_0 = 50 + \frac{X_1}{50} \times 0.5 \ (\mathrm{V})$$

短路状态下的电流
$$I_S = E/R_0 = \frac{50 + \dfrac{X_1}{50} \times 0.5}{0.5} \ (\mathrm{A})$$

La4D3016 有一个阻值 R_1 为 100Ω 的电阻，接于电动势 $E = X_1\mathrm{V}$、内阻为 $R_0 = 1\Omega$ 的电源，为使该电阻的功率不超过 $100\mathrm{W}$，至少应再串入＿＿＿＿＿ Ω 的电阻 R，电阻 R 上消耗的功率为＿＿＿＿＿ W。

X_1 的取值范围：120，240，360。

计算公式：

根据题意，电路中的电流为
$$I = \frac{E}{R_1 + R_0 + R} = \frac{X_1}{100 + 1 + R} \ (\mathrm{A})$$

R_1 电阻消耗的功率为

$$P = I^2 \cdot R_1 = \frac{X_1^2}{(101+R)^2} \times 100 \leqslant 100$$

解之得

$$R \geqslant X_1 - 101 \ (\Omega)$$

当串入电阻

$$R = X_1 - 101 \ (\Omega)$$

时，消耗的功率为

$$P_R = I^2 R = (\frac{X_1}{101+(X_1-101)})^2 \times (X_1-101) = X_1-101 \ (\text{W})$$

La4D3017 一个 1.5V、0.2A 的小灯泡，接到 X_1V 的电源上，应该串联_____ Ω 的降压电阻，才能使小灯泡正常发光?

X_1 的取值范围：4.5，9。

计算公式：

使小灯泡正常发光时电路的总电阻为

$$R = U/I = X_1/0.2 \ (\Omega)$$

小灯泡灯丝的电阻 R_1 为

$$R_1 = U_1/I = 1.5/0.2 = 7.5 \ (\Omega)$$

串联的降压电阻 R_2 为

$$R_2 = R - R_1 = \frac{X_1}{0.2} - 7.5 \ (\Omega)$$

La4D3018 在图示电路中，$R_1 = X_1 \Omega$，$R_2 = X_2 \Omega$，则 A 点的电位为_____ V，B 点的电位为_____ V。

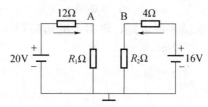

X_1 的取值范围：8，4，6。

X_2 的取值范围：2，4，6。

计算公式：

在图示电路中

$$\because I_1 = \frac{20}{12+X_1} \ (\text{A})$$

$$\therefore U_A = I_1 R_1 = \frac{20}{12+X_1} \times X_1 \ (\text{V})$$

$$\because I_2 = \frac{16}{4+X_2} \ (\text{A})$$

$$\therefore U_B = I_2 R_2 = \frac{16}{4+X_2} \times X_2 \,(\text{V})$$

La4D3019　一电容器的电容为 $X_1 \mu\text{F}$，两极板之间的电压为 10V，则该电容器中储藏的电场能量应为_____ J。

X_1 的取值范围：3，5，6。

计算公式：

电容器中储藏的电场能量

$$W_C = \frac{1}{2}CU^2 = \frac{1}{2} \times X_1 \times 10^{-6} \times 10^2$$

La4D3020　如图所示，$U_S = X_1 \text{V}$，$R_2 = 2\Omega$，开关 S 在 $t=0$ 时打开，此后，电流 i 的初始值为_____ A，稳态值为_____ A。

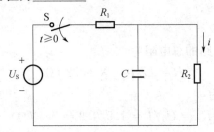

X_1 的取值范围：5，10，15。

计算公式：

当开关打开时，电容器上的电压为 U_S，电流 i 的初始值

$$i(0_+) = \frac{U_S}{R_2} = \frac{X_1}{2} \,(A)$$

当电容器放点完毕，电容器上的电压等于 0，电流 i 的稳态值

$$i(\infty) = 0(A)$$

La4D1021　有一电阻、电感串联电路，电阻上的压降 $U_R = X_1 \text{V}$，电感上的压降 $U_L = 40\text{V}$。则电路中的总电压有效值 U 为_____ V。

X_1 的取值范围：20，25，30，40，50。

计算公式：

总电压有效值

$$U = \sqrt{U_R{}^2 + U_L{}^2} = \sqrt{X_1{}^2 + 40^2}$$

La4D2022　RLC 并联电路如图所示。$I = X_1 \text{A}$，$I_L = 4\text{A}$，$I_C = 10\text{A}$，则电阻支路中的电流 $I_R = $_____ A。

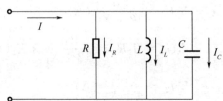

X_1 的取值范围：10，15，20。

计算公式：

由于电容支路与电感支路中的电流互差180°，因此这两个支路的合电流

$$I_X = I_C - I_L = 10 - 4 = 6 \text{ （A）}$$

则电阻支路中电流

$$I_R = \sqrt{I^2 - I_X{}^2} = \sqrt{X_1{}^2 - 6^2}$$

La4D2023　有一电阻 $R = X_1 \text{k}\Omega$ 和电容 $C = 0.637\mu\text{F}$ 的电阻电容串联电路，接在电压 $U = 224\text{V}$，频率 $f = 50\text{Hz}$ 的电源上，则该电路中的电流为_____ A。

X_1 的取值范围：5，10，15，20。

计算公式：

该电路中的电流为

$$I = \frac{U}{Z} = \frac{U}{\sqrt{R^2 + X^2}} = \frac{224}{\sqrt{R^2 + \left(\dfrac{1}{2\pi f C}\right)^2}}$$

$$= \frac{224}{\sqrt{(X_1 \times 10^3)^2 + \left(\dfrac{1}{0.637 \times 10^{-6} \times 2 \times 3.14 \times 50}\right)^2}}$$

$$= \frac{224}{\sqrt{(X_1 \times 10^3)^2 + (5 \times 10^3)^2}} \quad \text{（A）}$$

La4D2024　如图所示，电路处于正弦稳态，已知 u 的有效值为 $U = X_1 \text{V}$，i 的有效值为 $I = 1\text{A}$，$R = 12\Omega$，求电容 C 两端电压的有效值为 $U_C =$ _____ V。

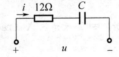

X_1 的取值范围：16，18，20，22，24。

计算公式：

电容 C 两端电压的有效值

$$U_C = IX_C = I\sqrt{\left(\frac{U}{I}\right)^2 - R^2} = 1 \times \sqrt{\left(\frac{X_1}{1}\right)^2 - 12^2} \text{（V）}$$

La4D3025　已知一个 RL 串联电路，其电阻 $R = X_1\Omega$，感抗 $X_L = 10\Omega$，则在电路上加 $U = 100\text{V}$ 交流电压时，电路中电流的大小为 $I =$ _____ A。电流与电压的相位差为_____。

X_1 的取值范围：5，10，15，20。

计算公式：

阻抗

$$Z = \sqrt{R^2 + X^2} = \sqrt{X_1{}^2 + 10^2}$$

电流

$$I = \frac{U}{Z} = \frac{100}{\sqrt{X_1{}^2 + 10^2}}$$

相位差

$$\varphi = \arctan\frac{X}{R} = \arctan\frac{10}{X_1}$$

La4D3026　有一纯电感线圈，若将它接在电压 $U = 220\text{V}$，频率 $f = 50\text{Hz}$ 的交流电源上，测得通过线圈的电流 $I = X_1\text{A}$，则线圈的电感 $L = \underline{\hspace{2cm}}$ H。

X_1 的取值范围：2.0 到 6.0 的整数。

计算公式：

由于

$$X_L = \frac{U}{I} = 2\pi fL$$

所以

$$L = \frac{U}{I \cdot 2\pi f} = \frac{220}{X_1 \times 2 \times 3.14 \times 50}$$

La4D1027　一个周期为 X_1 Hz，有效值为 X_2 V 的正弦电压，其角频率为 $\underline{\hspace{2cm}}$ rad/s，最大值 U_m 为 $\underline{\hspace{2cm}}$ V。

X_1 的取值范围：50，60，70。

X_2 的取值范围：220，380，500。

计算公式：

角频率

$$\omega = 2\pi f = 2 \times \pi \times X_1 (\text{rad/s})$$

最大值

$$U_m = \sqrt{2}U = \sqrt{2} \times X_2 (\text{V})$$

La4D2028　已知一交流电流为 $i_1 = I_{1\text{m}}\sin(\omega t + 15°)$ A，设 $\omega = X_1 \pi \text{rad/s}$，则其第一次出现最大电流值的时间为 $\underline{\hspace{2cm}}$ s。

X_1 的取值范围：100，200，300。

计算公式：

i_1 第一次出现最大值时必须

$$\omega t + 15° = 90°$$

化为同一单位

$$X_1 \cdot \pi t = \frac{\pi}{2} - \frac{\pi}{12} = \frac{5\pi}{12}$$

$$t = \frac{5\pi}{12} \div X_1 \div \pi = \frac{5}{12X_1} \ (s)$$

La4D2029 有一个 $X_1 \mu F$ 的电容器，接到 $50Hz$、$100V$ 的电源上，则通过电容器的电流为 _____ A。

X_1 的取值范围：1，2，4。

计算公式：

通过电容器的电流为

$$I = \frac{U}{X_C} = U\omega C = 100 \times 2 \times 3.14 \times 50 \times X_1 \times 10^{-6}(\text{A})$$

La4D3030 如图所示，一电阻 R 和一电容 C、电感 L 并联，现已知电阻支路的电流 $I_R = X_1 A$，电感支路的电流 $I_L = 10A$，电容支路的电流 $I_C = 14A$。试求功率因数 $\cos\varphi$ = _____。

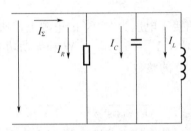

X_1 的取值范围：3，5，10，12。

计算公式：

由于电容支路与电感支路中的电流互差 $180°$，因此这两个支路的合电流

$$I_X = I_C - I_L = 14 - 10 = 4A$$

故可得电路总电流

$$I_\Sigma = \sqrt{I_R{}^2 + I_X{}^2} = \sqrt{X_1{}^2 + 4^2}$$

故功率因数

$$\cos\varphi = \frac{I_R}{I_\Sigma} = \frac{X_1}{\sqrt{X_1{}^2 + 4^2}}$$

La4D3031 某对称三相电路的负载作星形连接时线电压 $U = 380V$，负载阻抗电阻 $R = X_1 \Omega$，电抗 $X = 15\Omega$，则负载的相电流 $I_P =$ _____ A。

X_1 的取值范围：10，15，20，25。

计算公式：

负载的相电流

$$I_P = \frac{U_P}{Z_P} = \frac{220}{\sqrt{R^2 + X^2}} = \frac{220}{\sqrt{X_1{}^2 + 15^2}}$$

La4D3032 一个 $C = X_1 \mu F$ 的电容，接于频率 $50Hz$，电压有效值为 $10kV$ 的电源上，求电容中的电流有效值 $I =$ _____ A，无功功率 $Q =$ _____ V·A。

X_1 的取值范围：1.0 到 7.0 的整数。

计算公式：

电容中的电流有效值

$$I = \frac{U}{jX_C} = \frac{U}{j\dfrac{1}{C \cdot 2\pi f}} = jC \cdot 2\pi f U$$

$$= j \times X_1 \times 10^{-6} \times 2 \times \pi \times 50 \times 10 \times 10^3$$

无功功率

$$Q = \frac{U^2}{X_C} = \frac{U^2}{\dfrac{1}{C \cdot 2\pi f}} = C \cdot 2\pi f U^2$$

$$= X_1 \times 10^{-6} \times 2 \times \pi \times 50 \times 100 \times 10^6$$

La4D3033 一个电感线圈接于电压为 220V 的电源上，通过电流为 X_1A，若功率因数为 0.8，求该线圈消耗的有功功率 $Y_1 = $＿＿＿＿＿ W 和无功功率＝＿＿＿＿＿ V・A。

X_1 的取值范围：1.0 到 5.0 的整数。

计算公式：

$$\sin\varphi = \sqrt{1 - \cos^2\varphi} = \sqrt{1 - 0.8^2} = 0.6$$
$$P = UI\cos\varphi = 220 \times X_1 \times 0.8$$
$$Q = UI\sin\varphi = 220 \times X_1 \times 0.6$$

La4D5034 已知一电感线圈的电感 $L = 0.551$H，电阻 $R = X_1 \Omega$，当将它作为负载接到频率为 $f = 50$Hz，$U = 220$V 的电源上时，通过线圈的电流 $I = $＿＿＿＿＿（A），负载的功率因数 $\cos\varphi = $＿＿＿＿＿和负载消耗的有功功率 $P = $＿＿＿＿＿（W）。（计算结果保留两位小数，中间过程至少保留三位小数）

X_1 的取值范围：100，200，300，400。

计算公式：

电路中负载

$$Z = R + jX_L$$

负载的模

$$|Z| = \sqrt{R^2 + X_L{}^2} = \sqrt{R^2 + (2\pi f L)^2}$$
$$= \sqrt{X_1{}^2 + (2 \times 3.14 \times 50 \times 0.551)^2} = \sqrt{X_1{}^2 + 173^2}$$

故通过线圈的电流大小

$$I = \left|\frac{U}{Z}\right| = \frac{220}{\sqrt{X_1{}^2 + 173^2}}$$

负载的功率因数

$$\cos\varphi = \left|\frac{R}{Z}\right| = \frac{X_1}{\sqrt{X_1{}^2 + 173^2}}$$

负载消耗的有功功率

$$P = I^2R = \frac{220^2 \times X_1}{X_1{}^2 + 173^2}$$

La4D4035 一线圈加 30V 直流电压时，消耗功率 $P_1 = X_1$ W，当加有效值为 220V 的交流电压时，消耗功率 $P_2 = 3174$ W，求该线圈的电抗_____ Ω。

X_1 的取值范围：100，150，180。

计算公式：

$$R = \frac{U^2}{P_1} = \frac{30^2}{X_1}\ (\Omega)$$

加交流电压时

$$I = \sqrt{\frac{P_2}{R}} = \sqrt{\frac{3174 \times X_1}{30^2}} = \sqrt{3.53 \times X_1}\ (A)$$

$$Z = \frac{U}{I} = \frac{220}{\sqrt{3.53 \times X_1}}\ (\Omega)$$

$$X = \sqrt{Z^2 - R^2} = \sqrt{\frac{220^2 \times 30^2}{3174 \times X_1} - \frac{30^4}{X_1{}^2}}\ (\Omega)$$

La4D4036 两负载并联，一个负载是电感性，功率因数 $\cos\varphi_1 = 0.6$，消耗功率 $P_1 = X_1$ kW；另一个负载由纯电阻组成，消耗功率 $P_2 = 70$ W，则合成功率因数 $\cos\varphi$ = _____。

X_1 的取值范围：80，90，100，110。

计算公式：

全电路的总有功功率为

$$P = P_1 + P_2 = X_1 + 70\ (kW)$$

第一个负载的功率因数角

$$\varphi_1 = \arccos 0.6 = 53.13^\circ$$

全电路的总无功功率也就是第一负载的无功功率

$$Q_1 = P_1\tan\varphi = X_1 \times \frac{\sin 53.13^\circ}{0.6}\ (kV \cdot A)$$

故全电路的视在功率

$$S = \sqrt{P^2 + Q_1{}^2} = \sqrt{(X_1 + 70)^2 + (1.33X_1)^2}\ (kV \cdot A)$$

$$\cos\varphi = \frac{P}{S} = \frac{X_1 + 70}{\sqrt{(X_1 + 70)^2 + (1.33X_1)^2}}\ (kV \cdot A)$$

La4D4037 在电压为 220V，频率为 50Hz 的电源上，接电感 $L = X_1$ mH 的线圈，电阻略去不计，试求感抗 $X_L =$_____ Ω 和无功功率 $Q =$_____ $V \cdot A$。

X_1 的取值范围：5.0 到 40.0 的整数。

计算公式：

感抗

$$X_L = 2\pi fL = 2 \times 3.14 \times 50 \times X_1 \times 10^{-3} = 0.314 \times X_1$$

电流

$$I = \frac{U}{X_L} = \frac{220}{0.314 \times X_1}$$

无功功率

$$Q = UI = \frac{220 \times 220}{0.314 \times X_1}$$

La4D5038 如图所示，$u = X_1 \sin(314t - 30°)$ V，$i = 14.1\sin(314t - 60°)$ A，则电路的有功功率 P 为_____ W。

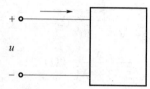

X_1 的取值范围：141，150，110。

计算公式：

功率

$$P = UI\cos\varphi = \frac{X_1}{\sqrt{2}} \times \frac{14.1}{\sqrt{2}}\cos[-30° - (-60°)] = \frac{X_1}{2} \times 14.1\cos30° \ (\text{W})$$

La4D5039 如图所示，有三个 100Ω 的线性电阻接成△形三相对称负载，然后挂接在电压为 X_1 V 的三相对称电源上，这时供电线路上的电流应为_____ A。

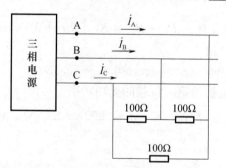

X_1 的取值范围：220，380，630。

计算公式：

此为三角形接法的对称电路，各线电流 I_A、I_B、I_C 相同，即

$$I_A = I_B = I_C = I_l = \sqrt{3}\,I_p$$

$$I_p = \frac{U_p}{R} = \frac{X_1}{100} \ (\text{A})$$

$$I_l = \sqrt{3}\,I_p = \sqrt{3} \times \frac{X_1}{100} \ (\text{A})$$

La4D3040　某 $\cos\varphi$ 为 0.4 的感性负载，外加 100V 的直流电压时，消耗功率 X_1W，则该感性负载的感抗为_____ Ω。

X_1 的取值范围：50 到 100 的整数。

计算公式：

有功功率消耗在电阻上

$$R = \frac{U^2}{P} = \frac{100^2}{X_1} \ (\Omega)$$

阻抗

$$Z = \frac{R}{\cos\varphi} = \frac{100^2}{0.4 \times X_1} \ (\Omega)$$

感抗

$$X = \sqrt{Z^2 - R^2} = \sqrt{\left(\frac{100^2}{0.4 \times X_1}\right)^2 - \left(\frac{100^2}{X_1}\right)^2} = \frac{22900}{X_1} \ (\Omega)$$

La4D3041　如图所示，在信号源（u_S、R_S）和电阻 R_L 之间接入一个理想变压器，如图所示，若 $u_S = X_1 \sin\omega t$ V，$R_L = 10\Omega$，且此时信号源输出功率最大，那么，变压器的输出电压 u_2 为_____ V。

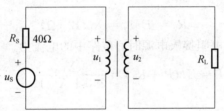

X_1 的取值范围：5 到 10 的整数。

计算公式：

信号源输出最大功率的条件是电源内阻与负载电阻相等，因此变压器的输入电阻

$$R_1 = R_S = 40 \ (\Omega)$$

应用变压器阻抗变换公式得

$$K = \frac{U_1}{U_2} = \sqrt{\frac{R_1}{R_L}} = \sqrt{\frac{40}{10}} = 2$$

又

$$u_1 = \frac{1}{2}u_S = \frac{1}{2} \times X_1 \sin\omega t \ (V)$$

则

$$u_2 = \frac{1}{2}u_1 = \frac{1}{2} \times \frac{1}{2}X_1 \sin\omega t = \frac{1}{4}X_1 \sin\omega t \ (V)$$

La4D3042　一电源的开路电压为 X_1V，短路电流为 12A。则负载从电源获得的最大功率为_____ W。

X_1 的取值范围：120，240，380。

计算公式：

因为电源的开路电压等于其电动势 E，而短路电流

$$I_S = E/R_0$$

所以电源内阻

$$R_0 = E/I_S = X_1/12 \ (\Omega)$$

欲使负载电阻从电源获得最大功率 P_{max}，必须满足负载电阻 R 与 R_0 相等这一条件。由此可得

$$P_{max} = I^2 R = \left(\frac{E}{2R_0}\right)^2 R = \left(\frac{X_1}{2(X_1/12)}\right)^2 \times (X_1/12) = 3X_1 \text{(W)}$$

La4D3043 一电源的开路电压为 X_1 V，短路电流为 12A。如果将 $R=240\Omega$ 的负载电阻接入电源，则负载电阻消耗_____ W 功率。

X_1 的取值范围：120，240，380。

计算公式：

因为电源的开路电压等于其电动势 E，而短路电流

$$I_S = E/R_0$$

所以电源内阻

$$R_0 = E/I_S = X_1/12 \ (\Omega)$$

当将 $R=240\Omega$ 的负载电阻接入电源时，电路中的电流为

$$I = E/(R + R_0) = \frac{X_1}{240 + X_1/12} \ (\text{A})$$

负载消耗的功率为

$$P_R = I^2 R_0 = \left(\frac{X_1}{240 + X_1/12}\right)^2 \times 240 \text{(W)}$$

La4D3044 图示是在线电压为 380V 的三相供电线路上接一组三相对称负载，负载是纯电阻，且 $R=X_1\Omega$，则流过每相负载电阻上的电流为_____ A。

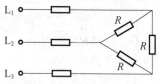

X_1 的取值范围：200，400，500。

计算公式：

因为负载是三角形连接，所以负载上得到的电压即为线电压。

流过每相负载电阻上的电流为

$$I = \frac{U_L}{R} = \frac{380}{X_1} \ (\text{A})$$

La4D3045 有一三相对称负载，每相的电阻 $R=X_1\Omega$，感抗 $X_L=6\Omega$，如果负载接成

星形，接到 $U_L = 380V$ 的三相电源上，则负载的相电流为 _____ A，线电流为 _____ A。

X_1 的取值范围：8，6，4。

计算公式：

因为负载接成星形，所以每相负载上承受的是相电压，已知 $U_L = 380V$，所以

$$U_P = \frac{U_L}{\sqrt{3}} = \frac{380}{\sqrt{3}} \approx 220 \ (V)$$

每相负载的阻抗为

$$Z = \sqrt{R^2 + X_L^2} = \sqrt{X_1^2 + 6^2} \ (\Omega)$$

流过每相负载的电流为

$$I_P = \frac{U_P}{Z} = \frac{220}{\sqrt{X_1^2 + 6^2}} \ (A)$$

因为负载是星形连接，所以线电流等于相电流

$$I_L = I_P = \frac{220}{\sqrt{X_1^2 + 6^2}} \ (A)$$

La4D2046　如图所示，在均匀磁场，磁通密度 $B = X_1 T$，矩形截面为垂直于磁场方向的一个截面，其边长 $a = 0.04m$，$b = 0.08m$，通过矩形截面的磁通量＝ _____ Wb。

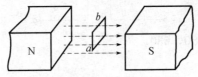

X_1 的取值范围：0.5 到 1.5 的一位小数。

计算公式：

矩形面积

$$S = 0.04 \times 0.08 = 0.0032 \ (m^2)$$

因为矩形截面与磁场垂直，故通过它的磁通量为

$$\Phi = BS = X_1 \times 0.0032 \ (Wb)$$

La4D2047　一直径为 $X_1 cm$ 的圆筒形线圈，除了线圈端部之外，其内部可以认为是一均匀磁场。设线圈内部的磁通密度为 0.01T，则磁通 $\Phi =$ _____ Wb。

X_1 的取值范围：1.0 到 3.0 的一位小数。

计算公式：

磁通

$$\Phi = BS = 0.01 \times \pi \times \left(\frac{X_1}{2}\right)^2 \times 10^{-4} = 7.85 \times X_1^2 \times 10^{-7}$$

Lb4D3048　某台 560kVA，10000V/400V，D，Yn 接法的三相电力变压器，每相副绕组 $r_2 = x_1 \Omega$，$x_2 = X_2 \Omega$，计算副边向原边折算值 $r'_2 =$ _____ Ω 和 $x'_2 =$ _____ Ω。

X_1 的取值范围：0.0020 到 0.0080 的三位小数。

X_2 的取值范围：0.0041 到 0.0072 的四位小数。

计算公式：

$$U_{1ph} = U_1 = 10000 \ (\mathrm{V})$$

$$U_{2ph} = \frac{U_2}{\sqrt{3}} = \frac{400}{\sqrt{3}} = 231 \ (\mathrm{V})$$

$$K = \frac{U_{1ph}}{U_{2ph}} = \frac{10000}{231} = 43.3$$

折算值：

$$r_2{}' = K^2 r_2 = 43.3^2 \times X_1$$

$$x_2{}' = K^2 x_2 = 43.3^2 \times X_2$$

Lb4D3049　如图所示，一次额定电压 $U_{1N} = X_1\mathrm{V}$，一次额定电路 $I_{1N} = 11\mathrm{A}$，二次额定电压 $U_{2N} = 600\mathrm{V}$，则变压器二次电流额定值 I_{2N} 为_____ A。

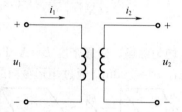

X_1 的取值范围：220，380，630。

计算公式：

按理想变压器分析（即变压器内部的损耗为 0），则

$$U_{1N} I_{1N} = U_{2N} I_{2N}$$

$$I_{2N} = \frac{U_{1N} I_{1N}}{U_{2N}} = \frac{X_1 \times 11}{600} \ (\mathrm{V})$$

Lb4D3050　某变压器测得星形连接侧的直流电阻为 $R_{ab} = X_1\Omega$，$R_{bc} = 0.572\Omega$，$R_{ca} = 0.56\Omega$，试求相电阻 $R_a =$_____ Ω。

X_1 的取值范围：0.562 到 0.57 的三位小数。

计算公式：

相电阻

$$R_a = \frac{R_{ab} + R_{ca} - R_{bc}}{2} = \frac{X_1 + 0.56 - 0.572}{2} \ (\Omega)$$

Lb4D2051　一只万用表头，额定电流 $I_N = 50\mu\mathrm{A}$，内阻 $R_0 = X_1\mathrm{k}\Omega$。要使表头测量电压的量程扩大为 10V，需串电阻_____ Ω。

X_1 的取值范围：2，4，6。

计算公式：

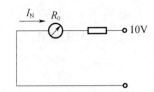

设串联的电阻为 R，如图所示。

根据已知量，知表头的额定电压为
$$U_N = I_N \times R_0 = 50 \times 10^{-6} \times X_1 \times 10^3 = 5X_1 \times 10^{-2} \text{(V)}$$

在 R 上分配的电压应为
$$U_R = I_N \times R = 10 - 5X_1 \times 10^{-2} \text{(V)}$$

所以
$$R = \frac{U_R}{I_N} = \frac{10 - 5X_1 \times 10^{-2}}{50 \times 10^{-6}} \ (\Omega)$$

Lb4D4052　将 20A 的电流传送 X_1m，允许 220V 电压降低 3%，当选用铜导线时，则截面积最小应为_____ mm²。（铜的电阻率 $\rho_{铜} = 0.0175\Omega \cdot \text{mm}^2/\text{m}$）。

X_1 的取值范围：20，30，40。

计算公式：

铜导线两端的最大允许电压降为
$$U = 220 \times 3\% = 6.6 \text{(V)}$$

铜导线允许的最大电阻为
$$R = U/I = 6.6/20 = 0.33 \ (\Omega)$$

根据公式
$$R = \rho L / S$$

可以算出铜导线最小截面积为
$$S = \rho L / R = 17.5 \times 10^{-3} \times X_1 / 0.33 \text{(mm}^2)$$

Lb4D5053　有一电阻炉的电阻丝断了，若去掉了电阻丝的 $1/X_1$，仍接在原来的电压下，这时它的功率与原来功率比是_____。

X_1 的取值范围：2，4，6。

计算公式：

根据电阻定律，在电阻率和导体截面积不变的情况下，导体电阻的大小与导体长度成正比，故电阻丝的电阻和原值的比为
$$R_1/R_0 = [\rho(L - L/X_1)/S]/(\rho L/S) = \frac{X_1 - 1}{X_1}$$

电阻炉功率与原值的比为
$$P_1/P_0 = (U^2/R_1)/(U^2/R_0) = R_0/R = \frac{X_1}{X_1 - 1}$$

Lb4D5054　电阻值为 $X_1\Omega$ 的电熨斗，接在 220V 的电源上，消耗的电功率是 _____ W，连续工作 10h，共用 _____ 千瓦时电。

X_1 的取值范围：484，242，726。

计算公式：

电熨斗消耗的功率为

$$P = U^2/R = 220^2/X_1 \text{(W)}$$

连续工作 10h 所消耗的电能为

$$W = Pt = \frac{220^2}{X_1} \times 10^{-3} \times 10 = \frac{22^2}{X_1} \text{ (kWh)}$$

Lb4D3055　X_1W 的日光灯，用 220V、50Hz 的交流电，已知日光灯的功率因数为 0.33，则通过它的电流为 _____ A。

X_1 的取值范围：20，30，40。

计算公式：

日光灯相当于电阻和电感相串联的负载，根据电阻、电感串联负载有功功率的计算公式，可得

$$P = UI\cos\varphi$$
$$I = \frac{P}{U\cos\varphi} = \frac{X_1}{220 \times 0.33} \text{(A)}$$

Lb4D2056　用直径 $d = X_1$mm，电阻率 $\rho = 1.2\Omega \cdot \text{mm}^2/\text{m}$ 的电阻丝，绕制成电阻为 16.2Ω 的电阻炉，电阻丝的长度为 _____ m。

X_1 的取值范围：4，8，6。

计算公式：

电阻丝的截面积为

$$S = \pi d^2/4 = 3.14 \times X_1^2/4 \text{ (mm)}$$

则有

$$l = RS/\rho = 16.2 \times 3.14 \times X_1^2/4/1.2 \text{(m)}$$

Lb4D3057　一台三相变压器的电压为 6000V，负载电流为 X_1A，功率因数为 0.866，试求有功功率 = _____ kW 和无功功率 = _____ kVA。

X_1 的取值范围：10.0 到 30.0 的整数。

计算公式：

有功功率

$$P = \sqrt{3}UI\cos\varphi = \sqrt{3} \times 6 \times X_1 \times 0.866$$

无功功率

$$Q = \sqrt{3}UI\sin\varphi = \sqrt{3} \times 6 \times X_1 \times 0.5$$

Lb4D5058　有一个芯柱截面为 6 级的铁芯，各级片宽为：$a_1 = 4.9\text{cm}$，$a_2 = 8.2\text{cm}$，$a_3 = 10.6\text{cm}$，$a_4 = 12.7\text{cm}$，$a_5 = 14.4\text{cm}$，$a_6 = 15.7\text{cm}$，各级厚度为：$b_1 = 0.65\text{cm}$，$b_2 = 0.85\text{cm}$，$b_3 = 1.05\text{cm}$，$b_4 = 1.2\text{cm}$，$b_5 = 1.65\text{cm}$，$b_6 = 2.45\text{cm}$。叠片系数 $K = X_1$。铁芯柱的有效截面积 _____ cm^2。

X_1 的取值范围：0.765 到 0.895 的三位小数。

计算公式：

铁芯柱截面积 S_1 为

$$S_1 = 2 \times (a_1 \times b_1 + a_2 \times b_2 + a_3 \times b_3 + a_4 \times b_4 + a_5 \times b_5) + a_6 \times b_6$$
$$= 2 \times (4.9 \times 0.65 + 8.2 \times 0.85 + 10.6 \times 1.05$$
$$+ 12.7 \times 1.2 + 14.4 \times 1.65) + 15.7 \times 2.45$$
$$= 159 \ (\text{cm}^2)$$

铁芯柱有效截面积 S 为

$$S = S_1 K = 159 \times X_1$$

Jd4D5059　一台 5000kV·A，Y，d_{11} 接线，变比为 35kV/10.5kV 的电力变压器，铁芯有效截面积 $S = X_1 \text{cm}^2$，磁通密度 $B = 1.445\text{T}$，低压绕组匝数 = _____ 匝。（频率为 50Hz）

X_1 的取值范围：1120，1150，1300。

计算公式：

低压侧

$$U_{2ph} = 10500 \ (\text{V})$$

低压绕组匝数

$$W_2 = \frac{U_{2ph}}{4.44fBS} = \frac{10500}{4.44 \times 50 \times 1.445 \times X_1 \times 10^{-4}} \ (\text{匝})$$

Jd4D5060　一台 5000kV·A，Y，d_{11} 接线，变比为 35kV/10.5kV 的电力变压器，铁芯有效截面积 $S = X_1 \text{cm}^2$，磁通密度 $B = 1.445\text{T}$，高压绕组匝数 = _____ 匝。（频率为 50Hz）

X_1 的取值范围：1120，1150，1300。

计算公式：

高压侧

$$U_{1ph} = \frac{U_1}{\sqrt{3}} = \frac{35000}{\sqrt{3}} = 20207 \ (\text{V})$$

高压绕组匝数

$$W_1 = \frac{U_{1ph}}{4.44fBS} = \frac{20207}{4.44 \times 50 \times 1.445 \times X_1 \times 10^{-4}} \ (\text{匝})$$

Jd4D5061　一台 $X_1 \text{kV·A}$，Y，d_{11} 接线，变比为 35kV/10.5kV 的电力变压器，高压

侧相电流＝＿＿＿＿＿A。（频率为 50Hz）

X_1 的取值范围：4000，5000，6000。

计算公式：

高压侧

$$U_{1ph} = \frac{U_1}{\sqrt{3}} = \frac{35000}{\sqrt{3}} = 20207 \ (V)$$

高压侧

$$I_{1ph} = \frac{S_N}{\sqrt{3}U_1} = \frac{X_1 \times 10^3}{\sqrt{3} \times 35 \times 10^3}$$

Jd4D5062 某变压器风扇电动机定子绕组采用 QZ 高强度聚酯漆包圆钢线，每相绕组由两根直径为 1.12mm 的导线并绕而成，每根导线长 X_1m，每相绕组在电机基准工作温度（E 极绝缘为 75℃）时的电阻值 $Y_1 = $＿＿＿＿＿ Ω。 （$\rho = 0.0175\Omega \cdot mm^2/m$，$\alpha = 0.004/℃$）。

X_1 的取值范围：0.5 到 1.5 的一位小数。

计算公式：

$$S = 2\pi r^2 = 2\pi (1.12/2)^2 = 1.97 (mm^2)$$

在 20℃时，

$$R_1 = \frac{\rho L}{S} = \frac{0.0175 \times X_1}{1.97} \ (\Omega)$$

在 75℃时，

$$R = R_1[1 + \alpha(t_2 - t_1)] = \frac{0.0175 \times X_1}{1.97} \div [1 + 0.004 \times (75 - 20)]$$

1.5 识图题

La4E2001 下图中 $A-A$ 剖视图是(　　)。

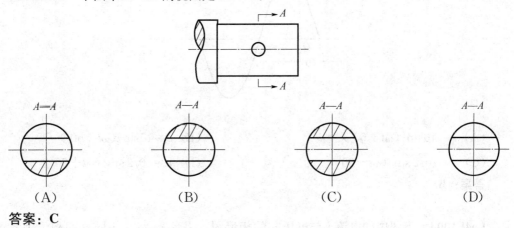

答案：**C**

La4E2002 已知三个电流的瞬时值分别为：$i_1=15\sin\ (\omega t+30°)$；$i_2=14\sin\ (\omega t-60°)$；$i_3=120\sin\omega t$。用相量图比较它们的相位关系应当描述成(　　)。

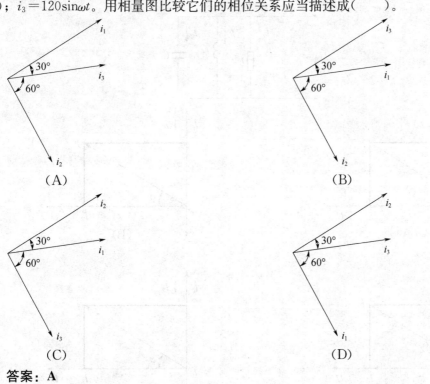

答案：**A**

La4E1003 下图所示波形示意图对应的瞬时表达式是（   ）。

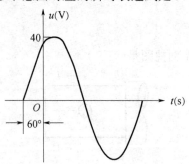

(A) $e = 40\sin(\omega t - 60°)$ (B) $e = 40\sin(\omega t + 60°)$

(C) $e = 40\sqrt{2}\sin(\omega t - 60°)$ (D) $e = 40\sqrt{2}\sin(\omega t + 60°)$

答案：**B**

La4E1004 下图中的电流 i 与电压 u 的相量图，表示 i_r、i_L、i_c 同 u 的相位关系正确的是（   ）。

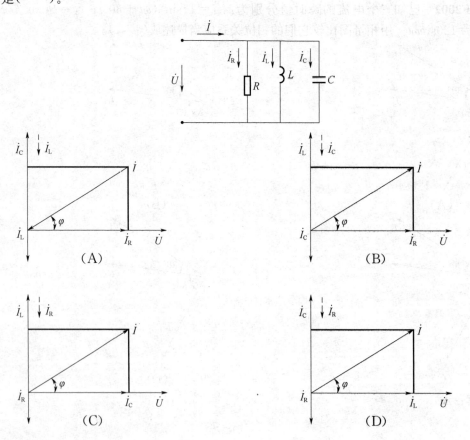

答案：**A**

168

La4E2005 下图为一个 R、L 串联电路，它们的相量关系图、电压三角形、阻抗三角形和功率三角形分别是(　　)。

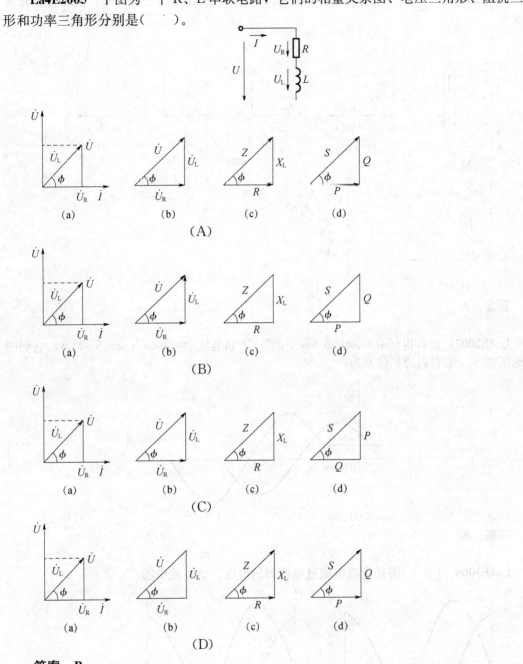

答案：B

La4E2006 已知 $e_1 = E_{m1}\sin(\omega t + 60°)$ V，$e_2 = E_{m2}\sin(\omega t + 45°)$ V。电动势的相量图是（　　）。

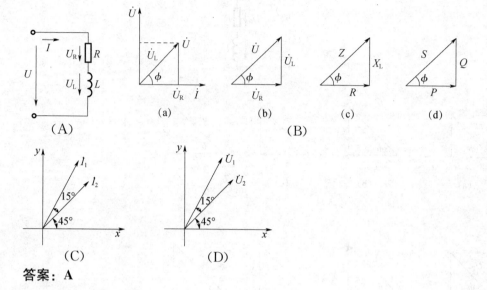

答案：**A**

La4E2007 已知电压 $u = 100\sin(\omega t + 30°)$ V 和电流 $i = 30\sin(\omega t - 60°)$ A，它们的波形图如下。则它们的相位差为（　　）°。

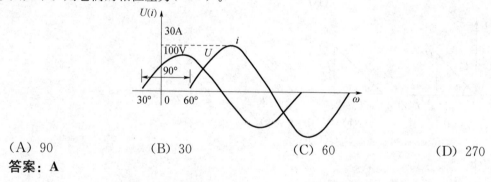

(A) 90　　　　　(B) 30　　　　　(C) 60　　　　　(D) 270

答案：**A**

La4E3008 （　　）图是交流电通过电容器的电压、电流波形图。

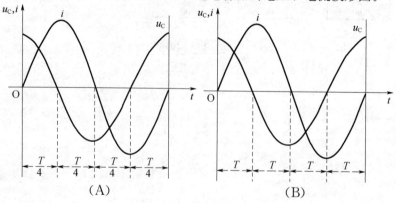

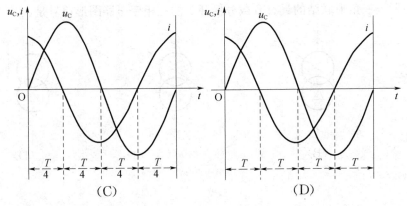

$$(C) \qquad\qquad (D)$$

答案：**C**

Lb4E3009 已知 T 为铁芯，N_1、N_2 为变压器的一次、二次绕组，R 为负载，画出变压器的原理图，并标出电流电压方向。下面那个图是正确的(　　)?

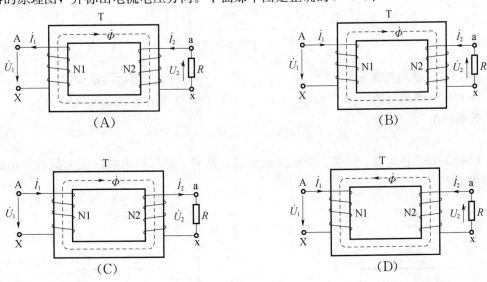

答案：**C**

Lb4E3010 三相双绕组变压器图形符号正确的是(　　)?

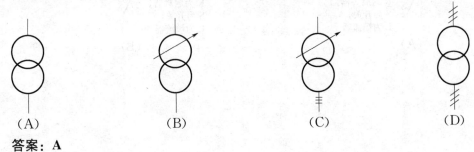

答案：**A**

Lb4E3011 星形－三角形联结的具有有载分接开关的三相变压器图形符号是( )?

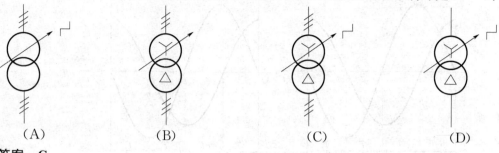

（A）   （B）   （C）   （D）

答案：**C**

Lb4E3012 下图为哪种保护的原理接线图？( )

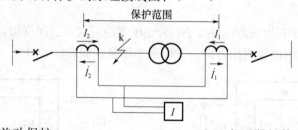

（A）变压器的差动保护   （B）变压器的接地保护
（C）变压器的过流保护   （D）变压器的瓦斯保护
答案：**A**

Lb4E3013 由电源、开关、双线圈镇流器、灯管、启辉器组成的荧光灯控制电路的原理接线图是( )。

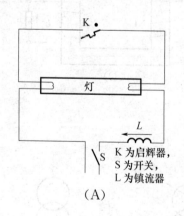

K 为启辉器，
S 为开关，
L 为镇流器

（A）

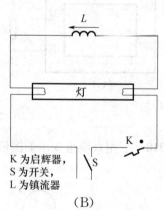

K 为启辉器，
S 为开关，
L 为镇流器

（B）

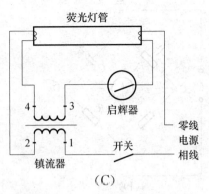

(C)

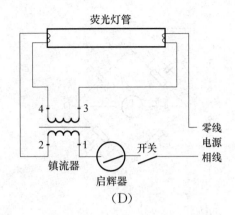

(D)

答案：**C**

Lb4E3014 （　　）是一个 π 形接线电路图。

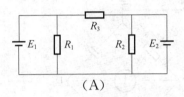

(A)

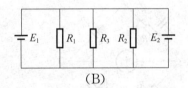

(B)

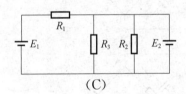

(C)

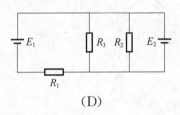

(D)

答案：**A**

Lb4E3015 下面哪个图是 QS1 型西林电桥反接线测量 tgδ 时原理接线图（　　）。

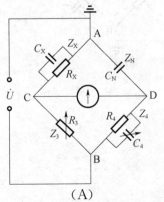

(A)

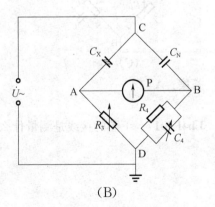

(B)

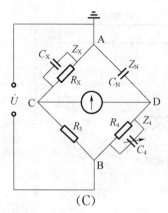

(C)

答案：A

Lb4E3016 下面哪个图是 QS1 型西林电桥测量－tgδ 时原理接线图（　　）。

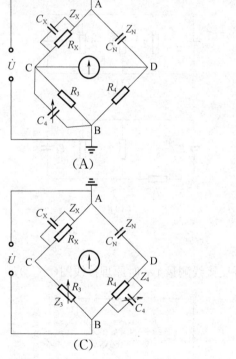

(A)

(B)

(C)

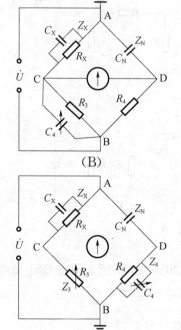

(D)

答案：A

Lb4E3017 下图的接线是测量什么物理量（　　）？

174

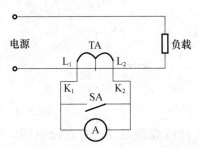

(A) 直流泄漏电流　　　　　　　　　　(B) 经电压互感器测量电压

(C) 经电流互感器测量电流　　　　　　(D) 功率

答案：**C**

Lb4E3018 下图是什么测量仪器的原理接线图(　　)?

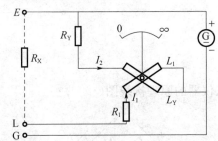

(A) 兆欧表的原理接线；　　　　　　　(B) 单臂电桥的原理接线；

(C) 双臂电桥的原理接线；　　　　　　(D) 双瓦特表的原理接线

答案：**A**

Lb4E3019 下图是什么仪器的原理接线图(　　)?

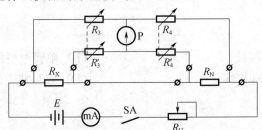

(A) 兆欧表的原理接线　　　　　　　　(B) 单臂电桥的原理接线

(C) 双臂电桥的原理接线　　　　　　　(D) 双瓦特表的原理接线

答案：**C**

Lb4E3020 电容 C、电感线圈 L_1、有磁铁的电感线圈 L_2 的图形符号依次分别是(　　)。

(A) ——||——C　　——L_1——　　——$\underline{L_2}$——

(B) ——||——C　　——Z_1——　　——$\underline{L_2}$——；

(C) $\quad\overset{L_1}{\frown}\qquad\overset{C}{|\ |}\qquad\overset{L_2}{\frown}$;

(D) $\quad\overset{C}{|\ |}\qquad\overset{L_2}{\frown}\qquad\overset{L_1}{\frown}$

答案：**A**

Lb4E3021 用选项中两种接线测量 R_x 的直流电阻，当 R_x 较大时，采用哪种接线（　　）？

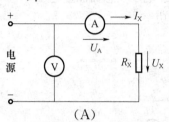 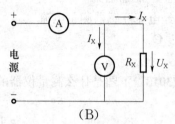

答案：**A**

Lb4E3022 下图是什么仪器的原理接线图（　　）？

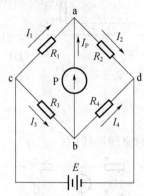

（A）兆欧表的原理接线；　　　　　　　　（B）单臂电桥的原理接线；

（C）双臂电桥的原理接线；　　　　　　　（D）双瓦特表的原理接线

答案：**B**

Lb4E3023 符合下列电路图中 I 的计算式的是（　　）。

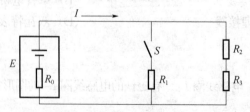

（A）当 S 断开时 $I = \dfrac{E}{R_0 + R_2 + R_3}$，当 S 合上时 $I = \dfrac{E}{R_0 + \dfrac{R_1 \cdot (R_2 + R_3)}{R_1 + R_2 + R_3}}$

176

(B) 当 S 断开时 $I=\dfrac{E}{R_0+\dfrac{R_1\cdot(R_2+R_3)}{R_1+R_2+R_3}}$，当 S 合上时 $I=\dfrac{E}{R_0+R_2+R_3}$；

(C) 当 S 断开时 $I=\dfrac{E}{R_0+R_2+R_3}$，当 S 合上时 $I=\dfrac{E}{R_0+\dfrac{R_1R_2R_3}{R_1+R_2+R_3}}$；

(D) 当 S 断开时 $I=\dfrac{E}{R_0+R_2+R_3}$，当 S 合上时 $I=\dfrac{E}{R_0+\dfrac{R_1+R_2+R_3}{R_1R_2R_3}}$

答案：**A**

Lb4E3024 变压器负载运行的等值电路是（　　）。

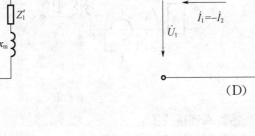

(A)　　　　　　　　　　　　　　　(B)

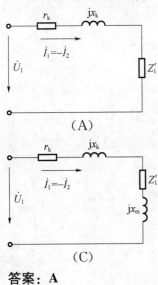

(C)　　　　　　　　　　　　　　　(D)

答案：**A**

Lb4E3025 下面按组图表示的是双绕组变压器、自耦变压器、电抗器（从左到右）。（　　）

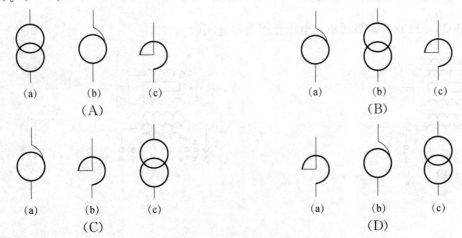

(a)　　(b)　　(c)　　　　　　(a)　　(b)　　(c)
　　(A)　　　　　　　　　　　　　　(B)

(a)　　(b)　　(c)　　　　　　(a)　　(b)　　(c)
　　(C)　　　　　　　　　　　　　　(D)

答案：**A**

Lb4E3026 具有一个铁芯和一个二次绕组的电流互感器的图形符是（　　）？

答案：**B**

Lb4E3027 下图是什么一次设备的原理接线图。（　　）

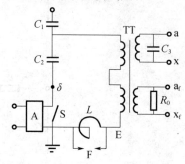

（A）电流互感器

（B）电抗器

（C）电磁式电压互感器原理接线图

（D）电容式电压互感器原理接线图

答案：**A**

Lb4E3028 110kV 串级式单相电压互感器原埋图（　　）。

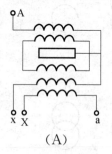

（A）

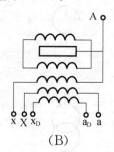

（B）

178

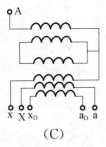

(C)

(D)

答案：**D**

Lb4E4029　分级绝缘多层圆筒式绕组示意图是(　　)。

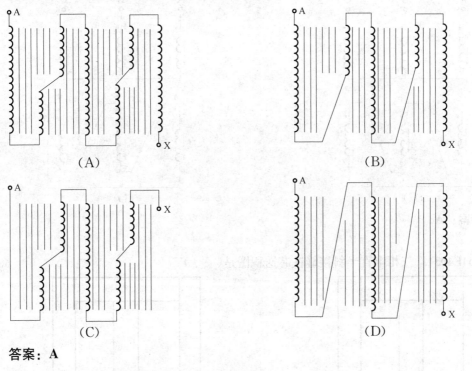

(A)

(B)

(C)

(D)

答案：**A**

Lb4E4030　下列哪个图是三相变压器绕组右行Z型接线(　　)。

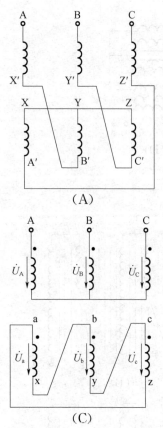

(A)

(B)

(C)

(D)

答案：**A**

Lb4E4031 三相半直半斜接缝铁芯迭积图是( )。

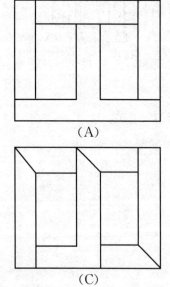

(A)

(B)

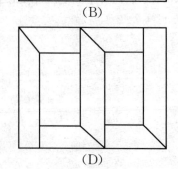

(C)

(D)

答案：**A**

Lb4E4032 下图中，已知双段纠结式绕组的一个纠结单元，反段为双数匝，正段为单数匝，线匝为单根导线。试画出"纠线""连线"、内部换位，标出纠结后的导线序号指出匝间工作电压最大值与匝电压值的关系。下边哪个图是正确的(   )?

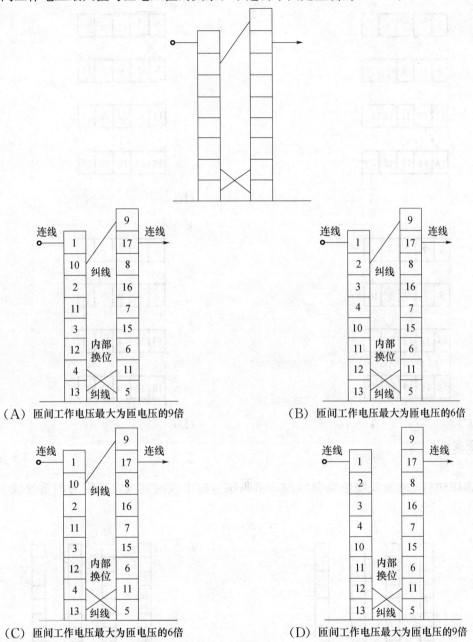

(A) 匝间工作电压最大为匝电压的9倍

(B) 匝间工作电压最大为匝电压的6倍

(C) 匝间工作电压最大为匝电压的6倍

(D) 匝间工作电压最大为匝电压的9倍

答案：A

Lb4E4033 单根导线的纠结式绕组示意图是( )。

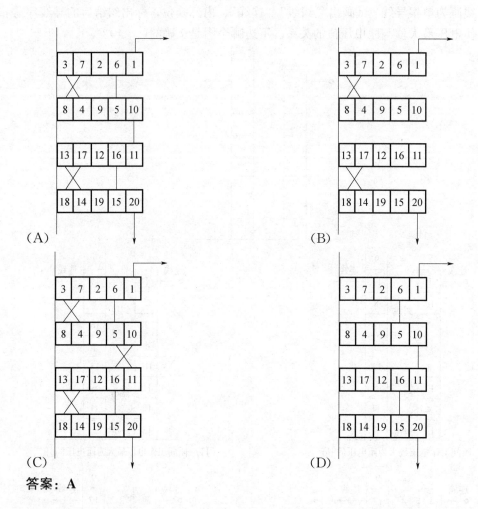

（A）

（B）

（C）

（D）

答案：A

Lb4E5034 连续式绕组部分线段的剖面图（标出段间连线，绕组为两根导线并绕）是( )。

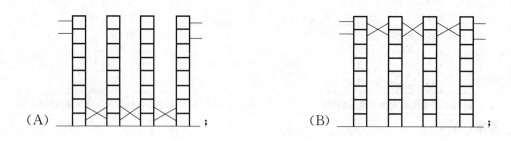

（A） ；

（B） ；

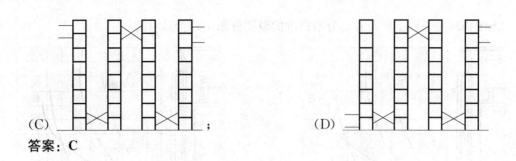

(C)   ;   (D)

答案：**C**

Lb4E3035 三相变压器 Y，d11 接线组的相量图和接线图正确的是（   ）。

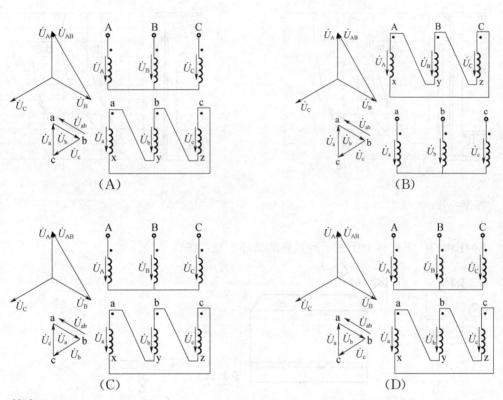

答案：**A**

Lb4E4036 下列变压器各部分沿高度的温度分布图哪个是对的（　　）。

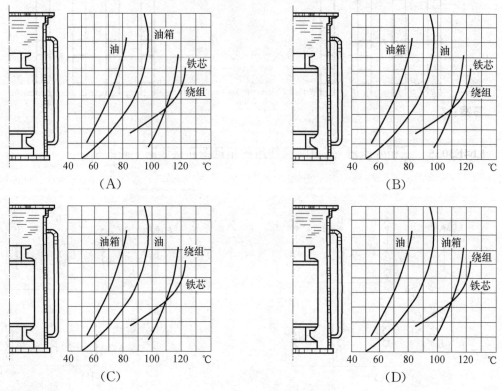

（A）　　　　　　　　　　　（B）

（C）　　　　　　　　　　　（D）

答案：**B**

Lb4E5037 下列哪个图表示的是热油循环干燥系统（　　）。

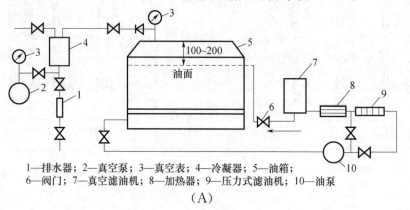

1—排水器；2—真空泵；3—真空表；4—冷凝器；5—油箱；
6—阀门；7—真空滤油机；8—加热器；9—压力式滤油机；10—油泵
（A）

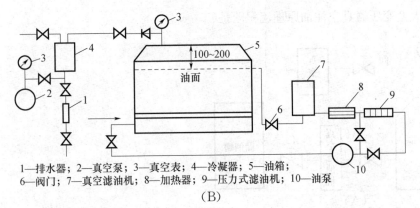

1—排水器；2—真空泵；3—真空表；4—冷凝器；5—油箱；
6—阀门；7—真空滤油机；8—加热器；9—压力式滤油机；10—油泵

(B)

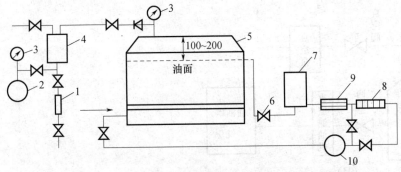

1—排水器；2—真空泵；3—真空表；4—冷凝器；5—油箱；
6—阀门；7—真空滤油机；8—加热器；9—压力式滤油机；10—油泵

(C)

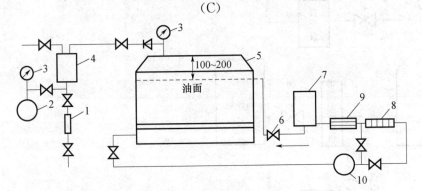

1—排水器；2—真空泵；3—真空表；4—冷凝器；5—油箱；
6—阀门；7—真空滤油机；8—加热器；9—压力式滤油机；10—油泵

(D)

答案：C

Lb4E5038 大型变压器真空注油原理流程图是(　　)。

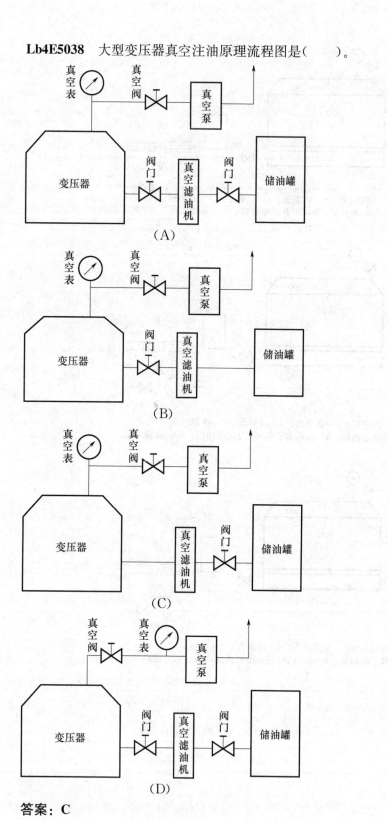

（A）

（B）

（C）

（D）

答案：C

Jd4E3039 变压器瓦斯保护的原理接线图是( )。

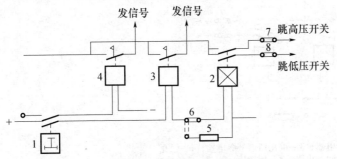

1—气体继电器；2—出口中间继电器；
3—重瓦斯信号继电器；4—轻瓦斯信号继电器；
5—重瓦斯试运回路电阻；6—切换片；7、8—连接片

（A）

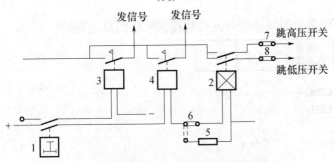

1—气体继电器；2—出口中间继电器；
3—重瓦斯信号继电器；4—轻瓦斯信号继电器；
5—重瓦斯试运回路电阻；6—切换片；7、8—连接片

（B）

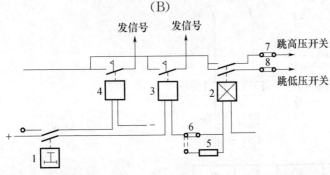

1—气体继电器；2—出口中间继电器；3—重瓦斯信号继电器；
4—轻瓦斯信号继电器；5—重瓦斯试运回路电阻；6—切换片；7、8—连接片

（C）

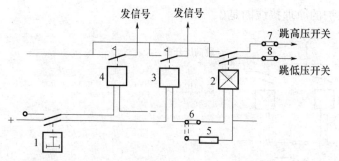

1—气体继电器；2—出口中间继电器；3—重瓦斯信号继电器；4—轻瓦斯信号继电器；5—重瓦斯试运回路电阻；6—切换片；7、8—连接片

(D)

答案：A

Jd4E3040 下面哪个电动机接触器联锁的可逆启动控制电路图是正确的（　　）。

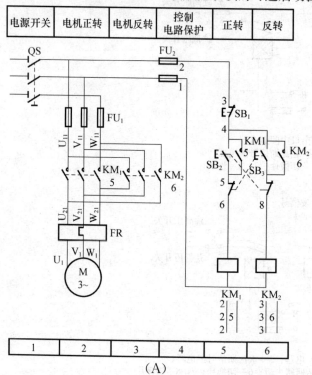

电源开关	电机正转	电机反转	控制电路保护	正转	反转

| 1 | 2 | 3 | 4 | 5 | 6 |

(A)

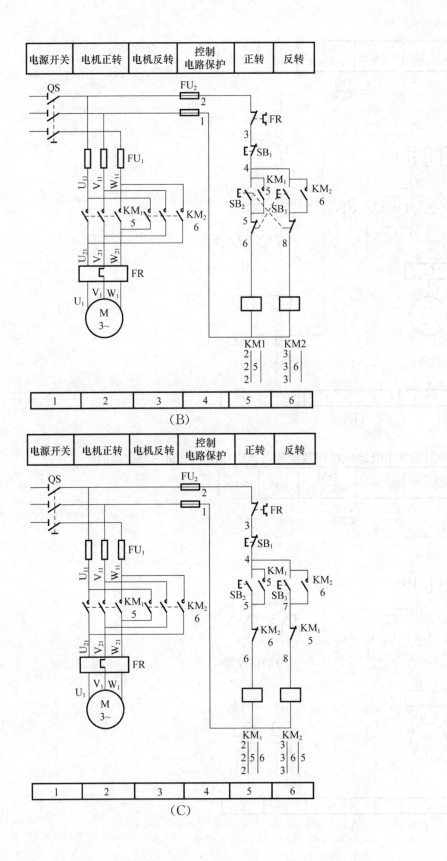

电源开关	电机正转	电机反转	控制 电路保护	正转	反转

1	2	3	4	5	6

（B）

电源开关	电机正转	电机反转	控制 电路保护	正转	反转

1	2	3	4	5	6

（C）

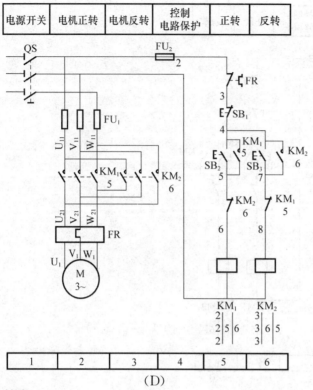

电源开关	电机正转	电机反转	控制 电路保护	正转	反转
1	2	3	4	5	6

(D)

答案：C

Jd4E3041　下面哪个电动机按扭联锁的可逆启动控制电路图是正确的(　　)。

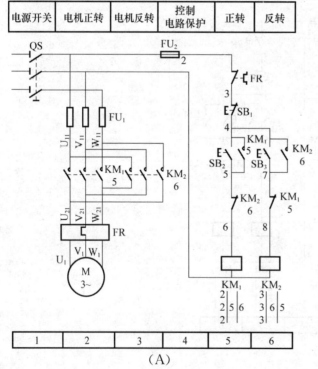

电源开关	电机正转	电机反转	控制 电路保护	正转	反转
1	2	3	4	5	6

(A)

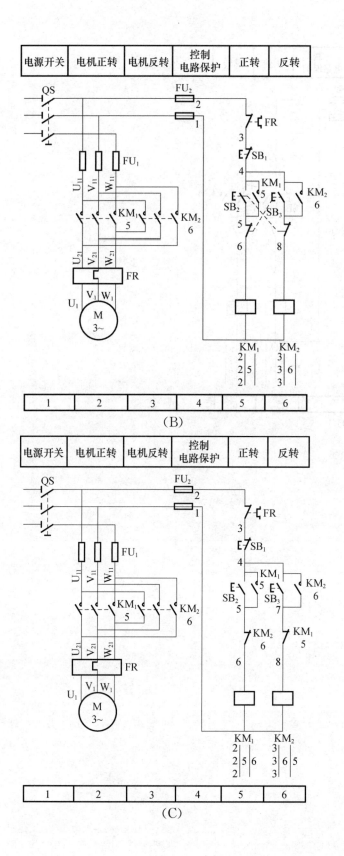

电源开关	电机正转	电机反转	控制 电路保护	正转	反转

（B）

1	2	3	4	5	6

电源开关	电机正转	电机反转	控制 电路保护	正转	反转

1	2	3	4	5	6

（C）

电源开关	电机正转	电机反转	控制 电路保护	正转	反转

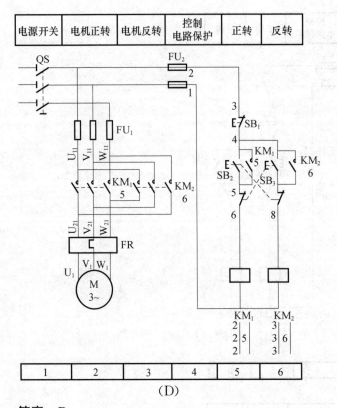

1	2	3	4	5	6

(D)

答案：**B**

2 技能操作

2.1 技能操作大纲

变压器检修工（中级工）鉴定 技能操作考核大纲

等级	考核方式	能力种类	能力项	考核项目	考核主要内容
中级工	技能操作	基本技能	01. 钳工操作	电焊机的使用	掌握电焊机的各种使用方法
			02. 专用工机具、量具、仪器仪表	用板式滤油机进行绝缘油处理	掌握板式滤油机进行绝缘油处理的方法
		专业技能	01. 变压器类设备小修及维护	01. 蝶阀的解体检修	掌握蝶阀的解体检修方法
				02. 呼吸器的解体检修	掌握呼吸器的解体检修方法
				03. 电源箱安装	掌握电源箱安装的方法
				04. 油位计指示异常检查	掌握油位计基本原理、指示异常检查方法
				05. 压力释放阀的检修	掌握压力释放阀的检修方法
			02. 变压器类设备大修	01. 纯瓷套管的解体检修	掌握纯瓷套管的解体检修方法
				02. 高压引线绝缘包扎	掌握高压引线绝缘的包扎方法
		相关技能	书写记录	文档的排版与打印	能应用 WPS 等办公软件填写变压器检修记录，能用简明的专业术语汇报、记录本岗位的工作

2.2 技能操作项目

2.2.1 BY4JB0101 电焊机的使用

1. 作业

1）工器具、材料、设备

（1）工器具：组合工具一套、验电笔。

（2）材料：422焊条、5×20×30（mm）、铁板若干块。

（3）设备：交流电焊机一套、焊工手套、焊帽、电焊服、脚罩、灭火器。

2）安全要求

（1）严格执行《电业安全工作规程》有关规程。

（2）执行动火工作票、工作现场周围确无易燃易爆物品。

（3）现场设置遮拦、"止步！高压危险"及"在此进出"标示牌。

（4）按照装要求着装及个人防护用品。

3）操作步骤及工艺要求（含注意事项）

（1）准备工作

①安全帽佩戴应正确规范，着棉质长袖工装，穿绝缘鞋，戴焊工手套，使用焊帽，穿电焊服，戴脚罩。

②办理动火工作票检查安全措施。

③检查焊接工器具是否齐全。

④外观检查电焊机质量是否合格、放置平稳。

⑤接电源必需有人监护、验电。

⑥电焊机外壳接地。

⑦焊把线长不超50m。

⑧工作现场放置灭火器，周围确无易燃易爆物品。

（2）焊接工艺注意事项

①根据工件要求，选用合理的焊接工艺。

②选用焊条、焊接电流和暂载率。

③电焊机不允许进行金属切割作业。

④使用中焊机温度不超过规定温度（A级60℃，B级80℃）。

⑤在潮湿处施焊，工作人员应站在绝缘木板或绝缘垫上。

⑥进行电焊机移动、调整电流、修理等工作时应切断电源。

（3）结束工作

①工作结束后切断电源。

②对焊把线、焊钳及地线进行整理。

③电焊机放置干燥通风位置。

④填写检修记录内容完整、准确、文字工整。

⑤结束工作票。

2. 考核

1）考核场地

变压器检修实训室。

2）考核时间

参考时间为 60min，考评员允许开工开始计时，到时即停止工作。

3）考核要点

（1）严格执行《电业安全工作规程》有关规程。

（2）电焊机检查、外壳接地、接电源、电焊工艺。

（3）工作服、绝缘鞋、安全帽自备，独立完成作业。

3. 评分标准

行业：电力工程　　　　　　工种：变压器检修工　　　　　　等级：四

编号	BY4JB0101	行为领域	d	鉴定范围		
考核时限	60min	题型	A	满分	100 分	得分
试题名称	电焊机的使用					
考核要点 及其要求	（1）严格执行《电业安全工作规程》有关规程 （2）电焊机检查、外壳接地、接电源、电焊工艺 （3）正确着装，独立完成作业 （4）执行动火工作票、工作现场周围确无易燃易爆物品					
现场设备、工器具、材料	（1）工器具：组合工具一套、验电笔 （2）材料：422 焊条、5×20×30（mm）、铁板若干块 （3）设备：交流电焊机一套、焊工手套、焊帽、电焊服、脚罩、灭火器					
备注						

评分标准

序号	考核项目名称	质量要求	分值	扣分标准	扣分原因	得分
1	规定	（1）安全帽佩戴应正确规范，着棉质长袖工装，穿绝缘鞋，戴焊工手套，使用焊帽，穿电焊服，戴脚罩 （2）办理动火工作票检查安全措施	10	（1）着装不规范扣 5 分 （2）未按要求执行每项扣 5 分		
2	准备	（1）检查焊接工器具是否齐全 （2）外观检查电焊机质量是否合格、放置平稳 （3）接电源必需有人监护、验电 （4）电焊机外壳接地 （5）焊把线长不超 50m （6）工作现场放置灭火器，周围确无易燃易爆物品	20	（1）工器具缺少而不能发现并及时备好，扣 2 分 （2）未完成外观检查扣 2 分 （3）接电源未验电、未找监护人每项扣 5 分 （4）电焊机外壳未接地扣 5 分 （5）超出 50m 扣 1 分 （6）防火措施未完成扣 5 分		

序号	考核项目名称	质量要求	分值	扣分标准	扣分原因	得分
3	焊接作业及注意事项	(1) 根据工件要求，选用合理的焊接工艺 (2) 选用焊条、焊接电流和暂载率 (3) 电焊机不允许进行金属切割作业 (4) 使用中焊机温度不超过规定温度（A级60℃，B级80℃） (5) 在潮湿处施焊，工作人员应站在绝缘木板或绝缘垫上 (6) 进行电焊机移动、调整电流、修理等工作时应切断电源	40	(1) 工艺不合理扣6分 (2) 选用焊条、焊接电流和暂载率不合理每项扣5分 (3) 电焊机金属切割作业扣8分 (4) 焊机温度超过温度扣5分 (5) 未站在绝缘木板或绝缘垫上扣8分 (6) 未切断电源扣8分		
4	结束工作	(1) 工作结束后切断电源 (2) 对焊把线、焊钳及地线进行整理 (3) 电焊机放置干燥通风位置	10	(1) 工作结束后未切断电源扣5分 (2) 焊把线、焊钳及地线整理扣3分 (3) 未把电焊机放置干燥通风位置扣2分		
5	填写记录	(1) 填写检修记录内容完整、准确、文字工整 (2) 结束工作票	10	(1) 内容不全、不准确、文字潦乱每项扣2分 (2) 该项分值扣完分为止		
6	安全文明生产	(1) 严格遵守安全规程 (2) 现场清洁 (3) 工具材料摆放整齐	10	(1) 违章作业每次扣5分 (2) 不清洁扣2分 (3) 工具材料摆放凌乱扣2分		
7	否决	否决内容				
7.1	安全否决	(1) 在焊接过程中，造成触电伤人 (2) 在焊接过程中，造成火灾	否决	整个操作项目为0分		

说明：　等级：五—初级工；　四—中级工；　三—高级工；　二—技师；　一—高级技师。

　　　　行为领域：d—基础技能；　e—专业技能；　f—相关技能。

　　　　题型：A—单项操作；　B—多项操作；　C—综合操作。

　　　　鉴定范围：可不填。

2.2.2 BY4JB0201 用板式滤油机进行绝缘油处理

1. 作业

1) 工器具、材料、设备

(1) 工器具：电工组合工具1套、12in呆扳手2把、12in活动扳手2把。

(2) 材料：变压器油2t、300mm×300mm滤油纸足量、1.5in耐油橡胶管10m×2、18L塑料桶1个、油盘1个、清洁布块足量、二氧化碳灭火器足量。

(3) 设备：LY型板式滤油机1套、2.5t储油罐1个。

2) 安全要求

(1) 严格执行《电业安全工作规程》有关规程、规范。

(2) 现场设置遮拦、"止步！高压危险"及"在此进出"标示牌。

(3) 现场配置二氧化碳灭火器2个。

3) 操作步骤及工艺要求（含注意事项）

(1) 准备工作

①按照规定着装。

②准备足量灭火器。

③设备、工器具、材料外观检查。

(2) LY型板式滤油机的相关操作及工艺要求

①滤油前应查明油数量及油罐储油情况。

②将滤油机放在储油罐附近，距离不大于10m。

③清洗滤油机油箱内部，达到清洁干净。

④清洗过滤器，清除内部污垢。

⑤在每个板框间放置2~3张滤纸，并使滤纸的粗面对着进油方向，旋紧手柄。

⑥清洗滤油管路，达到清洗无油垢，与滤油机可靠连接。

⑦滤油机外壳可靠接地。

⑧接引电源，接通电源后，检查旋转方向。

(3) 滤油处理的相关操作要求

①启动操作，打开出油阀门，启动油泵，再打开进油阀。

②监视滤油压力正常应为0.3~0.4MPa，当达0.6MPa时应停机检查更换滤纸。

③检查滤油机油箱内的存油情况及浮桶运行情况。

④检查滤油管的联结情况，防止发生漏油。

⑤当滤油压力小于0.1MPa时应及时停机，清理过滤器。

⑥对轻度脏污的油，每2h更换一次滤纸，对严重脏污的油，应0.5~1h更换一次。

⑦每2h取一次油样做耐压试验，直到符合标准为止。

2. 考核

1) 考核场地

变压器检修实训室。

2) 考核时间

考核时间为120min，考评员允许开工开始计时，到时即停止工作。

3) 考核要点

(1) 严格执行有关规程、规范。

(2) 现场以过滤 2t 变压器油为考核对象。

(3) 考核时天气应晴朗，相对空气湿度小于 75%。

(4) 现场提供经烘干的滤油纸。

(5) 工作服、绝缘鞋、安全帽自备，现场由 1 名检修工协助完成。

3. 评分标准

行业：电力工程　　　　　　工种：变压器检修工　　　　　　等级：四

编号	BY4JB0201	行为领域	d	鉴定范围		
考核时限	60min	题型	c	满分	100 分	得分
试题名称	用板式滤油机进行绝缘油处理					
考核要点及其要求	(1) 严格执行有关规程、规范 (2) 现场以过滤 2t 变压器油为考核对象 (3) 考核时天气应晴朗，相对空气湿度小于 75% (4) 现场提供经烘干的滤油纸 (5) 工作服、绝缘鞋、安全帽自备，现场由 1 名检修工协助完成					
现场设备、工器具、材料	(1) 工器具：电工组合工具 1 套、12in 呆扳手 2 把、12in 活动扳手 2 把 (2) 材料：变压器油 2t、300mm×300mm 滤油纸足量、1.5in 耐油橡胶管 10m×2、18L 塑料桶 1 个、油盘 1 个、清洁布块足量、二氧化碳灭火器足量 (3) 设备：LY 型板式滤油机 1 套、2.5t 储油罐 1 个					
备注						

评分标准

序号	考核项目名称	质量要求	分值	扣分标准	扣分原因	得分
1	准备	(1) 按照规定着装 (2) 准备足量灭火器	10	(1) 未按照规定着装扣 2 分 (2) 未准备灭火器扣 5 分		
2	滤油前检查	(1) 滤油前应查明数量及油罐储油情况 (2) 将滤油机放在储油罐附近，距离不大于 10m (3) 清洗滤油机油箱内部，达到清洁干净 (4) 清洗过滤器，清除内部污垢 (5) 在每个板框间放置 2~3 张滤纸，并使滤纸的粗面对着进油方向，旋紧手柄 (6) 清洗滤油管路，达到清洗无油垢，与滤油机可靠连接 (7) 滤油机外壳可靠接地 (8) 接引电源，接通电源后，检查旋转方向	30	(1) 未查明绝缘油情况扣 3 分 (2) 滤油机与储油罐间距大于 10m 扣 3 分 (3) 滤油机内部未清洗干净，扣 3 分 (4) 过滤器未清洗干净扣 3 分 (5) 滤纸放置错误扣 5 分 (6) 滤油管路未清洗干净扣 3 分 (7) 设备外壳未可靠接地扣 6 分 (8) 接引电源未检查旋转方向扣 4 分		

序号	考核项目名称	质量要求	分值	扣分标准	扣分原因	得分
3	滤油	（1）启动操作，打开出油阀门，启动油泵，再打开进油阀门 （2）监视滤油压力正常应为0.3～0.4MPa，当达0.6MPa时应停机检查更换滤纸 （3）检查滤油机油箱内的存油情况及浮桶运行情况 （4）检查滤油管的联结情况，防止发生漏油 （5）当滤油压力小于0.1MPa时应及时停机，清理过滤器 （6）对轻度脏污的油，每2h更换一次滤纸，对严重脏污的油，应0.5～1h更换一次 （7）每2h取一次油样做耐压试验，直到符合标准为止	30	（1）操作程序错误扣5分 （2）压力大于0.6MPa未停机检查处理扣5分 （3）发生油箱向外溢油现象扣4分 （4）发生漏油现象每次扣5分 （5）当压力小于0.1MPa时，未停机检修查处理扣5分 （6）未及时更换滤油纸每次扣3分 （7）未按时取样送交试验每次扣3分		
4	停机操作	（1）关闭进油阀，排净滤油机油箱内残油，停止油泵，关闭出油阀门 （2）排除油管内残油，拆除油管，对油罐进行密封 （3）拆除滤油机电源	10	（1）停机操作错误扣4分 （2）未排净残油，油罐未密封扣3分 （3）电源未拆除扣3分		
5	填写记录结束工作	填写内容完整、准确、文字工整	10	内容不全、不准确、文字潦乱每项扣1分		
6	安全文明生产	（1）严格遵守《电业安全工作规程》 （2）现场清洁 （3）工具材料摆放整齐	10	（1）违章作业每次扣3分 （2）现场不清洁扣3分 （3）工具材料摆放凌乱扣3分		
7	否决项	否决内容				
7.1	安全否决	考核过程发生人身触电伤害危及安全作业严重违章行为	否决	整个操作项目得0分		
7.2	质量否决	滤油过程中造成滤油机严重损坏而不能修复	否决	整个操作项目得0分		

说明：　等级：　五—初级工；　四—中级工；　三—高级工；　二—技师；　一—高级技师。

　　　　行为领域：　d—基础技能；　e—专业技能；　f—相关技能。

　　　　题型：　A—单项操作；　B—多项操作；　C—综合操作。

　　　　鉴定范围：　可不填。

2.2.3　BY4ZY0101　蝶阀的解体检修

1. 作业

1) 工器具、材料、设备

（1）工器具：电工钳子、螺丝刀、电工刀1套，2in油灰铲刀1把、2in毛刷1把。

（2）材料：22/32×5（mm）胶垫1个、14/20×4（mm）橡胶封环4个，酒精0.5kg、清洁无绒布足量。

（3）设备：10in台虎钳1把、ϕ80mm蝶阀。

2) 安全要求

（1）严格执行《电业安全工作规程》有关规程。

（2）检修设备周围设围网。

3) 操作步骤及工艺要求

（1）解体，拆除阀罩、拆除压紧螺母、密封胶垫、取出密封填料压件。所有解体部件进行清洗。

（2）检修，清洗阀罩达到清洁无油污，清洗阀体达到清洁无油垢，检查阀体两侧密封应无沟痕；检查阀片铆接情况应牢固；检查阀片密封情况应不透光、不透气；检查填料螺纹应无滑扣现象，清洗压紧螺母达到清洁；检查螺纹应无损伤，清洗填料压件达到清洁；检查压件应无损坏。

（3）回装，组装应按解体检修的相反程序进行，旋紧压紧螺母使密封填料得到压缩，达到阀杆与阀体紧密接触，转动阀杆，阀片应同步转动且铆接牢固，阀杆上的关、闭标志应清晰、正确。

（4）现场清洁、工具、材料、设备摆放整齐

2. 考核

1) 考核场地

变压器检修实训室。

2) 考核时间

考核时间为60min，考评员允许开工开始计时，到时即停止工作。

3) 考核要点

（1）严格执行有关规程及工艺要求。

（2）现场检修ϕ80mm蝶阀为考核对象。

（3）工作服、安全帽、绝缘鞋自备，现场由考生独立完成作业。

3. 评分标准

行业：电力工程		工种：变压器检修工				等级：四	
编号	BY4ZY0101	行为领域	e	鉴定范围			
考核时限	60min	题型	A	满分	100分	得分	
试题名称	蝶阀的解体检修						
考核要点及其要求	（1）严格执行有关规程 （2）现场检修ϕ80mm蝶阀为考核对象 （3）工作服、安全帽、绝缘鞋自备，现场由考生独立完成作业						

现场设备、工器具、材料	(1) 工器具：电工钳子、螺丝刀、电工刀 1 套，2in 油灰铲刀 1 把，2in 毛刷 1 把 (2) 材料：22/32×5（mm）胶垫 1 个，14/20×4（mm）橡胶封环 4 个，酒精 0.5kg，清洁无绒布足量 (3) 设备：10inch 虎钳 1 把，φ80mm 蝶阀
备注	

评分标准

序号	考核项目名称	质量要求	分值	扣分标准	扣分原因	得分
1	准备	清洗蝶阀外表面，达到无灰尘油垢	10	(1) 蝶阀清洗不到位每项扣 3 分 (2) 该项分值扣完为止		
2	解体	(1) 拆除阀罩 (2) 取下阀罩密封胶垫 (3) 拆除压紧螺母 (4) 取出密封填料压件 (5) 清除密封填料	20	(1) 未按解体程序拆除部件每项扣 3 分 (2) 该项扣完分为止		
3	检修	(1) 清洗阀罩达到清洁无油污 (2) 清洗阀体达到清洁无油垢，检查阀体两侧密封应无沟痕；检查阀片铆接情况应牢固；检查阀片密封情况应不透光、不透气；检查填料螺纹应无滑扣现象 (3) 清洗压紧螺母达到清洁；检查螺纹应无损伤 (4) 清洗填料压件达到清洁；检查压件应无损坏	25	(1) 不洁净扣 2 分 (2) 未达到工艺要求扣 4 分 (3) 清洗不净扣 2 分，螺纹损伤未处理扣 5 分 (4) 清洗不净扣 2 分；压件损坏未更换扣 5 分		
4	组装	(1) 组装应按解体检修的相反程序进行 (2) 旋紧压紧螺母使密封填料得到压缩，达到阀杆与阀体紧密接触 (3) 转动阀杆，阀片应同步转动且铆接牢固 (4) 阀杆上的关、闭标志应清晰、正确	25	(1) 组装程序错误每项扣 2 分，（该项最多扣 12 分） (2) 填料未充分压缩扣 3 分 (3) 铆钉铆接不牢固扣 5 分 (4) 标志不清扣 5 分		
5	填写记录结束工作	检修记录内容完整、准确、字迹工整	10	(1) 内容不全、不准确、字迹潦乱每项扣 3 分 (2) 该项扣完分为止		
6	安全文明生产	(1) 严格遵守电业安全工作规程 (2) 现场清洁 (3) 工具、材料、设备摆放整齐	10	(1) 违章作业每次扣 4 分 (2) 不清洁扣 3 分 (3) 工具、材料摆放凌乱扣 3 分		
7	否决项	否决内容				
7.1	安全否决	人身事故，在考核操作过程中，发生人身伤害	否决	整个操作项目得 0 分		

说明：　等级：五—初级工；　　四—中级工；　　三—高级工；　　二—技师；　　一—高级技师。

行为领域：d—基础技能；　　e—专业技能；　　f—相关技能。

题型：A—单项操作；　　B—多项操作；　　C—综合操作。

鉴定范围：可不填。

2.2.4 BY4ZY0102 呼吸器的解体检修

1. 作业

1) 工器具、材料、设备

(1) 工器具：套筒扳手1盒、8in活动扳手1把、4in螺丝刀1把、φ10mm充气接头1个。

(2) 材料：变色硅胶1kg、145/116×4（mm）密封胶垫2个、清洁布块足量，变压器油1kg。

(3) 设备：空气压缩机1台、1kg呼吸器。

2) 安全要求

(1) 严格执行《电业安全工作规程》有关规程，做好安全安全措施，办理工作票及两卡，将气体继电器跳闸改投信号。

(2) 防止设备损坏，注意不要损伤玻璃罩。

3) 操作步骤及工艺要求

(1) 准备工作

①规范着装。

②选择工具，外观检查。

③选择材料，外观检查。

(2) 工作过程解体检修

①拆除油封罩。

②拆除穿芯螺杆两侧螺母。

③拆除上下法兰座，取出滤网，倒出失效硅胶。

④将拆下所有部件妥善存放。

⑤清擦并检查上下法兰座应干净、平整、无径向沟痕。

⑥清擦并检查玻璃罩、油封罩、滤网无污垢，无损坏。

(3) 组装

①在呼吸器内装入经筛选的变色硅胶，其颗粒为4～7mm。

②变色硅胶填充量应是呼吸器整体的4/5。

③紧固穿芯螺杆使两侧密封胶垫压缩量达到1/3左右。

(4) 回装

①将换好硅胶的呼吸器回装，紧固顶部螺钉胶垫压缩量为1/3。

②呼吸器油杯油位应在低油位与高油位之间，用手紧固后再向松的方向旋转一圈（保证呼吸畅通）。

2. 考核

1) 考核场地

变压器检修实训室。

2) 考核时间

参考时间为40min，考评员允许开工开始计时，到时即停止工作。

3) 考核要点

①严格执行有关规程、规范。

②现场以变压器储油柜的1kg呼吸器为考核设备。

③现场由考生独立完成。

④文明生产，材料设备、工器具摆放整齐，工作完毕现场清理干净。

3. 评分标准

行业：电力工程　　　　　　　工种：变压器检修工　　　　　　等级：四

编号	BY4ZY0102	行为领域	e	鉴定范围		
考核时限	40min	题型	A	满分	100分	得分
试题名称	呼吸器的解体检修					
考核要点及其要求	(1) 严格执行有关规程、规范 (2) 现场以变压器储油柜的1kg呼吸器为考核设备 (3) 现场由考生独立完成 (4) 文明生产，材料设备、工器具摆放整齐，工作完毕现场清理干净					
现场设备、工器具、材料	(1) 工器具：套筒扳手1盒、8in活动扳手1把、4in螺丝刀1把、ϕ10mm充气接头1个 (2) 材料：变色硅胶1kg、呼吸器上下端盖玻璃罩密封胶垫2个、呼吸器法兰密封胶垫1个、清洁布块足量、变压器油 kg (3) 设备：空气压缩机1台、1kg呼吸器					
备注						

评分标准

序号	考核项目名称	质量要求	分值	扣分标准	扣分原因	得分
1	准备	(1) 做好个人安全防护措施，着装齐全 (2) 做好安全安全措施，办理第二种工作票 (3) 向工作人员交待安全措施，并履行确认手续 (4) 准备所需的工器具、备品备件、材料 (5) 将气体继电器的跳闸接点改接信号	10	(1) 未做好个人安全防护措施扣2分 (2) 未执行工作票、安全措施扣2分 (3) 未交待安全措施，并履行确认手续扣2分 (4) 工器具、备品备件、材料准备不齐扣2分 (5) 未将气体继电器的跳闸接点改接信号扣2分		
2	解体	(1) 清理呼吸器外表面，达到无灰尘油垢 (2) 拆除呼吸器油杯、上部紧固螺丝，取下呼吸器 (3) 拆除穿芯螺杆两侧螺母 (4) 拆除上、下法兰座，取出滤网，倒出失效的硅胶 (5) 将玻璃和拆卸的所有部件妥善存放	15	(1) 未清理干净扣2分 (2) 顺序错误扣2分 (3) 解体拆卸程序错误每项扣3分 (4) 未按要求检修扣5分 (5) 拆除部件未妥善存放扣3分		

序号	考核项目名称	质量要求	分值	扣分标准	扣分原因	得分
3	检修	（1）清洗上下法兰座，达到无锈蚀、无污垢 （2）检修上下法兰座密封面，应平整、无径向沟痕 （3）清洗玻璃罩达到清洁、透明，检查玻璃罩密封面应无损伤 （4）检查滤过网应完整、无破损 （5）检查穿芯螺杆两侧螺纹应良好，无滑扣 （6）清洗油封罩达到清洁无污垢 （7）更换上下端盖玻璃罩密封胶垫	25	（1）清洗不清洁扣3分 （2）密封面存在缺陷未处理扣4分 （3）玻璃罩密封面有损伤未更换扣4分 （4）滤过网破损未更换扣3分 （5）穿芯螺杆存在缺陷未更换扣3分 （6）油封罩清洗不洁净扣3分 （7）胶垫未更换扣5分		
4	组装	（1）安装呼吸器下部端盖及玻璃罩，放置好过滤网，在呼吸器内装入经筛选的变色硅胶，其颗粒直径为4～7mm （2）变色硅胶填充量应是呼吸器玻璃罩的4/5，安装上部端盖 （3）紧固穿芯螺杆使两侧密封胶垫压缩量达到1/3左右	20	（1）硅胶未经筛选扣7分 （2）填充量不合格扣6分 （3）玻璃罩密封不严扣7分		
5	吸呼力试验	呼吸力应不大于0.05MPa	10	呼吸力大于0.05MPa扣10分		
6	回装	（1）将换好硅胶的呼吸器回装，更换呼吸器法兰胶垫，紧固顶部密封胶垫压缩量为1/3 （2）呼吸器油杯油位应在最低、最高油位线之间 （3）恢复气体继电器跳闸信号	10	（1）呼吸器松动扣3分 （2）油杯油位不符合要求扣3分 （3）未恢复气体继电器跳闸信号扣4分		
7	填写记录结束工作	（1）填写内容完整、准确、文字工整 （2）结束工作票	5	内容不全、不准确、文字潦乱每项扣1分（该项分值扣完为止）		
8	安全文明生产	（1）严格遵守《电业安全工作规程》 （2）现场清洁 （3）工具、材料、设备摆放整齐	5	（1）违章作业每次扣3分 （2）不清洁扣1分 （3）工具、材料摆放凌乱扣1分		
9	否决项	否决内容				

序号	考核项目名称	质量要求	分值	扣分标准	扣分原因	得分
9.1	安全否决	发生人身伤害危及安全作业违章行为： （1）未办理工作票 （2）未将气体继电器跳闸改投信号造成跳闸	否决	整个操作项目得0分		
9.2	质量否决	检修过程中造成呼吸器损坏，玻璃罩破碎而不能修复	否决	整个操作项目得0分		

说明：　等级：五—初级工；　　四—中级工；　　三—高级工；　　二—技师；　　一—高级技师。

行为领域：d—基础技能；　e—专业技能；　f 相关技能。

题型：A—单项操作；　B—多项操作；　C-综合操作。

鉴定范围：可不填。

2.2.5 BY4ZY0103 电源箱安装

1. 作业

1) 工器具、材料、设备

(1) 工器具：电工个人工具、护目镜、电锤、手持电钻、移动电源盘。

(2) 材料：电钻头一盒、冲击钻头一盒、ϕ8mm 膨胀螺钉 4 条。

(3) 设备：电源箱 1 个。

2) 安全要求

(1) 着装符合要求，工作服、安全帽、绝缘鞋整洁完好。

(2) 操作时应注意手持电动工具的正确选择和使用，不损坏工器具及电源箱内的元器件。

(3) 特别注意手持电动工具使用时人员触电危险。

(4) 操作现场周围设遮栏。

3) 操作步骤及工艺要求

(1) 准备工作包括以下内容：

①做好个人安全防护措施，着装齐全。

②做好安全措施，办理第二种工作票。

③向工作人员交待安全措施，并履行确认手续。

④准备所需的工器具、备品备件、材料。

(2) 将电源箱在安装位置进行初装，确定电源箱固定四条螺钉位置。

(3) 使用手持电钻选用 ϕ8mm 钻头在电源箱固定位置打孔 4 个。

(4) 在墙壁或安装位置用电锤选用 ϕ12mm 冲击钻头打孔，将膨胀螺钉塞入打好的膨胀螺钉孔。

(5) 使用手持电钻将膨胀螺钉旋入膨胀螺钉孔中，将电源箱安装固定好。

2. 考核

1) 考核场地

变压器检修实训室。

2) 考核时间

参考时间为 60min，考评员允许开工开始计时，到时即停止工作。

3) 考核要点

(1) 着装规范。

(2) 手持电动工器具正确使用。

(3) 使用电锤打孔时，要全程带护目镜。

(4) 安全文明施工。

3. 评分标准

行业：电力工程		工种：变压器检修工				等级：四	
编号	BY4ZY0103	行为领域	e	鉴定范围			
考核时限	60min	题型	B	满分	100 分	得分	

试题名称	电源箱安装
考核要点及其要求	(1) 给定条件：使用电锤、电钻等工具能完成电源箱的安装固定 (2) 着装规范，独立完成操作 (3) 手持电动工器具正确使用 (4) 使用电锤打孔时，要全程带护目镜 (5) 安全文明施工
现场设备、工器具、材料	(1) 工器具：电工个人工具、护目镜、电锤、手持电钻、移动电源盘 (2) 材料：电钻头一盒、冲击钻头一盒、ϕ8mm 膨胀螺钉 4 条 (3) 设备：电源箱 1 个
备注	

评分标准

序号	考核项目名称	质量要求	分值	扣分标准	扣分原因	得分
1	准备	(1) 做好个人安全防护措施，着装齐全 (2) 做好安全安全措施，办理第二种工作票 (3) 向工作人员交待安全措施，并履行确认手续 (4) 准备所需的工器具、备品备件、材料	5	(1) 着装不规范扣 2 分 (2) 未按要求执行扣 3 分		
2	准备工器具材料	电锤、手持电钻、移动电源盘、电源箱 1 个、ϕ8mm 膨胀螺钉 4 条、护目镜	10	(1) 漏选或错选每件扣 1 分 (2) 未检查工器具每件扣 1 分 (3) 该项分值扣完为止		
3	电源箱固定位置确定	(1) 电源箱底面四个角位置画出 4 个固定位置 (2) 画出在墙壁或安装电源箱的位置	10	(1) 电源箱固定位置不符合要求扣 5 分 (2) 墙壁的安装位置不符合要求扣 5 分		
4	使用电钻打孔	(1) 接引电源后，对漏电保护器进行测试 (2) 接引电源后，要空载试用电钻旋转是否正常 (3) 检查电钻钻头 ϕ8mm (4) 带护目镜开始打孔 (5) 在打孔过程中严禁通过拖拽电线方式移动位置 (6) 注意电源箱内部电器元件距离，防止碰坏 (7) 操作过程中严禁戴手套作业	20	(1) 接引电源后，未对漏电保护器进行测试，扣 3 分 (2) 未空载试用电钻旋转是否正常扣 3 分 (3) 电钻钻头与膨胀螺钉不匹配，扣 3 分 (4) 不带护目镜打孔扣 2 分 (5) 在打孔过程通过拖拽电线方式移动位置，每次扣 3 分 (6) 碰坏元件扣 3 分 (7) 操作过程中戴手套扣 3 分		

序号	考核项目名称	质量要求	分值	扣分标准	扣分原因	得分
5	使用电锤打孔	（1）接引电源后，对漏电保护器进行测试 （2）接通电源后，要空载试用电锤旋转是否正常 （3）检查电锤钻头应用 ϕ12mm （4）应带护目镜使用电锤打孔 （5）在打孔过程中严禁通过拖拽电线方式移动位置 （6）按照画好在墙壁或安装电源箱的位置打孔 4 个，偏差小于 2mm （7）使用电锤操作过程中严禁戴手套 （8）应间歇使用电锤，连续使用时间不得超过 20s	20	（1）接引电源后，未对漏电保护器进行测试，扣 3 分 （2）未空载试用电锤旋转是否正常扣 3 分 （3）电锤钻头与膨胀螺钉不匹配，扣 3 分 （4）不带护目镜打孔扣 2 分 （5）在打孔过程通过拖拽电线方式移动位置，每次扣 2 分 （6）打孔位置偏差扣 2 分 （7）操作过程中戴手套扣 3 分 （8）应间歇使用电锤，连续 20s 使用，每发生一次扣 2 分		
6	电源箱固定	（1）固定电源箱应美观，垂直、水平符合要求 （2）4 条膨胀螺钉紧固，无松动 （3）紧固膨胀螺钉时与箱内电器元件保持距离，防止碰坏元件 （4）电源箱外壳可靠接地	20	（1）垂直、水平偏差扣 3 分 （2）膨胀螺钉松动扣 2 分 （3）碰坏元件扣 10 分 （4）外壳未接地扣 5 分		
7	填写记录结束工作	（1）填写检修记录内容完整、准确、文字工整 （2）结束工作票	5	（1）内容不全、不准确、文字潦乱每项扣 1 分 （2）该项分值扣完为止		
8	安全文明生产	（1）严格遵守《电业安全工作规程》 （2）现场清洁 （3）工具材料摆放整齐	10	（1）违章作业每次扣 4 分 （2）现场不清洁扣 3 分 （3）工具材料摆放凌乱扣 3 分		
9	否决项	否决内容				
9.1	安全否决	在考核操作过程中，发生触电造成人身伤害	否决	整个操作项目为 0 分		

说明：　等级：五—初级工；　四—中级工；　三—高级工；　二—技师；　——高级技师。

　　　行为领域：d—基础技能；　e—专业技能；　f—相关技能。

　　　题型：A—单项操作；　B—多项操作；　C—综合操作。

　　　鉴定范围：可不填。

2.2.6　BY4ZY0104　油位计指示异常检查

1. 作业

1）工器具、材料、设备

（1）工器具：组合工具一套、万用表、500V 绝缘电阻表一块。

（2）材料：磁力油位计胶垫配件一套，无绒布若干，密封绝缘胶带足量。

（3）设备型号：SFSZ10－800/35 变压器。

2）安全要求

（1）严格执行《电业安全工作规程》有关规程。

（2）现场设置遮拦、"止步！高压危险"及"在此进出"标示牌。

（3）按照着装要求着装。

3）操作步骤及工艺要求

（1）准备工作

①做好个人安全防护措施，着装齐全。

②做好安全措施，办理第一种工作票。

③向工作人员交待安全措施，并履行确认手续。

④准备所需的工器具、备品备件、材料。

⑤检查工器具准备齐全。

⑥拆除油位计二次连接引线（用绝缘胶布包裹好），将储油柜内油排净，取下油位计。

⑦变压器油枕拆下的油位计，准备，检修，调试按照变压器检修导则执行。

（2）磁力油位计检修

①依次检查油位计，检查各部件连接螺栓的连接情况，应无松动，无锈蚀。

②清扫油位计外壳，清除积尘。

③检查磁铁磁力，应完好无损。

④手动操作油位浮子，进行动作试验，应动作灵活无卡涩。

⑤检查极限位置微动开关动作是否正确，触点应接触良好，信号正确。

⑥更换接线盒密封胶垫，做到密封良好不漏雨水。

⑦检查信号电缆，有无损坏。

⑧油位计指针无松动变形。

（3）磁力油位计使用并回装

①检查油位计二次端子绝缘良好，应大于 $1M\Omega$。

②回装油位表更换法兰密封胶垫，安装时应按拆除相反顺序进行。

③接引油位计二次引线。

（4）工艺要求

①拆装作业严格按照解体程序进行。

②检查密封面完好，无径向沟痕。

③整体部件连接螺栓无锈蚀，无松动。

④进行动作试验，主动、从动磁铁耦合良好，触点应接触良好，信号正确。

⑤指针与表盘刻度相符。

⑥限位报警装置动作正确。

⑦拆卸所有部件妥善保管。

2. 考核

1）考核场地

变压器检修实训室。

2）考核时间

参考时间为 60min，考评员允许开工开始计时，到时即停止工作。

3）考核要点

（1）严格执行《电业安全工作规程》有关规程。

（2）工作服、安全帽、绝缘鞋自备，独立完成作业。

（3）操作前检查工器具选用是否妥当。

（4）按照顺序正确拆装油位计。

（5）拆卸所有部件妥善保管。

（6）检修完毕，准确填写检修记录。

（7）文明生产，工器具摆放整齐，现场干净。

3. 评分标准

行业：电力工程　　　　　　　　**工种：变压器检修工**　　　　　　**等级：四**

编号	BY4ZY0104	行为领域	e	鉴定范围		
考核时限	60min	题型	A	满分	100分	得分
试题名称	油位计指示异常检查					
考核要点及其要求	（1）严格执行《电业安全工作规程》有关规程 （2）工作服、安全帽、绝缘鞋自备，独立完成作业					
现场设备、工器具、材料	（1）工器具：组合工具一套、万用表、500V兆欧表一块 （2）材料：磁力油位计胶带配件一套，无绒布若干，密封绝缘胶带足量 （3）设备：SFSZ10－800/35 变压器					
备注						

评分标准

序号	考核项目名称	质量要求	分值	扣分标准	扣分原因	得分
1	规定	（1）做好个人安全防护措施，着装齐全 （2）做好安全安全措施，办理第一种工作票 （3）向工作人员交待安全措施，并履行确认手续 （4）准备所需的工器具、备品备件、材料	15	（1）着装不规范扣2分 （2）未按要求执行扣5分 （3）未交待安全措施，未履行确认手续扣5分 （4）工器具、备品备件、材料准备不妥当扣3分		

序号	考核项目名称	质量要求	分值	扣分标准	扣分原因	得分
2	准备	(1) 检查检修工器具准备齐全 (2) 拆除油位计二次连接引线（用绝缘胶布包裹好），将储油柜内油排净，取下油位计	10	(1) 工具缺少而不能发现并能及时备好，扣5分 (2) 未按顺序拆除油位计扣5分		
3	检查	(1) 依次检查油位计，检查各部件连接螺栓的连接情况，应无松动，无锈蚀 (2) 清扫油位计外壳，清除积尘 (3) 检查磁铁磁力，应完好无损 (4) 手动操作油位浮子，进行动作试验，应动作灵活无卡涩 (5) 检查极限位置微动开关动作是否正确，触点应接触良好，信号正确 (6) 更换接线盒密封胶垫，做到密封良好不漏雨水 (7) 检查信号电缆，有无损坏 (8) 油位计指针无松动变形	40	(1) 未检查各部件连接螺栓的连接情况扣1分，对松动和锈蚀螺栓未处理扣2分 (2) 未清扫护油位计外壳扣3分 (3) 未检查磁铁磁力扣5分 (4) 未进行动作试验扣5分，不会检查油位高和油位低是否符合范围规定扣5分 (5) 未检查微动开关扣5分，缺陷未处理扣5分 (6) 未更换密封胶垫扣2分，更换后漏雨水扣2分 (7) 未检查信号电缆扣2分 (8) 未检查油位计指针扣3分		
4	试验回装	(1) 检查油位计二次端子绝缘良好，应不小于1MΩ (2) 回装油位表更换法兰密封胶垫，安装时应按拆除相反顺序进行 (3) 接引油位计二次引线	10	(1) 未试验扣3分 (2) 回装顺序错误扣5分 (3) 未接引油位计二次引线扣2分		
5	填写记录结束工作	(1) 填写检修记录内容完整、准确、文字工整 (2) 结束工作票	10	(1) 内容不全、不准确、文字潦乱每项扣2分 (2) 该项分值扣完为止		
6	安全文明生产	(1) 严格遵守安全规程 (2) 现场清洁 (3) 工具材料摆放整齐	15	(1) 违章作业每次扣10分 (2) 不清洁扣2分 (3) 工具材料摆放凌乱扣3分		
7	否决项	否决内容				
7.1	安全否决	在考核操作过程中，发生人身触电伤害	否决	整个操作项目为0分		
7.2	质量否决	在考核操作过程中，造成油位计损坏而不能修复	否决	整个操作项目为0分		

说明：　等级：五—初级工；　四—中级工；　三—高级工；　二—技师；　一—高级技师。

　　　　行为领域：d—基础技能；e—专业技能；f—相关技能。

　　　　题型：A—单项操作；B—多项操作；C—综合操作。

　　　　鉴定范围：可不填。

2.2.7 BY4ZY0105 压力释放阀的检修

1. 作业

1) 工器具、材料、设备

(1) 工器具：组合电工工具1套，万用表1块，十字改锥、一字改锥各1把，尖嘴钳1把。

(2) 材料：压力释放阀的零配件、密封垫等备件，清洁无绒布块足量，绝缘胶带。

(3) 设备：压力释放阀，压力释放阀动作试验装置。

2) 安全要求

(1) 严格执行《电业安全工作规程》有关规程。

(2) 现场设置遮栏、"止步！高压危险"及"在此进出"标示牌。

(3) 按照要求着装。

(4) 拟定压力释放阀已从变压器上拆下。

3) 操作步骤及工艺要求

(1) 检修按照变压器检修工艺相关要求。

(2) 着装要求，安全帽佩戴应正确规范，穿工作服、绝缘鞋。

(3) 准备

①检查检修工具是否齐全。

②检查常用零配件是否备齐，质量是否合格。

③拆除压力释放阀二次连接引线做好记号。

(4) 依次解体压力释放阀，检查各部件连接螺栓的连接情况，应无松动，无锈蚀，清扫护罩和倒流罩，清除积尘。

(5) 检测试验

①检查压力弹簧，应完好无损。

②进行动作试验（压力55kPa），开启和关闭压力应符合规定。

③用万用表检查微动开关动作是否正确，触点应接触良好，信号正确。

(6) 工艺要求

①拆装专业按照解体程序进行。

②检查密封面完好，无径向沟痕。

③整体部件无锈蚀，无松动。

④微动开关动作是否正确，触点应接触良好，信号正确。

⑤进行动作试验，开启和关闭压力应符合规定。

2. 考核

1) 考核场地

变压器检修实训室。

2) 考核时间

考核时间为60min，考评员允许开工开始计时，到时即停止工作。

3) 考核要点

(1) 工作服、安全帽、绝缘鞋自备，独立完成作业。

（2）操作前，检查工器具齐全，选用得当。

（3）按照顺序标准解体压力释放法。

（4）依次检查各部件，必要时更换。

（5）检修完毕，准确填写检修记录。

（6）文明生产，工器具摆放整齐，操作结束，清理现场。

3. 评分标准

行业：电力工程　　　　　　工种：变压器检修工　　　　　　等级：四

编号	BY4ZY0105	行为领域	e	鉴定范围		
考核时限	60min	题型	A	满分	100 分	得分
试题名称	压力释放阀的检修					
考核要点及其要求	（1）严格执行《电业安全工作规程》有关规程 （2）工作服、安全帽、绝缘鞋自备，独立完成作业					
现场设备、工器具、材料	（1）工器具：组合电工工具 1 套，万用表 1 块，十字改锥、一字改锥各 1 把、尖嘴钳 1 把 （2）材料：压力释放阀的零配件、密封垫等备件，清洁无绒布块足量，绝缘胶带 （3）设备：压力释放阀，压力释放阀动作试验装置					
备注						

评分标准

序号	考核项目名称	质量要求	分值	扣分标准	扣分原因	得分
1	规定	安全帽佩戴应正确规范，穿工作服、绝缘鞋	15	（1）着装不规范每项扣 5 分 （2）该项分值扣完为止		
2	准备	（1）检查检修工具是否齐全 （2）检查常用零配件是否备齐，质量是否合格 （3）拆除压力释放阀二次连接引线做好记号	15	（1）工具缺少每项扣 1 分 （2）未检查零配件是否备齐，未检查每项扣 3 分 （3）拆除压力释放阀二次连接引线未做记号扣 5 分 （4）该项分值扣完为止		
3	解体检修	（1）依次解体压力释放阀，检查各部件连接螺栓的连接情况，应无松动，无锈蚀 （2）清扫护罩和倒流罩，清除积尘	20	（1）未检查各部件连接螺栓的连接情况扣 10 分 （2）未清扫护罩和倒流罩扣 10 分		
4	检测试验	（1）检查压力弹簧，应完好无损 （2）进行动作试验（压力 55kPa），开启和关闭压力应符合规定 （3）用万用表检查微动开关动作是否正确，触点应接触良好，信号正确	20	（1）未检查压力弹簧扣 6 分 （2）未检查开启和关闭压力是否符合规定扣 8 分 （3）未检查微动开关扣 6 分		

序号	考核项目名称	质量要求	分值	扣分标准	扣分原因	得分
5	填写记录结束工作	填写检修记录内容完整、准确、文字工整	10	（1）内容不全、不准确、文字潦乱每项扣1分 （2）该项分值扣完为止		
6	安全文明生产	（1）严格遵守安全规程 （2）现场清洁 （3）工具材料摆放整齐	20	（1）违章作业每次扣10分 （2）不清洁扣5分 （3）工具材料摆放凌乱扣5分		
7	否决项	否决内容				
7.1	安全否决	在考核操作过程中，发生人身伤害	否决	整个操作项目为0分		

说明：　等级：五—初级工；　　四—中级工；　　三—高级工；　　二—技师；　　一—高级技师。

行为领域：d—基础技能；　e—专业技能；　f—相关技能。

题型：A—单项操作；　B—多项操作；　C—综合操作。

鉴定范围：可不填。

2.2.8 BY4ZY0201 纯瓷套管的解体检修

1. 作业

1）工器具、材料、设备。

（1）工器具：电工钳子、螺丝刀、电工刀 1 套、8in 胶钳、600mm×1000mm 油盘 1 个、150mm 漏斗 1 个、油灰铲刀 1 把、12in 活动扳手 2 把。

（2）材料：型号：SFSZ10−800/35 变压器套管胶垫、备品备件 1 套、清洁无绒布块足量、无水酒精 0.5kg、2in 毛刷 1 把、50L 塑料桶 1 个、18L 塑料桶 1 个、100kg 变压器油。

（3）设备：SFSZ10−800/35 变压器一台、5t 油罐、ZJB 真空滤油机。

2）安全要求

（1）严格执行《电业安全工作规程》有关规定。

（2）检查应该所做的工作票及安全措施是否齐全。

（3）现场周围设置围栏及相关的标示牌。

（4）按要求着装，佩戴好防护用品。

3）操作步骤及工艺要求

（1）检修步骤

①放油。

②引线拆除。

③拆除固定螺栓。

④取下套管，注意相对位置并做标记。

⑤检查套管。

⑥按照解体相反程序回装。

（2）工艺要求

①严格执行有关规程、规定。

②套管按照标准检修项目进行大修。

2. 考核

1）考核场地

（1）变压器检修实训室。

（2）变压器周围设安全围栏。

2）考核时间

考核时间为 60min，考评员允许开工开始计时，到时即停止工作。

3）考核要点

（1）严格执行有关规程、规范。

（2）现场以 SFSZ10−800/35 变压器为考核设备。

（3）现场由 1 名检修工协助完成。

（4）防止套管渗漏，更换胶垫，安装后应进行密封试验。

3. 评分标准

行业：电力工程		工种：变压器检修工				等级：四	

编号	BY4ZY0201	行为领域	e	鉴定范围			
考核时限	60min	题型	c	满分	100 分	得分	
试题名称	纯瓷套管的解体检修						
考核要点及其要求	(1) 严格执行有关规程、规范 (2) 现场以 SFSZ10－800/35 变压器为考核设备 (3) 现场由 1 名检修工协助完成						
现场设备、工器具、材料	(1) 工器具：电工钳子、螺丝刀、电工刀 1 套、8in 胶钳、600mm×1000mm 油盘 1 个、150mm 漏斗 1 个、油灰铲刀 1 把、12in 活动扳手 2 把 (2) 材料：型号：SFSZ10－800/35 变压器套管胶垫、备品备件 1 套、清洁无绒布块足量、酒精 0.5kg、2in 毛刷 1 把、50L 塑料桶 1 个、18L 塑料桶 1 个、100kg 变压器油 (3) 设备：SFSZ10－800/35 变压器一台、5t 油罐、ZJB 真空滤油机						
备注							

评分标准

序号	考核项目名称	质量要求	分值	扣分标准	扣分原因	得分
1	准备	(1) 做好个人安全防护措施，着装齐全 (2) 做好安全安全措施，办理第一种工作票 (3) 向工作人员交待安全措施，并履行确认手续 (4) 准备所需的工器具、备品备件、材料	10	每项未完成扣 2.5 分		
2	解体	(1) 清洗套管外表面，达到无灰尘油垢 (2) 排油至所检修套管安装法兰以下不小于 50mm (3) 用 8in 胶钳夹住导杆上端，不准松动、下坠 (4) 拆除导杆螺母取出铜垫圈及衬垫，取出瓷盖及封环，将导杆推入套管中 (5) 拆除套管压件，取出瓷套及密封胶垫	20	(1) 未检查清洗干净扣 3 分 (2) 排油位置小于 50mm 扣 3 分 (3) 未使用胶钳夹住套管扣 5 分 (4) 未按工艺要求解体扣 6 分 (5) 胶垫未取下扣 3 分		

序号	考核项目名称	质量要求	分值	扣分标准	扣分原因	得分
3	检修	（1）清洗导杆检查导杆螺纹应无电弧灼伤、螺纹无滑扣，导杆尾部与引线的焊接（是否是磷铜焊接）应牢固，无脱焊现象 （2）清洗瓷套检查瓷压盖应无损伤 （3）清洗瓷套达到清洁无油垢。检查瓷套应无裂纹，放电及局部损伤现象；检查瓷套内部固定导杆的凹槽应瓷质完整无掉茬、破碎现象 （4）清洗铜螺母垫片、铁压件等零部件，达到清洁无油垢、无锈蚀 （5）更换密封胶垫、封环胶垫及放气塞胶垫 （6）清洗箱盖套管密封面，达到清洁无污垢。检查套管密封面，应平整，无径向沟痕	30	（1）导杆存在缺陷未处理每项扣3分 （2）瓷压盖损伤未更换扣3分 （3）瓷套存在缺陷未处理每项扣2分，（该项最多扣10分） （4）清洗不干净每项扣1分 （5）未更换胶垫每项扣5分 （6）清洗不净扣1分，密封面存在缺陷未处理扣3分（该项最多扣10分）		
4	回装	（1）组装应按分解相反的程序进行 （2）瓷套安装：应均匀紧固铁压件螺母，使密封胶垫压缩量达到1/3左右 （3）导杆安装：应使导杆上的固定件准确地进入套管内部的凹槽中，紧固导杆螺母，使封环胶垫压缩量达到1/3左右 （4）套管安装后油箱注满绝缘油，各部放气塞充分放气后紧固放气塞，静油压试验30min，各部应无渗漏	25	（1）组装程序错误每项扣1分（该项最多扣10分） （2）密封胶垫未按工艺要求压缩扣2分 （3）导杆固定件未进入凹槽中扣2分；封环胶垫未按工艺要求压缩扣1分 （4）发现渗漏扣10分		
5	填写记录结束工作	（1）检修记录内容完整、准确、文字工整 （2）结束工作票	10	（1）内容不全、不准确、字迹潦乱每项扣2分 （2）该项扣完分为止		
6	安全文明生产	（1）严格遵守《电业安全工作规程》 （2）现场清洁 （3）工具、材料摆放整齐	5	（1）违章作业每次扣3分 （2）不清洁扣1分 （3）工具、材料摆放凌乱扣1分		
7	否决项	否决内容				

序号	考核项目名称	质量要求	分值	扣分标准	扣分原因	得分
7.1	安全否决	人身事故，在考核操作过程中，发生人身伤害	否决	整个操作项目得 0 分		
7.2	质量否决	设备事故，在考核操作过程中，碰碎套管，回装后大量漏油	否决	整个操作项目得 0 分		

说明： 等级： 五—初级工； 四—中级工； 三—高级工； 二—技师； 一 高级技师。

　　　　行为领域： d—基础技能； e—专业技能； f—相关技能。

　　　　题型： A—单项操作； B—多项操作； C—综合操作。

　　　　鉴定范围： 可不填。

2.2.9 BY4ZY0202 高压引线绝缘包扎

1. 作业

1）工器具、材料、设备

（1）工器具：电工钳子 1 把、电工刀 1 把、螺丝刀 1 把、150mm 游标卡尺 1 把、2m 卷尺 1 个。

（2）材料：40mm 皱纹纸足量、25mm 平纹白布带 2 卷、1.0 裸铜绑线足量、TJR—120 裸铜软绞线电缆 1200mm、10 号铁线足量。

（3）设备型号：SFSZ10—800/35 变压器。

2）安全要求

（1）严格执行《电业安全工作规程》有关规程。

（2）现场设置遮栏、"止步！高压危险"及"在此进出"标示牌。

3）操作步骤及工艺要求

（1）准备工作

①做好个人安全防护措施，着装齐全。

②做好安全措施，办理第一种工作票。

③向工作人员交待安全措施，并履行确认手续。

④准备所需的工器具、备品备件、材料。

⑤检查工具是否齐全。

⑥用游标卡尺测量电缆外径，应符合材料规范。

⑦检查电缆表面应光滑、无松股、断股、起刺现象。

⑧将电缆两终端头用铜绑线扎紧，再用 10 号铁线作牵绳，悬挂在两固定点之间。

（2）工艺要求

每边包皱纹纸 6.0mm，允许偏差（6.0±0.5）mm，外包平纹白布带半迭 1 层。

（3）绝缘包扎

①皱纹纸以每层半迭方式缠绕包扎并拉紧，不应出现明显皱褶。

②皱纹纸搭接长度应大于 30mm。

③绝缘包扎后应均匀密实，用千分尺测量每边厚度允许偏差（6.0±0.5）mm。

④两终端头应包成锥形，锥长 50mm。

⑤绝缘外包平纹白布带半迭 1 层，应均匀、坚固、洁净。

2. 考核

1）考核场地

变压器检修实训室。

2）考核时间

考核时间为 60min，考评员允许开工开始计时，到时即停止工作。

3）考核要点

（1）严格执行《电业安全工作规程》有关规程、规范。

（2）现场模拟变压器高压套管引线绝缘破损。

（3）现场由 1 名检修工协助完成。

（4）技术要求：手工操作，每边包皱纹纸 6.0mm，允许偏差（6.0±0.5）mm，外包平纹白布带半迭 1 层。

（5）要求皱纹纸、白布带干燥后合格。

3. 评分标准

行业：电力工程		工种：变压器检修工			等级：四	
编号	BY4ZY0202	行为领域	d	鉴定范围		
考核时限	60min	题型	A	满分	100 分	得分
试题名称	高压引线绝缘包扎					
考核要点及其要求	（1）严格执行《电业安全工作规程》有关规程、规范 （2）现场（变压器大修时套管已拆除） （3）现场由 1 名检修工协助完成 （4）技术要求：手工操作，每边包皱纹纸 6.0mm，允许偏差（6.0±0.5）mm，外包平纹白布带半迭 1 层 （5）要求皱纹纸、白布带干燥后合格					
现场设备、工器具、材料	（1）工器具：电工钳子 1 把、电工刀 1 把、螺丝刀 1 把、150mm 游标卡尺 1 把、2m 卷尺 1 个 （2）材料：40mm 皱纹纸足量、25mm 平纹白布带 2 卷、1.0 裸铜绑线足量、TJR－120 裸铜软绞线电缆 1200mm、10 号铁线足量 （3）设备型号：SFSZ10－800/35 变压器					
备注						

评分标准

序号	考核项目名称	质量要求	分值	扣分标准	扣分原因	得分
1	规范	（1）做好个人安全防护措施，着装齐全 （2）做好安全措施，办理第一种工作票 （3）向工作人员交待安全措施，并履行确认手续 （4）准备所需的工器具、备品备件、材料	15	（1）着装不规范扣 3 分 （2）未按要求执行扣 6 分 （3）未交待安全措施扣 3 分 （4）工器具、备品备件、材料准备不全扣 3 分		
2	准备	（1）检查工具是否齐全 （2）用游标卡尺测量电缆外径，应符合材料规范 （3）检查电缆表面应光滑，无松股、断股、起刺现象 （4）将电缆两终端头用铜绑线扎紧，再用 10 号铁线作牵绳，悬挂在两固定点之间	30	（1）工具缺少，扣 5 分 （2）选择电缆不符合材料规范扣 5 分 （3）电缆存在明显缺陷未消除扣 10 分 （4）电缆两终端头未用铜绑线缠绕扎紧扣 10 分		

序号	考核项目名称	质量要求	分值	扣分标准	扣分原因	得分
3	绝缘包扎	(1) 皱纹纸以每层半迭方式缠绕包扎并拉紧，不应出现明显皱褶 (2) 皱纹纸搭接长度应大于30mm (3) 绝缘包扎后应均匀密实，用千分尺测量每边厚度允许偏差 (6.0±0.5) mm (4) 两终端头应包成锥形，锥长50mm (5) 绝缘外包平纹白布带半迭1层，应均匀、坚固、洁净	35	(1) 不符合工艺要求扣10分 (2) 搭接长度小于30mm 每处扣5分 (3) 绝缘包扎超过允许偏差扣5分 (4) 锥长小于50mm扣5分 (5) 不符合工艺要求扣10分		
4	填写记录结束工作	(1) 填写检修记录内容完整、准确、文字工整 (2) 结束工作票	5	(1) 内容不全、不准确、文字潦乱每项扣1分 (2) 该项分值扣完为止		
5	安全文明生产	(1) 严格遵守《电业安全工作规程》 (2) 现场清洁 (3) 工具材料摆放整齐	15	(1) 违章作业扣10分 (2) 不清洁扣2分 (3) 工具材料摆放凌乱扣3分		
6	否决项	否决内容				
6.1	安全否决	(1) 人身触电 (2) 操作过程伤害其他人员	否决	整个操作项目为0分		

说明： 等级：五—初级工； 四—中级工；   三—高级工；   二—技师；   一—高级技师。

行为领域：d—基础技能； e—专业技能； f—相关技能。

题型：A—单项操作； B—多项操作； C—综合操作。

鉴定范围：可不填。

2.2.10 BY4XG0101 文档的排版与打印

1. 作业

1）工器具、材料、设备

（1）工器具：无。

（2）材料：A4 纸。

（3）设备：装有 Windows 7 操作系统和 WPS Office 或 MS Office 办公软件的计算机、打印机。

2）安全要求

（1）凭准考证或身份证开考前 15min 进入考试场地。

（2）不得携带手机、U 盘等其他电子设备进入考试场地。

3）操作步骤及工艺要求（含注意事项）

（1）打开 WPS Office 或 MS Office 程序，新建一个空白文档。

（2）按照给定的变压器小修技能鉴定样张输入文字内容。

（3）按照排版要求进行排版。

（4）对文档按照要求进行存盘。

（5）将文档打印在 A4 纸上，交至考评员手中。

（6）离开机房。

2. 考核

1）考核场地

变压器检修实训室、多煤体教室。

2）考核时间

考核时间为 30min，考评员允许开工开始计时，到时即停止工作。

3）考核要点

（1）在 Windows 7 操作系统下，能应用 WPS Office 或 MS Office 完成文档的创建。

（2）掌握办公文档的基本编辑方法、高级排版、编辑的主要技巧。

（3）按照给定的变压器小修技能鉴定输入文字内容。

3. 评分标准

行业：电力工程　　　　　　　　工种：变压器检修工　　　　　　　　等级：四

编号	BY4XG0101	行为领域	f	鉴定范围			
考核时限	30min	题型	b	满分	100 分	得分	
试题名称	文档的排版与打印						
考核要点及其要求	（1）打开 WPS Office 或 MS Office 程序，新建一个空白文档 （2）按照给定的变压器小修技能鉴定输入文字内容 （3）按照排版要求进行排版 （4）对文档按要求进行存盘 （5）将文档打印在 A4 纸上，交至考评员手中 （6）离开机房						
现场设备、工器具、材料	装有 Windows 7 操作系统和 WPS Office 或 MS Office 办公软件的计算机、打印机						

备注						

评分标准

序号	考核项目名称	质量要求	分值	扣分标准	扣分原因	得分
1	创建文档	（1）打开 WPS Office 或 MS Office 程序，新建一个空白文档 （2）按照给定的样张输入文字内容	20	（1）每错一字扣 0.5 分 （2）该项分值扣完分为止		
2	设置页面格式	设置页面格式：A4 纸、纵向；上、下页边距为 3cm，左、右页边距为 2cm，页眉距边界 2.5cm，页脚距边界 2.0cm	10	（1）一处设置错误扣 2 分 （2）该项分值扣完分为止		
3	设置标题	标题"前言"两字中间空二格，设置为居中，宋体，二号字，加粗。在段落间设置为段前间距 1 行，段后间距为 1 行	10	（1）一处设置错误扣 2 分 （2）该项分值扣完分为止		
4	设置字体	将正文中的中文字体设置为华文仿宋、3 号，西文字体设置为 Arial、常规、3 号	5	（1）一处设置错误扣 1 分 （2）该项分值扣完分为止		
5	设置段落	（1）两端对齐，每段首行缩进 2 字符、行间距固定值为 28 磅 （2）将第二段等分为等宽的两栏、栏间距为 6 字符、两栏之间设分隔线	15	（1）一处设置错误扣 2 分 （2）该项分值扣完分为止		
6	插入文本框	（1）在第三自然段后（最后文字处）插入文本框 （2）文本框设为黑色实线条，粗细为 1.5 磅。文本框内容为：变压器大修 （3）文本框高度设置为绝对高度 2cm，宽度 5cm，缩放不锁定纵横比 （4）版式为四周型，右对齐	15	（1）插入位置不对，扣 2 分 （2）内容错误扣 3 分，边框设置错误扣 3 分 （3）大小设置错误扣 3 分 （4）版式设置错误扣 4 分		
7	插入页码	页码设在页面底端居中位置	5	设置错误扣 5 分		
8	存盘	（1）对文档进行存盘，将文件存在桌面/变压器技能鉴定文件夹内 （2）文件名为"考生姓名考试文档"	10	（1）位置存盘错误扣 5 分 （2）存盘的文件名称不对扣 5 分		
9	打印	要求正反面打印，份数 1 份	10	（1）不是正反面打印扣 5 分 （2）多打份数扣 5 分		

第三部分　高　级　工

1 理论试题

1.1 单选题

La3A1001 公制普通螺纹的牙型角 α 为（　　）。

(A) 55°　　　　　(B) 60°　　　　　(C) 65°　　　　　(D) 70°

答案：**B**

La3A1002 下图为哪种保护的原理接线图（　　）。

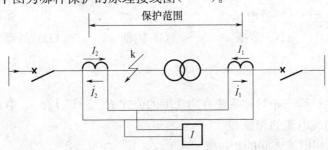

(A) 变压器的差动保护　　　　　(B) 变压器的瓦斯保护
(C) 变压器的过电流保护　　　　(D) 变压器的短路保护

答案：**A**

La3A2003 下图两条导线互相垂直，但相隔一个小的距离，其中一条 AB 固定，另一条 CD 可自由活动。当直流电按图示方向通入两条导线时，导线 CD 将按（　　）。

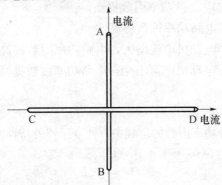

(A) 顺时针方向转动，同时靠近导线 AB
(B) 顺时针方向转动，同时离开导线 AB
(C) 逆时针方向转动，同时离开导线 AB
(D) 逆时针方向转动，同时靠近导线 AB

答案：**D**

La3A2004 谐振回路的品质因数 Q（   ）。

（A）Q 越小，曲线越平坦，电路相应的通频带越窄

（B）Q 越小，曲线越尖锐，电路相应的通频带越宽

（C）Q 越高，曲线越尖锐，电路相应的通频带越窄

（D）Q 越高，曲线越平坦，电路相应的通频带越窄

答案：**C**

La3A2005 电路产生串联谐振的条件是（   ）。

（A）$X_L>X_C$　　　（B）$X_L<X_C$　　　（C）$X_L=X_C$　　　（D）$X_L+X_C=R$

答案：**C**

La3A2006 在适当的 L、C 参数配合下，可能引起强烈的具有共振形式的振荡，并导致严重的过电压称为（   ）过电压。

（A）操作　　　（B）谐振　　　（C）内部　　　（D）外部

答案：**B**

La3A2007 在计算三相对称系统有功功率的公式 $P=\sqrt{3}U_LI_p\cos\varphi$ 中 φ 为（   ）。

（A）线电压与线电流的相位差

（B）相电压与相电流之间的相位差

（C）线电流与相电压之间的相位差

（D）线电压与相电流之间的相位差

答案：**B**

La3A2008 台电动机与电容器并联，在电压不变时，则（   ）。

（A）电动机电流减少，电动机功率因数提高

（B）电路总电流不变，电路功率因数提高

（C）电路总电流增大，电动机电流增大，电路功率因数提高

（D）电路总电流减小，电动机电流不变，电路功率因数提高

答案：**D**

La3A3009 在以下四种功率因数的负载中，使变压器外特性曲线下降最快的是（   ）。

（A）$\cos\varphi=0.5$　　（B）$\cos\varphi=0.8$　　（C）$\cos\varphi=1$　　（D）$\cos(-\varphi)=0.8$

答案：**A**

La3A3010 三相对称电源作三角形连接时，如将其中某一相接反，则三角形回路中的总电动势为（   ）。

（A）零　　　（B）E_A　　　（C）$2E_A$　　　（D）$3E_A$

答案：**C**

La3A3011 为了得到正弦波形感应电势，当铁芯饱和时，空载电流应呈现的波形是（　　）。

（A）尖顶波形　　（B）正弦波形　　（C）锯齿波形　　（D）矩形波形

答案：**A**

La3A3012 异步电动机在额定状态运行，如电源电压下降，此时对 M_{max}、I_2 的影响是（　　）（恒力矩负载）。

（A）上升、下降　（B）上升、上升　（C）下降、上升　（D）下降、下降

答案：**C**

La3A3013 线圈的电感与（　　）无关。

（A）线圈匝数　　（B）线圈尺寸形状　（C）线圈中媒介质　（D）线圈中流过的电流

答案：**D**

La3A3014 电源频率增加一倍，变压器线圈的感应电势（　　）。

（A）增加一倍　　（B）不变　　　（C）是原来的1/2　（D）略有增加（电源电压不变）

答案：**A**

La3A3015 两个线圈之间的互感系数 M 的大小与（　　）无关。

（A）两个线圈的匝数　　　　　　　（B）线圈所加电压

（C）连个线圈的形状及相互位置　　（D）两个线圈周围的媒质

答案：**B**

La3A4016 互感系数与（　　）有关。

（A）电流大小　　　　　　　　　　（B）电压高低

（C）电流变化率　　　　　　　　　（D）两个互感线圈结构及相对位置

答案：**D**

La3A4017 下列各项中，（　　）不属于改善电场分布的措施。

（A）变压器绕组上端加静电屏　　（B）瓷套和瓷棒外装增爬裙

（C）纯瓷套管的导电杆加刷胶的覆盖纸（D）设备高压端装均压环

答案：**B**

La3A4018 涡流的方向按（　　）判断。

（A）右手螺旋法则（B）右手定则　　（C）左手定则　　（D）左、右手都用

答案：**A**

La3A4019 当金属块处于交变的磁场中时，产生的涡流损耗与交变磁化的频率（　　）。

（A）成正比　　　　（B）平方成正比　　　（C）立方成正比　　　（D）无

答案：B

La3A4020 铁磁材料在反复磁化过程中，磁通密度 B 的变化始终落后于磁场强度 H 的变化，这种现象称为（　　）。

（A）磁滞　　　　　（B）磁化　　　　　（C）剩磁　　　　　　（D）磁阻

答案：A

La3A4021 三相三柱式电力变压器铁芯磁路不对称，中柱激磁电流较小，这（　　）。

（A）将影响变压器的正常运行

（B）对变压器不会产生显著影响

（C）不会影响变压器空载试验数据

（D）不会影响变压器的电流大小

答案：B

La3A5022 如果运行中的电流互感器二次侧开路，铁芯中的磁通密度会（　　）。

（A）减少　　　　　（B）不变　　　　　（C）略有增多　　　　（D）猛增

答案：D

La3A5023 晶体三极管的穿透电流 I_{cbo} 与反向饱和电流 I_{ceo} 的关系是（　　）。

（A）$I_{ceo}=（1+\beta）I_{cbo}$　　　　　　（B）$I_{ceo}=I_{cbo}$

（C）$I_{ceo}=（1-\beta）I_{cbo}$　　　　　　（D）$I_{ceo}=\beta I_{cbo}$

答案：A

Lb3A1024 电力系统发生短路会引起（　　）。

（A）电压不变，电流增大　　　　（B）电流增大，电压降低

（C）电压升高，电流增大　　　　（D）电流减小，电压增大

答案：B

Lb3A1025 变压器的短路阻抗大，则其（　　）。

（A）短路电流和电压变化率大　　　（B）短路电流和电压变化率小

（C）短路电流大，电压变化率小　　　（D）短路电流小，电压变化率大

答案：D

Lb3A1026 当雷电波传播到变压器绕组时，相邻两匝间的电位差比运行时工频电压作用下（　　）。

（A）小　　　　（B）差不多　　　　（C）大很多　　　　（D）小很多

答案：C

Lb3A1027 变压器空载合闸电流之所以很大是由于变压器（　　）现象引起的。

（A）铜损耗　　　（B）涡流　　　（C）无负载　　　（D）铁芯饱和

答案：**D**

Lb3A1028 对同一台普通双绕组单相变压器，分别在高压侧和低压侧进行额定电流情况下的短路试验，两侧实际测得的数据相同的是（　　）。

（A）短路电流　　（B）短路电压　　（C）短路阻抗　　（D）短路损耗

答案：**A**

Lb3A1029 电力变压器二次侧突然短路，其短路电流可达额定电流（　　）。

A.6～8 倍　　　（B）10～15 倍　　（C）25～30 倍　　（D）80～100 倍

答案：**C**

Lb3A1030 电气试验时的球间隙，是为了限制试验回路可能出现的过电压，其放电电压调整为试验电压的（　　）倍左右。

（A）1　　　　　（B）1.1　　　　　（C）1.2　　　　　（D）1.3

答案：**B**

Lb3A1031 交流耐压试验前后均应测量被试品的（　　）。

（A）tgδ　　　　（B）泄漏电流　　（C）绝缘电阻　　（D）直流电阻

答案：**C**

Lb3A1032 测量变压器绝缘电阻的吸收比来判断绝缘状况，用加压时间的绝缘电阻表示为（　　）。

（A）R_{15}/R_{60}　　（B）R_{60}/R_{15}　　（C）R_{60}/R_{600}　　（D）R_{600}/R_{60}

答案：**B**

Lb3A2033 通过变压器的（　　）试验数据，可以求得阻抗电压。

（A）空载试验　　（B）电压比试验　　（C）耐压试验　　（D）短路试验

答案：**D**

Lb3A2034 试品绝缘表面脏污、受潮，在试验电压下产生表面泄漏电流，对试品 tanδ 和 C 测量结果的影响程度是（　　）。

（A）试品电容量越大，影响越大　　（B）试品电容量越小，影响越小

（C）试品电容量越小，影响越大　　（D）与试品电容量的大小无关

答案：**C**

Lb3A2035 额定电压为 10kV 的无励磁分接开关的工频耐压：导电部分对地为 35kV、

1min；定触头间（   ）。

(A) 5kV、1min   (B) 15kV、1min   (C) 1kV、1min   (D) 2kV、1min

答案：**A**

Lb3A2036   变压器负载试验时，变压器的二次绕组短路，一次绕组分头应放在（   ）位置。

(A) 最大   (B) 额定   (C) 最小   (D) 任意

答案：**B**

Lb3A2037   三相电力变压器测得绕组每相的直流电阻值与其他相绕组在相同的分接头上所测得的直流电阻值比较，不得超过三相平均值的（   ）%为合格。（1600kV·A及以下）

(A) ±1.5   (B) ±2   (C) ±2.5   (D) ±3

答案：**B**

Lb3A2038   交流耐压试验回路中的限流电阻的作用是（   ）。

(A) 限制试验回路产生过电流

(B) 限制试验回路产生过电压

(C) 防止试验回路产生谐振

答案：**B**

Lb3A2039   某 $Y_N/d11$ 变压器，测得星形连接侧的直流电阻为 $R_{AO}=0.563\Omega$，$R_{BO}=0.572\Omega$，$R_{CO}=0.56\Omega$，若要求其线间差别不超过 2%，问（   ）相超标？

(A) A相   (B) B相   (C) C相   (D) 都不超标

答案：**B**

Lb3A2040   介质损失角试验能够反映出绝缘所处的状态，但（   ）。

(A) 对局部缺陷反应灵敏，对整体缺陷反应不灵敏

(B) 对整体缺陷反应灵敏，对局部缺陷反应不灵敏

(C) 对整体缺陷和局部缺陷反应都不灵敏

(D) 对局部缺陷和整体缺陷反应都灵敏

答案：**B**

Lb3A2041   测量高压设备绝缘介质损失角正切值 tanδ，一般使用的试验设备是（   ）。

(A) QS1 型西林电桥   (B) 欧母表

(C) 电压表   (D) 兆欧表

答案：**A**

Lb3A2042 做泄漏试验时，被试品一端接地，微安表应接在（　　）。

(A) 低压侧　　　　　　　　　　(B) 高压侧

(C) 被试品与地之间　　　　　　(D) 电源侧

答案：B

Lb3A2043 变压器空载损耗试验结果主要反映的是变压器的（　　）。

(A) 绕组电阻损耗　(B) 铁芯损耗　　(C) 附加损耗　　(D) 介质损耗

答案：B

Lb3A2044 10kV 纯瓷套管出厂和交接、大修工频耐压试验标准是（　　）。

(A) 42kV、1min　(B) 22kV、1min　(C) 10kV、1min　(D) 2kV、1min

答案：A

Lb3A2045 某一大型变压器做短路试验时，因条件所限，其试验短路电流为额定短路电流的 1/2，即 $I_K = I_N/2$，测得短路损耗为 100kW，如果短路电流为额定电流，其短路损耗（　　）。

(A) 仍为 100kW　(B) 应为 200kW　(C) 应为 400kW　(D) 应为 800kW

答案：C

Lb3A2046 超高压输电线路及变电所，采用分裂导线与采用相同截面的单根导线相比较，下列项目中（　　）项是错的。

(A) 分裂导线通流容量大些

(B) 分裂导线较易发生电晕，电晕损耗大些

(C) 分裂导线对地电容大些

(D) 分裂导线结构复杂些

答案：B

Lb3A2047 圆导线的圆筒式绕组，其分接头在最外层线匝上引出时，应在分接抽头与线层之间放置（　　）mm 厚的绝缘纸板槽。

(A) 0.5　　　　　(B) 1　　　　　(C) 2　　　　　(D) 3

答案：A

Lb3A2048 变压器端部出线采用静电环的作用是（　　）。

(A) 使高压绕组端线电场分布均匀，改善大气过电压时的起始电压分布

(B) 静电屏蔽

(C) 防止静电荷在高压引出线处积聚

(D) 防止静电荷在高压引出线处放电

答案：A

Lb3A2049 变压器绕组匝间绝缘属于（   ）。

（A）主绝缘　　　（B）纵绝缘　　　（C）横向绝缘　　　（D）外绝缘

答案：B

Lb3A2050 在变压器高低压绕组绝缘纸筒端部设置角环，是为了防止端部绝缘发生（   ）。

（A）电晕放电　　（B）辉光放电　　（C）沿面放电　　（D）余辉放电

答案：C

Lb3A2051 铝绕组的引线一般采用（   ）与套管的导电杆连接。

（A）铝板　　　　（B）铜板　　　　（C）铜铝过渡板　　（D）钢板

答案：C

Lb3A2052 电网测量用电压互感器二次侧额定电压为（   ）V。

（A）220　　　　（B）380　　　　（C）66　　　　（D）100

答案：D

Lb3A2053 有一互感器，一次额定电压为 50000V，二次额定电压为 200V。用它测量电压，其二次电压表读数为 75V，所测电压为（   ）V。

（A）15000　　　（B）25000　　　（C）18750　　　（D）20000

答案：C

Lb3A3054 变压器负载试验时，变压器的二次线圈短路，一次线圈分头应放在（   ）位置。

（A）最大　　　　（B）最小　　　　（C）额定　　　　（D）任意

答案：C

Lb3A3055 变压器进行短路试验时，如短路电流等于额定电流，此时外加短路电压与额定电压的比值等于（   ）的比值。

（A）短路电阻与短路电抗　　　　　（B）短路损耗与额定容量

（C）短路阻抗与额定阻抗　　　　　（D）一次侧绕组电阻与一次侧漏电抗

答案：C

Lb3A3056 一台变压器的负载电流增大后，引起二次侧电压升高，这个负载一定是（   ）。

（A）纯电阻性负载　（B）电容性负载　　（C）电感性负载　　（D）空载

答案：B

Lb3A3057 变压器空载试验损耗中占主要成分的损耗是( )。

（A）铜损耗 （B）铁损耗 （C）附加损耗 （D）介质损耗

答案：B

Lb3A3058 电力变压器的电压比是指变压器在( )运行时，一次电压与二次电压的比值。

（A）负载 （B）空载 （C）满载 （D）欠载

答案：B

Lb3A3059 三相芯式三柱铁芯的变压器( )。

（A）ABC 三相空载电流都相同 （B）ABC 三相空载电流都不相同

（C）B 相空载电流大于 AC 相 （D）B 相空载电流小于 AC 相

答案：D

Lb3A3060 变压器的最大效率发生在( )。

（A）不变损耗小于可变损耗时 （B）不变损耗等于可变损耗时

（C）不变损耗大于可变损耗时 （D）任意

答案：B

Lb3A3061 变压器空载损耗包括( )和涡流损耗。

（A）铁损耗 （B）铜损耗 （C）磁滞损耗 （D）其他损耗

答案：C

Lb3A3062 电抗器 NKL－10－400/5 的额定电抗值是( )。

（A）0.722Ω （B）0.892Ω （C）0.698Ω （D）0.9Ω

答案：A

Lb3A3063 两台阻抗电压不等的变压器并联运行，当阻抗电压大的达满载时，阻抗电压小的( )。

（A）也处于满载 （B）处于过载 （C）达不到满载 （D）处于空载

答案：B

Lb3A3064 电力变压器并联运行的条件之一是阻抗电压相等，实际运行中允许阻抗电压相差不超过其平均值的( )。

（A）1% （B）5% （C）10% （D）20%

答案：C

Lb3A3065 变比不等的两台降压变压器并联运行时，在两台变压器之间将产生环流，两台变压器的空载输出电压的变化情况是( )。

（A）都会上升　　　　　　　　　（B）都会下降
（C）变比大的上升，变比小的下降　（D）变比大的下降，变比小的上升
答案：C

Lb3A3066 当变比不完全相等的两台变压器从高压侧输入，低压侧输出并列运行时，在两台变压器之间将产生环流，使得两台变压器空载输出电压（　　）。
（A）上升　　　　　　　　　　（B）下降
（C）变比大的升、小的降　　　（D）变比小的升、大的降
答案：C

Lb3A3067 电力变压器并联运行的条件之一是变比相等，实际运行中允许变比误差不超过（　　）。
（A）±0.5%　　　（B）±2%　　　（C）±5%　　　（D）±10%
答案：A

Lb3A3068 三相电力变压器并联运行的条件之一是电压比相等，实际运行中允许相差（　　）%。
（A）±0.5　　　（B）±5　　　（C）±10　　　（D）±2
答案：A

Lb3A3069 气体继电器保护是（　　）的唯一保护。
（A）变压器绕组相间短路　　　（B）变压器绕组对地短路
（C）变压器套管相间或相对地短路　（D）变压器铁芯烧损
答案：D

Lb3A3070 重瓦斯动作速度的整定是以（　　）的流速为准。
（A）导油管中　（B）继电器处　（C）油枕内油上升　（D）油箱上层
答案：A

Lb3A3071 一般气体继电器气容积的整定范围为（　　）cm³。
（A）150～200　（B）250～300　（C）350～400　（D）405～420
答案：B

Lb3A3072 主变压器重瓦斯保护和轻瓦斯保护的正电源，正确接法是：（　　）。
（A）使用同一保护正电源
（B）重瓦斯保护接保护电源，轻瓦斯保护接入信号电源
（C）使用同一信号电源
（D）重瓦斯保护接信号电源，轻瓦斯保护接入保护电源
答案：B

Lb3A3073 若在变压器的套管侧发生相间短路，则( )应动作。

(A) 瓦斯保护 　　　　　　(B) 电流速断和瓦斯保护

(C) 电流速断 　　　　　　(D) 瓦斯保护和差动保护

答案：**C**

Lb3A3074 一般瓦斯继电器轻瓦斯发信号气体容积的整定范围为( )cm^3。

(A) 150~200 　　(B) 250~300 　　(C) 350~400 　　(D) 450~500

答案：**B**

Lb3A3075 分裂绕组变压器是将普通的双绕组变压器的低压绕组在电磁参数上分裂成两个完全对称的绕组，这两个绕组之间( )。

(A) 没有电的联系，只有磁的联系 　　(B) 在电、磁上都有联系

(C) 有电的联系，在磁上没有联系 　　(D) 在电磁上都无任何联系

答案：**A**

Lb3A3076 分裂绕组变压器低压侧的两个分裂绕组，它们各与不分裂的高压绕组之间所具有的短路阻抗( )。

(A) 相等 　　　　　　(B) 不等

(C) 其中一个应为另一个的 2 倍 　　(D) 其中一个应为另一个的 3 倍

答案：**A**

Lb3A3077 使用分裂绕组变压器主要是为了( )。

(A) 当一次侧发生短路时限制短路电流

(B) 改善绕组在冲击波入侵时的电压分布

(C) 改善绕组的散热条件

(D) 改善电压波形减少三次谐波分量

答案：**A**

Lb3A3078 通常，铁芯及固定铁芯的金属构件的接地方式是( )。

(A) 一点接地 　　　　　　(B) 整个铁芯都接地

(C) 反固定铁芯的金属 　　(D) 构件接地

答案：**A**

Lb3A3079 连续式绕组有( )缺点。

(A) 焊点多 　　　　　　(B) 耐受冲击电压的能力较差

(C) 匝间工作电压较高 　　(D) 绕制复杂

答案：**B**

Lb3A3080 高碳钢的含碳量大于( )。

(A) 0.40%   (B) 0.45%   (C) 0.50%   (D) 0.60%

答案：**D**

Lb3A3081 复合型有载分接开关( )。

(A) 结构复杂，价格昂贵，分接位置数较多

(B) 结构简单，价格便宜，且分接位置数较多

(C) 结构简单，价格便宜，分接位置数较少

(D) 结构复杂，价格昂贵，分接位置数较少

答案：**C**

Lb3A3082 凡切换开关芯体吊出，一般宜在( )工作位置进行。

(A) 整定   (B) 最大   (C) 最小   (D) 任意

答案：**A**

Lb3A3083 复合型有载分接开关的特点是( )

(A) 开关本身带有切换触头   (B) 传动机构和选切开关是分别组装的

(C) 结构较复杂，但性能好   (D) 结构较复杂

答案：**A**

Lb3A4084 三相电力变压器一次接成星形，二次接成星形的三相四线制，其相位关系为时钟序数 12，其联接组标号为( )。

(A) Y/y_n0 (B) Y/d_n11 (C) D/y_n0 (D) D/y_n11

答案：**A**

Lb3A4085 在同一对称三相电压作用下，一组三相对称负载作三角形连接时消耗的功率是作星形连接时的( )倍。

(A) 1   (B) $\sqrt{2}$ (C) $\sqrt{3}$ (D) 3

答案：**D**

Lb3A4086 将三台单相变压器连接成一台三相组式变压器，可能导致其相电压幅值升高很多的连接方式为( )。

(A) Y/y 接   (B) D/d 接   (C) Y/d 接   (D) D/y 接

答案：**C**

Lb3A4087 在 $Y/d11$ 接线组的三相变压器中，如果角接的三相线圈中有一相绕向错误，接入电网时发生的后果是( )。

(A) 接线组别改变 (B) 烧毁线圈   (C) 变比改变   (D) 铜损增大

答案：**B**

Lb3A4088 在 Y/y 对称三相电路中，当负载一相短路时，设端线的阻抗可忽略不计，电源中性点和负载中性点之间的电压（　　）。

(A) 仍为零 　　　　　　　　　　(B) 为 1/2 倍相电压

(C) 为相电压 　　　　　　　　　(D) 为线电压

答案：**D**

Lb3A4089 一台三相电力变压器的连接组标号为 Y/y4，仅改变一侧端头标志后可与连接组标号为（　　）的变压器并联运行。

(A) Y/y12 　　　(B) Y/y6 　　　(C) Y/y2 　　　(D) Y/d11

答案：**A**

Lb3A4090 Y/y 连接的三相组式变压器运行时，其一次、二次侧相电动势的波形为（　　）。

(A) 正弦波 　　　(B) 锯齿波 　　　(C) 平顶波 　　　(D) 尖形波

答案：**C**

Lb3A4091 出厂局部放电试验测量电压为 $1.5U_m/\sqrt{3}$ 时，220kV 及以上电压等级变压器高、中压端的局部放电量不大于（　　）pC。

(A) 50 　　　(B) 100 　　　(C) 300 　　　(D) 500

答案：**B**

Lb3A4092 当温度升高时，受潮绝缘的电容量将（　　）。

(A) 增加 　　　(B) 减小 　　　(C) 不变 　　　(D) 不定

答案：**A**

Lb3A4093 交流电焊机的绝缘电阻低于（　　）MΩ 时，应进行干燥处理。

(A) 0.5 　　　(B) 1 　　　(C) 2 　　　(D) 3

答案：**A**

Lb3A4094 固体介质的击穿（　　）。

(A) 只与材料本身的结构有关

(B) 只与电场均匀程度有关

(C) 与材料本身的结构和电场均匀程度均有关

(D) 与材料本身的结构和电场均匀程度均无关

答案：**C**

Lb3A4095 当气体和电极材料一定时，间隙击穿电压是（　　）的函数。

(A) 间隙气体压力 　　　　　　　(B) 间隙距离

（C）气压与间隙距离的乘积　　　　　（D）气压与间隙距离的相除

答案：**C**

Lb3A4096 配制的环氧玻璃胶带干燥固化处理方法是（　　）。

（A）自然风干，直到环氧玻璃丝带变色不粘手为止

（B）在 110~120℃温度下的烘干炉内烘烤 8~12h，烘至环氧玻璃丝带变色为止

（C）在 120~130℃温度下的烘干炉内烘烤 8~12h，烘至环氧玻璃丝带变色不粘手为止

答案：**C**

Lb3A4097 10kV 油浸变压器油的击穿电压要求是新油不低于（　　）kV。

（A）15　　　　（B）30　　　　（C）20　　　　（D）25

答案：**D**

Lb3A4098 配电变压器在运行中油的击穿电压应大于（　　）kV。

（A）1　　　　　（B）5　　　　　（C）20　　　　（D）100

答案：**C**

Lb3A4099 固体介质的沿面放电是指沿固体介质表面的气体发生放电，沿面闪络是指沿面放电贯穿两电极间，介质所处电场越均匀，沿面放电电压（　　）。

（Λ）越高　　　　（B）越低　　　　（C）越小　　　　（D）为零

答案：**A**

Lb3A4100 电缆纸的绝缘强度为（　　）V/mm。

（A）2000~3000　　　　　　　　（B）3000~4000

（C）4000~5000　　　　　　　　（D）5000~6000

答案：**B**

Lb3A5101 电缆纸的性能特点是碱含量低、耐弯折强度高，在变压器中主要用作导线的外包绝缘和导线的外包绝缘中的（　　）绝缘。

（A）层间　　　　（B）相间　　　　（C）匝间　　　　（D）与地间

答案：**A**

Lb3A5102 K－12 电缆纸的耐折强度不低于（　　）次。

（A）500　　　　（B）700　　　　（C）1000　　　　（D）2000

答案：**D**

Lb3A5103 K－12 电缆纸的密度不小于（　　）g/cm³。

（A）0.7　　　　（B）0.5　　　　（C）0.9　　　　（D）0.95

答案：**A**

Lb3A5104 DH－50 电话纸耐折强度不低于(　　)次。

(A) 500　　　　(B) 700　　　　(C) 800　　　　(D) 1000

答案：**A**

Lb3A5105 限制变压器温升值的材料有(　　)。

(A) 金属材料　　(B) 绝缘材料　　(C) 空气介质　　(D) 密封材料

答案：**B**

Lb3A5106 下列各参数中(　　)是表示变压器油电气性能好坏的主要参数之一。

(A) 酸值（酸价）(B) 绝缘强度　　(C) 可溶性酸碱

答案：**B**

Lb3A5107 变压器油中表示化学性能的主要因素是(　　)。

(A) 酸值　　　　(B) 闪点　　　　(C) 水分　　　　(D) 烃含量

答案：**A**

Lb3A5108 色谱油样的保存期不得超过(　　)。

(A) 2 天　　　　(B) 3 天　　　　(C) 4 天　　　　(D) 7 天

答案：**C**

Lb3A5109 测定变压器油的闪点，实际上就是测定(　　)。

(A) 油的蒸发度　　　　　　　　(B) 油的蒸发度和油内挥发成分

(C) 油的燃烧温度　　　　　　　(D) 油内的水分和挥发成分

答案：**B**

Lc3A1110 若用麻绳、棕绳或棉纱绳起吊变压器及其附件时，若绳索已处潮湿状态，其允许荷重应按原荷重的(　　)进行核算。

(A) 20%　　　　(B) 40%　　　　(C) 50%　　　　(D) 60%

答案：**C**

Lc3A2111 起重钢丝绳用插接法连接时，插接长度应为直径的 15～20 倍，但一般最短不得少于(　　)mm。

(A) 500　　　　(B) 400　　　　(C) 300　　　　(D) 100

答案：**C**

Lc3A3112 对变压器油箱上部漏油进行补焊时，通常(　　)。

(A) 不需放油

(B) 只需排出少量的油

(C) 至少要放出一半的油

(D) 必须将油全部排尽

答案：A

Lc3A4113 事故抢修安装的油浸式互感器，应保证静放时间，其中 110~220kV 油浸式互感器静放时间应大于(　　)小时。

(A) 12　　　　　　(B) 24　　　　　　(C) 36　　　　　　(D) 48

答案：B

Lc3A5114 电容式电压互感器的中间变压器高压侧不应装设(　　)。

(A) MOA　　　　　(B) MOP　　　　　(C) MPO　　　　　(D) MPV

答案：A

Jd3A1115 下图是电压等级为 35kV/10kV 的变压器绝缘结构示意图。按图中的要求标出各部位的主绝缘距离及绝缘纸板的厚度。(高低压绕组均为饼式结构)

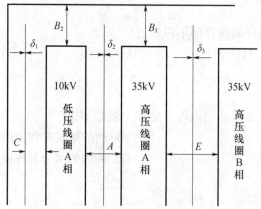

(A) $\delta_1=5$mm，$\delta_2=3$mm，$\delta_3=3$mm，$A=27$mm，$C=10$mm，$E=30$mm，$B_1=60$mm，$B_2=40$mm

(B) $\delta_1=5$mm，$\delta_2=3$mm，$\delta_3=5$mm，$A=27$mm，$C=10$mm，$E=30$mm，$B_1=60$mm，$B_2=40$mm

(C) $\delta_1=5$mm，$\delta_2=3$mm，$\delta_3=3$mm，$A=27$mm，$C=10$mm，$E=30$mm，$B_1=40$mm，$B_2=40$mm

(D) $\delta_1=5$mm，$\delta_2=3$mm，$\delta_3=3$mm，$A=27$mm，$C=10$mm，$E=40$mm，$B_1=40$mm，$B_2=40$mm。

答案：A

Jd3A2116 起重钢丝绳的安全系数为(　　)。

(A) 4.5　　　　　　(B) 5~6　　　　　　(C) 8~10　　　　　(D) 17

答案：B

Jd3A3117 起重用的钢丝绳的静力试验荷重为工作荷重的(   )倍。

(A) 2   (B) 3   (C) 1.5   (D) 1.8

答案：A

Jd3A4118 某单螺旋式绕组匝数为 85 匝，则应以第 42.5 匝处为标准换位中心，以第 21.25 匝处和第(   )匝处为两次"特殊换位中心"。

(A) 63.75   (B) 85   (C) 42.5   (D) 21.5

答案：A

Jd3A5119 两台单相变压器作 V/v 连接时，可供三相负载的容量与设备之比为(   )。

(A) 1   (B) 0.866   (C) 0.577   (D) 0.5

答案：B

Je3A1120 轻瓦斯动作后收集到的气体为无色无味不易燃的气体时，则可判断变压器内部(   )。

(A) 相间短路   (B) 铁芯片间短路 (C) 单相接地   (D) 无故障

答案：D

Je3A1121 油浸电力变压器的气体保护装置轻气体信号动作，取气体分析，结果是无色、无味、不可燃，色谱分析为空气，这时变压器(   )。

(A) 心须停运   (B) 可以继续运行 (C) 不许投入运行 (D) 要马上检修

答案：B

Je3A2122 变压器轻瓦斯保护动作，收集到灰白色有臭味可燃的气体，说明变压器发生故障的是(   )。

(A) 木质   (B) 纸及纸板
(C) 绝缘油分解或铁芯烧坏   (D) 芯片

答案：B

Je3A2123 变压器的故障性质为木质故障时，说明运行中的变压器轻瓦斯保护动作收集的为(   )气体。

(A) 黄色不易燃   (B) 无色易燃气体
(C) 蓝色易燃气体   (D) 粉色气体

答案：A

Je3A2124 在检修有载分接开关的切换开关时，应检查定触头的行程；当定触头、动触头对顶时（即动作完毕），新的定触头的行程大约为 5mm，使用过的定触头行程应大于

2.5mm，当小于或等于（   ）mm 时，应进行调整或更换。

(A) 4.5　　　　　　　　　　　　(B) 3.5

(C) 1.5　　　　　　　　　　　　(D) 2.5

答案：**D**

Je3A2125　SYXZ 型有载分接开关中切换开关触头烧蚀时，可以通过调整定触头的伸缩量来补偿，方法是将（   ）反装。

(A) 调节垫圈　　　　　　　　　　(B) 定触头

(C) 动触头　　　　　　　　　　　(D) 动触头、定触头

答案：**A**

Je3A2126　运行中有载调压开关油箱内绝缘油采样每（   ）个月一次。

(A) 2　　　　(B) 3　　　　(C) 6　　　　(D) 6~12

答案：**D**

Je3A2127　在检修有载分接开关的切换开关时，除检查定触头的行程之外，还应同时检查定触头、动触头与主触头的配合。检查的方法是：缓慢转动切换开关，当动触头刚离开主触头的一瞬间，定触头的压缩行程在新触头大约应为 2.5mm；运行过的触头当压缩行程大于 0.6mm 时仍可继续运行，小于等于（   ）mm 时必须调整主触头。

(A) 0.6　　　　(B) 1.0　　　　(C) 1.5　　　　(D) 2.0

答案：**A**

Je3A3128　分接开关各个位置的接触电阻均应不大于（   ）$\mu\Omega$。

(A) 500　　　　(B) 100　　　　(C) 1000　　　　(D) 250

答案：**A**

Je3A3129　（   ）及以上互感器必须真空注油。

A. 110kV　　　　(B) 220kV　　　　(C) 35kV　　　　(D) 500kV

答案：**A**

Je3A3130　气体继电器密封试验标准是（   ）。

(A) 整体加油压（压力为 250kPa；持续时间 1h）试漏，应无渗漏

(B) 整体加油压（压力为 200kPa；持续时间 2h）试漏，应无渗漏

(C) 整体加油压（压力为 350kPa；持续时间 12h）试漏，应无渗漏

答案：**B**

Je3A3131　对变压器油进行色谱分析，规定油中溶解乙炔含量注意值为（   ）$\mu L/L$。

(A) 5　　　　(B) 10　　　　(C) 15　　　　(D) 20

答案：**A**

Je3A3132 在相对湿度不大于 65％时，油浸变压器吊芯检查时间不得超过（ ）h。

(A) 8　　　　　　(B) 12　　　　　　(C) 15　　　　　　(D) 16

答案：D

Je3A3133 电力变压器重绕大修后，进行变压器变压比测量时，应对（ ）进行测量

(A) 每一分接　　(B) 额定分接　　(C) 最大分接　　(D) 最小分接

答案：A

Je3A3134 1600kV·A 以上的电力变压器直流电阻的标准是：各相间的差别不应大于三相平均值的 2％，无中性点引出时线间差别不应大于二相平均值的 1％，变压器大修后应测量（ ）的直流电阻。

(A) 所有各分头　(B) 中间分头　　(C) 匝数最多分头 (D) 最末分头

答案：A

Je3A3135 额定电压 220～330kV 的油浸式变压器，电抗器应在充满合格油，静置一定时间后，方可进行耐压试验。其静置时间如无制造厂规定，则应是（ ）。

(A) ≥12h　　　　(B) ≥24h　　　　(C) ≥48h　　　　(D) ≥72h

答案：C

Je3A4136 若变压器线圈匝间短路造成放电，轻瓦斯保护动作，收集到的为（ ）气体。

(A) 红色无味不可燃　　　　　　(B) 黄色不易燃

(C) 灰色或黑色易燃　　　　　　(D) 无色

答案：C

Je3A4137 在以下四种干燥方式中，能清洁器身污垢、不会发生局部过热、适合于在现场对高电压大容量变压器进行干燥的方法是（ ）。

(A) 热油循环干燥法　　　　　　(B) 热油喷雾真空干燥法

(C) 短路电流干燥法　　　　　　(D) 零序电流干燥法

答案：B

Je3A4138 油浸变压器常用的硅钢片绝缘漆牌号为 1161，可用 200 号汽油作为溶剂，烘干温度为（ ）℃。

(A) 80～100　　(B) 100～150　　(C) 150～200　　(D) 450～550

答案：D

Je3A4139 在以下四种干燥方式中，对油箱保温要求不高但特别要防止局部过热，适合于中，小型三相芯式变压器的干燥方式为（ ）。

(A) 热油循环干燥法　　　　　　(B) 油箱涡流干燥法

(C) 热油喷雾干燥法　　　　　　　　(D) 零序电流干燥法

答案：D

Je3A5140 非真空状态下干燥变压器，用（　　）判断干燥结果。
(A) 绕组的直流电阻的变化情况　　(B) 绝缘材料中的含水量
(C) 变压器油中的含水量　　　　　(D) 绝缘电阻的变化情况

答案：D

Je3A5141 非真空状态下干燥变压器判断干燥结束的标准是（　　）。
(A) 绝缘电阻由低到高并趋于稳定，连续 6h 绝缘电阻无显著变化
(B) 绝缘电阻由高到低并趋于稳定，连续 2h 绝缘电阻无显著变化
(C) 无凝结水析出
(D) 绕组的直流电阻达到稳定时

答案：A

Jf3A1142 下列描述红外热像仪特点的各项中，项目（　　）是错误的。
(A) 不接触被测设备，不干扰、不改变设备运行状态
(B) 精确、快速、灵敏度高
(C) 成像鲜明，能保存记录，信息量大，便于分析
(D) 发现和检出设备热异常、热缺陷的能力差

答案：D

Jf3A2143 把空载变压器从电网切除，将引起（　　）
(A) 激磁涌流　　(B) 过电压　　(C) 电压降低　　(D) 电流降低

答案：B

Jf3A2144 当消弧线圈的端电压超过（　　），且消弧线圈已经动作时，则应按接地故障处理，寻找接地点。
(A) 相电压 15%　　　　　　　　　(B) 线电压 15%
(C) 额定电压 15%　　　　　　　　(D) 系统最高的电压 15%

答案：A

Jf3A2145 变压器用的电阻测温计其容许负载电流为（　　）mA。
(A) 1　　　　　(B) 2.8　　　　(C) 3.5　　　　(D) 4

答案：B

Jf3A3146 中性点经消弧线圈接地的系统发生单相接地故障时，中性点对地为（　　）。
(A) 零　　　　　(B) 相电压　　(C) 线电压　　(D) 直流电压

答案：B

Jf3A3147 在变压器中性点装设消弧线圈的目的是( )。

(A) 维持电压稳定   (B) 防止中性点位移

(C) 对接地电容电流起补偿作用   (D) 无功补偿

答案：**C**

Jf3A3148 在进行 10kV 消弧线圈投入、停用和调整分接头操作时，应注意在操作前，须查明电网内确无单相接地，且接地电流小于( )A，方可操作。

(A) 50   (B) 20   (C) 10   (D) 100

答案：**C**

Jf3A3149 35kV 系统单相金属性接地时，JDJJ－35 电压互感器二次侧开口三角处出现( )电压。

(A) 300V   (B) $300V/\sqrt{3}$ (C) 100V   (D) $100V/\sqrt{3}$

答案：**C**

Jf3A4150 ( )及以下电网的调整值实行逆调压方式。

(A) 110kV   (B) 220kV   (C) 500kV   (D) 35kV

答案：**B**

Jf3A4151 供远方监视变压器上层油温，与比率计配合选用的一般采用( )计。

(A) 玻璃液面温度   (B) 压力式信号温度

(C) 电阻温度   (D) 水银温度

答案：**C**

Jf3A5152 油浸式变压器用的电阻测温计的使用环境温度为－40～50℃，它的测温范围为( )℃。

(A) －40～100   (B) －50～100   (C) －40～120   (D) 0～100

答案：**B**

1.2 判断题

La3B1001 三相对称负载所获得的功率等于任一相负载获得的功率。（×）

La3B2002 通电导线周围和磁铁一样也存在着磁场，这种现象称为电流磁效应。（√）

La3B3003 如图所示，在通电直导线旁有一矩形线圈，线圈以直导线为轴作圆周运动，线圈中一定产生感生电流。（×）

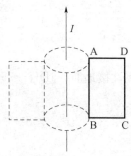

La3B3004 如图所示，条形磁铁从线圈正上方附近自由下落，当它接近线圈和离开线圈时，加速度都小于 g。（√）

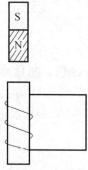

La3B4005 磁场的强弱，方向发生变化或导线与磁场发生相对运动时，在导体中会引起电动势，这种现象叫作电磁感应。（√）

La3B5006 在磁场中，导线切割磁力线产生的感应电动势的大小与以下因素有关：①导线的有效长度；②导线垂直于磁场方向的运动速度；③磁感应强度。（√）

Lb3B1007 变压器一次侧出口短路电流对变压器产生的影响远大于变压器二次侧出口短路的影响。（×）

Lb3B1008 变压器空载合闸时产生的励磁涌流最大值约为额定电流的 2 倍。（×）

Lb3B1009 全绝缘变压器是指中性点的绝缘水平与线端绝缘水平相同的变压器；分级绝缘变压器是指中性点的绝缘水平低于线端绝缘水平的变压器。（√）

Lb3B1010 压钉有左压钉和右压钉两种。（×）

Lb3B1011 油浸变压器的内绝缘一般采用油纸绝缘；外绝缘一般采用电瓷等无机绝缘。（√）

Lb3B1012 空气中沿固体介质表面的放电电压比同样的空气间隙放电电压高。（×）

Lb3B1013 110kV 套管带电部分相间的空气绝缘距离为 840mm，套管带电部分对接

地部分空气绝缘距离为 880mm，110kV 套管对 35kV 套管空气绝缘距离为 840mm。（√）

Lb3B1014 电力变压器绕组的主绝缘是指低压绕组与铁芯柱之间的绝缘、高压绕组和低压绕组之间的绝缘、相邻两高压绕组之间的绝缘和绕组两端与铁轭之间的绝缘。（√）

Lb3B1015 进行主变无载变换分接头工作时，变换前应将所有开关和隔离开关把变压器与电力网断开，变换分接头后，检查外部分接头位置无误后即可送电。（×）

Lb3B1016 变压器取油样试验要每月进行一次。（×）

Lb3B2017 绝对误差是测量值与真值之差，能确切地反映测量的精确度。（×）

Lb3B2018 变压器的空载试验测得的损耗就是铜损耗。（×）

Lb3B2019 变压器的空载损耗主要是铁芯中的损耗；损耗的主要原因是磁滞和涡流。（√）

Lb3B2020 变压器的空载损耗与温度有关，而负载损耗则与温度无关。（×）

Lb3B2021 变压器的损耗主要是铁芯损耗和绕组铜耗。（√）

Lb3B2022 变压器在运行中会产生损耗，损耗分为铁损耗和铜损耗两大类。（√）

Lb3B2023 铁芯损耗主要是磁滞和涡流损耗。（√）

Lb3B2024 变压器的负载系数 β 越大，则电压变化率 ΔU 越小 。（×）

Lb3B2025 通过对变压器进行折算，可将实际没有电的直接联系的变压器的一次、二次假想连接在一起，构成可用于进行分析计算的等值电路。（√）

Lb3B2026 负载获得最大功率的条件是负载电阻等于电源内阻。（√）

Lb3B2027 空载损耗就是空载电流在线圈产生的损耗。（×）

Lb3B2028 变压器在额定负载时效率最高。（×）

Lb3B2029 变压器在额定电压、额定频率、空载状态下所消耗的有功功率，即为变压器的空载损耗。（√）

Lb3B2030 变压器空载试验在高压侧进行和在低压侧进行测得的空载电流 10% 数值相同。（√）

Lb3B2031 变压器在额定负载运行时，其效率与负载性质有关。（√）

Lb3B2032 两台变压器并列运行必须满足电压比相同，百分阻抗相等、容量相等。（×）

Lb3B2033 变压器联接组标号不同，是绝对不能并联运行的。（√）

Lb3B2034 如果两台变压器联接组标号相差不多，是可以并列运行的。（×）

Lb3B2035 10kV 电力变压器气体继电器保护动作时，轻瓦斯信号是声光报警。（√）

Lb3B2036 QJ1 型气体继电器瓦斯接点开始动作时，永久磁铁距干簧接点玻璃管壁应为 2.5～4mm，然后，永久磁铁随挡板向前滑行的距离不小于 1.5mm；挡板到终止位置时，永久磁铁与干簧接点玻璃管壁应有距离 0.5～1.0mm。（√）

Lb3B2037 10kV 电流互感器的计量级和保护级允许对换使用。（×）

Lb3B2038 QJ1 型气体继电器的开口杯在活动过程中与接线端子距离不应小于 3mm；开口杯下降使干簧接点动作的滑行距离不小于 1.5mm；开口杯上的磁铁距干簧接点玻璃管壁的距离应为 1～2mm。（√）

Lb3B3039 为减少变压器空载电流和铁芯损失，变压器铁轭截面往往比铁芯柱截面

大一些。（√）

Lb3B3040 变压器铁芯及其金属构件必须可靠接地是为了防止变压器在运行或试验时，由于静电感应而在铁芯或其他金属构件中产生悬浮电位，造成对地放电。（√）

Lb3B3041 铁芯接地是为防止静电感应而在铁芯或其他金属构件上产生悬浮电位，造成对地放电。（√）

Lb3B3042 变压器铁芯柱撑板、小容量低压绕组间撑条、铁轭垫块及在大型变压器中引线支架等一般采用木制件。（√）

Lb3B3043 铁轭的夹紧方式有铁轭穿芯螺杆夹紧、环氧树脂玻璃丝粘带绑扎以及钢带绑扎等几种。（√）

Lb3B3044 变压器铁芯的硅钢片越薄，其叠装系数越低。（√）

Lb3B3045 目前铁芯柱环常用环氧玻璃丝粘带绑扎。（√）

Lb3B3046 单螺旋式绕组进行"特殊换位"时，两组导线在上升和下降的过程中，都有一股导线要与撑条脱离，必须放一个用纸板条制成的楔形垫将其填充起来。（√）

Lb3B3047 并联导线换位主要是解决导线长度不同的问题。（×）

Lb3B3048 螺旋式绕组一般用于低压大电流的绕组或大型变压器的调压绕组，其导线为多根扁线并绕，单螺旋绕法是指全部并绕导线每绕一匝即构成一个线饼；双螺旋绕法是指全部并绕导线分两组，每绕一匝构成两个线饼。（√）

Lb3B3049 变压器有载调压复合型分接开关是切换开关和选择开关合为一体。（√）

Lb3B3050 SYXZ 型有载分接开关操作机构中顺序接点的作用是使有载分接开关每次操作只切换一个分头；顺序接点过早断开可能发生切换开关不动作，弹簧长时间拉伸而损坏；顺序接点不能断开或断开时间过短时会发生连续操作（连调）。（√）

Lb3B3051 变压器的无励磁调压和有载调压，都是通过改变绕组匝数达到改变电压的目的。（√）

Lb3B3052 有载分接开关的电动机构操作中，如果电动机转向和按钮控制的方向相反（相序相反），在极限位置上电气限位开关将失去作用。（√）

Lb3B3053 SYXZ 型有载分接开关操作机构中的手操动电气闭锁开关的作用是确保手动操作时电动操作不能进行，此电气闭锁开关应接在确保手动操作时电动操作不能进行的回路中。（√）

Lb3B3054 切换开关是有载开关的"心脏"，因为它承担着负荷电流的转换中的任务，有载开关的可靠性，很大程度上取决于切换开关。（√）

Lb3B3055 变压器有载分接开关的结构是由切换开关、选择开关、范围开关、快速机构、操动机构 5 个部分组成。（√）

Lb3B3056 三相变压器的接线组别是 Y/d11，说明低压侧线电压落后于高压侧对应的线电压 $30°×11$。（√）

Lb3B3057 将一台三相变压器的相别标号 A、C 互换一下，变压器的结线组别不会改变。（×）

Lb3B3058 把在同等电压条件下，将 Y 接的电动机改成 △ 接，电动机不会烧毁。（×）

Lb3B3059 单相变压器两绕组的绕向相同，同极性端均取首端，则其接线组标

号 I/I－6。（×）

Lb3B3060 两台单相电压互感器接成 V/V 形接线，可测量各种线电压，也可测量相电压。（√）

Lb3B3061 进行互感器的联结组别和极性试验时，检查出的联结组别或极性必须与铭牌的记载及外壳上的端子符号相符。（√）

Lb3B3062 变压器的空载试验无论是在高压方还是在低压侧进行，测得的空载电流相对本侧的额定电流的比值是相同的。（√）

Lb3B3063 无激磁分接开关触头接触电阻应不大于 $500\mu\Omega$。（√）

Lb3B3064 进行变压器油耐试验前，油在杯中应静止 5～10min，以消除油中的气泡。（√）

Lb3B3065 变压器的泄漏电流一般为毫安级，因此，应用毫安表来测量泄漏电流的大小。（×）

Lb3B3066 如果条件不具备，可用直流耐压试验代替交流耐压试验。（×）

Lb3B3067 测量变压器的绝缘电阻值可以用来判断受潮程度。（√）

Lb3B3068 对有介质吸收现象的大型电机、变压器等设备，其绝缘电阻、吸收比和极化指数的测量结果，与所用兆欧表的电压高低、容量大小及刻度上限值等无关。（×）

Lb3B3069 变压器短路试验的目的是测量空载电流和空载损耗，以检查绕组的结构质量。（×）

Lb3B3070 绝缘的吸收比能够反映各类设备绝缘除受潮、脏污以外的所有局部绝缘缺陷。（×）

Lb3B3071 变压器的泄漏电流与直流耐压试验的性质是一样的，它们可以互相代替。（×）

Lb3B3072 测量绝缘电阻和泄漏电流的方法不同，但表征的物理概念相同。（√）

Lb3B3073 变压器在工频耐压试验过程中，如果发现被试变压器内有放电声和试验回路中电流表指示突然增大，则表示被试变压器已发生放电或击穿。（√）

Lb3B4074 酚醛树脂漆是酚醛树脂溶于酒精而制成的；浸渍和粘结力强，在变压器制造和检修中，供各种纸、布及玻璃布层压制品和卷制品作浸渍和胶粘之用。（√）

Lb3B4075 在变压器绝缘中、纸中水分的绝对含量要远比油中水分多。（√）

Lb3B4076 变压器中所有硅钢中含硅量增加时，其电阻率下降。（×）

Lb3B4077 电话纸比电缆纸薄，但其密度比电缆纸高。（√）

Lb3B4078 变压器的密封材料主要是丁腈橡胶。（√）

Lb3B4079 有一台电压互感器，其高压绕组对低压绕组绝缘为一厚 5mm 的绝缘筒；已知：试验电压 32kV，圆筒内半径 $r_1=60$mm，外半径 $r_2=65$mm，圆筒使用电工纸板，在 5mm 厚度下的击穿电场强度约为 18～20kV/mm；试验时会击穿。（×）

Lb3B4080 变压器线圈浸渍主要是为了增强绝缘。（×）

Lb3B4081 不同牌号的国产新油混合使用时，应按实际混合比例进行混合油样的凝点试验，然后按混合后实测的凝点决定是否可用。（√）

Lb3B4082 pH 值越大，表示溶液酸性越强，pH 值越小，表示溶液碱性越强。（×）

Lb3B4083　合格的变压器油中不应有游离碳和机械杂质。（√）

Lb3B4084　绝缘油的"介质损耗"即指传导电流与电容电流的比值，介质损失因数愈大，油的功率损耗愈高。（√）

Lb3B4085　变压器油的介电系数比绝缘纸板的介电系数大。（×）

Lb3B4086　变压器油的绝缘电阻试验应在标准介子试验杯中进行，用 2500V 的兆欧表测量，一般新油或良好的变压器油，其绝缘电阻应在 10000MΩ 以上。（√）

Lb3B4087　表征变压器油中水溶性酸碱的 pH 值，随运行时间的增加而逐渐降低。（√）

Lb3B4088　变压器油的酸值是高分子及低分子有机酸以及油中可能含有的少量无机酸的总数值。（√）

Lb3B4089　一般情况下，变压器油越老化，其 tanδ 值随温度变化越显著。（√）

Lb3B4090　变压器油的凝点是指被试的油品在一定的标准条件下，失去其流动性的温度。（√）

Lb3B4091　25 号新油的闪点不低于 140℃，它在运行中闪点高于 140℃。（×）

Lb3B4092　当变压器油中混入轻质油，如汽油、煤油等，这时闪点就会急剧上升。（×）

Lb3B5093　阳光照射会加速变压器油的氧化过程。（√）

Lb3B5094　变压器油中含有水分，会加速油的氧化过程。（√）

Lb3B5095　变压器油的再生处理是采用吸附能力强的吸附剂把酸除掉。（√）

Lb3B5096　变压器油中的铁和铜可以使油的氧化过程加快。（√）

Lb3B5097　为了防止油过速老化，油浸风冷和自冷变压器上层油温不宜经常超过 85℃。（√）

Lb3B5098　以变压器油为浸渍剂的油纸介质的介电系数随着纸的密度的增加而增大。（√）

Lb3B5099　电场作用会减慢变压器油的氧化过程。（×）

Lb3B5100　介质绝缘电阻通常具有负的温度系数。（√）

Lb3B5101　绝缘纸是由未经漂白的硫酸盐纤维制成的。（√）

Lc3B1102　起重时，红旗左右摆动，表示吊杆停止动作。（√）

Lc3B1103　天车、卷扬机一般的定期试验，是以 1.1 倍的容许工作荷重进行 10min 静力试验。（√）

Lc3B2104　手动葫芦拉不动时应增加拉链的人数。（×）

Lc3B2105　起重机上任意一点的接地电阻应不大于 10Ω。（×）

Lc3B2106　物体的重心是物体各部分重量的总和。（×）

Lc3B2107　起重用的卡环等，应每年试验一次，以 2 倍容许工作荷重进行 10min 的静力试验。（√）

Lc3B2108　在焊接过程中，必须对焊件施加压力，同时加热或者不加热而完成的焊接称为压力焊。（√）

Lc3B2109　焊接出现质量问题，应从人、机械、材料、方法和环境 5 个方面分析原

因。（√）

Lc3B3110 拉三相配电变压器高压跌落式熔断器时要先拉中相，再拉背风相，最后拉迎风相，合闸时顺序与上相反。（√）

Lc3B3111 SF_6 气体泄漏检查分定性和定量两种检查形式。（√）

Lc3B3112 为了防止风力作用造成相间电源短路，在拉高压跌落式熔断器时，应先拉背风相，再拉中相，最后拉迎风相，合闸时顺序与上相。（×）

Lc3B3113 移动式悬臂吊车在架空电力线路两旁工作时，起重设备及物体与线路的最小间隙距离应不小于：6～10kV 时 2m，35～110kV 时 4m，220kV 时 6m。（√）

Lc3B3114 因果图是分析产生质量问题原因的一种分析图。（√）

Lc3B4115 同步电机有凸极与隐极之分。（√）

Lc3B4116 在电机内部的能量转换过程中，包含了以下四种形式的能量，即电能、机械能、磁场储能和热能。（√）

Lc3B4117 大型电动机起动时常在起动回路中串入一个起动电阻，以减小起动电流。（√）

Lc3B4118 同步电机的同步速度的大小决定于电网的频率和绕组极数。（√）

Lc3B4119 异步电动机的接法为 380/220V，Y/d，是指当电源线电压为 380V 时，接成星形，电源线电压为 220V 时接成三角形。（√）

Lc3B4120 在强油风冷却器中，潜油泵和风电动机的控制回路设有短路、过负荷、断相等保护，使用的主要元件有熔丝、接触器及热继电器等。（√）

Lc3B5121 在强油风冷却器中，潜油泵和风电动机的控制回路不必设有短路、过负荷、断相等保护。（×）

Lc3B5122 避雷器通过一定的雷电流时引起的电压降，叫做避雷器的冲击放电电压。（×）

Lc3B5123 在不影响设备运行的条件下，对设备状况连续或定时自动地进行监测，称为在线监测。（√）

Jd3B1124 同时在工件的几个不同方向的表面上划线的操作叫立体划线。（√）

Jd3B2125 零件的公称尺寸是图纸上标出的零件各部位尺寸。（√）

Jd3B2126 零件尺寸的公差为最大极限尺寸与最小极限尺寸间的差值（或上偏差与下偏差之间的差值）。（√）

Jd3B2127 钻孔位置的画法是在孔的中心处划出十字中心线。（√）

Jd3B3128 零件尺寸的上偏差可以为正值，也可以为负值或零。（√）

Jd3B3129 零件的实际尺寸是零件加工后，实际量得的尺寸。（√）

Jd3B3130 深度百分尺的用途是测量工件台阶长度和孔槽深度。（√）

Jd3B3131 百分表和千分表属于测微仪。（√）

Jd3B4132 一般电压表都有两个以上的量程，是在表内并入不同的附加电阻所构成。（×）

Jd3B4133 兆欧表的内部结构主要由电源和测量机构两部分组成，测量机构常采用磁电式流比计。（√）

Jd3B4134 需要进行刮削加工的工作，所留的刮削余量一般在 0.05～0.4mm 之间。（√）

Jd3B5135 把 25W、220V 的灯泡，接在 1000W、220V 的发电机上时，灯泡会被烧坏。（×）

Je3B1136 油纸电容式套管顶部密封不良，可能导致进水使绝缘击穿，下部密封不良使套管渗油使油面下降。（√）

Je3B2137 变压器大修后，装有油枕的变压器在合闸送电前，可无需放出外壳和散热器上部残存的空气。（×）

Je3B2138 绕组的压紧程度与变压器承受短路能力无关。（×）

Je3B3139 利用真空滤油机过滤变压器油时，真空度越高，油温也应该越高。（×）

Je3B3140 变压器绕组进行重绕大修后，如果匝数不对，进行变比试验时即可发现。（√）

Je3B3141 如某变压器瓦斯继电器动作而跳闸，并经检验证明是可燃性气体所致时，则变压器可在短时间内再行强送一次，若强送不成，则应汇报上级领导派员来检查处理。（×）

Je3B4142 将多根并联导线分为两组绕制单螺旋式绕组时，由起绕点开始，两组导线间应放置 0.5～1.0mm 厚的绝缘纸板条；两组之间进行特殊换位时在导线弯折处每组导线中与另一组相邻的一根上各放置一个 0.5mm 厚的绝缘纸板槽，并用直纹布带绑扎在导线上。（√）

Je3B4143 套装绕组时，可以用手帮助往下压，但不能用其他工具下压。（√）

Je3B5144 变压器绕组经干燥后，其轴向长度会膨胀。（×）

Jf3B1145 工作电压较高的电容器，断电后可以立即用粗毛巾擦桩头。（×）

Jf3B1146 在某些情况下，为了防止事故扩大，必须进行某些紧急操作，这些操作可由变电所值班员先执行，然后再报告系统调度员。（√）

Jf3B1147 变压器在运行中除承受长时间的工作电压外，还要承受大气过电压和操作过电压的作用。（√）

Jf3B2148 电力网内部过电压包括操作过电压和单相接地过电压两大类。（×）

Jf3B2149 当电力变压器的储油柜或防爆管发生喷油时，应派专人监视其情况的发展变化。（×）

Jf3B2150 运行中变压器发现大量漏油并使油位迅速下降时，禁止将瓦斯继电器改为只动作于信号，同时应迅速采取停止漏油的措施。（√）

Jf3B2151 变压器在负载性质一定时，其效率与负载的大小无关。（×）

Jf3B2152 变压器故障可分为内部故障和外部故障两种；内部故障是指变压器油箱内发生的故障，主要是绕组相间短路、单相匝间短路、单相接地短路等；常见的外部故障主要是套管渗漏油，引线接头发热及小动物造成单相接地、相间短路等。（√）

Jf3B2153 主变压器大修后冲击试验次数为 3 次。（√）

Jf3B3154 对一台正在运行的普通双绕组降压变压器，在外加电压不变的情况下减少高压侧匝数，其输出电压会降低。（×）

Jf3B3155 电力网中性点经消弧线圈接地的目的是用它来平衡接地故障电流中因线路对地电容产生的超前电流分量。（√）

Jf3B3156 没有无功，则电动机不能转动，变压器也不能变换电压，故无功与有功同样重要。（√）

Jf3B3157 装设电抗器的目的是限制短路电流，提高母线残余电压。（√）

Jf3B3158 运行中发现变压器内部声响很大，有爆裂声，或变压器套管有严重破损并有闪烁放电现象时，应立即停止运行。（√）

Jf3B3159 变压器在负载性质一定时，其效率与负载的大小无关。（×）

Jf3B3160 电力网内部过电压包括操作过申压和谐振过电压两大类。（√）

Jf3B3161 在同一供电线路中，不允许一部分电气设备采用保护接地，另一部分电气设备采用保护接零的方法。（√）

Jf3B3162 大型主变因内部故障跳闸后，应尽快将其转入冷备用，并尽量全部投入潜油泵，以加速主变内部冷却。（×）

Jf3B4163 主变压器新投入冲击试验次数为 3 次。（×）

Jf3B4164 当电流互感器内部有放电响声或引线与外壳间有火花放电，应停电处理。（√）

Jf3B4165 避雷器的冲击放电电压应高于受其保护的变压器的冲击绝缘水平。（×）

Jf3B4166 因为瓦斯保护变压器油箱内部的故障，因此当变压器套管发生相间短路时，瓦斯保护不应动作。（√）

Jf3B4167 对避雷器与受其保护的变压器之间的距离要有一定的限制。（√）

Jf3B4168 对运行中变压器改为备用时，瓦斯保护装置应照常与信号联接，其目的在于及时发现该变压器油面下降以便能及时添加。（√）

Jf3B5169 变压器过负荷保护的动作电流按躲过变压器最大负荷电流来整定。（√）

Jf3B5170 室外配电变压器一般采用户外高压跌落式熔断器作为配变的控制和保护装置；当配变容量超过 100kV·A 时，熔丝一次侧按额定电流 3～5 倍选取。（×）

1.3 多选题

La3C1001 下列戴维南定理的内容表述中，正确的有：（   ）。
（A）有源网络可以等效成一个电压源和一个电阻
（B）电压源的电压等于有源二端网络的开路电压
（C）电阻等于网络内电源置零时的入端电阻
答案：BC

La3C1002 电桥平衡时，下列说法正确的有：（   ）。
（A）检流计的指示值为零
（B）相邻桥臂电阻成比例，电桥才平衡
（C）对边桥臂电阻的乘积相等，电桥也平衡
（D）四个桥臂电阻值必须一样大小，电桥才平衡
答案：ABC

La3C1003 测定配电变压器变压比的方法有（   ）。
（A）在变压器的某一侧（高压或低压）施加一个低电压交流电，用仪表或仪器来测量另一侧的电压，通过计算来确定该变压器是否符合技术条件所规定的各绕组的额定电压
（B）在变压器的某一侧（高压或低压）施加一个交流，用仪表或仪器来测量另一侧的电流，通过计算来确定变压比
（C）变比电桥直接测出变压比
（D）用双倍电桥直接测出变压比
答案：AC

La3C1004 在公式 $P=I^2R$ 中，R 越大，P 越大；而在公式 $P=U^2/R$ 中，R 越大，P 越小；解释这一矛盾说法正确的是（   ）。
（A）在式 $P=I^2R$，R 越大，P 越大，是对在电路中电流不变而言，即在电阻串联的电路中流过各电阻的电流一样，这时 R 越大，P 越大
（B）在式 $P=I^2R$，R 越大，P 越大，是对在电路中电流不变而言，即在电阻并联的电路中流过各电阻的电流一样，这时 R 越大，P 越大
（C）在公式 $P=U^2/R$ 中，R 越大，P 越小，是指路端电压 U 不变，即并联电阻的端电压相等，这时 R 增大，P 就减小
（D）在公式 $P=U^2/R$ 中，R 越大，P 越小，是指路端电压 U 不变，即串联电阻的端电压相等，这时 R 增大，P 就减小
答案：AC

La3C1005 在 R、L、C 串联电路中，下列情况正确的是(　　)。

(A) $\omega L > \omega C$，电路呈感性

(B) $\omega L = \omega C$，电路呈阻性

(C) $\omega L > \omega C$，电路呈容性

(D) $\omega C > \omega L$，电路呈容性

答案：**ABD**

La3C1006 三相正弦交流电路中，对称三相电路的结构形式有下列(　　)种。

(A) $Y/\triangle$　　　(B) Y/Y　　　(C) $\triangle/\triangle$　　　(D) $\triangle/Y$

答案：**ABC**

La3C1007 关于公式 $P = I^2 R$，R 越大，P 越大，下列说法正确的是(　　)。

(A) 在式 $P = I^2 R$，R 越大，P 越大，是指在电路中电流不变而言的

(B) 在电阻串联的电路中流过各电阻的电流一样，这时 R 越大，P 越大

(C) 电阻一定时电流越大功率越大

答案：**ABC**

La3C1008 互感系数与(　　)无关。

(A) 电流大小

(B) 电压大小

(C) 电流变化率

(D) 两互感绕组相对位置及其结构尺寸

答案：**AB**

La3C1009 自感系数 L 与(　　)无关。

(A) 电流大小

(B) 电压高低

(C) 电流变化率

(D) 线圈结构及材料性质

答案：**ABC**

La3C1010 关于公式 $P = U^2/R$，R 越大，P 越小，下列说法正确的是(　　)。

(A) 指路端电压 U 不变，R 增大，P 就减小

(B) 并联电阻的端电压相等，R 增大，P 就减小

(C) R 增大，P 就减小

答案：**AB**

La3C1011 涡流有时是可以利用的，利用涡流原理可制成(　　)。

(A) 感应炉来冶炼金属

(B) 异步电动机

(C) 电度表中的阻尼器

(D) 磁电式、感应式电工仪表

答案：**ACD**

La3C1012 能用于整流的半导体器件有(　　)。

(A) 二极管　　　(B) 三极管　　　(C) 晶闸管　　　(D) 场效应管

答案：**AC**

Lb3C1013 气体继电器重瓦斯动作流速试验标准是( )。

(A) 自然油冷却的变压器动作流速应为 0.8~1.0m/s

(B) 自然油冷却的变压器动作流速应为 0.8~1.2m/s

(C) 容量大于 200MV·A 变压器动作流速应为 1.2~1.3m/s

(D) 强迫油循环的变压器动作流速应为 1.1~1.3m/s

(E) 强迫油循环的变压器动作流速应为 1.0~1.2m/s

答案：ACE

Lb3C2014 制造变压器油箱盖时，大电流套管附近局部过热原因及防止方法是( )。

(A) 由于套管导杆附近的磁场强度很大，使套管法兰及附近油箱盖因涡流作用而发热

(B) 可采用非导磁性材料加工法兰进行防止

(C) 可以在油箱盖套管间加隔磁焊缝进行防止

(D) 套管导杆附近的电场强度很大，使套管法兰及附近油箱盖因涡流作用而发热

答案：ABC

Lb3C2015 变压器真空干燥的过程包括( )。

(A) 将器身置于真空罐内，将温度计探头放在器身的几个部位，接好高低压绝缘电阻测量线并引出

(B) 将真空罐密封，开始加温预热，器身温度升高到 95~100℃，保持一定时间（通风口应打开）

(C) 开始抽真空，先抽低真空，并在低真空及该温度下维持一段时间，满足规定时间后继续逐渐将真空度提高到 93kPa 以上，器身温度仍保持 95~105℃

(D) 在干燥过程中，每小时放一次冷凝水，每 2h 测一次绝缘

(E) 干燥结束后真空浸油

答案：ABCD

Lb3C2016 应定期检查吸湿器的( )是否正常，干燥剂应保持干燥、有效。

(A) 外观　　　　(B) 油封　　　　(C) 油位　　　　(D) 吸湿器上端密封

答案：BCD

Lb3C2017 变压器投入运行前必须多次排除 ( ) 等处的残存气体。

(A) 套管升高座　　　　　　　　(B) 油管道中的死区

(C) 电容式套管油枕　　　　　　(D) 冷却器顶部

答案：ABD

Lb3C2018 气体继电器有检验项目有( )。

(A) 一般性检验：玻璃窗、放气阀、控针处和引出线端子等完整不渗油，浮筒、开

口杯、玻璃窗等完整无裂纹

（B）接线端子对地及相互间的直流电阻

（C）轻瓦斯动作容积整定试验、重瓦斯动作流速整定试验

（D）浮筒、水银接点、磁力干簧接点密封性试验

（E）玻璃窗的爆破压力试验

答案：ACD

Lb3C2019 出线端子及出线端子间绝缘强度试验标准是（　　）。

（A）耐受工频电压 2500V，持续 1min

（B）用 2500V 兆欧表测绝缘电阻，摇 1min 代替工频耐压，绝缘电阻应在 300MΩ
以上

（C）耐受工频电压 2000V，持续 1min

（D）用 2000V 兆欧表测绝缘电阻，摇 1min 代替工频耐压，绝缘电阻应在 200MΩ
以上

答案：BC

Lb3C2020 有载分接开关检修时过渡电阻的检查项目有（　　）。

（A）是否有裂纹、烧断、过热及短路现象

（B）接头是否紧固

（C）相互间绝缘是否良好

（D）电阻值应与铭牌相符或符合厂家规

答案：AD

Lb3C2021 提高功率因数有（　　）重要意义。

（A）在总功率不变的条件下，功率因数越大，则电源供给的有功功率越大

（B）提高功率因数，可以充分利用输电与发电设备

（C）提高功率因数，可以提高总功率

（D）提高功率因数，可以提高视在功率

答案：AB

Lb3C2022 变压器副边电压变化的大小与三个因素有关，即（　　）。

（A）负载系数　　　　　　　　　（B）功率因数

（C）短路阻抗百分值　　　　　　（D）负载阻抗角

答案：ACD

Lb3C2023 变压器进行直流电阻试验的目的是（　　）。

（A）检查档位是否正确

（B）检查绕组回路是否有短路、开路或接错线

（C）检查绕组的接线方式是否正确

（D）核对绕组所用导线的规格是否符合设计要求

（E）检查绕组导线焊接点、引线套管及分接开关有无接触不良

答案：BDE

Lb3C2024 变压器电压比试验除用于验证电压比之外，还可判断（   ）故障。

（A）绕组匝间绝缘有无缺陷 （B）绕组匝间无短路

（C）绕组层间有无短路 （D）开关引线有无接错

答案：BCD

Lb3C2025 当铁芯饱和后，为了产生正弦波磁通，励磁电流的波形将变为（   ），其中含有较大的（   ）分量，对变压器的运行有较大的影响。

（A）平顶波 （B）五次谐波 （C）尖顶波 （D）三次谐波

答案：CD

Lb3C2026 交流耐压试验与直流耐压试验不能互相代替主要原因是（   ）。

（A）交流、直流电压在绝缘层中的分布不同，直流电压是按电导分布的，反映绝缘内个别部分可能发生过电压的情况

（B）交流电压是按与绝缘电阻并存的分布电容成反比分布的，反映各处分布电容部分可能发生过电压的情况

（C）绝缘在直流电压作用下耐压强度比在交流电压下要低

（D）绝缘在直流电压作用下耐压强度比在交流电压下要高

答案：ABD

Lb3C2027 联接组标号（联接组别）不同的变压器并联运行会造成（   ）。

（A）二次电压之间的相位差会很大

（B）占据变压器容量，增加损耗

（C）肯定会烧坏变压器

（D）负载分配不合理

（E）二次回路中会产生很大的循环电流

答案：ACE

Lb3C2028 阻抗电压标号值（或百分数）不相等的变压器并联运行会造成（   ）。

（A）二次电压之间的相位差会很大

（B）一台满载，另一台欠载或过载的现象

（C）肯定会烧坏变压器

（D）负载分配不合理

（E）二次回路中会产生循环电流

答案：BD

Lb3C2029 当变压器发生穿越性故障时，瓦斯保护可能会发生误动作，其原因是（ ）。

（A）短路电流产生的高温使部分绝缘油迅速分解，产生的油气造成气体继电器误动

（B）穿越性故障电流使绕组发热，短路电流使绕组温度上升很快，使油的体积膨胀，造成气体继电器误动

（C）在穿越性故障电流作用下，绕组或多或少产生辐向位移，将使一次和二次绕组间的油隙增大，油隙内和绕组外侧产生一定的压力差，加速油的流动；当压力差变化大时，气体继电器就可能误动

（D）穿越性故障电流使变压器油流动加速造成气体继电器误动

答案：BC

Lb3C2030 变压器应同时装设（ ）共同作为变压器的主保护

（A）过电流保护　　　　　　　（B）过负荷保护

（C）差动保护　　　　　　　　（D）气体保护

答案：CD

Lb3C2031 纠结式绕组有（ ）优点。

（A）机械强度高　　　　　　　（B）散热性能好

（C）绕组焊点少，匝间工作电压较低　（D）匝间电荷量大，耐冲击特性较好

答案：ABD

Lb3C2032 连续式绕组有（ ）优点。

（A）机械强度高　　　　　　　（B）散热性能好

（C）耐受冲击电压的能力较好　（D）绕组焊点少，匝间工作电压较低

答案：ABD

Lb3C2033 纠结式绕组有（ ）缺点。

（A）焊点多

（B）耐受冲击电压的能力较差

（C）匝间工作电压较高

（D）绕制复杂

答案：ACD

Lb3C2034 小容量的变压器采用 Y/yn 或 Y/y 连接的优点（ ）。

（A）Y 接和△接比较，匝数绝缘用量少，导线的填充系数大，且可做成分级绝缘；用导线截面较粗，绕组机械强度较高

（B）当有一相发生事故时，能改接成 V 形接线使用

（C）绕组绝缘所承受的电压强度较低

（D）导线填充系数大，匝间静电电容较高，冲击电压分布较均匀

（E）中性点可引出接地，也可用于三相四线制供电；分接抽头放在中性点，三相抽头间正常工作电压很小，分接开关结构简单

答案：ACDE

Lb3C2035 单螺旋式绕组的"2，1，2"换位法是把导线分成两组，在（　　）进行换位。

（A）以总匝数的1/2匝数处为中心，进行一次特殊换位

（B）以总匝数的1/2匝数处为中心，进行一次标准换位

（C）以1/4和3/4匝数处为中心，各进行一次标准换位

（D）以1/4和3/4匝数处为中心，各进行一次特殊换位

答案：BD

Lb3C2036 变压器采用 Y/yn 或 Y/y 连接的缺点（　　）。

（A）在芯式变压器中，Y/y 接线因磁通中有三次谐波存在，在油箱、螺杆等部件中产生涡流引起发热，降低了变压器的效率

（B）中性点位移电压及零序磁通在油箱壁引起发热

（C）三相壳式变压器和三相变压器组，三次谐波电压较大对绕组绝缘极为不利，如中性点接地也将对通信产生干扰

（D）当有　相发生事故时，不可能改接成 V 形接线使用

答案：ABCD

Lb3C2037 变压器绕组浸漆的优点是（　　）。

（A）增加机械强度　　　　　　　　（B）提高绕组电气强度

（C）提高绕组的过负载能力　　　　（D）防潮湿性能好

答案：AD

Lb3C2038 变压器绕组浸漆的缺点是（　　）。

（A）增加成本，工艺复杂　　　　　（B）绕组电气强度有所降低

（C）防潮性能差　　　　　　　　　（D）不利于散热

答案：ABD

Lb3C2039 变压器绕组浸漆的质量要求是（　　）。

（A）漆层均匀、漆膜有弹性；

（B）绕组表面应无漆瘤、皱皮及大片流漆

（C）漆层有光泽

（D）漆应完全浸透、干透、不粘手

答案：BCD

Lb3C2040 下列关于正反向有载调压说法正确的有（   ）。

（A）正反向有载调压就是正反两个方向都可以操作的有载分接开关

（B）正反向有载调压是通过极性开关的切换，将调压绕组与主绕组同极性串联，达到增加电压和降低电压的目的

（C）可使同样的调压绕组调压范围扩大一倍

（D）正反向有载调压就是在带极性开关有载分接开关

答案：BCD

Lb3C2041 有载分接开关操作机构产生连调现象的原因是（   ）。

（A）顺序接点调整不当，不能断开或断开时间过短

（B）交流接触器铁芯有剩磁或结合面上有油污

（C）按钮接点粘连

（D）时间继电器调整偏大

答案：ABC

Lb3C2042 组合式有载分接开关的快速机构在检修时应检查（   ）项目。

（A）检查各传动部分和接触部位有无过量磨损或松动

（B）各传动部位动作配合是否灵活

（C）检查缓冲器的活塞是否灵活

（D）绝缘板支柱是否有裂纹及放电痕迹

（E）检查快速机构的弹簧有无裂纹和永久变形

答案：ACE

Lb3C2043 在叙述有载分接开关的基本原理时能用到的观点有（   ）。

（A）有载分接开关是在不切断负载电流的条件下，切换分接头的调压装置

（B）采用过渡电路限制循环电流，达到切换分接头而不切断负载电流的目的

（C）有载开关也可以在设备停电时使用

（D）在切换瞬间，需同时连接两分接头，在切换时必须接入一个过渡电路把循环电流限制在允许的范围内

答案：ABD

Lb3C2044 有载分接开关操纵机构运行前应进行（   ）项目的检查。

（A）检查电动机轴承、齿轮等部位是否有良好的润滑

（B）做手动操作试验，检查操作机构的动作是否正确和灵活，位置指示器的指示是否与实际相符，到达极限位置时电气和机械限位装置是否正确可靠地动作；手动操作时，检查电气回路能否断开

（C）上下位置指示是否一致

（D）接通临时电源进行往复操作，检查刹车是否正确、灵活，顺序接点及极限位置电

气闭锁接点能否正确动作，远距离位置指示器指示是否正确

（E）电源电压是否符合设备要求

答案：ABD

Lb3C2045 关于有载开关工作原理说法正确的是(　　)。

（A）切换必须在瞬间完成，确保不切断负荷电流

（B）采用过渡电路限制循环电流，达到切换分接头而不切断负载电流的目的

（C）在不切断负载电流的条件下，切换分接头的调压装置

（D）在切换瞬间，需同时连接两分接头

答案：BCD

Lb3C2046 有载分接开关快速机构的作用是(　　)。

（A）操作方便

（B）缩短过渡电阻的通电时间

（C）提高有载开关动作的可靠性

（D）提高触头的灭弧能力，减少触头烧损

答案：BD

Lb3C3047 有载分接开关操纵机构运行前应做手动操作试验主要是检查(　　)项目。

（A）顺序接点及极限位置电气闭锁接点能否正确动作

（B）位置指示器的指示是否与实际相符

（C）到达极限位置时电气和机械限位装置是否正确可靠地动作

（D）检查电气回路能否断开

（E）检查操作机构的动作是否正确和灵活

（F）远距离位置指示器指示是否正确

答案：BCDE

Lb3C3048 组合式有载分接开关检修时，切换开关触头的检查项目是(　　)。

（A）触头表面是否有氧化层，与触头连接的软铜线是否损坏

（B）触头是否就位，动作顺序是否正确

（C）触头压紧弹簧是否损坏，压力应合适

（D）触头烧伤情况，触头厚度不小于厂家规定值

答案：BCD

Lb3C3049 变压器采用 Y/y_n 或 Y/y 连接的有关规定，下列观点正确的是(　　)。

（A）Y/y 接线常用于三相芯式小容量变压器，三相芯式大容量变压器不宜采用

（B）三相四线制的变压器二次侧中线电流不得超过 50% 的额定电流

（C）三相四线制的变压器二次侧中线电流不得超过 25% 的额定电流

（D）三相壳式变压器和三相变压器组必须采用 Y/y 或 Y/y$_n$ 接线组合

（E）三相壳式变压器和三相变压器组不能采用 Y/y 或 Y/y$_n$ 接线组合

答案：ACE

Lb3C3050 变压器绝缘试验的内容包括绝缘电阻和吸收比试验、测量介质损失角正切值试验、泄漏电流试验以及（　　）试验。

（A）直流电阻及变比试验

（B）变压器油试验及工频耐压和感应耐压试验

（C）对 U_m 不小于 220kV 变压器还做局部放电试验

（D）温升及突然短路试验

（E）U_m 不小于 300kV 在线端应做全波及操作波冲击试验

答案：BCE

Lb3C3051 在油屏障绝缘中，因为油的电气强度是浸渍纸的（　　）或（　　），故局部放电首先在油间隙中产生。

（A）1/2　　　　（B）1/3　　　　（C）1/4　　　　（D）1/5

答案：BC

Lb3C3052 出厂试验主要是确定变压器电气性能及技术参数，如对绝缘、介质绝缘、介质损失角、泄漏电流、直流电阻及油耐压、工频及感应耐压试验等，还要做（　　）试验，由此确定变压器能否出厂。

（A）U_m 不小于 300kV 的变压器，在线端应做全波及操作波的冲击试验

（B）空载损耗、短路损耗

（C）变比及接线组别

（D）突发短路试验

答案：ABC

Lb3C3053 变压器绝缘试验的内容包括变压器油试验及工频耐压和感应耐压试验、对 U_m 不小于 220kV 变压器还做局部放电试验、U_m 不小于 300kV 在线端应做全波及操作波冲击试验以及（　　）试验。

（A）绝缘电阻和吸收比试验　　　　　（B）接线组别

（C）测量介质损失角正切值试验　　　（D）泄漏电流试验

（E）直流电阻试验

答案：ACD

Lb3C3054 变压器特性试验的内容包括变比、接线组别、直流电阻、及（　　）等试验。

（A）工频及感应耐压　　　　　　　　（B）空载及短路

（C）绝缘电阻　　　　　　　　　　　　　（D）温升

（E）突然短路

答案：BDE

Lb3C3055 关于安装试验叙述正确的有（　　　）。

（A）变压器安装前、后的试验；（B）试验项目有绝缘电阻、介质损失角、泄漏电流、变比、接线组别、油耐压及直流电阻等

（C）大、中型变压器在吊芯过程中，必须对夹件螺钉、夹件及铁芯进行试验

（D）安装试验最后做工频耐压

答案：ABCD

Lb3C3056 110kV 及以下的变压器出厂试验中应包括（　）和（　　），而不进行全波、截波冲击试验。

（A）外施耐压试验　　　　　　　　　　（B）局部放电试验

（C）交流耐压试验　　　　　　　　　　（D）感应耐压试验

答案：AD

Lb3C3057 根据局部放电水平可发现绝缘中空气隙（一个或数个）中的（　　　）及（　　），但不能发现绝缘受潮，而且测量与推断发生错误的可能性大。

（A）放电现象　　　（B）游离现象　　　（C）局部缺陷　　　（D）绝缘缺陷

答案：BC

Lb3C3058 预防性试验（即对运行中的变压器周期性地进行定期试验）主要试验项目有（　　　）。

（A）变比试验　　　（B）绝缘电阻　　　（C）$\tan\delta$　　　（D）直流电阻

（E）油的试验　　　（F）泄漏电流。

答案：BCDEF

Lb3C3059 在电阻不平衡率的计算公式 $\Delta R\% = \left[(R_{max} - R_{min})/R_{cp}\right] \times 100\%$ 中 $\Delta R\%$ 表示线间差或相间差的百分数，另外三个量表示（　　　）。

（A）R_{max} 表示三相实测值中最大电阻值

（B）R_{min} 表示三相实测值中最小电阻值

（C）R_{cp} 表示三相实测值中的平均电阻值

（D）R_{cp} 表示三相实测值中的和

答案：ABC

Lb3C3060 变压器短路试验所测得的损耗可以认为就是绕组的电阻损耗，是因为（　　　）。

（A）短路试验所加的电压很低

（B）铁芯中的磁通密度很小

（C）铁芯中的损耗相对于绕组中的电阻损耗可以忽略不计

（D）短路试验时没有空载损耗

答案：ABC

Lb3C3061 容量 2000kV·A 及以上所有变压器的直流电阻不平衡率，国家标准规定的允许偏差是（　　）。

（A）相间 2%

（B）相间 4%

（C）如无中性点引出线时，线间 2%

（D）如无中性点引出线时，线间为 1%（10kV 侧允许不大于 2%）

答案：AD

Lb3C3062 变压器空载试验的目的是（　　）。

（A）测量变压器的阻抗电压百分数

（B）发现磁路中的局部或整体缺陷

（C）变压器在感应耐压试验后，绕组是否有匝间短路

（D）变压器在工频耐压试验后，绕组是否有匝间短路

（E）测量铁芯中的空载电流和空载损耗

答案：BCE

Lb3C3063 变压器试验项目大致分为（　　）两类。

（A）预防性试验　　（B）出厂试验　　　（C）绝缘试验

（D）特性试验　　　（E）交接试验

答案：CD

Lb3C3064 变压器绝缘试验的内容包括绝缘电阻和吸收比试验、测量介质损失角正切值试验、泄漏电流试验以及（　　）试验。

（A）直流电阻及变比试验

（B）变压器油试验及工频耐压和感应耐压试验

（C）对 U_m 不小于 220kV 变压器还做局部放电试验

（D）温升及突然短路试验

（E）U_m 不小于 300kV 在线端应做全波及操作波冲击试验

答案：BCE

Lb3C3065 变压器重绕大修后，测得的空载损耗、短路损耗及总损耗值，与国家标准规定的数值比较允许偏差各是（　　）。

（A）空载损耗允许 5%、短路损耗允许 +15%

（B）空载、短路损耗分别允许 +15%

（C）总损耗＋10％

（D）总损耗＋15％

答案：BC

Lb3C3066 出厂试验是比较全面的试验，主要是确定变压器（　　）。

（A）负载能力　　　（B）绝缘结构　　　（C）技术参数　　　（D）电气性能

答案：CD

Lb3C3067 丁腈橡胶在酒精灯上点燃，燃烧特征是（　　）。

（A）易燃烧无自熄灭

（B）火焰为蓝色，喷射火花与火星，冒浓白烟

（C）残渣略膨胀、带节、无黏性

（D）残渣无节、有黏性

（E）不易燃烧，可以自熄灭

（F）火焰为橙黄色，喷射火花与火星，冒浓黑烟

答案：ACEF

Lb3C3068 以下常用气体的绝缘材料有（　　）。

（A）空气　　　　（B）六氟化硫　　　（C）乙炔　　　　（E）氧气

答案：AB

Lb3C3069 以下常用液体的绝缘材料有（　　）。

（A）变压器油　　（B）电缆油　　　　（C）电容器油　　（D）水

答案：ABC

Lb3C3070 以下常用的有机固体绝缘材料是（　　）。

（A）纸　　　　　（B）棉纱　　　　　（C）木材　　　　（D）塑料

答案：ABCD

Lb3C3071 固体绝缘材料包括（　　）两类。

（A）无机固体绝缘材料

（B）有机固体绝缘材料

（C）混合固体绝缘材料

答案：AB

Lb3C3072 关于硬磁性材料说法正确的是（　　）。

（A）硬磁材料是指剩磁和矫顽力均很大的铁磁材料，如钨钢、钴钢等

（B）不易磁化，也不易失磁，磁滞回线较宽

（C）常用来制作电机、变压器、电磁铁等电器的铁芯

（D）常用来制作各种永久磁铁、扬声器的磁钢和电子电路中的记忆元件等

答案：ABD

Lb3C3073 关于软磁性材料说法正确的是（　　）。

（A）软磁材料是指剩磁和矫顽力均很小的铁磁材料

（B）不易磁化

（C）不易去磁

（D）磁滞回线较窄

（E）易去磁

（F）易磁化

答案：ADEF

Lb3C3074 软磁材料的用途有（　　）。

（A）制作电机的铁芯　　　　　　（B）变压器的铁芯

（C）电磁铁等的电器　　　　　　（D）永久性磁铁

答案：ABC

Lb3C3075 中小型变压器采用箱壳内不带油，不抽真空的涡流干燥法，干燥所需功率、磁化绕组匝数等，可根据（　　）计算。

（A）变压器箱壳的厚度

（B）变压器型式

（C）施加的电源电压

（D）干燥条件（如保温情况、周围气温等）

答案：BD

Lb3C3076 在变压器干燥过程中，经过预热后先抽低真空，并在低真空及该温度下维持一段时间，不同电压等级维持的时间正确的是（　　）。

（A）35kV 的变压器约 4h　　　　（B）35kV 的变压器约 6h

（C）110kV 的变压器约 14h　　　（D）110kV 的变压器约 16h

（E）220kV 的变压器约 26h　　　（F）220kV 的变压器约 28h

答案：BDE

Lb3C3077 关于绝缘材料说法正确的是（　　）。

（A）绝缘材料又称电介质

（B）绝缘材料就是能够阻止电流在其中通过的材料

（C）不导电材料

（D）电阻大的材料

答案：ABC

Lb3C3078 色谱分析结果显示油中（　　）、（　　）含量显著增加，则可能出现固体绝缘老化或涉及固体绝缘的故障。

（A）乙烯　　　　　（B）一氧化碳　　　（C）二氧化碳　　　（D）氢气

答案：BC

Lb3C3079 A级绝缘变压器的"六度法则"是指变压器运行温度超过（　　）时，温度每增加6℃，变压器寿命（　　）。

（A）温升极限值时（B）温度极限值时（C）减少一半　　　（D）减少6％

答案：AC

Lb3C3080 运行中的变压器油在（　　）作用下会氧化、分解而析出固体游离碳。

（A）高温　　　　　（B）强磁场　　　　（C）强电场　　　　（D）电弧。

答案：AD

Lb3C3081 关于变压器油的酸价正确的有（　　）。

（A）当油氧化时，酸价增减小

（B）当油氧化时，酸价增大

（C）酸价可用来说明油的氧化程度

（D）酸价是中和1g油中所含酸性化合物所必需的氢氧化钾的毫克数

（E）酸价就是变压器油的pH值

答案：BCD

Lb3C3082 在变压器油中添加抗氧化剂的作用是（　　）。

（A）减缓油的劣化速度

（B）提高油的耐压值

（C）延长油的使用寿命

答案：AC

Lb3C3083 变压器油要进行过滤的目的是（　　）。

（A）除去油中的水分和杂质

（B）提高油的耐电强度

（C）提高油的透明度

（D）保护油中的纸绝缘

（E）在一定程度上提高油的物理、化学性能

答案：ABDE

Lc3C3084 下列（　　）起重工作应制定专门的安全技术措施，经本单位批准，作业时应有技术负责人在场指导，否则不准施工。

（A）重量达到起重设备额定负荷的85％

270

(B) 两台吊车共同抬吊变压器钟罩

(C) 在一级公路上起吊安装电杆

(D) 在带电运行的 220kV 母线下起吊刀闸设备

答案：BD

Lc3C3085 在（　　）进行电焊作业，应使用一级动火工作票。

(A) 变压器油箱上 　　　　(B) 蓄电池室（铅酸）内

(C) 电缆夹层内 　　　　(D) 危险品仓库内

答案：ABD

Lc3C3086 对（　　）的老旧变压器，应加强跟踪，变压器本体不宜进行涉及器身的大修。若发现严重缺陷，如绕组严重变形、绝缘严重受损等，应安排更换。

(A) 早期的薄绝缘

(B) 铝线圈且投运时间超过二十年

(C) 遭受低压侧短路冲击

(D) 电气试验不合格

答案：AB

Jd3C3087 进行錾削加工时应注意（　　）安全事项。

(A) 手锤木柄不得松动或损坏，錾子头部有明显毛刺时要及时磨掉

(B) 錾削时要防止錾子滑出伤手；要经常保持錾刃锋利，并保持正确的后角

(C) 工作地点前面不许站人，并应装设安全网，操作人员应戴防护眼镜

(D) 錾子头部、手锤头部和手柄不应沾油，以防打滑

答案：ABCD

Jd3C3088 用手锯锯割管子或经过精加工的管件应（　　）。

(A) 应把工件夹在两块木制的 V 形槽垫块间

(B) 应把工件牢固地夹在台钳上

(C) 锯割时要从一个方向锯到底

(D) 应该多次变换方向进行割锯，每个方向只锯到管子内壁，然后把管子按已锯部分向锯条推进方向转动一个角度，直至锯断为止

答案：AD

Jd3C3089 一轴件上注明的尺寸为 $\Phi 15 + 0.03 - 0.01$，其含义是（　　）。

(A) 该轴的直径为 15mm，其误差范围为 -0.01mm 到 $+0.03$mm

(B) 当该轴制成后，直径为 $(15+0.01)$ mm 到 $(15+0.03)$ mm，即为合格品

(C) 轴的直径在 $14.99 \sim 15.03$mm 的范围内均为合格

(D) 轴的直径在 $15.01 \sim 15.03$mm 的范围内均为合格

答案：AC

Jd3C3090　手提葫芦是由(　　)零件组成的。

（A）葫芦　　　　　　　　　　　（B）手拉链传动机构

（C）链轮合　　　　　　　　　　（D）起重链及上下吊钩

（E）链轮

答案：BDE

Jd3C3091　手提葫芦当手拉链条拉不动时，应(　　)处理。

（A）增加人手拉动链条　　　　　（B）检查是否超载

（C）检查起吊物是否与其他物件连接　（D）更换新的手提葫芦

（E）检查葫芦是否损坏

答案：BCE

Jd3C3092　在一般吊装作业中，滑轮的允许使用负荷用 $P = nD^2/16$ 经验公式估算，其中的 n、D 的含义是(　　)。

（A）D 代表滑轮直径，单位 mm　　（B）D 代表滑轮半径，单位 mm

（C）n 代表轮数　　　　　　　　（D）n 代表使用的钢丝绳根数

答案：AC

Jd3C4093　选定变压器绕组所用导线电流密度主要取决于(　　)。

（A）负载损耗　　　　　　　　　（B）空载损耗

（C）绕组温升　　　　　　　　　（D）铁芯温升

（E）变压器二次侧突然短路时的动、热稳定

答案：ACE

Jd3C4094　选定电力变压器硅钢片的磁通密度应遵守原则是(　　)。

（A）磁通密度要选在饱和点以下。电力变压器冷轧硅钢片可取 1.65～1.7T；热轧硅钢片可在 1.45T 以下

（B）在过激磁 10％时，在额定容量下应能连续运行

（C）油浸变压器正常运行时，铁芯表面温度不超过 80℃，若温升过高，加冷却油道后仍不能降低温升时，就要降低正常工作时的磁通密度值

（D）为节约制造成本，磁通密度通常选择在饱和点以上，电力变压器冷轧硅钢片可取 1.65～1.7T；热轧硅钢片可在 1.45T

（E）考虑电力变压器的运行特点，在过激磁 5％时，在额定容量下应能连续运行

答案：ACE

Jd3C4095　使用游标卡尺应注意(　　)事项，以免变形，影响精度。

（A）不可卡得过紧或松动

（B）不可砸摔

（C）不可带手套使用

（D）应放在专用盒内

（E）不可与其他工具一起堆放

答案：**ABDE**

Je3C4096 根据运行中的变压器发出的声音，可以判断运行情况的原因是（   ）。

（A）正常运行的变压器，发出的是均匀的"嗡嗡"声

（B）变压器运行异常时，其发出的声音会发生变化，可能包含杂音

（C）变压器运行异常情况不同，产生杂音也不同

（D）根据变压器运行发出的声音很难判断变压器的运行情况

答案：**ABC**

Je3C4097 铁芯多点接地的原因可能是：悬浮金属粉末或异物进入油箱，在电磁引力作用下形成桥路，使下铁轭与垫脚或箱底接通；温度计座套过长或运输时芯子窜动，使铁芯或夹件与油箱相碰；铁芯绝缘受潮或损坏，使绝缘电阻降为零；铁压板位移与铁芯柱相碰；以及（   ）。

（A）铁芯夹件肢板距心柱太近，硅钢片翘起触及夹件肢板

（B）夹件对地绝缘损坏，使绝缘电阻降为零

（C）铁芯与下垫脚间的纸板脱落

（D）穿心螺杆的钢套过长与铁轭硅钢片相碰

答案：**ACD**

Je3C4098 变压器小修一般包括（   ）内容。

（A）检查并消除现场可以消除的缺陷

（B）清扫变压器油箱及附件，紧固各部法兰螺钉；检查各处密封状况，消除渗漏油现象；检查一次、二次套管，安全气道薄膜及油位计玻璃是否完整

（C）调整垫块，更换损坏的绝缘

（D）调整储油柜油面，补油或放油

（E）进行定期的测试和绝缘试验；（F）检查气体继电器；检查吸湿器变色硅胶是否变色；检查调压开关转动是否灵活，各接点接触是否良好

答案：**ABDEF**

Je3C4099 下列关于电流互感器的相位差说法正确的是（   ）。

（A）电流互感器的相位差是指一次电流与二次电流相量的相位差

（B）相量方向以理想互感器的相位差为零来确定

（C）当二次电流相量超前一次电流相量时，相位差为负值

（D）通常以分或度来表示

（E）当二次电流相量超前一次电流相量时，相位差为正值

答案：**ABDE**

Je3C4100　使用加压法测定配电变压器的变压比时，选用仪器仪表的准确级正确的是(　　)。

（A）使用交流电压表测量时，仪表的准确度为 0.5 级

（B）使用交流电压表测量时，仪表的准确度为 1 级

（C）使用电压互感器测量，所测电压值应尽量选在互感器额定电压 60%～80% 之间，互感器的准确等级为 0.5 级

（D）使用电压互感器测量，所测电压值应尽量选在互感器额定电压 80%～100% 之间，互感器的准确等级为 0.2 级

答案：AD

Je3C4101　气体继电器在安装使用前应做(　　)试验。

（A）密封试验 　　　　　　　　　　（B）传动试验

（C）轻瓦斯动作容积试验 　　　　　（D）重瓦斯动作流速试验

（E）端子绝缘强度试验 　　　　　　（F）介质损耗试验

答案：ACDE

Je3C4102　Y/d 接线的三相变压器在检修中，分接开关指示位置与内部分接头不一致时的纠正方法包括(　　)步骤。

（A）用人工中点的方法进行单相变压器变比测量，确定分接

（B）确定分接后，调整外面的分接指示

（C）确定分接后，再内部分接头

（D）在 d 接线一侧短路一相，使另外两相并联激磁，用短路相的 Y 接的绕组当作测量线，直接测量其他两相的相电压

答案：ABD

Je3C4103　安装油纸电容式套管应注意(　　)问题。

（A）拉引线的细绳要结实并挂在合适的位置，随着套管的装入，逐渐拉出引线头；注意引线不得有扭曲和打结；引线拉不出时应查明原因，不可用力猛拉或用吊具硬拉

（B）套管油面是否合适，是否有漏油或瓷套损坏；核对引线长度是否合适

（C）起吊套管要遵守起重操作规程，防止损坏瓷套；套管起吊时的倾斜度应根据变压器套管升高座的角度而定

（D）引线和接线端子要有足够的接触面积和接触压力；接线端要可靠密封，防止进水

（E）套管型号是否正确，电气试验、油化验是否合格

（F）将套管擦拭干净，检查引线头焊接情况

答案：ABCDEF

Je3C4104　下列根据变压器异常运行声音判断异常情况，正确的是(　　)。

（A）仍是"嗡嗡"声，但比原来大，无杂音。也可能随着负荷的急剧变化，呈现

"割割割"的间谐响声,这时变压器指示仪表的指针同时晃动,较易辨别。这种声音可能是过电压或过电流引起的

(B)"叮叮当当"的金属撞击声,但仪表指示、油位和油温均正常,这种声音可能是夹紧铁芯的螺钉松动或内部有些零碎件松动引起的

(C) 放电的辟烈声,可能是绕组匝间短路、引线接触不良或分接开关接触不良所引起

(D)"咕噜咕噜"像水开了似的响声,可能是变压器内部绝缘有局部放电或铁芯接地片断开

(E) 连续较长时间的"沙沙沙"声,变压器各部无异常,指示仪表指示正常,这种声音可能是变压器外部部件振动引起的

答案:ABE

Je3C4105 220kV 及以上的变压器真空注油的工艺过程包括( )。

(A) 首先检查变压器及连接管道密封是否完好,所有不能承压的附件是否堵死或拆除

(B) 启动真空泵,在 1h 内均匀地提高其真空度到 600mmHg,维持 1h,如无异常,可将真空度逐渐提高到 740mmHg 维持 1h,检查油箱有无较大变形与异常情况,排除可能出现的漏气点

(C) 在真空状态下进行注油;注油过程中应使真空度维持在(740±5)mmHg(98.42±0.665)kPa,当油面距箱顶盖约 200mm 时停止注油;总注油时间不应少于 6h

(D) 在(740±5)mmHg 真空度下继续维持 6h,即可解除真空,拆除注油管,并向油枕补充油

答案:ABCD

Je3C4106 变压器吊芯(罩)检修时的安全措施有( )。

(A) 明确停电、带电设备范围,明确分工

(B) 核实起吊设备,详细检查起重工具、绳索和挂钩片;起吊工作应由一人统一指挥,注意与带电设备的距离,防止起吊中碰伤绕组及其他附件

(C) 注意拆除有碍起吊工作的附件,拆下的附件应放在干燥清洁的地方并做好标记;工作人员身上不得带与工作无关的物品,防止异物掉入绕组中

(D) 器身检查后,认真清点工具和材料,不得漏在器身上;做电气试验时,注意防止人员触电,焊接工作注意防火

(E) 吊芯工作应在天气良好时进行,并做好防风防尘、防雨的准备,相对湿度为 75% 及以下时,器身暴露时间不得超过 12h

答案:ABCDE

Je3C4107 组合式有载分接开关的选择开关在检修时应检查( )项目。

(A) 检查快速机构是否正常

(B) 检查绝缘板支柱是否有裂纹及放电痕迹

（C）检查各传动部分和接触部位有无过量磨损或松动

（D）检查主轴是否弯曲

（E）擦净选择开关的污物，检查触头有无烧损，接触位置是否正确，各部螺钉是否紧固，接触电阻应合格

答案：BCE

Je3C4108　更换变压器密封胶胶垫应注意（　　）问题。

（A）密封橡胶垫受压面积应与螺钉的力量相适应

（B）根据法兰螺栓实际情况，尽量将胶垫压紧

（C）密封材料不能使用石棉盘根和软木垫等

（D）密封处的压接面应处理干净，放置胶垫时最好先涂一层粘合胶液如聚氯乙烯清漆等

（E）带油更换油塞的橡胶封环时，应将进出口各处的阀门和通道关闭，在负压保持不致大量出油的情况下，迅速更换

答案：ACDE

Je3C4109　变压器大修一般有（　　）项目。

（A）对外壳进行清洗、试漏、补漏及重新喷漆，对所有附件进行检查、修理及必要的试验，检修冷却系统

（B）对器身进行检查及处理缺陷，检修分接开关（有载或无励磁）的接点和传动装置，检修及校对测量仪表

（C）滤油，重新组装变压器，按规程进行试验

（D）按规程进行静放和试运行

答案：ABC

Je3C4110　有的纯瓷套管在法兰附近采用涂半导体釉或喷铝工艺的原因是（　　）。

（A）在套管法兰附近涂半导体釉或喷铝，可以改善电压分布，消除电晕

（B）在套管法兰附近涂半导体釉或喷铝，可以改善电场分布，消除电晕

（C）由于套管表面的电场在法兰和箱盖附近比较集中，当电场强度较大时，在法兰压钉等突出部位会产生电晕

（D）套管表面漏磁较大，严重时将会造成套管法兰发热

答案：BC

Je3C4111　D/d 或 D/Y 连接的变压器在检修中，分接开关指示位置与内部分接头不一致时的纠正方法包括（　　）步骤。

（A）在 d 接线一侧短路一相，使另外两相并联激磁，用短路相的 Y 接的绕组当作测量线，直接测量其他两相的相电压

（B）三相电流为最小后，进行单相或双相变压比试验

（C）确定分接后，再次改正分接指示

（D）在低压侧通入三相交流低电压，分别转动每相分接开关，监视每相电流，使三相电流为最小

答案：BCD

Je3C4112 在工频试验过程中当放电声为"唦唦"或"吱吱"声，或者是很沉闷的响声，放电时电流表的指示立即超过最大偏转指示，重复试验时放电电压明显下降；这种故障往往是（ ）故障。

（A）固体绝缘爬电，绝缘包扎较松或开裂

（B）油隙绝缘结构击穿

（C）引线绝缘搭接锥度太短或爬电距离不够

（D）绝缘角环纸板爬电或绕组端部对铁轭爬电

（E）悬浮的金属体对地放电

（F）撑条受潮或质量不好沿撑条爬电

答案：ACDF

Je3C4113 变压器在制造过程中，（ ）因素总是会引起绕组饼间或匝间击穿。

（A）绕组在绕制和装配过程中，绝缘受到机械损伤以及出线根部或过弯处没有加包绝缘，反饼过弯处工艺不良引起绝缘损伤

（B）绕组浸漆时温度不符合要求、真空度低，匝间或饼间有残存气泡

（C）撑条不光滑、垫块有尖锐棱角，绕组压缩时压力过大或绕组沿圆周各点受力不均匀，使绝缘损坏

（D）变压器在装配过程中落入异物

（E）绕组干燥不彻底

（F）绕组导线不符合质量要求，有毛刺、裂纹，或焊接不好、包纸质量不好

答案：ACDF

Je3C4114 绕好后的绕组应单独进行（ ）半成品试验。

（A）测量绕组的变比，绕组匝数应符合图纸要求

（B）测量各相绕组的直流电阻，多股导线并绕的还应进行分股测量，相互间的误差应符合电气试验标准

（C）测量绕组的介质损耗　　　（D）测量并绕导线间的绝缘电阻，绝缘应良好

答案：BD

Je3C4115 YN/d接线的三相变压器在检修中，分接开关指示位置与内部分接头不一致时的纠正方法包括（ ）步骤。

（A）取高压的两相与低压相应的两相进行线间变比测量

（B）取高压的一相与低压相应的一相进行单相变比测量

（C）确定分接后，调整外面的分接指示

（D）确定分接后，再内部分接头

答案：ABC

Je3C4116　非真空状态下干燥变压器的过程有（　　）步骤。

（A）将器身置于烘房内

（B）对变压器进行加热，器身温度持续保持在 95～105℃之间

（C）经常调紧弹簧压力，调整绕组的高度和垫块的整齐度

（D）每 2h 测量各侧的绝缘电阻一次，绝缘电阻由低到高并趋于稳定，连续 6h 绝缘电阻无显著变化，干燥结束

答案：ABD

Je3C4117　中小型变压器采用箱壳内不带油，不抽真空的涡流干燥法包括（　　）步骤。

（A）在箱壳外包上石棉布等绝热保温材料

（B）打开 D 结的绕组

（C）在保温层外绕上磁化绕组（可绕成单相，也可绕成三相），然后通交流电，使箱体钢板产生涡流而发热

（D）在箱底下放置电炉补充加热

答案：ACD

Je3C4118　中小型变压器采用箱壳内不带油，不抽真空的涡流干燥法，热量不足或超过时应（　　）操作。

（A）热量不足，可适当增加磁化绕组的匝数

（B）热量不足可适当减少磁化绕组的匝数

（C）热量超过可适当减少磁化绕组的匝数

（D）热量超过可适当增加磁化绕组的匝数

答案：BD

Je3C4119　油浸式变压器绕组采用不浸漆工艺时，应采用（　　）措施，以保证足够的机械强度。

（A）增加压板的厚度、加大压钉的压紧力

（B）绕组导线绕紧靠实，避免松动

（C）绕组首端和终端线段要间隔绑扎，以增加端部的机械强度

（D）增加绕组垫块厚度和宽度，减少单位面积上的压力

（E）采用高密度纸制造垫块或进行热压处理，减少垫块的压缩系数

答案：BCE

Je3C5120　在变压器真空干燥过程中，当满足（　　）条件时即认为干燥完毕。

（A）绝缘电阻连续 4h 不变　　　　　　（B）绝缘电阻连续 6h 不变

（C）连续 3h 放不出冷凝水　　　　　（D）连续 2h 放不出冷凝水

（E）干燥时间达到规定时

答案：**BC**

Je3C5121　采用涡流加热干燥时，要在变压器的不同部位埋设温度计的原因是（　　）。

（A）器身各部位升温速度不同，防止升温过快

（B）方便随时监视和控制各部位温度

（C）增加涡流发热量，提高器身温度

（D）器身各部位受热不均匀，可能发生局部过热而损坏绝缘

答案：**BD**

Jf3C5122　遇有电气设备着火时，应（　　）处理。

（A）应立即将有关设备的电源切断

（B）然后进行救火

（C）保护好现场，以备事故分析

答案：**AB**

Jf3C5123　容量 1600kV·A 及以下所有变压器的直流电阻不平衡率，国家标准规定的允许偏差是（　　）。

（A）相间 2%

（B）相间 4%

（C）线间 2%

（D）如无中性点引出线时，线间为 1%（10kV 侧允许不大于 2%）

答案：**BC**

Jf3C5124　变压器绕组的直流电阻一般应在（　　）位置测量，但在选择转换器工作位置不变的情况下，至少测量（　　）分接位置。

（A）额定分接　　　（B）所有分接　　　（C）3 个连续　　　（D）5 个连续

答案：**BC**

Jf3C5125　M 型、CM 型有载开关，切换波形应符合要求，无明显回零断开现象，总切换时间为（　　），过渡触头桥接时间为（　　）。

（A）30 ～ 50ms　　　　　　　　　（B）5 ～ 10ms

（C）35 ～ 50ms　　　　　　　　　（D）2 ～ 7ms

答案：**CD**

Jf3C5126　做工频试验过程中产生不正常的放电声时，可根据放电声的特点判断故障的性质，下列判断正确的是（　　）。

（A）在升压过程或持续阶段，发生好似金属物撞击油箱的清脆响亮的声音，重复加

压试验时，电压下降不明显；这种放电属于变压器油中气泡放电

（B）声音仍然是清脆的金属敲击声，但声音小，仪表摆动不大，重复试验时放电消失；这种放电一般属于油隙绝缘结构击穿

（C）放电声为"哧哧"或"吱吱"声，或者是很沉闷的响声，放电时电流表的指示立即超过最大偏转指示，重复试验时放电电压明显下降。这种故障往往是固体绝缘爬电，绝缘包扎较松或开裂、撑条受潮或质量不好沿撑条爬电、引线绝缘搭接锥度太短或爬电距离不够、绝缘角环纸板爬电或绕组端部对铁轭爬电

（D）加压过程中，变压器内部有炒豆般的劈啪响声，电流表示稳定，这种放电可能是悬浮的金属体对地放电。

答案：CD

Jf3C5127 纯瓷套管在法兰附近采用涂半导体釉或喷铝工艺的好处是( )。

（A）改善电压分布　　　　　　　　（B）消除电晕

（C）消除涡流　　　　　　　　　　（D）改善电场分布

答案：BD

Jf3C5128 关于涡流说法正确的是( )。

（A）交变磁场中的导体内部（包括铁磁物质），将在垂直于磁力线方向的截面上感应出闭合的环行电流称为涡流

（B）利用涡流可制成磁电式、感应式电工仪表

（C）利用涡流原理可制成感应炉来冶炼金属

（D）在电机、变压器等设备中，由于涡流存在将产生附加损耗，同时磁场减弱造成电气设备效率降低，使设备的容量不能充分利用

答案：ABCD

Jf3C5129 电容式套管拆卸解体的步骤中包括( )。

（A）将套管垂直安放在支架上，拆下尾部均压罩，从尾部放油

（B）取下紧固螺母、弹簧压板、弹簧、弹簧承座以及上瓷套

（C）拆接线座、垫圈，取下膨胀器，再拆接地小套管

（D）用支架托住套管黄铜管尾端，拧紧弹簧压板螺母，使弹簧压缩

（E）吊住黄铜管拆除管体尾部支架、抬起下瓷套，拆下底座，再落下瓷套，吊出电容芯子

答案：ABCDE

Jf3C5130 工作票签发人或工作负责人，应根据现场的 ( ) 等具体情况，增设专责监护人和确定被监护的人员。

（A）安全条件　　（B）施工范围　　（C）工作需要　　（D）安全措施

答案：ABC

Jf3C5131 变压器应有( )，并标明( )和( )。

（A）运行条件范围　　　　　　　　（B）铭牌

（C）运行编号　　　　　　　　　　（D）相位标志

答案：BCD

Jf3C5132 变压器上安装的温度表，( )、( )、( )应基本保持一致，最大误差不超过 5K。

（A）实际温度　　　　　　　　　　（B）现场温度计指示

（C）控制室温度显示装置　　　　　（D）监控系统显示的温度

答案：BCD

1.4 计算题

La3D4001 如图所示，已知 $I_1 = X_1\text{mA}$，$I_3 = 16\text{mA}$，$I_4 = 12\text{mA}$。求 $I_2 = \underline{\hspace{2cm}}$ mA，$I_5 = \underline{\hspace{2cm}}$ mA。

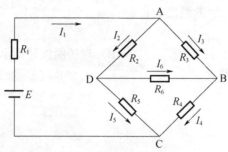

X_1 的取值范围：18，20，22，25。

计算公式：

由节点 A 得

$$I_1 = I_2 - I_3$$

由节点 B 得

$$I_3 = I_4 - I_6$$

由节点 D 得

$$I_5 = I_2 - I_6$$

把已知数值代入解得

$$I_2 = I_1 - I_3 = X_1 - 16$$
$$I_6 = I_4 - I_3 = 12 - 16 = -4$$
$$I_5 = I_2 - I_6 = X_1 - 16 - (-4) = X_1 - 12$$

La3D4002 如图所示，已知 $I_1 = 18\text{mA}$，$I_3 = X_1\text{mA}$，$I_4 = 18\text{mA}$。求 $I_5 = \underline{\hspace{2cm}}$ mA，$I_6 = \underline{\hspace{2cm}}$ mA。

$$I_1 = I_2 - I_3$$

X_1 的取值范围：12，16，18。

计算公式：

由节点 A 得

$$I_1 = I_2 + I_3$$

由节点 B 得

$$I_3 = I_4 - I_6$$

由节点 D 得

$$I_5 = I_2 - I_6$$

把已知数值代入解得

$$I_2 = I_1 - I_3 = 18 - X_1$$
$$I_6 = I_4 - I_3 = 18 - X_1$$
$$I_5 = I_2 - I_6 = 18 - X_1 - (18 - X_1) = 0$$

La3D1003 一段电阻为 $X_1\Omega$ 的均匀导线，若将直径减小一半，长度不变，则电阻值为_____Ω。

X_1 的取值范围：10，20，30。

计算公式：

电阻值为
$$R' = 4R = 4 \times X_1(\Omega)$$

La3D2004 有一电路，连接导线的总电阻为 5Ω，电池的电势为 $5V$，电源内阻为 $X_1\Omega$，当负载电阻 $R_L =$_____Ω 时，它获得最大功率。

X_1 的取值范围：0.1，0.2，0.3。

计算公式：

当获得最大功率时，负载电阻为
$$R_L = 5 + X_1(\Omega)$$

La3D2005 一个线性含源一端口电阻网络，测得其短路电流为 X_1A。测得负载电阻 $R=10\Omega$ 时，通过负载电阻 R 的电流为 $1.5A$。该含源一端口电阻网络的开路电压 U_{oc} 为_____V。

X_1 的取值范围：2，3，4。

计算公式：

由诺顿定理得，任何一个线性含源一端口电阻网络，对外电路来说，可以用一个电流源和电导的并联组合来等效替代；此电流源的电流等于该一端口的短路电流 i_{sc}，而电导等于该一端口全部独立电源置零后的输入电导 G_{eq}。
$$i_{sc} \cdot \frac{R_{eq}}{R_{eq} + R} = 1.5 \, (A)$$

则
$$X_1 \times \frac{R_{eq}}{R_{eq} + 10} = 1.5 \, (A)$$

求得
$$R_{eq} = \frac{15}{X_1 - 1.5} \, (\Omega)$$

一端口网络的开路电压
$$U_{oc} = i_{sc} R_{eq} = X_1 \times \frac{15}{X_1 - 1.5} \, (V)$$

La3D1006 一电路输出电压是 $5V$，接上 $X_1 k\Omega$ 的电阻后输出电压降到 $4V$，则内阻是_____$k\Omega$。

X_1 的取值范围：1，2，3。

计算公式：

由题得

$$5 = 4 + \frac{4}{X_1 \times 10^3} \times R_0$$

则

$$R_0 = \frac{(5-4) \times X_1 \times 10^3}{4} \quad (\Omega)$$

La3D1007　一个电感线圈接到电压为 220V 的交流电源上，通过的电流为 X_1A，若功率因数为 0.8，求该线圈消耗的有功功率 $P = $ _____ W 和无功功率 $Q = $ _____ V·A。

X_1 的取值范围：1.0 到 10.0 的整数。

计算公式：

线圈消耗的有功功率

$$P = UI\cos\varphi = 220 \times X_1 \times 0.8$$

线圈消耗的无功功率

$$Q = UI\sin\varphi = 220 \times X_1 \times 0.6$$

La3D2008　已知一个 RL 串联电路，其电阻和感抗均为 $X_1\Omega$。试求在电路上加 100V 交流电压时，电流的 $I = $ _____ A 及电流与电压的相位差 _____。

X_1 的取值范围：5.0 到 20.0 的整数。

计算公式：

电路阻抗

$$Z = \sqrt{R^2 + X^2} = \sqrt{X_1{}^2 + X_1{}^2} = \sqrt{2X_1{}^2}$$

电流

$$I = \frac{U}{Z} = \frac{100}{\sqrt{2X_1{}^2}}$$

相位差

$$\varphi = \arctan\frac{X}{R} = \arctan\frac{X_1}{X_1} = 45°$$

La3D2009　有一电阻、电容、电感串联试验电路，当接于 $f = 50\text{Hz}$ 的交流电压上，如果电容 $C = X_1\mu\text{F}$，则发现电路中的电流最大。那么当时的电感 _____ H。（保留两位小数）

X_1 的取值范围：1.0 到 5.0 的整数。

计算公式：

当电路中的电流最大时，电路发生串联谐振，即

$$X_L = X_C$$

则

$$\omega L = \frac{1}{\omega C}$$

故

$$L = \frac{1}{\omega^2 C} = \frac{1}{(2\pi f)^2 C} = \frac{1}{(2 \times \pi \times 50)^2 \times X_1 \times 10^{-6}}$$

La3D2010　一个 RLC 串联电路，接于频率 $f = 50\mathrm{Hz}$ 的交流电源上，若电容为 $X_1\mu\mathrm{F}$，则电路中的电流最大，求电感 $L = $ ＿＿＿＿＿ H。

X_1 的取值范围：1.0 到 8.0 的整数。

计算公式：

当电路中的电流最大时，电路发生串联谐振，即

$$X_L = X_C$$

则

$$\omega L = \frac{1}{\omega C}$$

故

$$L = \frac{1}{\omega^2 C} = \frac{1}{(2\pi f)^2 C} = \frac{1}{(2 \times \pi \times 50)^2 \times X_1 \times 10^{-6}}$$

La3D2011　有一线圈电感 $L = 6.3\mathrm{H}$，电阻 $R = 200\Omega$。若外接电源 $U_1 = X_1\mathrm{V}$ 工频交流电，则通过线圈的电流为＿＿＿＿ A；若外接 $U_2 = X_2\mathrm{V}$ 直流电源，则通过线圈的电流为＿＿＿＿ A。

X_1 的取值范围：100，200，300，400。

X_2 的取值范围：180，200，220，240。

计算公式：

当外接电源工频交流电

$$X_L = 2\pi f L = 2 \times 3.14 \times 50 \times 6.3 = 1978.2 \ (\Omega)$$

$$Z = \sqrt{R^2 + X_L{}^2} = \sqrt{200^2 + 1978.2^2} = 1988.3 \ (\Omega)$$

则通过线圈的电流为

$$I = \frac{U_1}{Z} = \frac{X_1}{1988.3}$$

当外接直流电源时，通过线圈的电流为

$$I = \frac{U_2}{R} = \frac{X_2}{200}$$

La3D2012　某单相电抗器，加直流电压时，测得电阻 $R = X_1\Omega$，加上工频电压时测得其阻抗为 $Z = 17\Omega$，电感 $L = $ ＿＿＿＿＿ H。

X_1 的取值范围：5.0 到 10.0 的整数。

计算公式：

由于

$$Z^2 = R^2 + X^2$$
$$X = j2\pi fL$$

所以

$$L = \frac{\sqrt{Z^2 - R^2}}{2\pi f} = \frac{\sqrt{17^2 - X_1^2}}{2 \times 3.14 \times 50}$$

La3D2013　有一线圈与一块交流、直流两用电流表串联，在电路两端分别加 $U=$ 100V 的交流、直流电压时，电流表指示分别为 $I_1 = X_1\text{A}$ 和 $I_2 = X_2\text{A}$，则该线圈的电阻值 $R =$ ＿＿＿＿ Ω 和电抗值 $X_L =$ ＿＿＿＿ Ω。

X_1 的取值范围：15.0 到 20.0 的整数。

X_2 的取值范围：20.0 到 30.0 的整数。

计算公式：

线圈的电阻值

$$R = \frac{U}{I_2} = \frac{100}{X_2} \ (\Omega)$$

由于 $Z^2 = R^2 + X_L^2$ 且 $|Z| = \dfrac{U}{I_1}$

所以

$$X_L = \sqrt{Z^2 - R^2} = \sqrt{\left(\frac{U}{I_1}\right)^2 - \left(\frac{U}{I_2}\right)^2} = \sqrt{\left(\frac{100}{X_1}\right)^2 - \left(\frac{100}{X_2}\right)^2}$$

La3D2014　有一个星形接线的三相负载，每相的电阻 $R = X_1\Omega$，电抗 $X_L = 8\Omega$，电源相电压 $U_{ph} = 220\text{V}$，则每相的电流大小 $I =$ ＿＿＿＿ A，负载阻抗角 $\phi =$ ＿＿＿＿ °。

X_1 的取值范围：4，6，8，10。

计算公式：

每相电流大小

$$I = \frac{U_{ph}}{\sqrt{R^2 + X_L^2}} = \frac{220}{\sqrt{X_1^2 + 8^2}}$$

负载阻抗角

$$\varphi = \arctan\frac{X_L}{R} = \arctan\frac{8}{X_1}$$

La3D3015　对称三相感性负载，接于线电压 $U_L = 220\text{V}$ 的三相电源上，通过负载的线电流 $I_L = 20.8\text{A}$、有功功率 $P = X_1\text{kW}$，则负载的功率因数＿＿＿＿。

X_1 的取值范围：5.2，5.3，5.4，5.5，5.6。

计算公式：

由于三相电路功率

$$P = \sqrt{3}U_L I_L \cos\varphi$$

所以

$$\cos\varphi = \frac{P}{\sqrt{3}U_L I_L} = \frac{X_1 \times 10^3}{\sqrt{3} \times 220 \times 20.8}$$

La3D3016 在电容 $C=50\mu F$ 的电容器上加电压 $U=X_1 V$、频率 $f=50Hz$ 的交流电，求无功功率为_____ $kV \cdot A$。

X_1 的取值范围：180，200，220，240。

计算公式：

电容器电抗

$$X_C = \frac{1}{2\pi f C} = \frac{1}{2 \times 3.14 \times 50 \times 50 \times 10^{-6}} = 63.69 \ (\Omega)$$

无功功率

$$Q = \frac{U^2}{X_C} = \frac{X_1^2}{63.69}$$

La3D3017 一日光灯管的规格是 $110V$，$X_1 W$。现接到 $50Hz$，$220V$ 的交流电源上，为保证灯管电压为 $110V$，串联镇流器的电感=_____ H。

X_1 的取值范围；20，25，40，60。

计算公式：

灯管上的电压与镇流器上的电压相差 $90°$，为保证灯管上电压为 $110V$，则镇流器上的电压应为

$$U_2 = \sqrt{U^2 - U_1^2} = \sqrt{220^2 - 110^2} = 190.5 \ (V)$$

灯管电流

$$I = \frac{P}{U_1} = \frac{X_1}{110}$$

故镇流器的电感

$$L = \frac{U_2}{I \cdot 2\pi f} = \frac{190.5}{\dfrac{X_1}{110} \times 2 \times 3.14 \times 50}$$

La3D2018 已知正弦电流的初相角为 $X_1°$，在 $t=0$ 时的瞬时值为 $8.66A$，经过 $1/300s$ 后电流第一次下降为 0，则其振幅 I_m 为_____ A。

X_1 的取值范围：30，60，40。

计算公式：

正弦电流的表达式

$$i = I_m \sin(\omega t + \varphi) = I_m \sin(\omega t + X_1)$$

当 $t=0$ 时，

$$i(0) = I_m \sin X_1 = 8.66$$

则振幅

$$I_m = \frac{8.66}{\sin X_1} \ (A)$$

La3D2019　已知某感性负载接在 220V，50Hz 的正弦电压上，测得其有功功率和无功功率各为 X_1kW 和 5.5kW，其功率因数为_____。

X_1 的取值范围：7.0，7.5，8.0。

计算公式：

视在功率

$$S = \sqrt{P^2 + Q^2} = \sqrt{X_1{}^2 + 5.5^2}$$

功率因数

$$\cos\varphi = \frac{P}{S} = \frac{X_1}{\sqrt{X_1{}^2 + 5.5^2}}$$

La3D2020　一个线圈的电阻 $R = X_1\Omega$，电感 $L = 0.2$H，若通过 3A 的直流电流时，线圈的压降为_____ V。

X_1 的取值范围：50，60，70。

计算公式：

电感原件在直流作用时，相当于短路，则线圈压降

$$U = IR = 3 \times X_1 (V)$$

La3D3021　如图所示，已知 $L = X_1$H，$R = 10\Omega$，$U = 100$V，试求该电路的时间常数 $T =$_____ s，电路进入稳态后电阻上的电压 $U_R =$_____ V。

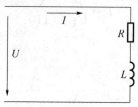

X_1 的取值范围：2，4，6，8。

计算公式：

RC 一阶电路的时间常数

$$\tau = \frac{L}{R} = \frac{X_1}{10}$$

电路进入稳态后电阻上的电压

$$U_R = U = 100 \ (V)$$

La3D3022　在匝数 $n = 1500$ 匝，圆环截面 $s = 2\text{cm}^2$ 的环形线圈中通入 X_1A 的电流，测得其中磁通密度 0.9Wb/m^2，求储藏在圈环内的磁场能量_____ J。

X_1 的取值范围：0.2 到 1.2 的一位小数。

计算公式：

电感为 L，通过电流 i 的线圈所储藏的磁场能量为

$$W_L = \frac{1}{2}LI^2 = \frac{1}{2}\psi I = \frac{1}{2}nBsI$$

$$= \frac{1}{2} \times 1500 \times 0.9 \times 2 \times 10^{-4} \times X_1$$

La3D3023 如图所示，在均匀磁场中，放一个 CD 边可以活动的矩形线圈 ABCD（带有电源 E 和电阻 R），若 CD 的移动速度 $v=X_1$m/s，$E=9$V，$R=30\Omega$，$B=0.6$Wb/m²。则 CD 的感应电势 $Y=$_____ V 以及回路 ABCD 中电流的 $I=$_____ A。（电流方向 ADCB）

X_1 的取值范围：1.0 到 5.0 的整数。

计算公式：

感应电势

$$L = 5\text{m} \qquad\qquad e = BLv = 0.6 \times 5 \times X_1 (V)$$

方向：C→D。

电流

$$I = \frac{E-e}{R} = \frac{9 - 3 \times X_1}{30} \ (A)$$

Lb3D3024 有两台额定容量均为 10000kV·A 的变压器并联运行，第一台变压器的短路电压为 4%，第二台变压器的短路电压为 X_1%，当第二台变压器达满载时，第一台变压器负荷=_____ kV·A。

X_1 的取值范围：5.0 到 6.0 的整数。

计算公式：

第一台变压器负荷 $\qquad S_1 = \frac{U_{k2}\%}{U_{k1}\%} \cdot S_2 = \frac{X_1}{4} \cdot 10000$

Lb3D3025 某变压器风扇电动机的额定输出功率是 370W，效率 0.66，接在电压为 220V 的电源上，当此电动机输出额定功率时，它所取得的电流为 X_1A，此电动机用一串联的电阻和电抗作等值代替，则电阻 $R=$_____ Ω。

X_1 的取值范围：3.0 到 4.9 的一位小数。

计算公式：

输入功率

$$P_{in} = \frac{P_{out}}{\eta} = \frac{370}{0.66} = 560(\text{W})$$

视在功率

$$S = UI = 220 \times X_1$$

功率因数

$$\cos\varphi = \frac{P}{S} = \frac{560}{220 \times X_1}$$

等值阻抗

$$Z = \frac{U}{I} = \frac{220}{X_1}$$

等值电阻

$$R = Z\cos\varphi = \frac{220}{X_1} \times \frac{560}{220 \times X_1}$$

Lb3D3026 某变压器风扇电动机的额定输出功率是 X_1W，效率 0.66，接在电压为 220V 的电源上，当此电动机输出额定功率时，输入功率为_____ W。

X_1 的取值范围：360，370，380。

计算公式：

输入功率

$$P_{in} = \frac{P_{out}}{\eta} = \frac{X_1}{0.66}$$

Lb3D4027 某变压器风扇电动机的额定输出功率是 360W，效率 X_1，接在电压为 220V 的电源上，当此电动机输出额定功率时，它所取得的电流为 3.6A，功率因数为_____。

X_1 的取值范围：0.65，0.66，0.67。

计算公式：

输入功率

$$P_{in} = \frac{P_{out}}{\eta} = \frac{360}{X_1}$$

视在功率

$$S = UI = 220 \times 3.6 = 792 (V \cdot A)$$

功率因数

$$\cos\varphi = \frac{P}{S} = \frac{360}{X_1 \times 792}$$

Lb3D3028 将一带铁芯的绕组接到 110V 交流电源上，测得输入功率为 $P_1 = 10$W，电流 $I_1 = 0.5$A；取出铁芯测得输入功率为 $P'_1 = 100$W，$I'_1 = X_1$A。则激磁电阻 $r_m =$

_____ Ω，激磁电抗 x_m＝_____ Ω。

X_1 的取值范围：60.0 到 80.0 的整数。

计算公式：

铁芯取出前

$$P_1 = I_1^2(r_1 + r_m)$$
$$U_1 = I_1(z_1 + z_m)$$

所以

$$r_1 + r_m = \frac{P_1}{I_1^2} = \frac{10}{0.5^2} = 40 \text{（Ω）}$$

$$z_1 + z_m = \frac{U_1}{I_1} = \frac{110}{0.5} = 220 \text{（Ω）}$$

故

$$x_1 + x_m = \sqrt{(z_1 + z_m)^2 - (r_1 + r_m)^2} = 216.33 \text{（Ω）}$$

铁芯取出后

$$r_m = 0; \; x_m = 0$$

而

$$P_1 = I_1^2 r_1 \; ; U_1 = I_1 z_1$$

所以

$$r_1 = \frac{P_1}{I_1^2} = \frac{100}{X_1^2}$$

$$z = \frac{U_1}{I_1} = \frac{100}{X_1} \approx x_1$$

因此有铁芯时

$$r_m = (r_1 + r_m) - r_1 = 40 - \frac{100}{X_1^2}$$

$$x_m = (x_1 + x_m) - x_1 = 216.33 - \frac{100}{X_1}$$

Lb3D3029 将一带铁芯的绕组接到 110V 交流电源上，测得输入功率为 $P_1 = 10\text{W}$，电流 $I_1 = 0.5\text{A}$；取出铁芯测得输入功率为 $P_1 = 100\text{W}$，$I_1 = X_1\text{A}$。则漏电阻 $r_1 = $_____ Ω，漏电抗 $x_1 = $_____ Ω。

X_1 的取值范围：60.0 到 80.0 的整数。

计算公式：

铁芯取出后

$$r_m = 0; \; x_m = 0$$

而

$$P_1 = I_1^2 r_1 \; ; U_1 = I_1 z_1$$

所以

$$r_1 = \frac{P_1}{I_1^2} = \frac{100}{X_1^{\,2}}$$

$$z = \frac{U_1}{I_1} = \frac{100}{X_1} \approx x_1$$

Lb3D3030 两台三相变压器并联运行，其连接组标号和变比均相同，第一台变压器的额定容量 $S_{N1} = 1000\mathrm{kV \cdot A}$，阻抗电压 $U_{K\mathrm{I}} = X_1\%$。第二台变压器的额定容量 $S_{N2} = 1600\mathrm{kV \cdot A}$，阻抗电压 $U_{K\mathrm{II}} = 6.5\%$。当第一台变压器满载时，两台变压器总的输出视在功率＝_____ $\mathrm{kV \cdot A}$。

X_1 的取值范围：4.0 到 6.0 的一位小数。

计算公式：

两台变压器总的输出视在功率

$$S = S_{N\mathrm{I}} + S_2 = S_{N\mathrm{I}} + \frac{U_{K\mathrm{I}}}{U_{K\mathrm{II}}} S_{N2} = 1000 + \frac{X_1}{6.5} \times 1600$$

Lb3D3031 一台三相四极 50Hz 异步电动机，铭牌电压 380V/220V，Y，d 接法，若电源电压为 380V，转差率为 X_1，电动机的转速_____ r/min。

X_1 的取值范围：0.02 到 0.06 的两位小数。

计算公式：

电动机的转速

$$n = \frac{60f(1-s)}{p} = \frac{60 \times 50 \times (1-X_1)}{2} = 1500 \times (1-X_1)$$

Lb3D4032 一台强油风冷的三相电力变压器，高压侧的额定线电压 $U_{1N} = 220\mathrm{kV}$，$I_{1N} = X_1\mathrm{A}$，这台变压器容量＝_____ $\mathrm{kV \cdot A}$，当高压侧流过 350A 电流时，变压器过负荷的百分数是_____％。（精度在 10％ 以内）

X_1 的取值范围：300.0 到 330.0 的整数。

计算公式：

变压器的容量 $\qquad S = \sqrt{3}\,U_{1N}I_{1N} = \sqrt{3} \times 220 \times X_1$

变压器过负荷的百分数

$$\left(\frac{I_2}{I_{1N}} - 1\right) \times 100 = \left(\frac{350}{X_1} - 1\right) \times 100$$

Lb3D3033 一台三绕组为 △ 接三相电动机的功率 P＝2.4kW，把它接到线电压 $U = 380\mathrm{V}$ 的三相电源上，用钳型电流表测得线电流 $I = X_1\mathrm{A}$，则此电动机每相绕组电抗值＝_____ Ω。

X_1 的取值范围：2，4，6.1，7.5。

计算公式：

由于三相电路功率

$$P = \sqrt{3}U_L I_L \cos\varphi$$

所以

$$\cos\varphi = \frac{P}{\sqrt{3}U_L I_L} = \frac{2.4 \times 10^3}{\sqrt{3} \times 380 \times X_1} = \frac{3.646}{X_1}$$

又

$$P = I_L{}^2 R, \quad R = \frac{P}{I_L{}^2} = \frac{2.4 \times 10^3}{X_1{}^2},$$

且

$$\frac{X_L}{R} = \tan\varphi$$

所以

$$X_L = R\tan\varphi = \frac{2.4 \times 10^3}{X_1{}^2} \times \tan(\arccos\frac{3.646}{X_1})$$

Lb3D3034 某变压器变比为 $35000 \pm 5\%/10000\text{V}$，接线组别为 Y，$d_{11}$，低压绕组 X_1 匝，高压绕组在第 I 分接上的匝数 $Y_1 = \underline{\qquad}$ 匝、第 III 分接上的匝数 $Y_2 = \underline{\qquad}$ 匝。（保留两位小数）

X_1 的取值范围：150，180，160。

计算公式：

高压绕组在第 I 分接上的匝数

$$W_{\text{I}} = \frac{U_I W_2}{1.732 U_2} = \frac{1.05 \times 35000 \times X_1}{1.732 \times 10000}$$

高压绕组在第 III 分接上的匝数

$$W_{\text{III}} = \frac{U_{\text{III}} W_2}{1.732 U_2} = \frac{0.95 \times 35000 \times X_1}{1.732 \times 10000}$$

Lb3D4035 有一台三相变压器，$S_e = 5000\text{kV} \cdot \text{A}$，额定电压 $U_{e1}/U_{e2} = 35/6.6\text{kV}$，Y，y 接线，铁芯有效截面积为 $S = 1120\text{cm}^2$，铁芯磁密最大值 $B_m = X_1\text{T}$，高压绕组的匝数 $= \underline{\qquad}$，低压绕组的匝数 $= \underline{\qquad}$。

X_1 的取值范围：1.38 到 1.65 的两位小数。

计算公式：

由公式

$$E = 4.44 f W S B_m \times 10^{-4}$$

可知高压绕组的匝数

$$W_1 = \frac{U_{e1}/\sqrt{3}}{4.44 f S B_m \times 10^{-4}} = \frac{35 \times 10^3}{\sqrt{3} \times 4.44 \times 50 \times 1120 \times X_1 \times 10^{-4}}$$

低压绕组的匝数

$$W_2 = \frac{U_{e2}/\sqrt{3}}{4.44 f S B_m \times 10^{-4}} = \frac{6.6 \times 10^3}{\sqrt{3} \times 4.44 \times 50 \times 1120 \times X_1 \times 10^{-4}}$$

Lb3D4036 单相电压互感器，其额定电压一次侧为 6kV，二次侧为 100V。已知铁芯有效截面为 $X_1 \text{cm}^2$，磁密 $B=1.2\text{T}$，频率 $f=50\text{Hz}$，一侧匝数 $Y_1=$ _____ 匝、二侧匝数 $Y_2=$ _____ 匝。

X_1 的取值范围：20.8 到 22.9 的一位小数。

计算公式：

二次侧匝数

$$W_2 = \frac{U_2}{4.44BfS} = \frac{100}{4.44 \times 1.2 \times 50 \times X_1 \times 10^{-4}}$$

一次侧匝数

$$W_1 = \frac{U_1}{U_2} \cdot W_2 = \frac{6000}{100} \times \frac{100}{4.44 \times 1.2 \times 50 \times X_1 \times 10^{-4}}$$

Lb3D4037 一台 $S_N=100\text{kV} \cdot \text{A}$，$U_{1N}/U_{2N}=6300/400\text{V}$，联结组分别为 Yd11。若电源电压由 6300V 改为 10000V，采用保持低压绕组匝数每相为 X_1 匝不变，改换高压绕组的办法来满足电源电压的改变，则新的高压绕组每相匝数为 _____ 匝。

X_1 的取值范围：10，12，15。

计算公式：

低压绕组电压

$$U_{2\text{p}} = N_2 x$$

则

$$x = \frac{U_{2\text{p}}}{N_2} = \frac{400}{X_1}$$

高压绕组的每相电压

$$U_{1\text{p}} = \frac{U_{1N}}{\sqrt{3}} = \frac{10000}{\sqrt{3}} = 5777(\text{V})$$

则高压绕组每相匝数为

$$N_1 = \frac{U_{1\text{p}}}{x} = \frac{5777}{400/X_1} = 14.44X_1(\text{匝})$$

Lb3D1038 一直流发电机端电压 $U_1=230\text{V}$，线路上的电流 $I=X_1\text{A}$，输电线路每根导线的电阻 $R_0=0.0954\Omega$，则负载端电压 U_2 为 _____ V。

X_1 的取值范围：50，55，60。

计算公式：

负载端电压

$$U_2 = U_1 - IR_0 = 230 - X_1 \times 0.0954 \text{ (V)}$$

Jd3D4039 有一个芯柱截面为 6 级的铁芯，各级片宽如下：$a_1=X_1\text{cm}$，$a_2=8.2\text{cm}$，$a_3=10.6\text{cm}$，$a_4=12.7\text{cm}$，$a_5=14.4\text{cm}$，$a_6=15.7\text{cm}$；各级厚度为：$b_1=0.65\text{cm}$，$b_2=0.85\text{cm}$，$b_3=1.05\text{cm}$，$b_4=1.2\text{cm}$，$b_5=1.65\text{cm}$，$b_6=2.45\text{cm}$，铁芯柱的填充系数＝

_____（几何截面积与外接圆面积之比）。

X_1 的取值范围：4.5 到 5.1 的一位小数。

计算公式：

外接圆面积

$$S_1 = \pi R^2 = \pi \left[\left(\frac{a_6}{2} \right)^2 + \left(\frac{b_6}{2} \right)^2 \right] = 3.14 \times \left[\left(\frac{15.7}{2} \right)^2 + \left(\frac{2.45}{2} \right)^2 \right] = 198.2 (\text{cm}^2)$$

铁芯柱截面积

$$S_2 = 2 \times (a_1 \times b_1 + a_2 \times b_2 + a_3 \times b_3 + a_4 \times b_4 + a_5 \times b_5) + a_6 \times b_6$$
$$= 2 \times (X_1 \times 0.65 + 8.2 \times 0.85 + 10.6 \times 1.05$$
$$+ 12.7 \times 1.2 + 14.4 \times 1.65) + 15.7 \times 2.45$$
$$= 1.3 \times X_1 + 152.665 (\text{cm}^2)$$

则铁芯柱的填充系数为

$$K = \frac{S_2}{S_1} = \frac{1.3 \times X_1 + 152.665}{198.2}$$

Jd3D5040 某变压器铁芯用 D_{330} 硅钢片制造，净重为 X_1 kg，铁芯叠片是半直半斜式。D_{330} 单位损耗 2.25W/kg，损耗系数可取 1.2。铁芯空载损耗＝_____ W。（不含涡流损耗）

X_1 的取值范围：289.0 到 368.0 的整数。

计算公式：

铁芯空载损耗

$$P_k = 1.2 \times 2.25 \times X_1$$

Jd3D5041 有一圆筒式线圈，使用直径为 X_1 mm 的漆包圆导线，单根绕制，每层匝数为 900 匝，端绝缘宽度大头为 40mm，小头为 38mm，线圈轴向净高度＝_____ mm 及线圈总高＝_____ mm。（允许施工误差 0.5%）

X_1 的取值范围：1.0 到 1.11 的两位小数。

计算公式：

线圈净高度
$$h_1 = X_1 \times (900 + 1) \times (0.5\% + 1) = 905.505 \times X_1$$

线圈总高

$$h = h_1 + 38 + 40 = 905.505 \times X_1 + 78$$

Jd3D5042 有一铝线圈，18℃时测得其直流电阻为 $X_1 \Omega$，换算到 75℃时＝_____ Ω。

X_1 的取值范围：1.01 到 2.0 的两位小数。

计算公式：

换算到 75℃时的电阻

$$R' = R \frac{225 + 75}{225 + 18} = X_1 \times \frac{300}{243}$$

1.5 识图题

La3E1001 根据给出的轴侧图，判断哪一个半剖视图是正确的（　　）。

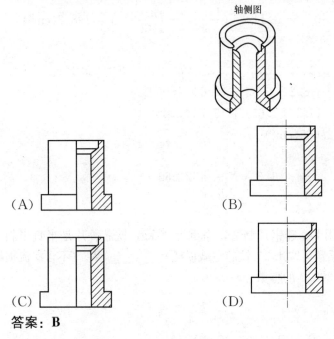

答案：**B**

La3E1002 根据给出的轴侧图，判断哪一个半剖视图是正确的（　　）。

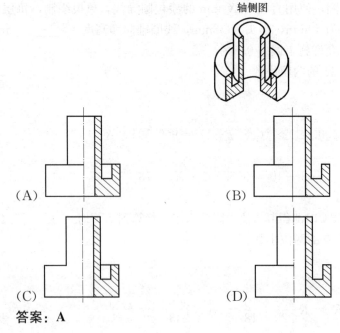

答案：**A**

La3E3003 下面哪个电动机复合联锁的可逆启动控制电路图是正确的(   )?

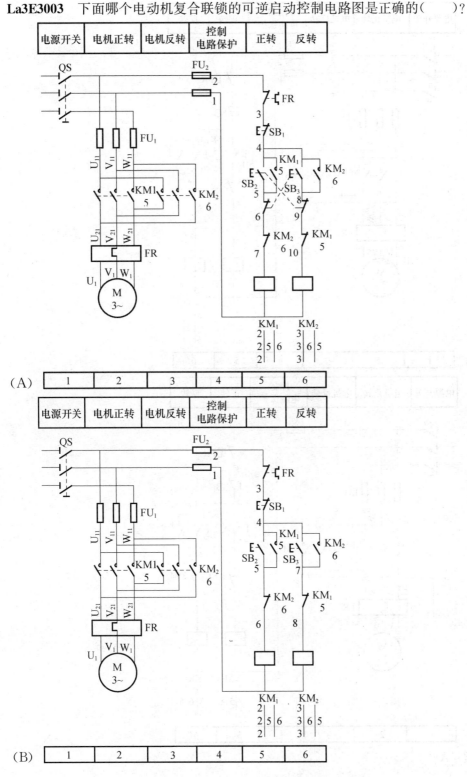

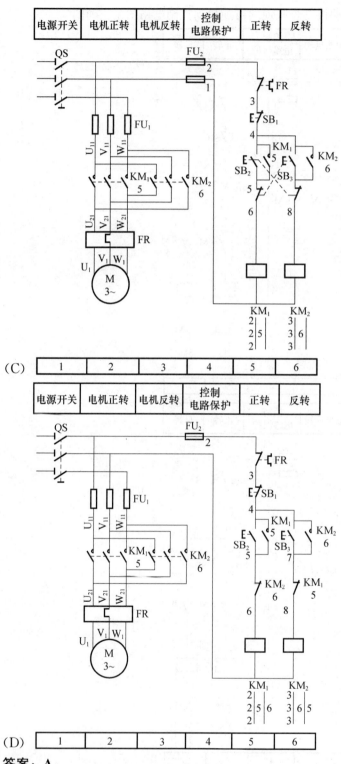

电源开关	电机正转	电机反转	控制 电路保护	正转	反转

(C)	1	2	3	4	5	6

电源开关	电机正转	电机反转	控制 电路保护	正转	反转

(D)	1	2	3	4	5	6

答案：**A**

La3E3004 变压器温度信号装置原理接线图是(　　)。

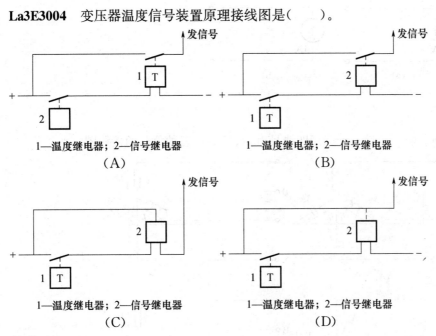

1—温度继电器；2—信号继电器
（A）

1—温度继电器；2—信号继电器
（B）

1—温度继电器；2—信号继电器
（C）

1—温度继电器；2—信号继电器
（D）

答案：B

La3E1005 如图所示，其相应的简化等效电路图是(　　)。

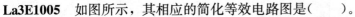

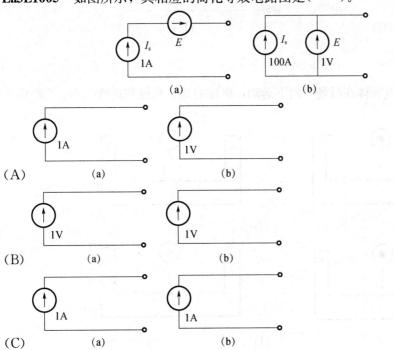

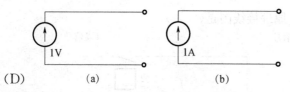

(D)　　　(a)　　　　　(b)

答案：A

La3E2006（　　）是一个三相四线具有 R、L、C 三种负荷的接线图。

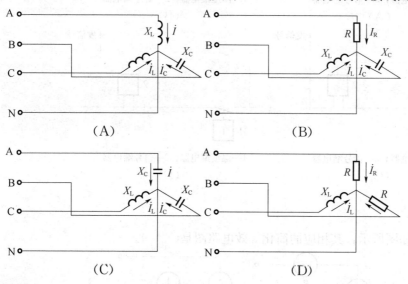

答案：B

La3E2007　通电导体在磁场中向下运动，电源的正、负极和磁铁的 N、S 极标注正确的是（　　）。

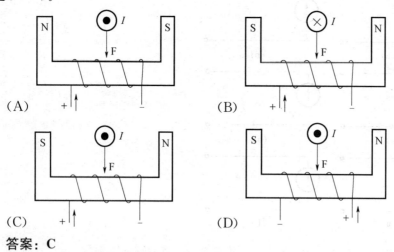

答案：C

Lb3E4008　三相变压器 Y，d1 接线组的相量图和接线图是（　　）。

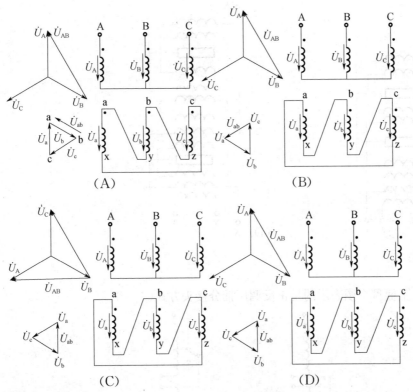

答案：**A**

Lb3E3009 220kV 串级式单相电压互感器原理图是( )。

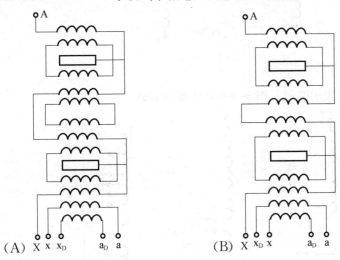

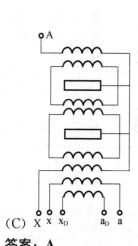

(C) X x x_D   a_D a

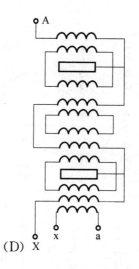

(D) X x   a

答案：**A**

Lb3E2010　下面哪个图表示的是正反调压抽分接头方式（　　）。

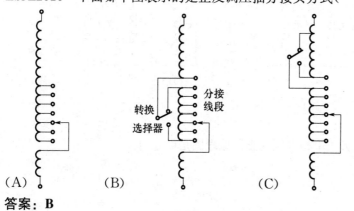

（A）　　　　　　（B）　　　　　　　　（C）

答案：**B**

Lb3E2011　下面哪个图表示的是三相中性点调压抽头方式（　　）。

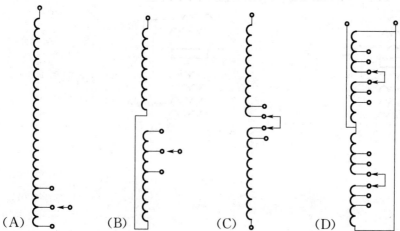

（A）　　　（B）　　　　　（C）　　　　　（D）

答案：A

Lb3E2012 下面哪个图表示的是粗细调压抽分接头方式（　　）。

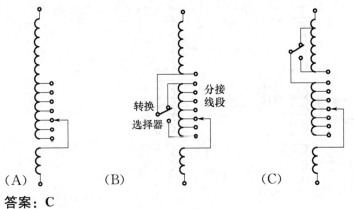

（A）　　　　　　（B）　　　　　　　　（C）

答案：C

Lb3E2013 下面哪个图表示的是三相中部并联调压抽头方式（　　）。

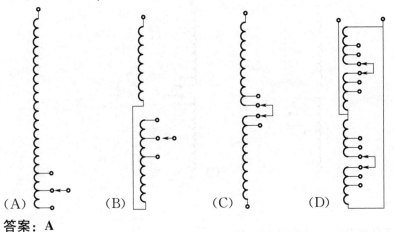

（A）　　　（B）　　　　（C）　　　　（D）

答案：A

Lb3E2014 下面哪个图表示的是三相中性点"反结"调压抽头方式（　　）。

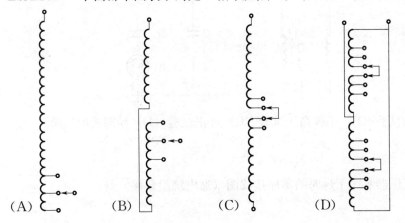

（A）　　　（B）　　　　（C）　　　　（D）

答案：B

Lb3E2015 下面哪个图表示的是线性调压抽分接头方式(　　)。

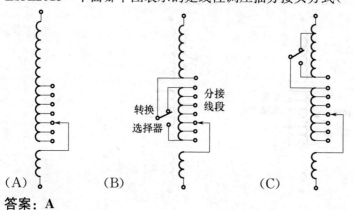

（A）　　　　　　　（B）　　　　　　　（C）

答案：**A**

Lb3E2016 下面哪个图表示的是三相中部调压抽头方式(　　)?

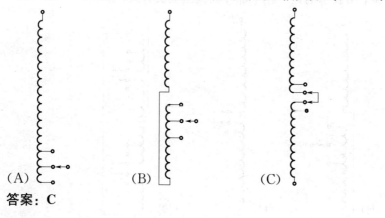

（A）　　　　　　（B）　　　　　　（C）

答案：**C**

Lb3E2017 下图是做什么试验用的(　　)?

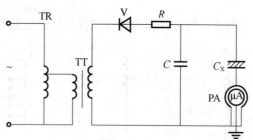

（A）直流泄漏试验 （B）工频高压试验 （C）冲击试验 （D）局部放电试验

答案：**A**

Lb3E3018 变压器零序干燥时的零序接线图（通电绕组角接）是(　　)。

304

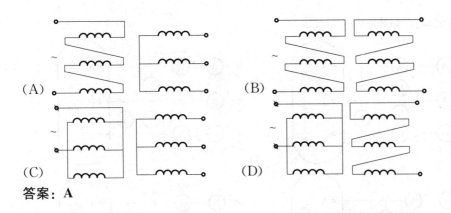

（A）　　　　　　　　　　（B）

（C）　　　　　　　　　　（D）

答案：**A**

Lb3E3019　变压器零序干燥时的零序接线图（通电绕组星接）是（　　）。

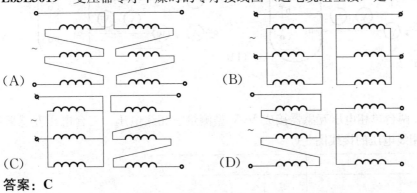

（A）　　　　　　　　　　（B）

（C）　　　　　　　　　　（D）

答案：**C**

Lb3E3020　下面哪个图是表示零序电流加热法（　　）。

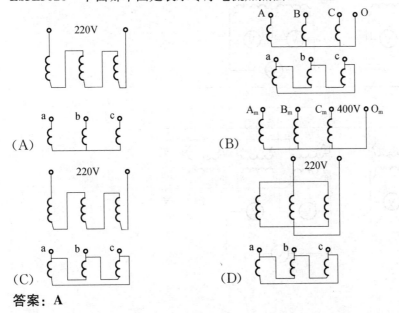

（A）　　　　　　　　　　（B）

（C）　　　　　　　　　　（D）

答案：**A**

Lb3E3021　用两只功率表、三只电流表和三只电压表测量一台三相变压器短路损耗和阻抗电压的试验接线图是(　　)。

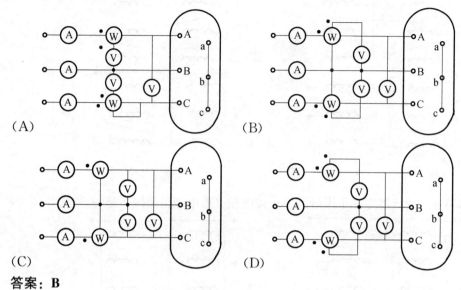

（A）　　　　　　　　　　　　　　（B）

（C）　　　　　　　　　　　　　　（D）

答案：**B**

Lb3E3022　两台单相电压互感器接成 V/V 型测量三相线电压，三台电压互感器接成 Y/y_0 型测量三相线电压的接线图是(　　)。

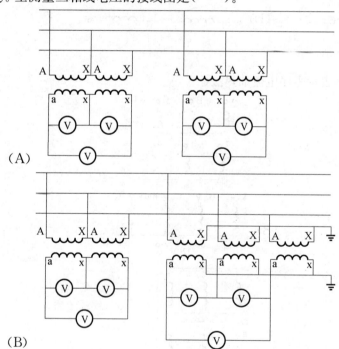

（A）

（B）

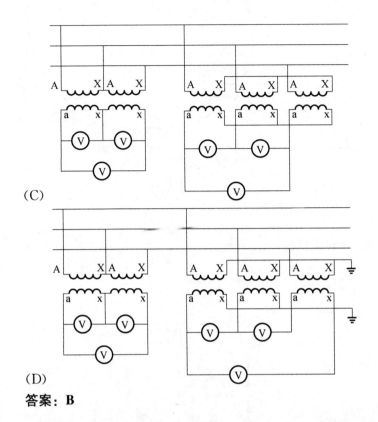

(C)

(D)

答案：B

Lb3E3023 画出通过电压互感器和电流互感器测量单相电流、电压和电功率的接线，并标明瓦特表电流绕组和电压绕组的极性。下列哪个图是正确的( )？

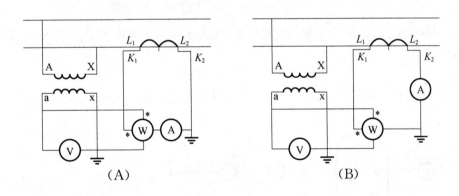

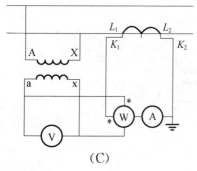

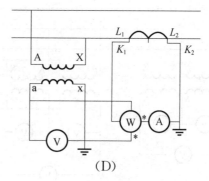

$$(C) \qquad\qquad (D)$$

答案：**A**

Lb3E3024 下图接线是什么试验接线（　　）。

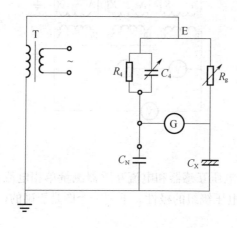

（A）直流泄漏试验 （B）测量介损的反接线法 （C）工频高压试验 （D）局部放电试验
答案：**B**

Lb3E3025 用两只功率表、三只电流表测量一台三相变压器空载损耗的试验接线图是（　　）。

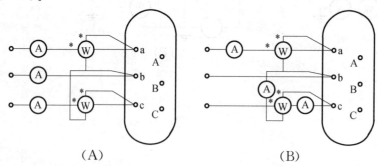

$$(A) \qquad\qquad\qquad (B)$$

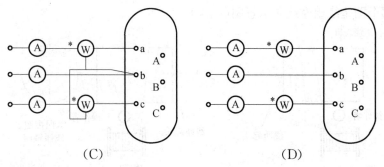

（C）　　　　　　　　　　（D）

答案：A

Jd3E3026　下图是变压器的铁芯装配图，则铁芯叠片的形状图是（　　　）。

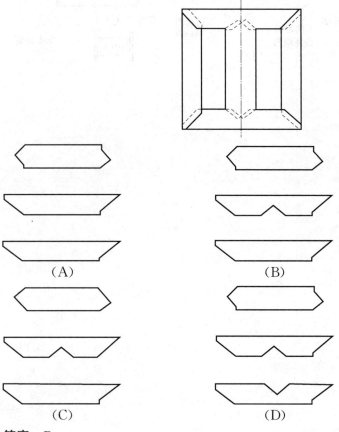

（A）　　　　　　　　　　（B）

（C）　　　　　　　　　　（D）

答案：B

Je3E3027 下列哪个图是绕组左绕向示意图(   )。

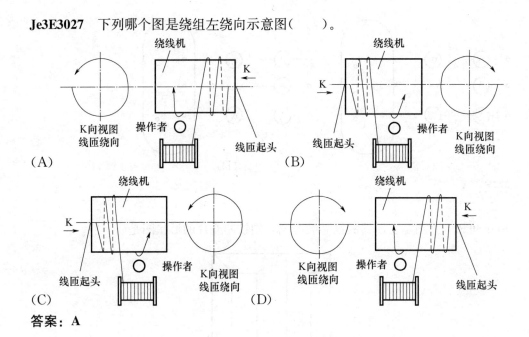

（A）

（B）

（C）

（D）

答案：A

2 技能操作

2.1 技能操作大纲

变压器检修工（高级工）鉴定 技能操作考核大纲

等级	考核方式	能力种类	能力项	考核项目	考核主要内容
高级工	技能操作	基本技能	识绘图	风冷控制箱单组风扇故障消除	掌握风冷控制箱原理、接线图及单组风扇的故障消除
		专业技能	01. 变压器类设备小修及维护	01. 风扇电机的解体检修	掌握风扇电机的解体检修方法及工艺
				02. 油位计的解体检修	掌握油位计的解体检修方法及工艺
				03. 电容式套管防雨检查	掌握电容式套管防雨检查方法及关键点
			02. 变压器类设备大修	01. 潜油泵更换	掌握潜油泵更换的流程及工艺
				02. 油流继电器的解体检修	掌握油流继电器的解体检修方法及工艺
				03. 气体继电器的检修	掌握气体继电器的检修方法及工艺
				04. 胶囊式油枕油位调同步	掌握胶囊式油枕油位调同步的方法及工艺
				05. 有载调压控制机构联校	掌握调压控制机构联校方法及工艺
		相关技能	其他	真空滤油机的使用	掌握真空滤油机的基本方法

2.2 技能操作项目

2.2.1 BY3JB0101 风冷控制箱单组风扇故障消除

1. 作业

1) 工器具、材料、设备

(1) 工器具：万用表、（十字、一字）螺丝刀各一把、尖嘴钳。

(2) 材料：XKWF—15/4 变压器风冷控制接线图纸及备品备件、短路线、绝缘垫。

(3) 设备：XKWF—15/4 变压器风冷控制箱。

2) 安全要求

(1) 按要求着装。

(2) 现场设置遮栏及相关标示牌。

(3) 使用电工工具注意做好防护措施。

(4) 工作中严格遵守国家电网公司《电力安全工作规程》，与带电点保持足够安全距离。

3) 操作步骤及工艺要求

(1) 作业前准备

①做好个人安全防护措施，着装齐全。

②做好安全措施，办理第二种工作票。

③向工作人员交待安全措施，并履行确认手续。

(2) 第二组风扇电机不转检查

①检查第二组分路空气开关、交流接触器、热敏继电器主回路上下口有无电压。

②检查交流接触器线圈及辅助接点是否损坏。

③检查热敏继电器常开、常闭节点是否正常。

④检查风扇电机电源电缆有无损伤。

⑤检查风扇电机是否损坏。

⑥检查主回路及控制回路接线是否牢固。

(3) 第二组风扇电机不转处理

①确定故障点。

②更换故障元器件。

③紧固接线。

2. 考核

1) 考核场地

变压器检修实训室。

2) 考核时间

考核时间为 60min，考评员允许开工开始计时，到时即停止工作。

3) 考核要点

(1) 正确着装、独立完成作业。

（2）工器具、图纸选择正确。

（3）查找故障点、排查故障。

3. 评分标准

行业：电力工程			工种：变压器检修工			等级：三	
编号	BY3JB0101	行为领域	d		鉴定范围		
考核时限	60min	题型	A	满分	100 分	得分	
试题名称	风冷控制箱单组风扇故障消除						
考核要点及其要求	（1）严格执行有关规程、规范 （2）工器具、图纸选择正确 （3）查找故障点、排查故障						
现场设备、工器具、材料	（1）工器具：万用表、（十字、一字）螺丝刀各一把、尖嘴钳 （2）材料：XKWF—15/4 变压器风冷控制接线图纸及备品备件、短路线、绝缘垫 （3）设备：XKWF—15/4 变压器风冷控制箱						
备注							

评分标准

序号	考核项目名称	质量要求	分值	扣分标准	扣分原因	得分
1	作业前准备	（1）做好个人安全防护措施，着装齐全 （2）做好安全措施，办理第二种工作票 （3）向工作人员交待安全措施，并履行确认手续	10	（1）不按规定执行每项扣 2 分 （2）该项分值扣完为止		
2	第二组风扇电机不转检查	（1）检查第二组分路空气开关、交流接触器、热敏继电器主回路上下口有无电压 （2）检查交流接触器线圈及辅助接点是否损坏 （3）检查热敏继电器常开、常闭节点是否正常 （4）检查风扇电机电源电缆有无损伤 （5）检查风扇电机是否损坏 （6）检查主回路及控制回路接线是否牢固	50	（1）元件检查漏项每项扣 2 分，该项最多扣 10 分 （2）交流接触器检查漏项每项扣 2 分，该项最多扣 10 分 （3）热敏继电器检查漏项每项扣 2 分，该项最多扣 10 分 （4）未对电源电缆进行检查扣 5 分 （5）未对风扇电机进行检查扣 5 分 （6）未检查接线情况扣 10 分		
3	第二组风扇电机不转处理	确定故障点，更换故障元器件，紧固接线	25	（1）处理方法不当每项扣 5 分 （2）该项分值扣完为止		
4	填写记录结束工作	（1）填写内容齐全、准确、字迹工整 （2）结束工作票	5	（1）填写内容不齐全、不准确扣 3 分 （2）字迹缭乱每项扣 2 分		

序号	考核项目名称	质量要求	分值	扣分标准	扣分原因	得分
5	安全文明生产	（1）严格遵守《电业安全工作规程》 （2）现场清洁 （3）工具、材料、设备摆放整齐	10	（1）违章作业每次扣1分该项最多扣5分 （2）不清洁扣2分 （3）工具、材料、设备摆放凌乱扣3分		
6	否决项	否决内容				
6.1	安全否决	作业工程中出现严重危及人身安全及设备安全的现象	否决	整个操作项目得0分		

说明：　等级：五—初级工；　四—中级工；　三—高级工；　二—技师；　一—高级技师。

行为领域：d—基础技能；　e—专业技能；　f—相关技能。

题型：A—单项操作；　B—多项操作；　C—综合操作。

鉴定范围：可不填。

2.2.2　BY3ZY0101　风扇电机的解体检修

1. 作业

1）工器具、材料、设备

（1）工器具：万用表、500V 兆欧表，φ150mm 三爪拉码 1 只，28 件套筒板手 1 盒；内外径千分尺各 1 把，100mm×100mm×1500mm 和 50mm×50mm×100mm 木方块各 1 块，铜棒，2in 毛刷 1 把，1.5p 手锤 1 把，φ200mm 铝锅 1 个，2000W 电炉子 1 个。

（2）材料：厌氧密封胶 1 支，锂基润滑脂足量，酒精 1kg，煤油 3kg，清洁布块足量，各种配件 1 套。

（3）设备：型号 SFSZ10−800/35 变压器 1 台、BF−5Q 型风扇电机 1 台、压缩空气机 1 台、工作台 1 张。

2）安全要求

（1）按要求着装。

（2）现场设置遮栏及相关标示牌。

（3）使用电工工具注意做好防护措施。

（4）工作中严格遵守国家电网公司《电力安全工作规程》，与带电点保持足够安全距离。

3）操作步骤及工艺要求

（1）作业前准备

①做好个人安全防护措施，着装齐全。

②做好安全措施，办理第二种工作票。

③向工作人员交待安全措施，并履行确认手续。

④确认该风机电源已断开，拆除引线电缆，松开固定螺栓，拆除电机。

（2）叶轮解体检修

①将锁片打开，旋下圆头螺母，使用三爪拉码将叶轮从轴拆下，同时取下平键和锥套。

②检查叶轮应无裂纹等严重损伤，且叶轮与轮毂铆接牢固。三支叶片排风角度一致，符合出厂技术要求。

（3）电机分解检修

①拆卸后端盖紧固螺栓，用顶丝将后端盖均匀顶出。

②清除后端盖轴承室的润滑脂，并进行清洗。检查轴承室磨损情况，测量其内径尺寸允许公差＋0.025mm。

③拆卸前端盖螺栓用顶丝将前端盖均匀顶出，连同转子从定子腔中抽出。

④用三爪拉码将前端盖从转子上拆下，清洗轴承室。测量前端盖内径尺寸，允许公差＋0.025mm，严重磨损时应更换。

⑤用三爪拉码将转子上的前后轴承拆除。

⑥检查转子铁芯应无损伤、锈蚀现象，短路环无断裂。

⑦测量转子前后轴直径允许公差＋0.02mm。

⑧用气泵清除定子绕组内的灰尘，用 500V 兆欧表测量绕组对地绝缘电阻应不小于 1MΩ。

⑨打开接线盒检查密封情况及引线焊接情况，均应良好。

⑩检查定子铁芯，应无损伤及锈蚀。

（4）组装

①轴承镶嵌：将新轴承放在油中加温至120～150℃时取出，安装在前后轴上，严禁用手锤敲打击入，装配后的轴承应紧靠在轴台上，并涂抹锂基润滑脂，用手拨动转动灵活，滚动间隙不大于0.03mm。

②前端盖与转子的装配：将转子垂直插入轴承室，在后轴头上垫上木方，用手锤轻轻敲击，将前轴承嵌入轴承室内。

③前端盖及转子与定子的装配：将定子放在工作台上，定子止口处涂厌氧胶。将前端盖及转子穿入定子腔内，安装前端盖螺栓并坚固。

④后端盖的装配：将蝶形弹簧片套在转子轴上，在止口处涂厌氧胶，将后端盖对准止口用手锤轻轻敲击端盖，使轴承进入轴承室，安装端盖螺栓并紧固。用手拨动转子轴头应转动灵活，无异音和扫镗现象。

⑤叶轮安装：将平键锥套安装在前轴上，再将叶轮推入锥套中，套入锁片，安装圆头螺母并紧固，将锁片撬起。用手拨动叶轮，应转动灵活，无异音。

（5）电气试验

①用500V兆欧表测量定子绕组对地绝缘电阻应不小于1MΩ。

②用万用表测量定子绕组直流电阻，三相不平衡度小于2％。

③通电试运转良好。

（6）回装

①回装电机，恢复电源线，接线盒做好密封。

②试转，转向正确，无杂音，扇叶平稳无抖动。

2. 考核

1）考核场地

变压器检修实训室。

2）考核时间

考核时间为60min，考评员允许开工开始计时，到时即停止工作。

3）考核要点

（1）严格执行有关规程、规范。

（2）工作服、安全帽、绝缘鞋自备。

（3）现场由1名检修工协助完成。

3. 评分标准

行业：电力工程　　　　　　　工种：变压器检修工　　　　　　等级：三

编号	BY3ZY0101	行为领域	e	鉴定范围		
考核时限	60min	题型	b	满分	100分	得分
试题名称	风扇电机的解体检修					
考核要点及其要求	（1）严格执行有关规程、规范 （2）现场以BF—5Q型风扇电机为考核设备 （3）现场由1名检修工协助完成					

现场设备、工器具、材料	(1) 设备：型号：SFSZ10－800/35 变压器、BF－5Q 型风扇电机 1 台、压缩空气机 1 台、工作台 1 张 (2) 工器具：万用表、500V 兆欧表、ϕ150mm 三爪拉码 1 只、28 件套筒板手 1 盒；内外径千分尺各 1 把、100mm×100mm×1500mm 和 50mm×50mm×100mm 木方块各 1 块、2in 毛刷 1 把、1.5p 手锤 1 把、铜棒、ϕ200mm 铝锅 1 个、2000W 电炉子 1 个 (3) 材料：厌氧密封胶 1 支、锂基润滑脂足量、酒精 1kg、煤油 3kg、清洁布块足量、风机各种配件 1 套
备注	

评分标准

序号	考核项目名称	质量要求	分值	扣分标准	扣分原因	得分
1	作业前准备	(1) 做好个人安全防护措施，着装齐全 (2) 做好安全措施，办理第二种工作票 (3) 向工作人员交待安全措施，并履行确认手续 (4) 确认该风机电源已断开，拆除引线电缆，松开固定螺栓，拆除电机	10	(1) 未按规定执行每项扣 2 分 (2) 该项分值扣完为止		
2	叶轮解体检修	(1) 将锁片打开，旋下圆头螺母，使用三爪拉码将叶轮从轴拆下，同时取下平键和锥套 (2) 检查叶轮应无裂纹等严重损伤，且叶轮与轮毂铆接牢固。三支叶片排风角度一致，符合出厂技术要求	10	(1) 拆卸方法不符合工艺要求扣 5 分 (2) 叶片存在严重缺陷未处理扣 5 分		
3	电机分解检修	(1) 拆卸后端盖紧固螺栓，用顶丝将后端盖均匀顶出 (2) 清除后端盖轴承室的润滑脂，并进行清洗。检查轴承室磨损情况，测量其内径尺寸允许公差＋0.025mm (3) 拆卸前端盖螺栓用顶丝将前端盖均匀顶出，连同转子从定子腔中抽出 (4) 用三爪拉码将前端盖从转子上拆下，清洗轴承室。测量前端盖内径尺寸，允许公差＋0.025mm，严重磨损时应更换 (5) 用三爪拉码将转子上的前后轴承拆除 (6) 检查转子铁芯应无损伤、锈蚀现象，短路环无断裂 (7) 测量转子前后轴直径允许公差＋0.02mm (8) 用气泵清除定子绕组内的灰尘，用 500V 兆欧表测量绕组对地绝缘电阻应不小于 1MΩ (9) 打开接线盒检查密封情况及引线焊接情况，均应良好 (10) 检查定子铁芯，应无损伤及锈蚀	25	(1) 拆卸方法不符合工艺要求扣 3 分 (2) 轴承室清洗不干净扣 2 分 (3) 内径超过允许公差未更换配件扣 2 分 (4) 拆卸方法不符合工艺要求扣 2 分 (5) 超出公差未更换配件扣 2 分 (6) 存在缺陷未处理扣 2 分 (7) 轴径超出允许公差，未更换扣 2 分 (8) 定子绕组不洁净扣 2 分 (9) 绝缘电阻小于 1MΩ 未查原因并处理扣 2 分 (10) 接线盒密封不良、引线接触不良扣 2 分		

序号	考核项目名称	质量要求	分值	扣分标准	扣分原因	得分
4	组装	(1) 轴承镶嵌：将新轴承放在油中加温至 120～150℃时取出，安装在前后轴上，严禁用手锤敲击击入，装配后的轴承应紧靠在轴台上，并涂抹锂基润滑脂，用手拨动转动灵活，滚动间隙不大于 0.03mm (2) 前端盖与转子的装配：将转子垂直插入轴承室，在后轴头上垫上木方，用手锤轻轻敲击，将前轴承嵌入轴承室内 (3) 前端盖及转子与定子的装配；将定子放在工作台上，定子止口处涂厌氧胶。将前端盖及转子穿入定子腔内，安装前端盖螺栓并坚固 (4) 后端盖的装配：将蝶形弹簧片套在转子轴上，在止口处涂厌氧胶，将后端盖对准止口用手锤轻轻敲击端盖，使轴承进入轴承室，安装端盖螺栓并紧固。用手拨动转子轴头应转动灵活，无异音和扫镗现象 (5) 叶轮安装：将平键锥套安装在前轴上，再将叶轮推入锥套中，套入锁片，安装圆头螺母并紧固，将锁片撬起。用手拨动叶轮，应转动灵活，无异音	25	(1) 组装程序错误每项扣 2 分 (2) 各部位安装方法不符合工艺要求每项扣 3 分，该项最多扣 20 分 (3) 圆头螺母紧固不良，锁片未撬起、转动有异音扣 3 分		
5	电气试验	(1) 用 500V 兆欧表测量定子绕组对地绝缘电阻应不小于 1MΩ (2) 用万用表测量定子绕组直流电阻，三相不平衡度小于 2% (3) 通电试运转良好	10	(1) 绝缘电阻小于 1MΩ，未查明原因并处理扣 3 分 (2) 直流电阻不平衡度超差，未查明原因并处理扣 3 分 (3) 通电试验有异音未消除扣 4 分		
6	回装	(1) 回装电机，恢复电源线，接线盒做好密封 (2) 试转，转向正确，无杂音，扇叶平稳无抖动	5	(1) 未做接线盒密封扣 3 分 (2) 未试转扣 2 分		
7	填写记录结束工作	(1) 填写内容齐全、准确、字迹工整 (2) 结束工作票	5	(1) 填写内容不全、不准确扣 3 分 (2) 字迹潦乱每项扣 2 分		
8	安全文明生产	(1) 严格执行《电业安全工作规程》 (2) 现场清洁 (3) 工具、材料、设备摆放整齐	10	(1) 违章作业每次扣 1 分，该项最多扣 5 分 (2) 现场不清洁扣 2 分 (3) 工具、材料、设备摆放凌乱扣 3 分		

序号	考核项目名称	质量要求	分值	扣分标准	扣分原因	得分
9	否决项	否决内容				
9.1	安全否决	作业工程中出现严重危及人身安全及设备安全的现象	否决	整个操作项目得0分		

说明： 　等级：　五—初级工；　　四—中级工；　　三—高级工；　　二—技师；　　一—高级技师。

行为领域：d—基础技能；　　e—专业技能；　　f-相关技能。

题型：A—单项操作；B—多项操作；C-综合操作。

鉴定范围：可不填。

2.2.3 BY3ZY0102 油位计的解体检修

1．作业

1）工器具、材料、设备

（1）工器具：组合工具一套、万用表、500V 兆欧表一块。

（2）材料：棉丝若干、磁力油位计配件一套、密封胶带、酒精若干。

（3）设备：磁力油位计一台。

2）安全要求

（1）按要求着装。

（2）现场设置遮栏及相关标示牌。

（3）使用电工工具注意做好防护措施。

3）操作步骤及工艺要求（含注意事项）

（1）作业前准备

①做好个人安全防护措施，着装齐全。

②检查检修工具是否齐全，检查常用零配件是否备齐，质量是否合格。

（2）检修

①清洗油位计，依次解体油位计，检查各部件连接螺栓的连接情况，应无松动，无锈蚀。

②检查磁铁磁力，应完好无损，检查返回弹簧安装是否牢固，弹力是否充足，不牢固要更换。

③拆下端盖、表盘玻璃及塑料圈，并清洗干净。

④拆下固定指针的滚花螺母，取下指针、检查指针无变形、平垫及表盘清擦干净。

⑤进行动作试验转动浮球杆，检查油位高和油位低应符合范围规定。

⑥检查微动开关动作是否正确，触点应接触良好，信号正确。

（3）试验

检查油位计二次端子绝缘良好，大于 1MΩ。

（4）回装

按拆卸解体相反循序回装。

2．考核

1）考核场地

变压器检修实训室。

2）考核时间

考核时间为 60min，考评员允许开工开始计时，到时即停止工作。

3）考核要点

（1）严格执行《电业安全工作规程》有关规程。

（2）工作服、安全帽、绝缘鞋自备，独立完成作业。

3. 评分标准

行业：电力工程　　　　　　工种：变压器检修工　　　　　等级：三

编号	BY3ZY0102	行为领域	e	鉴定范围		
考核时限	60min	题型	c	满分	100分	得分
试题名称	油位计的解体检修					
考核要点及其要求	(1) 严格执行《电业安全工作规程》有关规程 (2) 工作服、安全帽、绝缘鞋自备，独立完成作业					
现场设备、工器具、材料	(1) 工器具：组合工具一套、万用表、500V兆欧表一块 (2) 材料：棉丝若干、磁力油位计配件一套、密封胶带、酒精若干 (3) 设备：磁力油位计一台					
备注						

评分标准

序号	考核项目名称	质量要求	分值	扣分标准	扣分原因	得分
1	作业前准备	(1) 做好个人安全防护措施，着装齐全 (2) 检查检修工具是否齐全，检查常用零配件是否备齐，质量是否合格	10	(1) 人员着装不规范扣5分 (2) 工器具缺少每项扣5分		
2	检修	(1) 清洗油位计，依次解体油位计，检查各部件连接螺栓的连接情况，应无松动，无锈蚀 (2) 检查磁铁磁力，应完好无损，检查返回弹簧安装是否牢固，弹力是否充足，不牢固要更换 (3) 拆下端盖、表盘玻璃及塑料圈，并清洗干净 (4) 拆下固定指针的滚花螺母，取下指针，检查指针无变形，平垫及表盘清擦干净 (5) 进行动作试验转动浮球杆，检查油位高和油位低应符合范围规定 (6) 检查微动开关动作是否正确，触点应接触良好，信号正确	50	(1) 未清洗、检查各部件连接螺栓的连接情况扣5分 (2) 检查项目不全面，缺少一项扣5分 (3) 该项分值扣完为止		
3	试验	检查油位计二次端子绝缘良好，大于1MΩ	10	未检查二次端子绝缘扣10分		
4	回装	按拆卸解体相反循序回装	15	(1) 回装循序不对每项扣2分 (2) 该项分值扣完为止		
5	结束工作	填写检修记录	5	(1) 填写内容不齐全、不准确扣3分 (2) 字迹缭乱扣2分		

序号	考核项目名称	质量要求	分值	扣分标准	扣分原因	得分
6	安全文明生产	（1）严格遵守安全规程 （2）现场清洁 （3）工具材料摆放整齐	10	（1）违章作业每次扣1分，该项最多扣5分 （2）不清洁扣2分 （3）工具材料摆放凌乱扣3分		
7	否决项					
7.1	安全否决	作业工程中出现严重危及人身安全及设备安全的现象	否决	整个操作项因得0分		

说明： 等级：五—初级工； 四—中级工； 三—高级工； 二—技师； 一—高级技师。

行为领域：d—基础技能； e—专业技能； f—相关技能。

题型：A—单项操作；B—多项操作；C—综合操作。

鉴定范围：可不填。

2.2.4 BY3ZY0103 电容式套管防雨检查

1. 作业

1) 工器具、材料、设备

(1) 工器具：组合工具1套、组合金具1套、10in活动扳手1个、专用工具1套。

(2) 材料：南京电瓷厂产BRLW2－126/630A电容式套管胶垫及备品备件、相位漆、毛刷、无绒白布若干。

(3) 设备：南京电瓷厂产BRLW2－126/630A电容式套管。

2) 安全要求

(1) 现场设置遮栏、标示牌：在检修现场四周设一留有通道口的封闭式遮栏，字面朝里挂适当数量"止步，高压危险！"标示牌，并挂"在此工作"标示牌，在通道入口处挂"从此进入"标示牌。

(2) 防高空坠落：高处作业中安全带应系在安全带专用构架或牢固的构件上，不得系在支柱绝缘子或不牢固的构件上，作业中不得失去监护。

(3) 防坠物伤人或设备：作业现场人员必须戴好安全帽，严禁在作业点正下方逗留，高处作业要用传递绳传递工具材料，严禁上下抛掷。

3) 操作步骤及工艺要求

(1) 作业前准备

①做好个人安全防护措施，着装齐全。

②做好安全措施，办理第一种工作票。

③向工作人员交待安全措施，并履行确认手续。

(2) 套管引线拆除

将套管外引线接头拆引后用绑扎绳进行固定。

(3) 拆除套管将军帽防雨罩固定螺栓

将套管将军帽处4条M10固定螺栓拆除并保存完整，如有锈蚀等损坏应选择同型号螺栓进行更换。

(4) 拆除套管将军帽

①拆除套管将军帽。

②检查该处胶垫老化状况，密封性是否良好。

③拆除后观察有无进水迹象。

(5) 主变引线导杆固定销及锁紧螺母拆除

①用小号螺丝刀将固定销顶出，将引线锁紧螺母取下。

②将白布带穿过引线固定销孔，并绑扎牢固，防止引线下坠。

(6) 拆除接线座

将接线座拆除，取下防雨罩。

(7) 双封螺母拆除

检查双封螺母倒角处完好无损，双侧胶垫无损伤、脆化，弹性良好。

(8) 检查弹簧板密封胶垫

检查弹簧板应完好无损伤；检查弹簧板处胶垫应无脆化，弹性良好，必要时进行更换。

（9）回装

①按照拆除的相反顺序安装。

②安装完毕后用厌氧密封胶进行密封处理。

③进行相关电气试验。

④套管外引线线夹及导电杆应清擦干净，打磨无氧化层后，涂抹导电膏（凡士林）。

（10）刷漆

相位漆涂抹准确，接线座与油标间用差色油漆做防松动标记并记录。

2. 考核

1）考核场地

变压器检修实训室。

2）考核时间

考核时间为60min，考评员允许开工开始计时，到时即停止工作。

3）考核要点

（1）工作服、绝缘鞋、安全帽自备。

（2）防止机械伤害。

3. 评分标准

行业：电力工程		工种：变压器检修工			等级：三		
编号	BY3ZY0103	行为领域	e	鉴定范围			
考核时限	60min	题型	A	满分	100分	得分	
试题名称	电容式套管防雨检查						
考核要点 及其要求	（1）工作服、绝缘鞋、安全帽自备 （2）防止机械伤害						
现场设备、工 器具、材料	（1）工器具：组合工具1套、组合金具1套、10寸活动扳手1个、专用工具1套 （2）材料：南京电瓷厂产 BRLW2－126/630A 电容式套管胶垫及备品备件、相位漆、毛刷、无绒白布若干 （3）设备：南京电瓷厂产 BRLW2－126/630A 电容式套管						
备注							

评分标准

序号	考核项目名称	质量要求	分值	扣分标准	扣分原因	得分
1	作业前准备	（1）做好个人安全防护措施，着装齐全 （2）做好安全措施，办理第一种工作票 （3）向工作人员交待安全措施，并履行确认手续	5	（1）不按规定执行每项扣2分 （2）该项分值扣完为止		
2	套管引线拆除	将套管外引线接头拆引后用绑扎绳进行固定	5	未完成的扣5分		

序号	考核项目名称	质量要求	分值	扣分标准	扣分原因	得分
3	拆除套管将军帽防雨罩固定螺栓	将套管将军帽处 4 条 M10 固定螺栓拆除并保存完整，如有锈蚀等损坏应选择同型号螺栓进行更换	10	（1）拆除方法不规范每处扣 2 分 （2）该项分值扣完为止		
4	拆除套管将军帽	（1）拆除套管将军帽 （2）检查该处胶垫老化状况，密封性是否良好 （3）拆除后观察有无进水迹象	10	（1）拆除方法不规范扣 3 分 （2）未检查胶垫老化状况扣 3 分 （3）未检查有无进水迹象扣 4 分		
5	主变引线导杆固定销及锁紧螺母拆除	（1）用小号螺丝刀将固定销顶出，将引线锁紧螺母取下 （2）将白布带穿过引线固定销孔，并绑扎牢固，防止引线下坠	10	1. 拆除方法不规范扣 5 分 2. 未固定引线扣 5 分		
6	拆除接线座	将接线座拆除，取下防雨罩	5	未按照顺序拆除扣 5 分		
7	双封螺母拆除	检查双封螺母倒角处完好无损，双侧胶垫无损伤、脆化，弹性良好	10	未检查扣 10 分		
8	检查弹簧板密封胶垫	检查弹簧板应完好无损伤；检查弹簧板处胶垫应无脆化，弹性良好，必要时进行更换	10	（1）未检查胶垫损伤、脆化，弹性每项扣 5 分 （2）胶垫未更换的扣 5 分		
9	回装	（1）按照拆除的相反顺序安装 （2）安装完毕后用厌氧密封胶进行密封处理 （3）进行相关电气试验 （4）套管外引线线夹及导电杆应清擦干净，打磨无氧化层后，涂抹导电膏（凡士林）	15	（1）顺序错误每项扣 2 分，该项最多扣 10 分 （2）未进行涂胶处理扣 2 分 （3）未进行电气试验 2 分 （4）未处理接头扣 1 分		
10	刷漆	相位漆涂抹准确，接线座与油标间用差色油漆做防松动标记并记录	10	未做防松动标记扣 10 分		
11	安全文明生产	（1）严格遵守《电业安全工作规程》 （2）现场清洁 （3）工具、材料、设备摆放整齐 （4）填写检修记录内容齐全、准确、字迹工整	10	（1）违章作业每次扣 1 分，该项最多扣 5 分 （2）现场不清洁扣 1 分 （3）工具、材料、设备摆放凌乱扣 1 分 （4）未填写检修记录扣 3 分		
12	否决项	否决内容				
12.1	安全否决	作业工程中出现严重危及人身安全及设备安全的现象	否决	整个操作项目得 0 分		

2.2.5 BY3ZY0201 潜油泵更换

1. 作业

1) 工器具、材料、设备

（1）工器具：28件套筒板手1盒，12寸活扳手1把，30、32梅花扳手1把，2in毛刷1把，1.5p手锤1把，十字改锥1把，一字改锥一把，撬棍2根，万用表，500V兆欧表1块，拆装潜油泵专用工具一个。

（2）材料：潜油泵胶垫一套、试验导线、绝缘胶布、塑料布若干、棉丝若干、油盘1个、50kg废油桶一个。

（3）设备：220kV变压器一台。

2) 安全要求

（1）按要求着装。

（2）现场设置遮栏及相关标示牌。

（3）使用电工工具注意做好防护措施。

（4）工作中严格遵守国家电网公司《电力安全工作规程》，与带电点保持足够安全距离。

3) 操作步骤及工艺要求

（1）作业前准备

①做好个人安全防护措施，着装齐全。

②做好安全措施，办理第二种工作票。

③向工作人员交待安全措施，并履行确认手续。

④将主变本体重瓦改接信号。

⑤在主控箱处将检修冷却器空开断开，将操作把手打到停止位置，验电，分别挂"禁止合闸，有人工作！"标识牌。

（2）拆电源线

先对接线盒内接线端子进行验电，确认无电后，拆除油泵接线并用绝缘胶带包裹好。

（3）放油

关闭油泵进出口蝶阀后放油。

（4）拆除潜油泵

①先拆下流速继电器后，再松开潜油泵泵口紧固螺钉。

②用拆装潜油泵专用工具拆除油泵应把持稳当，防止造成机械伤害。

③将潜油泵抬至平坦位置。

（5）新潜油泵检查

①检查新油泵铭牌参数转速、流量、功率等符合技术要求。

②新油泵外观无锈蚀、无渗漏。

③新油泵叶轮，转动灵活，无卡涩。

④用万用表测量三相电阻，应平衡，不平衡系数不大于2%。

⑤用500V兆欧表，绝缘电阻不小于1MΩ。

⑥对新油泵法兰面进行清理，泵内注入少量合格的变压器油，通电试转，运转应平稳、灵活，无转子扫膛、叶轮碰壳等异声，三相空载电流平衡。

（6）安装新潜油泵

①安装新油泵，检查法兰密封面应平整无划痕，无锈蚀，无漆膜，更换密封垫，调整连接。法兰的密封面，使各对接法兰正确对接，密封垫位置准确，压缩量控制在1/3。

②回装流速继电器，更换密封胶垫。

③新油泵二次线恢复，接线螺栓无松动，三相间接线保证间距，做好密封。

④稍微打开潜油泵出口蝶阀及泵上放气堵，对潜油泵进行充油排气，然后将两侧蝶阀打开。

（7）自查

①清理现场，检查有无渗漏，检查流速继电器动作情况，确认新油泵转向正确。

②检查本体瓦斯继电器有无气体聚集，再次清理各部位油迹，检查有无渗漏。

（8）结束工作

①试运行1～2h后再次检查本体瓦斯继电器有无气体聚集。

②确认无气体聚集后通知运行人员恢复本体重瓦斯。

③将检修的冷却器恢复至于初始状态。

④填写检修记录，结束工作票。

2．考核

1）考核场地

变压器检修实训场地。

2）考核时间

考核时间为60min，考评员允许开工开始计时，到时即停止工作。

3）考核要点

（1）工作服、绝缘鞋、安全帽自备。

（2）由2名助手协助完成。

（3）重瓦斯改投信号。

（4）防止触电伤人。

（5）防止机械伤害。

（6）防止大量漏油。

3．评分标准

行业：电力工程　　　　　　　　　工种：变压器检修工　　　　　　　　　等级：三

编号	BY3ZY0201	行为领域	e	鉴定范围		
考核时限	60min	题型	b	满分	100分	得分
试题名称	潜油泵更换					
考核要点及其要求	（1）工作服、绝缘鞋、安全帽自备 （2）由2名助手协助完成 （3）重瓦斯改投信号 （4）防止触电伤人 （5）防止机械伤害 （6）防止大量漏油					

现场设备、工器具、材料	(1) 工器具：28件套筒板手1盒，12寸活扳手1把，30、32梅花扳手1把，2in毛刷1把，1.5p手锤1把，十字改锥1把，一字改锥一把，撬棍2根，万用表，500V兆欧表1块，拆装潜油泵专用工具一个 (2) 材料：潜油泵胶垫一套、试验导线、绝缘胶垫、塑料布若干、棉丝若干、油盘1个、50kg废油桶一个 (3) 设备：220kV变压器一台
备注	

评分标准

序号	考核项目名称	质量要求	分值	扣分标准	扣分原因	得分
1	作业前准备	(1) 做好个人安全防护措施，着装齐全 (2) 做好安全措施，办理第二种工作票 (3) 向工作人员交待安全措施，并履行确认手续 (4) 将主变本体重瓦改接信号 (5) 在主控箱处将检修冷却器空开断开，将操作把手打到停止位置，验电，挂"禁止合闸，有人工作!"标识牌	15	(1) 未执行每项扣2分 (2) 该项分值扣完为止		
2	拆电源线	先对接线盒内接线端子进行验电，确认无电后，拆除油泵接线并用绝缘胶带包裹好	5	未验电扣5分		
3	放油	关闭油泵进出口蝶阀后放油	5	放油未关截门扣5分		
4	拆除潜油泵	(1) 先拆下流速继电器后，再松开潜油泵泵口紧固螺钉 (2) 用拆装潜油泵专用工具拆除油泵应把持稳当，防止造成机械伤害 (3) 将潜油泵抬至平坦位置	15	(1) 未拆流速继电器扣5分 (2) 未把持稳定扣5分 (3) 未放置平坦位置扣5分。		
5	新潜油泵检查	(1) 检查新油泵铭牌参数转速、流量、功率等符合技术要求 (2) 新油泵外观无锈蚀、无渗漏 (3) 新油泵叶轮，转动灵活，无卡涩 (4) 用万用表测量三相电阻，应平衡，不平衡系数不大于2% (5) 用500V兆欧表，绝缘电阻不小于1MΩ (6) 对新油泵法兰面进行清理，泵内注入少量合格的变压器油，通电试转，运转应平稳、灵活，无转子扫膛、叶轮碰壳等异声，三相空载电流平衡	20	(1) 新潜油泵未核对铭牌，扣4分 (2) 新潜油泵未检查外观，扣3分 (3) 新潜油泵未检查转动情况，扣3分 (4) 新潜油泵未量三相电阻，扣3分 (5) 新潜油泵未测量绝缘电阻，扣3分 (6) 新潜油泵未注油、通电试验检查，扣4分		

序号	考核项目名称	质量要求	分值	扣分标准	扣分原因	得分
6	安装新潜油泵	（1）安装新油泵，检查法兰密封面应平整无划痕，无锈蚀，无漆膜，更换密封垫，调整连接法兰的密封面，使各对接法兰正确对接，密封垫位置准确，压缩量控制在1/3 （2）回装流速继电器，更换密封胶垫 （3）新油泵二次线恢复，接线螺栓无松动，三相间接线保证间距，做好密封 （4）稍微打开潜油泵出口蝶阀及泵上放气堵，对潜油泵进行充油排气，然后将两侧蝶阀打开	20	（1）未更换胶垫扣5分 （2）胶垫压缩量不合格口3分 （3）未更换胶垫扣5分 （4）二次线相间间距不足扣2分 （5）潜油泵进出口蝶阀打开顺序错误扣5分		
7	自查	（1）清理现场，检查有无渗漏，检查流速继电器动作情况，确认新油泵转向正确 （2）检查本体瓦斯继电器有无气体聚集，再次清理各部位油迹，检查有无渗漏	10	（1）出现渗油每处扣5分 （2）未检查本体瓦斯继电器扣5分		
8	结束工作	（1）试运行1～2小时后再次检查本体瓦斯继电器有无气体聚集 （2）确认无气体聚集后通知运行人员恢复本体重瓦斯 （3）将检修的冷却器恢复至于初始状态 （4）填写检修记录，结束工作票	5	（1）未检查本体瓦斯继电器扣2分 （2）未恢复本体重瓦斯扣2分 （3）未恢复冷却器于初始状态扣1分		
9	安全文明生产	（1）严格执行《电业安全工作规程》 （2）现场清洁 （3）工具、材料、设备摆放整齐	5	（1）违章作业扣3分 （2）现场不清洁扣2分 （3）工具、材料、设备摆放凌乱扣1分		
10	否决项	否决内容				
10.1	安全否决	作业工程中出现严重危及人身安全及设备安全的现象	否决	整个操作项目得0分		

2.2.6　BY3ZY0202　油流继电器的解体检修

1. 作业

1）工器具、材料、设备

（1）工器具：组合电工工具、500V兆欧表、万用表、常用铆接工具、1.5p手锤1把、十字改锥1把、一字改锥一把。

（2）材料：油流继电器配件一套、测量导线、绝缘胶布、清洁布块、酒精若干、油盘、塑料布若干。

（3）设备：带有YJ型油流继电器的变压器、油流继电器测试装置。

2）安全要求

（1）按要求着装。

（2）现场设置遮栏及相关标示牌。

（3）使用电工工具注意做好防护措施。

（4）工作中严格遵守国家电网公司《电力安全工作规程》与带电点保持足够安全距离。

3）操作步骤及工艺要求

（1）作业前准备

①做好个人安全防护措施，着装齐全。

②做好安全措施，办理第二种工作票。

③向工作人员交待安全措施，并履行确认手续。

④联系运维人员将本体重瓦改接信号。

⑤准备好零部件并清擦干净。

⑥关闭油泵进出口阀门，拆除油流继电器的二次电缆（用绝缘胶带包裹好），确定油排净后拆除流速继电器。

（2）解体检修

①清洗油流继电器，检查挡板转动是否灵活，转动方向是否正确，转动方向与油流方向是否一致。

②检查挡板铆接是否牢固。有缺陷要进行加固。

③检查返回弹簧安装是否牢固，弹力是否充足。不牢固应更换。

④拆下端盖、表盘玻璃及塑料圈，并清洗干净。

⑤拆下固定指针的滚花螺母，取下指针、平垫并对表盘清擦干净。

⑥转动挡板85°，观察主动、从动磁铁是否同步转动，有无卡滞现象。

⑦检查微动开关：转动挡板85°，用万用表测量接线座的接线端子，是否实现常开与常闭触点转换。

⑧复装表盘、指针等零部件。

⑨用500V兆欧表测量绝缘电阻，应不小于1MΩ。

（3）流量动作特性的测试与调整

①画出油流动作测试图。

②将油流继电器接入测试装置。

③常开触点接线柱接入万用表（在欧姆挡），打开阀门，启动油泵，缓慢打开油回路

蝶阀，观察万用表从"∞"到刚指示"0"值时，记录流量表读数，该值为油流继电器的最小动作值。

④常闭触点接线柱接入万用表 （在欧姆挡），缓慢关闭油回路蝶阀，观察万用表从"∞"到刚指示"0"值时，记录流量表读数，该值为油流继电器的最大返回值。

⑤最小动作值和最大返回值反复测量两次，对照技术参数的要求，检查是否相符，否则应进行调试。

（4）油压试验

进行油流继电器密封试验，压力0.3MPa，持续30min，观察是否有渗漏。

（5）油流继电器回装

回装顺序与拆解相反。

（6）结束工作

①试运行1～2小时后，检查无渗漏油。再次检查本体瓦斯继电器有无气体聚集。

②确认无气体聚集后通知运维人员恢复本体重瓦斯。

③填写检修记录，结束工作票。

2．考核

1）考核场地

变压器检修实训场地。

2）考核时间

考核时间为60min，考评员允许开工开始计时，到时即停止工作。

3）考核要点

（1）严格执行有关规程、规范。

（2）以YJ型油流继电器解体检修为例。

（3）结构图纸和技术参数由鉴定机构提供。

（4）工作服、绝缘鞋、安全帽自备。

3．评分标准

行业：电力工程　　　　　　　　　工种：变压器检修工　　　　　　　　　等级：三

编号	BY3ZY0202	行为领域	e	鉴定范围			
考核时限	60min	题型	c	满分	100分	得分	
试题名称	油流继电器的解体检修						
考核要点及其要求	（1）严格执行有关规程、规范 （2）以YJ型油流继电器解体检修为例 （3）结构图纸和技术参数由鉴定机构提供 （4）工作服、绝缘鞋、安全帽自备，独立完成						
现场设备、工器具、材料	（1）工器具：组合电工工具、500V兆欧表、万用表、常用铆接工具、1.5p手锤1把、十字改锥1把、一字改锥一把 （2）材料：油流继电器配件一套、测量导线、绝缘胶布、清洁布块、酒精若干、油盘、塑料布若干 （3）设备：带有YJ型油流继电器的变压器、潜油泵、流量表、蝶阀						

	备注					
			评分标准			
序号	考核项目名称	质量要求	分值	扣分标准	扣分原因	得分
1	作业前准备	（1）做好个人安全防护措施，着装齐全 （2）做好安全措施，办理第二种工作票 （3）向工作人员交待安全措施，并履行确认手续 （4）联系运维人员将本体重瓦改接信号 （5）准备好零部件并清擦干净 （6）关闭油泵进出口阀门，拆除油流继电器的二次电缆（用绝缘胶带包裹好），确定油排净后拆除流速继电器	10	（1）着装不规范扣2分 （2）未使用工作票及交待安全措施扣3分 （3）未将将本体重瓦改接信号扣5分		
2	解体检修	（1）清洗油流继电器，检查挡板转动是否灵活，转动方向是否正确，转动方向与油流方向是否一致 （2）检查挡板铆接是否牢固。有缺陷要进行加固 （3）检查返回弹簧安装是否牢固，弹力是否充足，不牢固应更换 （4）拆下端盖、表盘玻璃及塑料圈，并清洗干净 （5）拆下固定指针的滚花螺母，取下指针、平垫并对表盘清擦干净 （6）转动挡板85°，观察主动、从动磁铁是否同步转动，有无卡滞现象 （7）检查微动开关：转动挡板85°，用万用表测量接线座的接线端子，是否实现常开与常闭触点转换 （8）复装表盘、指针等零部件 （9）用500V兆欧表测量绝缘电阻，应不小于1MΩ	30	（1）未对挡板进行检查或有缺陷未处理扣3分 （2）未对挡板铆钉进行检查或有缺陷未加固扣3分 （3）未对返回弹簧检查或有缺陷未更换扣3分 （4）未拆下端盖、表盘玻璃及塑料圈扣3分；清洗不净扣3分 （5）未对指针检查扣3分；未清擦干净扣1分 （6）未转动挡板观察扣1分；有卡滞现象未处理扣2分 （7）未对微动开关进行检查或有缺陷未处理扣2分 （8）复装方法不当扣2分 （9）未测量扣1分；有绝缘缺陷未处理扣3分		

序号	考核项目名称	质量要求	分值	扣分标准	扣分原因	得分
3	流量动作特性的测试与调整	（1）画出油流动作测试图 （2）将油流继电器接入测试装置 （3）常开触点接线柱接入万用表（在欧姆挡），打开阀门，启动油泵，缓慢打开油回路蝶阀，观察万用表从"∞"到刚指示"0"值时，记录流量表读数，该值为油流继电器的最小动作值 （4）常闭触点接线柱接入万用表（在欧姆挡），缓慢关闭油回路蝶阀，观察万用表从"∞"到刚指示"0"值时，记录流量表读数，该值为油流继电器的最大返回值 （5）最小动作值和最大返回值反复测量两次，对照技术参数的要求，检查是否相符，否则应进行调试	20	（1）未画出油流动作测试图扣2分 （2）未进行测试盒调试每项扣5分 （3）该项分值扣完为止		
4	油压试验	进行油流继电器密封试验，压力0.3MPa，持续30min，观察是否有渗漏	10	（1）未试验扣5分 （2）有缺陷未处理扣5分		
5	油流继电器回装	回装顺序与拆解相反	10	顺序错误每项扣10分		
6	结束工作	（1）试运行1～2小时后，检查无渗漏油。再次检查本体瓦斯继电器有无气体聚集 （2）确认无气体聚集后通知运行人员恢复本体重瓦斯 （3）填写检修记录，结束工作票	10	未检查本体瓦斯继电器有无气体扣10分		
7	安全文明生产	（1）严格遵守《电业安全工作规程》 （2）现场清洁 （3）工具、材料、设备摆放整齐	10	（1）违章作业每次扣1分，该项最多扣5分 （2）不清洁扣2分 （3）工具、材料、设备摆放凌乱扣3分		
8	否决项	否决内容				
8.1	安全否决	作业工程中出现严重危及人身安全及改备安全的现象	否决	整个操作项目得0分		

2.2.7　BY3ZY0203　气体继电器的检修

1. 作业

1）工器具、材料、设备

（1）工器具：组合电工工具 1 套、万用表、兆欧表、水平仪。

（2）材料：少量变压器油、气体继电器常用零配件、胶垫、清洁布块、酒精若干。

（3）设备：型号：SFSZ10－800/35 变压器、继电器动作检验装置。

2）安全要求

（1）现场设置遮栏、标示牌：在检修现场四周设一留有通道口的封闭式遮栏，字面朝里挂适当数量"止步，高压危险！"标示牌，并挂"在此工作"标示牌，在通道入口处挂"从此进入"标示牌。

（2）防高空坠落：高处作业中安全带应系在安全带专用构架或牢固的构件上，不得系在支柱绝缘子或不牢固的构件上，作业中不得失去监护。

（3）防坠物伤人或设备：作业现场人员必须戴好安全帽，严禁在作业点正下方逗留，高处作业要用传递绳传递工具材料，严禁上下抛掷。

3）操作步骤及工艺要求

（1）作业前准备

①做好个人安全防护措施，着装齐全。

②做好安全措施，办理第一种工作票。

③向工作人员交待安全措施，并履行确认手续。

（2）拆除气体继电器

①检查检修工具是否齐全，检查常用零配件是否备齐，质量是否合格。

②拆除气体继电器二次连接引线（用绝缘胶布包裹好），关闭气体继电器两侧阀门，排净气体继电器内残油，拆除两侧紧固螺钉并取下气体继电器。

（3）检查

①清理气体继电器上的油污。

②检查气体继电器玻璃窗、放气阀门、探针、挡板、油杯、接线端子盒、小套管、杆簧接点等是否完整，接线端子及盖板上的箭头标示是否清晰。

（4）检修回装

①更换气体继电器芯体与外壳间密封胶垫，更换外引小套管、放气阀门、探针密封胶垫。

②对修后的气体继电器进行油压试验，在常温下加压 0.15MPa 持续 30min 应无渗漏。

③整定流速定值：自冷式变压器 0.8～1.0m/s；强油循环式变压器 1.0～1.2m/s；120MV·A 以上变压器 1.2～1.3m/s。

④复装气体继电器，用水平尺测量联管朝向储油柜方向，保持 1‰～1.5‰升高坡度。

⑤打开储油柜侧放气阀对气体继电器进行充油排气，待气体排净后打开本体侧阀门。

⑥恢复连接气体继电器的二次引线。

（5）试验检查

①对气体继电器二次端子绝缘进行测量，500V 兆欧表，电阻不小于 1MΩ。

②观察 30min 继电器整体无渗油。

③检修完毕做好气体继电器及引线防潮措施（加装防雨罩）。

2. 考核

1）考核场地

变压器检修实训室。

2）考核时间

考核时间为 60min，考评员允许开工开始计时，到时即停止工作。

3）考核要点

(1) 严格执行有关规程、规范。

(2) 安全帽、工作服、绝缘鞋自备，独立完成作业。

3. 评分标准

行业：电力工程		工种：变压器检修工			等级：三	
编号	BY3ZY0203	行为领域	e	鉴定范围		
考核时限	60min	题型	A	满分	100分	得分
试题名称	气体继电器的检修					
考核要点及其要求	(1) 严格执行有关规程、规范 (2) 安全帽、工作服、绝缘鞋自备，独立完成作业					
现场设备、工器具、材料	(1) 工器具：组合电工工具 1 套、万用表、500V 兆欧表、水平仪 (2) 材料：少量变压器油、气体继电器常用零配件、胶垫、清洁布块、酒精若干、油盘、塑料布若干 (3) 设备：型号：SFSZ10－800/35 变压器、继电器动作检验装置					
备注						

评分标准

序号	考核项目名称	质量要求	分值	扣分标准	扣分原因	得分
1	作业前准备	(1) 做好个人安全防护措施，着装齐全 (2) 做好安全措施，办理第一种工作票 (3) 向工作人员交待安全措施，并履行确认手续	10	(1) 不按规定执行每项扣 2 分 (2) 该项分值扣完为止		
2	拆除气体继电器	(1) 检查工具是否齐全，检查常用零配件是否备齐，质量是否合格 (2) 拆除气体继电器二次连接引线（用绝缘胶布包裹好），关闭气体继电器两侧阀门，排净气体继电器内残油，拆除两侧紧固螺钉并取下气体继电器	10	(1) 工具缺少而不能发现并及时备好，扣 2 分 (2) 零配件未配齐，扣 1 分 (3) 二次连接引线未包裹扣 2 分 (4) 未关闭气体继电器两侧阀门扣 5 分		

序号	考核项目名称	质量要求	分值	扣分标准	扣分原因	得分
3	检查	（1）清理气体继电器上的油污 （2）检查气体继电器玻璃窗、放气阀门、探针、挡板、油杯、接线端子盒、小套管、杆簧接点等是否完整，接线端子及盖板上的箭头标示是否清晰	10	（1）未清理扣2分 （2）检查项目不全，每项扣2分 （3）该项分值扣完为止		
4	检修回装	（1）更换气体继电器芯体与外壳间密封胶垫，更换外引小套管、放气阀门、探针密封胶垫 （2）对修后的气体继电器进行油压试验，在常温下加压0.15MPa持续30min应无渗漏 （3）整定流速定值：自冷式变压器0.8～1.0m/s；强油循环式变压器1.0～1.2m/s；120MV·A以上变压器1.2～1.3m/s （4）复装气体继电器，用水平尺测量联管朝向储油柜方向，保持1%～1.5%升高坡度 （5）打开储油柜侧放气阀对气体继电器进行充油排气，待气体排净后打开本体侧阀门 （6）恢复连接气体继电器的二次引线	30	（1）未更换胶垫扣2分 （2）未进行油压试验扣4分 （3）整定流速值选择错误扣4分 （4）未用水平尺找准扣4分 （5）继电器处联管坡度不符合要求扣5分 （6）阀门顺序开启错误扣5分 （7）未检查扣3分 （8）未连接或连接不当扣3分		
5	试验检查	（1）对气体继电器二次端子绝缘进行测量，500V兆欧表，电阻不小于1MΩ （2）观察30min继电器整体无渗油 （3）检修完毕做好气体继电器及引线防潮措施（加装防雨罩）	25	（1）未进行绝缘试验扣10分 （2）出现渗油扣10分 （3）未做防潮措施扣5分		
6	结束工作	填写检修记录，结束工作票	5	（1）填写内容不齐全、不准确扣3分 （2）字迹缭乱每项扣2分		
7	安全文明生产	（1）严格遵守《电业安全工作规程》 （2）现场清洁 （3）工具、材料、设备摆放整齐	10	（1）违章作业每次扣1分，该项最多扣5分 （2）不清洁扣2分 （3）工具、材料、设备摆放凌乱扣3分		
8	否决项	否决内容				
8.1	安全否决	作业工程中出现严重危及人身安全及设备安全的现象	否决	整个操作项目得0分		

2.2.8 BY3ZY0204 胶囊式油枕油位调同步

1. 作业

1) 工器具、材料、设备

(1) 工器具：组合工具一套、一字螺丝刀1把、卡丝钳1把、压力表、干湿温度计。

(2) 材料：合格变压器油2.5t、棉丝若干、废油桶2个。

(3) 设备：ZJB真空滤油机一套、空气压缩机一套、SFSZ10−800/35变压器一台、3t储油罐。

2) 安全要求

(1) 现场设置遮栏、标示牌：在检修现场四周设一留有通道口的封闭式遮栏，字面朝里挂适当数量"止步，高压危险！"标示牌，并挂"在此工作"标示牌，在通道入口处挂"从此进入"标示牌。

(2) 防高空坠落：高处作业中安全带应系在安全带专用构架或牢固的构件上，不得系在支柱绝缘子或不牢固的构件上，作业中不得失去监护。

(3) 防坠物伤人或设备：作业现场人员必须戴好安全帽，严禁在作业点正下方逗留，高处作业要用传递绳传递工具材料，严禁上下抛掷。

3) 操作步骤及工艺要求

(1) 作业前准备

①做好个人安全防护措施，着装齐全。

②做好安全措施，办理第一种工作票。

③向工作人员交待安全措施，并履行确认手续。

④真空滤油机油管及电源（必须有人监护）装接。

(2) 补油

①确认油枕排气塞打开，拆除呼吸器。

②经油枕加油管向油枕补油至高于油位曲线所规定位置。

③注油时，检查油位表是否正常起伏。

(3) 排气

对集污室进行排气。

(4) 油枕调同步

①关闭油枕与本体之间阀门。

②通过油枕呼吸器连管向胶囊充气加压，使油枕中残气经油枕排气塞排出直至出油，随即迅速拧紧排气塞并停止充气。

③拆除充气管路及充气设备，开启油枕与本体间阀门。

(5) 调整油位

根据油温及环境温度对比油位曲线调整油位。

(6) 安装呼吸器

①检查呼吸器是否清洁。

②检查呼吸器硅胶是否干燥有无变色。

③安装呼吸器。

④观察呼吸是否通畅。

2. 考核

1) 考核场地

变压器检修实训室。

2) 考核时间

考核时间为 60min，考评员允许开工开始计时，到时即停止工作。

3) 考核要点

(1) 工作服、绝缘鞋、安全帽自备。

(2) 由 2 名助手协助完成。

(3) 防止大量漏油。

(4) 防止触电伤人和机械伤害。

(5) 天气要求晴朗干燥，相对湿度不大于 75%。

3. 评分标准

行业：电力工程　　　　　工种：变压器检修工　　　　　等级：三

编号	BY3ZY0204	行为领域	e	鉴定范围		
考核时限	60min	题型	B	满分	100 分	得分
试题名称	胶囊式油枕油位调同步					
考核要点及其要求	(1) 工作服、绝缘鞋、安全帽自备 (2) 由 2 名助手协助完成 (3) 防止大量漏油 (4) 防止触电伤人和机械伤害 (5) 天气要求晴朗干燥，相对湿度不大于 75%					
现场设备、工器具、材料	(1) 工器具：组合工具一套、一字螺丝刀 1 把、十字螺丝刀 1 把、卡丝钳 1 把、压力表、干湿温度计 (2) 材料：2.5t 合格 25 号变压器油、棉丝若干、废油桶 2 个 (3) 设备：ZJB 型真空滤油机一套、空气压缩机一套、SFSZ10－800/35 型变压器一台、3t 储油罐					
备注						

评分标准

序号	考核项目名称	质量要求	分值	扣分标准	扣分原因	得分
1	作业前准备	(1) 做好个人安全防护措施，着装齐全 (2) 做好安全措施，办理第一种工作票 (3) 向工作人员交待安全措施，并履行确认手续 (4) 真空滤油机油管及电源（必须有人监护）装接	10	(1) 未按规定着装扣 2 分 (2) 油管连接错误及渗油扣 5 分 (3) 装接电源无人监护扣 3 分		

338

序号	考核项目名称	质量要求	分值	扣分标准	扣分原因	得分
2	补油	(1) 确认油枕排气塞打开，拆除呼吸器 (2) 经油枕加油管向油枕补油至高于油位曲线所规定位置 (3) 注油时，检查油位表是否正常起伏	15	(1) 未确认油枕排气塞打开扣5分 (2) 补油量不适当扣5分 (3) 未检查油位表正常起伏扣5分		
3	排气	对集污室进行排气	10	未进行排气扣10分		
4	油枕调同步	(1) 关闭油枕与本体之间阀门 (2) 通过油枕呼吸器连管向胶囊充气加压，使油枕中残气经油枕排气塞排出直至出油，随即迅速拧紧排气塞并停止充气 (3) 拆除充气管路及充气设备，开启油枕与本体间阀门	20	(1) 未关闭油枕与本体之间阀门扣5分 (2) 充气中油枕排气塞未出油扣5分，排气塞未扭紧扣5分 (3) 未开启油枕与本体之间阀门扣5分		
5	调整油位	根据油温及环境温度对比油位曲线调整油位	10	未根据油温－油位曲线调整油位扣10分		
6	安装呼吸器	(1) 检查呼吸器是否清洁 (2) 检查呼吸器硅胶是否干燥有无变色 (3) 安装呼吸器 (4) 观察呼吸是否通畅	10	(1) 未检查呼吸器是否清洁扣2分 (2) 未检查呼吸器硅胶是否干燥有无变色现象扣2分 (3) 未安装呼吸器扣5分 (4) 未观察呼吸是否通畅扣1分		
7	现场清理	(1) 拆除滤油机、空压机电源及管路 (2) 现场清洁，无遗留物	10	现场不清洁，有遗留物扣10分		
8	填写记录工作结束	(1) 填写内容齐全、准确、字迹工整 (2) 结束工作票	5	(1) 填写内容不齐全、不准确扣3分 (2) 字迹缭乱扣2分		
9	安全文明生产	(1) 严格遵守《电业安全工作规程》 (2) 工具、材料、设备摆放整齐	10	(1) 违章作业每次扣1分，该项最多扣7分 (2) 工具、材料、设备摆放凌乱扣3分		
10	否决项	否决内容				
10.1	安全否决	作业工程中出现严重危及人身安全及设备安全的现象	否决	整个操作项目得0分		

2.2.9 BY3ZY0205 有载调压控制机构联校

1. 作业

1) 工器具、材料、设备

(1) 工器具：组合工具 1 套、500V 兆欧表 1 块。

(2) 材料：A4 纸 2 张、碳素笔 1 只。

(3) 设备：CMⅢ500Y 有载开关及操作机构。

2) 安全要求

(1) 按要求着装。

(2) 现场设置遮栏及相关标示牌。

(3) 使用电工工具注意做好防护措施。

(4) 工作中严格遵守国家电网公司《电力安全工作规程》，与带电点保持足够安全距离。

3) 操作步骤及工艺要求

(1) 作业前准备

①工作人员着装规范。

②准备的工具齐全。

(2) 传动前检查

①检查操作机构、传动轴、齿轮盒连接应正确牢固。

②核实有载开关本体头盖视窗处位置指示和有载机构箱分接位置数应一致，并记录。

③不得在分接极限位置进行机构联校试验。

(3) 有载调压系统检查

①操作控制箱中机械转动部分灵活，齿轮盒密封良好。

②电气回路连接正确无松动，操作机构内位置指示滑盘应在绿色区域内。

(4) 联校试验

①断开主电源，将位置选择开关置于"停止"位置；在操作把手上挂"禁止合闸，有人工作"标识牌。

②插入手柄，向顺时针方向转动机构，从分接开关切换（以切换开关切换打响为据）时算起，到完成一个分接变换（指示盘中心线在视察孔中心位置）为止，记录其转动圈数 m。

③再向逆时针方向操作，记录其转动圈数 n。

④若 $|m-n| \leqslant 1$，则为合格。

⑤若 $|m-n| > 1$ 时，应松开垂直传动轴，使电动机构输出轴脱离，然后手摇操作手柄，朝圈数大的方向转动，$|m-n|/2$ 圈，再恢复联结垂直传动轴，进行联结校验，直至合格为止。

(5) 远方、变压器本体就地调试。

①取下"禁止合闸，有人工作"标识牌，恢复主电源及位置选择开关，进行电气调试。

②远方升降操作，就地升降操作、急停操作、电气闭锁和机械闭锁正确可靠。

③手动操作保护正确可靠。

④在极限位置时，其机械闭锁与极限开关的电气连锁动作应正确。

⑤有载机构箱档位指示、分接开关本体位置指示、控制室内有载控制盒档位指示、监控系统上分接开关分接位置指示应一致。

2. 考核

1）考核场地

变压器检修实训室。

2）考核时间

考核时间为60min，考评员允许开工开始计时，到时即停止工作。

3）考核要点

（1）工作服、绝缘鞋、安全帽自备。

（2）防止触电伤人。

（3）防止机械伤害。

3. 评分标准

行业：电力工程		工种：变压器检修工			等级：三		
编号	BY3ZY0205	行为领域	e	鉴定范围			
考核时限	60min	题型	A	满分	100分	得分	
试题名称	调压开关控制机构联校						
考核要点及其要求	（1）工作服、绝缘鞋、安全帽自备 （2）防止触电伤人 （3）防止机械伤害						
现场设备、工器具、材料	（1）工器具：组合工具1套 （2）材料：A4纸2张、碳素笔1只 （3）设备：型号：CMⅢ500Y有载开关及操作机构						
备注							

评分标准

序号	考核项目名称	质量要求	分值	扣分标准	扣分原因	得分
1	作业前准备	（1）工作人员着装规范 （2）准备的工具齐全	10	（1）不按规定着装扣5分 （2）工器具准备不全扣5分		
2	传动前检查	（1）检查操作机构、传动轴、齿轮盒连接应正确牢固 （2）核实有载开关本体头盖视窗处位置指示和有载机构箱分接位置数应一致，并记录 （3）不得在分接极限位置进行机构联校试验	10	（1）未检查传动部分扣5分 （2）未核对上下位置指示扣2分 （3）在分接极限位置进行机构联校试验扣3分		
3	有载调压系统检查	（1）操作控制箱中机械转动部分灵活，齿轮盒密封良好 （2）电气回路连接正确无松动，操作机构内位置指示滑盘应在绿色区域内	10	（1）未检查控制箱内部传动部分扣5分 （2）未检查电气回路扣5分		

序号	考核项目名称	质量要求	分值	扣分标准	扣分原因	得分
4	联校试验	（1）断开主电源，将位置选择开关置于"停止"位置；在操作把手上挂"禁止合闸，有人工作"标识牌 （2）插入手柄，向顺时针方向转动机构，从分接开关切换（以切换开关切换打响为据）算起，到完成一个分接变换（指示盘中心线在视察孔中心位置）为止，记录其转动圈数 m （3）再向逆时针方向操作，记录其转动圈数 n （4）若 $|m-n| \leqslant 1$，则为合格， （5）若 $|m-n| > 1$ 时，应松开垂直传动轴，使电动机构输出轴脱离，然后手摇操作手柄，朝圈数大的方向转动，$|m-n|/2$ 圈，再恢复联结垂直传动轴，进行联结校验，直至合格为止	40	（1）未挂标识牌扣5分 （2）记录顺时针方向圈数错误扣10分 （3）记录逆时针方向圈数错误扣10分 （4）调整错误扣10分 （5）未重新进行试验扣5分		
5	远方、变压器本体就地调试	（1）取下"禁止合闸，有人工作"标识牌，恢复主电源及位置选择开关，进行电气调试 （2）远方升降操作，就地升降操作、急停操作、电气闭锁和机械闭锁正确可靠 （3）手动操作保护正确可靠 （4）在极限位置时，其机械闭锁与极限开关的电气连锁动作正确 （5）有载机构箱档位指示、分接开关本体位置指示、控制室内有载控制盒档位指示、监控系统上分接开关分接位置指示应一致	20	（1）未取下标识牌扣1分 （2）调试项目缺少一项扣3分，该项最多扣10分 （3）未进行手动操作保护测试扣3分 （4）未进行极限位置保护测试扣3分 （5）未进行指示位置位置检查扣3分		
6	安全文明生产	（1）严格遵守《电业安全工作规程》 （2）现场清洁 （3）工具、材料、设备摆放整齐 （4）填写检修记录内容齐全、准确、字迹工整	10	（1）违章作业每次扣1分，该项最多扣5分 （2）现场不清洁扣1分 （3）工具、材料、设备摆放凌乱扣2分 （4）未填写检修记录扣2分		
7	否决项	否决内容				
7.1	安全否决	作业工程中出现严重危及人身安全及设备安全的现象	否决	整个操作项目得0分		

2.2.10 BY3XG0101 真空滤油机的使用

1. 作业

1）工器具、材料、设备

（1）工器具：电工钳子、螺丝刀、电工刀 1 套、12in 活动扳手 2 把、万用表 1 块、塑料盆 1 个、塑料桶 1 个、2in 滤油接头 1 对。

（2）材料：3t 变压器油、2in 加固胶管 10m×2、滤油机滤芯各 1 套、清洁布块足量、酒精适量。

（3）设备：ZJB 型真空滤油机 1 台、不小于 5t 储油罐 1 个。

2）安全要求

（1）按要求着装。

（2）现场设置遮栏及相关标示牌。

（3）使用电工工具注意做好防护措施。

3）操作步骤及工艺要求

（1）作业前准备

①滤油前应查明绝缘油牌号、数量，掌握绝缘油化验报告及油罐储油情况。

②将真空滤油机放在储油罐附近，便于操作。

③清理油管路，达到清洁无油垢。

④清洗粗滤器，更换前后过滤器滤芯。

⑤应掌握设备有关油处理管路，加热管路、冷却管路，以及管道、阀门与各设备之间的关系。

⑥检查冷却系统应工作可靠。

⑦检查罗茨泵、真空泵油位应在油窗的 1/2 处。

⑧连接好有关进出油管路，紧固无渗油。

⑨应将滤油机外壳可靠接地，接引电源并检查相序。

（2）启动操作

①合上主开关，接通主电源及控制回路，检查运转部位，旋转方向是否正确，正确后关闭进出油阀门。

②启动真空泵，检查真空阀门是否开启，当真空度达到 0.06MPa 时，开启进油阀门。

③待油位达观察孔中线附近后启动排油泵，调节进油阀门直到进出油平衡。

④根据真空分离室内泡沫情况调节渗气阀门，正常后开启加热并调到所需温度。

（3）停止操作

①停止加热五分钟后关闭进油阀门，停止真空泵。

②打开渗气阀门，解除真空度，油排尽后停止排油泵。

③停止整机，关闭总电源空气开关。

（4）故障处理

①掌握电源接通后，系统不能启动产生的原因及处理方法。

②掌握 1 级真空泵真空度达不到 0.06MPa 的原因。

③能排除罐内油位不稳定现象。

④掌握泡沫不能消除的原因及处理方法。

⑤掌握排油量达不到额定值的原因，掌握处理方法。

⑥能排除报警失灵的故障。

（5）净化处理后的绝缘油

经过高真空净化处理的绝缘油，应达到"电气设备交接试验标准"及"绝缘油气相色谱分析"标准。

（6）注意事项

①禁止加热器无油干烧，禁止在关闭真空泵后不打开渗气阀门。

②禁止在加热器、排风扇、冷却循环有故障的情况下使用真空滤油机。

③禁止在无人时不关闭总电源和所有的阀门。

④滤油机在运行过程中，必须调整进油阀门以进油略大于出油为宜。

⑤滤油机存放一周以上不用时，必须更换新的真空泵油或进行处理。

⑥真空泵油的处理：打开真空泵气镇阀，启动真空泵 1 小时直到真空油无水。

⑦禁止真空泵在缺油、无油、脏油及无冷却水的情况下运行。

2. 考核

1）考核场地

变压器检修实训室。

2）考核时间

考核时间为 60min，考评员允许开工开始计时，到时即停止工作。

3）考核要点

（1）严格执行有关规程、规范。

（2）现场以 ZJB 型真空滤油机为考核设备，净化变压器油 3t。

（3）现场提供滤油前的油务化验报告。

（4）现场由 1 名检修工协助完成。

3. 评分标准

行业：电力工程		工种：变压器检修工				等级：三	
编号	BY3XG0101	行为领域	f	鉴定范围			
考核时限	60min	题型	B	满分	100 分	得分	
试题名称	真空滤油机的使用						
考核要点及其要求	（1）工作服、绝缘鞋、安全帽自备 （2）由 1 名助手协助完成 （3）防止大量漏油 （4）防止触电伤人 （5）防止机械伤害						
现场设备、工器具、材料	（1）工器具：电工钳子、螺丝刀、电工刀 1 套、12in 活动扳手 2 把、万用表 1 块；塑料盆 1 个、塑料桶 1 个、2in 滤油接头 1 对 （2）材料：3t 变压器油、2in 加固胶管 15m、滤油机滤芯各 1 套、清洁布块足量、酒精适量 （3）设备型号：ZJB 真空滤油机 1 台、不小于 5t 的储油罐 1 个						

备注						
			评分标准			
序号	考核项目名称	质量要求	分值	扣分标准	扣分原因	得分
1	作业前准备	（1）滤油前应查明绝缘油牌号、数量，掌握绝缘油化验报告及油罐储油情况 （2）将真空滤油机放在储油罐附近，便于操作 （3）清理油管路，达到清洁无油垢 （4）清洗粗滤器，更换前后过滤器滤芯 （5）应掌握设备有关油处理管路，加热管路、冷却管路，以及管道、阀门与各设备之间的关系 （6）检查冷却系统应工作可靠 （7）检查罗茨泵、真空泵油位应在油窗的1/2处 （8）连接好有关进出油管路，紧固无渗油 （9）应将滤油机外壳可靠接地，接引电源并检查相序	20	（1）未查明绝缘油状况或不掌握绝缘油化验报告扣2分 （2）滤油机位置不当不便于操作扣1分 （3）油管路脏污清理不彻底扣2分 （4）未清洗和更换滤芯每项扣2分 （5）不清楚各管路阀门与设备的关系扣2分 （6）未检查冷却系统扣1分 （7）未检查泵油位置扣1分 （8）油管连接不当扣2分 （9）设备未接地、电源相序不正确未改正扣2分		
2	启动操作	（1）合上主开关，接通主电源及控制回路、检查运转部位，旋转方向是否正确，正确后关闭进出油阀门 （2）启动真空泵，检查真空阀门是否开启，当真空度达到0.06MPa时，开启进出油阀门 （3）待油位达观察孔中线附近后启动排油泵，调节进油阀门直到进出油平衡 （4）根据真空分离室内泡沫情况调节渗气阀门，正常后开启加热并调到所需温度	15	（1）未正确判定旋转方向扣3分 （2）真空度未到定值扣4分 （3）启动排油泵时机不正确扣5分 （4）未检查泡沫情况扣3分		
3	停止操作	（1）停止加热五分钟后关闭进油阀门，停止真空泵 （2）打开渗气阀门，解除真空度，油排尽后停止排油泵 （3）停止整机，关闭总电源空气开关	10	（1）未提前关闭加热器扣5分 （2）油未排尽扣2分 （3）未关闭总电源扣3分		

序号	考核项目名称	质量要求	分值	扣分标准	扣分原因	得分
4	故障处理	（1）掌握电源接通后，系统不能启动产生的原因及处理方法 （2）掌握1级真空泵真空度达不到0.06MPa的原因 （3）能排除罐内油位不稳定现象 （4）掌握泡沫不能消除的原因及处理方法 （5）掌握排油量达不到额定值的原因，掌握处理方法 （6）能排除报警失灵的故障	20	（1）设备发生异常或故障现象，不能排除故障每项扣2分 （2）该项分值扣完为止		
5	净化处理后的绝缘油	经过高真空净化处理的绝缘油，应达到"电气设备交接试验标准"及"绝缘油气相色谱分析"标准	5	经油样化验未达到标准中规定的技术指标扣5分		
6	注意事项	（1）禁止加热器无油干烧，禁止在关闭真空泵后不打开渗气阀门 （2）禁止在加热器、排风扇、冷却循环有故障的情况下使用真空滤油机 （3）禁止在无人时不关闭总电源和所有的阀门 （4）滤油机在运行过程中，必须调整进油阀门以进油略大于出油为宜 （5）滤油机存放一周以上不用时，必须更换新的真空泵油或进行处理 （6）真空泵油的处理：打开真空泵气镇阀，启动真空泵1小时直到真空油无水 （7）禁止真空泵在缺油、无油、脏油及无冷却水的情况下运行	20	（1）不掌握注意事项，每项扣2分 （2）该项分值扣完为止		
7	安全文明生产	（1）严格遵守《电业安全工作规程》 （2）现场清洁 （3）工具、材料、设备摆放整齐 （4）填写检修记录内容齐全、准确、字迹工整	10	（1）违章作业每次扣1分该项最多扣5分 （2）现场不清洁扣1分 （3）工具、材料、设备摆放凌乱扣2分 （4）未填写记录扣2分		
8	否决项	否决内容				
8.1	安全否决	作业工程中出现严重危及人身安全及设备安全的现象	否决	整个操作项目得0分		

第四部分　技师

第四時代　外物

1 理论试题

1.1 单选题

La2A1001 变压器的简化等值电路适用于（ ）。
（A）稳态空载和负载 　　　　 （B）稳态负载
（C）突然短路 　　　　　　　　 （D）开路
答案：B

La2A2002 在不对称系统中，在有中线和无中线的两种情况下，相、线电流和相、线电压的关系应该是（ ）。
（A）线电压与相电压有区别，其他无区别
（B）线电流与相电流有区别，其他无区别
（C）均有区别
（D）均无区别
答案：C

La2A3003 在磁场中，通电矩形线圈的平面与磁力线垂直时，线圈受到的转矩（ ）。
（A）最大 　　 （B）最小 　　 （C）为零 　　 （D）前三种情况都有可能
答案：A

La2A4004 在磁动势均匀分布的等高同心式绕组中，漏磁场在绕组的整个高度上除了端部以外，（ ）。
（A）纯属辐向漏磁场
（B）纯属轴向漏磁场
（C）既不是纯辐向，也不是纯轴向漏磁场
（D）纯径向
答案：B

La2A5005 铁磁材料在反复磁化过程中，磁通密度 B 的变化始终落后于磁场强度 H 的变化，这种现象称为（ ）。
（A）磁滞 　　 （B）磁化 　　 （C）剩磁 　　 （D）磁阻
答案：A

Lb2A1006　星形接线的自耦变压器中性点如果不接地（或不经过小电抗器接地），则在高压电网发生单相接地故障时，对低压侧非故障相将会造成（　　）。

（A）过电流　　　　（B）过负荷　　　　（C）过电压　　　　（D）过热

答案：C

Lb2A1007　变压器二次侧突然短路时，短路电流大约是额定电流的（　　）倍。

（A）1～3　　　　（B）4～6　　　　（C）6～7　　　　（D）10～25

答案：D

Lb2A1008　感应雷过电压一般不超过 500kV，对（　　）等级的设备没有危险。

（A）10kV 及以下　　（B）35kV 及以下　　（C）35kV 及以上　　（D）110kV 及以上

答案：D

Lb2A1009　枢纽变电站宜采用（　　）方式，根据电网结构的变化，应满足变电站设备的短路容量约束。

（A）双母线接线或环形接线　　　　　　（B）双母接线或 3/2 接线

（C）双母分段接线或 3/2 接线　　　　　（D）双母分段接线或环形接线

答案：C

Lb2A1010　变压器在制造阶段的质量抽检工作，应进行电磁线抽检；根据供应商生产批量情况，应抽样进行突发（　　）试验验证。

（A）短路　　　　（B）断路　　　　（C）开路　　　　（D）冲击

答案：A

Lb2A1011　应开展变压器抗短路能力的（　　），根据设备的实际情况有选择性地采取加装中性点小电抗、限流电抗器等措施，对不满足要求的变压器进行改造或更换。

（A）实际工作　　　（B）保护工作　　　（C）检查工作　　　（D）校核工作

答案：D

Lb2A2012　变压器接入电网瞬间会产生激磁涌流，其峰值可能达到额定电流的（　　）。

（A）8 倍左右　　　（B）1～2 倍　　　（C）2～3 倍　　　（D）3～4 倍

答案：A

Lb2A2013　目前我国设计制造的大容量超高压变压器，同一相不同电压的绕组之间，或不同相的各电压绕组之间的主绝缘，多采用薄纸筒小油隙结构。纸筒厚度一般小于 4mm，油隙宽度小于（　　）mm。

（A）50　　　　（B）80　　　　（C）25　　　　（D）15

答案：D

Lb2A2014 在相同距离的情况下，沿面放电电压比油间隙放电电压（　　）。

(A) 高很多　　　　(B) 低很多　　　　(C) 差不多　　　　(D) 相等

答案：**B**

Lb2A2015 在电场极不均匀的空气间隙中加入屏障后，在一定条件下，可以显著提高间隙的击穿电压，这是因为屏障在间隙中起到了（　　）的作用。

(A) 隔离电场　　　　(B) 分担电压　　　　(C) 加强绝缘　　　　(D) 改善电场分布

答案：**D**

Lb2A2016 三相五柱三绕组电压互感器在正常运行时，其开口三角形绕组两端出口电压为（　　）V。

(A) 0　　　　(B) 100　　　　(C) 220　　　　(D) 380

答案：**A**

Lb2A2017 某变压器的型号为 SFP－70000/220，Ynd11 连接。电压：242000±2×2.5％/13800V。电流：167.3/2930A。做单相空载试验数据如下：ab 激磁，bc 短路：电压为 13794V，电流 I_{oab}＝55A，损耗 P_{oab}＝61380W。bc 激磁，ca 短路：电压为 13794V，电流 I_{obc}＝55A，损耗 P_{obc}＝61380W。ca 激磁，ab 短路：电压为 13794V，电流 I_{oca}＝66A，损耗 P_{oca}＝86460W。则三相空载损耗是（　　）W。

(A) 104600　　　　(B) 61380　　　　(C) 86460　　　　(D) 172920

答案：**A**

Lb2A2018 三相芯式三柱铁芯的变压器，其（　　）。

(A) ABC 三相空载电流相等　　　　(B) B 相空载电流小

(C) B 相空载电流大　　　　(D) 空载电流无法确定

答案：**B**

Lb2A2019 可以通过变压器的（　　）数据求变压器的阻抗电压。

(A) 空载试验　　(B) 短路试验　　(C) 电压比试验　　(D) 直流电阻试验

答案：**B**

Lb2A2020 为了使设备容量能得到充分利用，最好使并联运行的各台变压器其变比之差不超过 1％，漏阻抗标幺值之差不超过（　　）

(A) 20％　　　　(B) 10％　　　　(C) 25％　　　　(D) 15％

答案：**B**

Lb2A2021 有一台变压器的额定容量为 S_{NA}，短路阻抗百分值为 Z_{KA}％。另一台变压器的额定容量为 S_{NB}，短路阻抗百分值为 Z_{KB}％。若两台变压器的额定电压相等，接线组别相同，当其并联运行时，各分担的负载分别为 S_A 和 S_B，则两台变压器负载分配关系是( )。

(A) $S_A : S_B = (1/Z_{KA}\%) : (1/Z_{KB}\%)$

(B) $S_A : S_B = (S_{NA}/Z_{KA}\%) : (S_{NB}/Z_{KB}\%)$

(C) $S_A : S_B = (Z_{KA}\%/S_{NA}) : (Z_{KB}\%/S_{NB})$

(D) $S_A : S_B = S_{NA} : S_{NB}$

答案：B

Lb2A2022 35kV 电压等级的绕组其引线最小直径应不小于( )mm。

(A) 4　　　　　(B) 3　　　　　(C) 8　　　　　(D) 10

答案：A

Lb2A2023 110kV 电压等级的绕组其引线最小直径应不小于( )mm。

(A) 12　　　　(B) 8　　　　　(C) 20　　　　(D) 25

答案：A

Lb2A2024 Y，y 接线的配电变压器中性点引线的截面应不小于绕组引线截面的( )%。

(A) 25　　　　(B) 15　　　　(C) 40　　　　(D) 50

答案：A

Lb2A3025 当三相变压器采用以下( )联接时，即使接有线和线之间的单相负载，也不会产生零序电流。

(A) Y/△　　　(B) △/Y　　　(C) △/Y₀　　　(D) Y/Y₀

(A) $Y/\triangle$　　(B) $\triangle/Y$　　(C) $\triangle/Y_0$　　(D) Y/Y_0

答案：A

Lb2A3026 Y，d 连接的三相变压器，其一次、二次相电动势的波形都是( )波。

(A) 正弦　　　(B) 平顶　　　(C) 尖顶　　　(D) 锯齿

答案：A

Lb2A3027 Yy_{n0} 连接的三相变压器同极性端均取一次、二次侧的首端，若同极性端一次侧取首端，二次侧取末端，则其接线组别为( )。

(A) $Y，y_{n8}$　　(B) $Y，y_{n2}$　　(C) $Y，y_{n6}$　　(D) $Y，y_{n12}$

答案：C

Lb2A3028 变压器有载分接开关中的过渡电阻的作用为( )。

(A) 限制切换时的过渡电压　　　　　(B) 熄弧

(C) 限制切换过程中的循环电流　　　(D) 限制切换过程中的负载电流

答案：C

Lb2A3029　对于普通双绕组有载调压电力变压器，如果调压范围在 10％ 及以下，其调压电路适合于采用(　　)。

（A）线性调压　　　　（B）正反调压　　　　（C）粗细调压　　　　（D）单独调压器调压

答案：**A**

Lb2A3030　测量绝缘电阻及直流泄漏电流通常不能发现的设备绝缘缺陷是(　　)。

（A）贯穿性缺陷　　　　　　　　　　（B）整体受潮

（C）贯穿性受潮或脏污　　　　　　　（D）整体老化及局部缺陷

答案：**D**

Lb2A3031　工频耐压试验可以考核(　　)。

（A）高压线圈匝间绝缘损伤

（B）高压线圈与低压线圈引线之间绝缘薄弱

（C）高压线圈与高压分接接线之间的绝缘薄弱

（D）低压线圈匝间绝缘损伤

答案：**B**

Lb2A3032　铁芯中夹紧心柱和铁轭的螺杆、螺帽和垫板不可以接地的原因是(　　)。

（A）绝缘较厚不会产生放电现象

（B）该位置的金属部件不会感应带电

（C）其在不接地时，由于电容耦合作用，其电位与铁芯的电位基本一样

答案：**C**

Lb2A3033　考验变压器绝缘水平的一个决定性试验项目是(　　)。

（A）绝缘电阻试验　　（B）工频耐压试验　　（C）压比试验　　　　（D）升温试验

答案：**B**

Lb2A3034　对电容型绝缘结构的电流互感器进行(　　)时，不可能发现绝缘末屏引线在内部发生的断线或不稳定接地缺陷。

（A）绕组主绝缘及末屏绝缘的 $\tan\delta$ 和绝缘电阻测量

（B）油中溶解气体色谱分析

（C）局部放电测量

（D）一次绕组直流电阻测量及变比检查试验

答案：**D**

Lb2A3035　下述变压器绝缘预防性试验项目，对发现绕组绝缘进水受潮均有一定作用，而较为灵敏、及时、有效的是(　　)。

（A）测量 $\tan\delta$　　　　　　　　　　（B）油中溶解气体色谱分析

（C）测量直流泄漏电流和绝缘电阻　　　　（D）测定油中微量水分

答案：D

Lb2A3036 下列缺陷中能够由工频耐压试验考核的是(　　)。

（A）绕组匝间绝缘损伤

（B）外绕组相间绝缘距离过小

（C）高压绕组与高压分接引线之间绝缘薄弱

（D）高压绕组与低压绕组引线之间的绝缘薄弱

答案：D

Lb2A3037 (　　)电压值称为变压器的基准冲击水平（BIL），是变压器绝缘设计的基本依据。

（A）一分钟工频耐压　　　　　　　　　　（B）截波冲击试验

（C）全波冲击试验　　　　　　　　　　　（D）感应耐压

答案：C

Lb2A3038 工频高压试验变压器的特点是额定输出(　　)。

（A）电压高，电流小　　　　　　　　　　（B）电压高，电流大

（C）电压低，电流小　　　　　　　　　　（D）电压低，电流大

答案：A

Lb2A3039 进行三相变压器高压绕组的感应高压试验，只能(　　)。

（A）两相进行　　　　　　　　　　　　　（B）分相进行

（C）三相进行　　　　　　　　　　　　　（D）怎样都行

答案：B

Lb2A3040 电容式电压互感器电气试验项目(　　)的测试结果与其运行中发生二次侧电压突变为零的异常现象无关。

（A）测量主电容 C_1 的 $\tan\delta$ 和 C

（B）测量分压电容 C_2 及中间变压器的 $\tan\delta$、C 和 $M\Omega$

（C）电压比试验

（D）检查引出线的极性

答案：D

Lb2A3041 对于有载调压变压器，若切换开关在由 1 向 n 切换时，5、6 位置电阻值相等，则可以判定(　　)。

（A）分路电阻有问题　　　　　　　　　　（B）选择开关有问题

（C）切换开关不切换　　　　　　　　　　（D）没有问题

答案：C

Lb2A3042 有载调压开关动静触头接触电阻值要求小于( )微欧。

(A) 100　　　(B) 200　　　(C) 400　　　(D) 500

答案：**D**

Lb2A3043 变压器的绝缘电阻随温度的变化而变化，大约温度每变化 $10℃$，绝缘电阻 R_{60} 相差( )倍。

(A) 2　　　(B) 1.5　　　(C) 3　　　(D) 4

答案：**B**

Lb2A4044 额定电压为 110kV 及以下的油浸式变压器，电抗器及消弧线圈应在充满合格油，静置一定时间后，方可进行耐压试验。其静置时间如制造厂无规定，则应是( )。

(A) ≥6h　　　(B) ≥12h　　　(C) ≥24h　　　(D) ≥48h

答案：**C**

Lb2A4045 对无载分接开关的触头接触电阻的数值有( )要求。

(A) 接触电阻的数值应不小于 $500\mu\Omega$

(B) 接触电阻的数值应不大于 $300\mu\Omega$

(C) 接触电阻的数值应不大于 $500\mu\Omega$

(D) 接触电阻的数值应不大于 500Ω

答案：**C**

Lb2A4046 油浸式变压器绕组额定电压为 10kV，交接时或大修后该绕组连同套管一起的交流耐压试验电压为( )。

(A) 22kV　　　(B) 26kV　　　(C) 30kV　　　(D) 35kV

答案：**C**

Lb2A4047 2 号铜（代号 T_2）含杂质量不大于( )。

(A) 0.05%　　　(B) 0.1%　　　(C) 0.15%　　　(D) 0.4%

答案：**B**

Lb2A4048 4 号铜（代号 T_4）含杂质总量不大于( )。

(A) 0.1%　　　　　　　(B) 0.2%

(C) 0.5%　　　　　　　(D) 0.6%

答案：**C**

Lb2A4049 1 号铜（代号 T_1）含杂质总量不大于( )。

(A) 0.05%　　　(B) 0.1%　　　(C) 0.15%　　　(D) 0.3%

答案：**A**

Lb2A4050 3 号铜（代号 T_3）含杂质量不大于（　　）。

（A）0.05％　　　　（B）0.1％　　　　（C）0.3％　　　　（D）0.5％

答案：C

Lb2A4051 利用变压器本身箱壳进行真空干燥，其加热方法大致有以下 4 种，即：箱壳涡流加热、零序电流加热、短路电流加热、热油循环加热。最常用的两种是（　　）。

（A）箱壳涡流加热和零序电流加热　　　　（B）箱壳涡流加热和短路电流加热

（C）短路电流加热和热油循环加热　　　　（D）零序电流加热和热油循环加热

答案：A

Lb2A4052 在现场利用变压器箱体进行真空干燥，当真空度达到全真空时，箱壳每平方米受到的均匀压力为（　　）N。

（A）10　　　　（B）100　　　　（C）1000　　　　（D）98066.5

答案：D

Lb2A4053 烃类化合物是（　　）。

（A）凡含碳原子和氢原子化合而成的化合物

（B）凡以碳原子和氢原子化合而成的化合物

（C）含有碳氢键的化合物

（D）含碳、氢、氧化合而成

答案：B

Lb2A4054 配电变压器在运行中油的击穿电压应（　　）kV。

（A）不小于 5　　　　（B）不小于 10　　　　（C）不小于 15　　　　（D）不小于 20

答案：D

Lb2A5055 变压器的色谱油样的保存期不得超过（　　）天。

（A）1　　　　（B）4　　　　（C）6　　　　（D）10

答案：B

Lb2A5056 运行中的切换开关油室内变压器油的击穿电压应不低于（　　）。

（A）25kV　　　　（B）30kV　　　　（C）35kV　　　　（D）40kV

答案：B

Lb2A5057 油中含水量超过（　　）μL/L 后，油的击穿电压受杂质的影响较小，这时击穿电压主要决定于油中水分的含量。

（A）40　　　　（B）45　　　　（C）50　　　　（D）60

答案：A

Lb2A5058 油中含水量在( )ppm 以下时，油中是否含有其他固体杂质是影响油的击穿电压的主要因素。

(A) 40　　　　　(B) 50　　　　　(C) 60　　　　　(D) 45

答案：**A**

Lb2A5059 影响绝缘油的绝缘强度的主要因素是：( )

(A) 油中含杂质或水分　　　　　(B) 油中凝固点高

(C) 油中氢气偏高　　　　　　　(D) 油中黏度高

答案：**A**

Lb2A5060 变压器进水受潮时，变压器油中溶解气体色谱分析含量偏高的气体成分是( )。

(A) 乙炔　　　　　(B) 甲烷　　　　　(C) 氢气　　　　　(D) 一氧化碳

答案：**C**

Lc2A1061 如图所示，用 P_1 力推动物体或用 P_2 力（$P_1 = P_2$）拉物体，则用 P_2 力拉物体时( )。

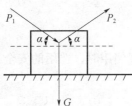

(A) 省力　　　　　　　　　　　(B) 费力

(C) 作用效果不变　　　　　　　(D) 省一倍的力

答案：**A**

Lc2A2062 用卷扬机牵引设备或用于起吊重物时，当跑绳在卷筒中间时，跑绳与卷筒的位置一般应( )。

(A) 偏一小角度　　(B) 偏角小于 15°　　(C) 垂直　　(D) 任意角度

答案：**C**

Lc2A3063 吊钩在使用时，一定要严格按规定使用。在使用中( )。

(A) 只能按规定负荷的 70% 使用　　(B) 不能超负荷使用

(C) 只能超过规定负荷的 10%　　　　(D) 可以短时按规定负荷的一倍半使用

答案：**B**

Lc2A4064 为满足电弧焊接的要求，电焊变压器具有( )。

(A) 迅速下降的外特性　　　　　(B) 较硬的外特性

(C) 基本水平的外特性   (D) 上升的外特性

答案：**A**

Lc2A5065 交流电焊机动铁芯的制动螺钉或弹簧过松，会出现（   ）现象。

(A) 焊接电流忽大忽小   (B) 焊接电流很小

(C) 焊接时有"嗡"声   (D) 焊接电流很大

答案：**C**

Jd2A1066 用板牙在圆杆上切削出外螺纹的方法叫（   ）。

(A) 套丝   (B) 弓丝   (C) 拔丝   (D) 抽丝

答案：**A**

Jd2A2067 零件的孔与轴的配合方式有间隙配合（动配合）、过盈配合（静配合）、过渡配合三种，其中孔的实际尺寸大于轴的实际尺寸，两者之间存在最小的保险间隙，用于保证孔与轴相对运动（滑动或转动）的配合叫（   ）。

(A) 间隙配合（动配合）   (B) 过盈配合（静配合）

(C) 过渡配合   (D) 滑动或转动配合

答案：**A**

Jd2A3068 钢丝绳作为缆风绳使用时，选用的安全系数为 3.5，作为轻型起重绳使用时，安全系数为（   ）。

(A) 2   (B) 3   (C) 5   (D) 8

答案：**C**

Jd2A4069 在选择钢丝绳的安全系数时，应按以下原则（   ）选用。

(A) 与重物的质量相等   (B) 安全、经济

(C) 经济   (D) 安全

答案：**B**

Je2A1070 一台变压器油的色谱分析结果，总烃含量增长较快，乙炔较少，说明故障的性质为（   ）。

(A) 过热性故障   (B) 放电性故障

(C) 受潮性故障   (D) 固体绝缘老化故障

答案：**A**

Je2A2071 吸湿器即使工艺制造及材料均无任何改变，每隔 1 年亦应测定一次呼吸力，其呼吸力不得大于（   ）kPa。

(A) 15   (B) 20   (C) 25   (D) 49.03

答案：**D**

Je2A2072 强迫油循环风冷却器检修后，必须进行油压试漏，试验压力为(   )kPa。

(A) 50~100　　　　(B) 200~300　　　　(C) 100~150　　　　(D) 150~200

答案：**B**

Je2A2073 对某故障变压器的油进行色谱分析，其组分是：总烃不高，氢（H_2）＞100ppm，甲烷为总烃中的主要成分。用特征气体法判断属于(   )故障。

(A) 一般过热性　　(B) 严重过热性　　(C) 局部放电　　(D) 电弧放电

答案：**C**

Je2A3074 如测得变压器铁芯绝缘电阻很小或接近零，则表明铁芯(   )。

(A) 多点接地　　　　　　　　　(B) 绝缘良好

(C) 片间短路　　　　　　　　　(D) 运行时将出现高电位

答案：**A**

Je2A3075 在现场利用变压器箱体进行真空干燥实验，箱体最易变形凹陷，停止继续抽真空是当箱壳变形达到(   )时。

(A) 箱壳钢板厚度的 2 倍　　　　(B) 箱壳钢板厚度的 3 倍

(C) 箱壳钢板厚度的 1 倍　　　　(D) 箱壳钢板厚度的 4 倍

答案：**A**

Je2A3076 铁芯与钢垫脚之间有垫脚绝缘，它承受着很大的压力。大修时检测其绝缘是否良好使用的仪表是(   )。

(A) 电压表　　　(B) 兆欧表　　　(C) 电流表　　　(D) 瓦特表

答案：**B**

Je2A4077 变压器油色谱分析结果，乙炔占总烃含量高，则判断变压器故障是(   )。

(A) 严重过热　　(B) 火花放电　　(C) 电弧放电　　(D) 受潮故障

答案：**C**

Je2A4078 对某故障变压器的油进行色谱分析，其组分是：总烃不高，氢（H_2）＞100μL/L，甲烷（CH_4）为总烃中的主要成分。用特征气体法判断属于(   )故障。

(A) 一般过热性　　　　　　　　(B) 严重过热性

(C) 局部放电　　　　　　　　　(D) 电弧放电

答案：**C**

Je2A5079 一台正在运行的 Yy_n 接线的三相变压器，测得二次侧三相相电压和三相线电压均为 380V，a 相和 b 相对地电压均为 380V，c 相对地相电压为零，该变压器发生了(   )的故障。

(A) 变压器二次中性点未接地，a 相接地

(B) 变压器二次中性点未接地，b 相接地

(C) 变压器二次中性点未接地，c 相接地

(D) A、B 两相短路

答案：**C**

Jf2A1080　大型变压器运输时要充氮气是因为(　　)。

(A) 大型变压器由于质量过大，不能带油运输

(B) 氮气比变压器油便宜，节约成本

(C) 充氮比充油操作方便

(D) 氮气不易燃烧

答案：**A**

Jf2A2081　下列描述红外线测温仪特点的各项中，项目(　　)是错误的。

(A) 是非接触测量、操作安全、不干扰设备运行

(B) 不受电磁场干扰

(C) 不比蜡试温度准确

(D) 对高架构设备测量方便省力

答案：**C**

Jf2A2082　电网中的自耦变压器中性点必须接地是为了避免当高压侧电网发生单相接地故障时，在变压器(　　)出现过电压。

(A) 高压侧　　　　(B) 中压侧　　　　(C) 低压侧　　　　(D) 中压侧

答案：**D**

Jf2A3083　有载调压开关操作电源的范围为(　　)额定值。

(A) 65%～120%　　(B) 65%～110%　　(C) 85%～120%　　(D) 85%～110%

答案：**D**

Jf2A3084　电力变压器装设的各种继电保护装置中，属于主保护的是(　　)。

(A) 复合电压闭锁过流保护

(B) 零序过电流、零序过电压保护

(C) 瓦斯保护、差动保护

(D) 过负荷保护、超温保护及冷却系统的保护

答案：**C**

Jf2A3085　有一台 800kV·A 变压器一般应配备(　　)保护

(A) 差动、过流　　(B) 过负荷、瓦斯　(C) 过电流、瓦斯　(D) 差动、瓦斯

答案：**C**

Jf2A3086 由于调整电力变压器分接头，会在其差动保护回路中引起不平衡电流增大，解决方法为(   )。

(A) 增大平衡线圈匝数　　　　　(B) 适当提高差动保护的整定值

(C) 减少平衡线圈匝数　　　　　(D) 降低差动保护的整定值

答案：**B**

Jf2A4087 压力释放阀在油箱内压强达到 $5.07 \times 10^4 Pa$（0.5 个大气压）时应可靠释放；容量不小于 120000kV·A 的变压器应设置压力释放器的个数为(   )。

(A) 1　　　　(B) 0　　　　(C) 2　　　　(D) 4

答案：**C**

Jf2A5088 不同相套管户外最小净距为：额定电压 1~10kV 时为 125mm；额定电压 35kV 时为 340mm；额定电压 110kV 时为 830mm；额定电压 220kV 时为(   )mm。

(A) 1800　　　　(B) 180　　　　(C) 1000　　　　(D) 1200

答案：**A**

1.2 判断题

La2B1001 在孤立的正点电荷电场中，有一质量可不计的带正电的微粒，由静止开始作直线运动，速度逐渐增大，该微粒电动势能逐渐减小。（√）

La2B2002 无功功率是不做功的功率，所以不起任何作用。（×）

La2B2003 三相变压器只要有一侧的绕组为三角形接法，其电动势和磁通的波形就近似为正弦形。（√）

La2B3004 励磁电流与通过该励磁电流绕组匝数的乘积叫磁势，又称磁动势，以 $N \cdot I$ 表示。（√）

La2B3005 磁动势是磁路中产生磁通的根源，因此也是反映磁场强弱的量；磁动势越大，产生的磁通越大，说明磁场越强。（√）

La2B4006 螺管绕组中感应电动势的大小与绕组内磁通变化的速度成反比，并随绕组的匝数增加而减少。（×）

La2B5007 在一定电压下，励磁电流的大小和波形，取决于铁芯的饱和程度。（√）

Lb2B1008 绕组的压紧程度与变压器承受短路能力无关。（×）

Lb2B1009 变压器在电压初相角 α＝0° 时，突然短路电流最大。（√）

Lb2B1010 在一般情况下，110kV 等级变压器的 10kV 内绕组的上端引出线每边绝缘厚度为 6mm，下端引出线每边绝缘厚度为 6mm。220kV 等级变压器的 35kV 内绕组的上端引出线，每边绝缘厚度为 16mm，下端引出线每边绝缘厚度为 10mm。允许偏差均为 1～2mm。（√）

Lb2B1011 目前取向电工硅钢片具有双面耐热氧化膜或有机绝缘涂层，每层厚度不超过 3～4μm，在 5kg/cm^2 的压力下，双层绝缘表面电阻不小于 70Ω·cm^2。（√）

Lb2B1012 使电介质发生击穿的最高电压称为击穿电压。（×）

Lb2B1013 空气的电阻比导体的电阻大得多，可视为开路，而气隙中的磁阻比磁性材料的磁阻大，但不能视为开路。（√）

Lb2B1014 绕组绝缘件（如绝缘纸筒、垫块、撑条及端绝缘等）构成绕组的主绝缘和纵绝缘，使绕组固定于一定的位置，并形成冷却油道。（√）

Lb2B2015 40kV 及以下变压器的绝缘套管，是以瓷质或主要以瓷质作为对地绝缘的套管。它由瓷套、导电杆和有关零部件组成。（√）

Lb2B2016 在尖一平板（→├）电极的油间隙之间放置隔板，会大大提高间隙的击穿电压，此时隔板应靠近尖电极。（√）

Lb2B2017 如果用木夹固定变压器绕组的引线，必须保证不发生沿木夹件对地沿面放电。（√）

Lb2B2018 由于变压器空载运行时存在有功损耗，励磁电流与其建立的磁通之间存在相位差。（√）

Lb2B2019 变压器的一次绕组为 500 匝，二次绕组为 50 匝，若将它接入 380V 电路中，二次侧可获得的电压为 38V；若二次侧负载电流为 3A，则一次侧电流为 30A。（×）

Lb2B2020 变压器的励磁电抗随铁芯的饱和程度增加而增大。（×）

Lb2B2021 由磁致伸缩所产生的噪声水平随磁通密度的增大而增高，当磁通密度由 B_1 变到 B_2 时，噪声水平的变化为 $\Delta L \approx 50 \lg B_2 / B_1$。（√）

Lb2B2022 硅钢片在周期变化的磁场作用下改变自己的尺寸，这种现象称为磁致伸缩现象。磁致伸缩振动的频率等于电网频率的 2 倍，振动是非正弦波，因而包含着高次谐波。（√）

Lb2B2023 变压器在运行中会产生损耗，损耗分为铁损耗和涡流损耗两大类。（×）

Lb2B2024 有功功率和无功功率之和称为视在功率。（×）

Lb2B2025 变压器的铁芯损耗与变压器一次侧所加的电压的平方成正比。（√）

Lb2B2026 变压器的短路阻抗 $Z_1\%$ 越大，则变压器的电压变化率越大。（√）

Lb2B2027 变压器负载运行时，其激磁磁势为一次绕组磁势和二次绕组磁势的相量和，且负载运行时一次、二次电流通常比空载电流大得多，所以负载运行时的激磁磁势比空载时大得多。（×）

Lb2B2028 变比不等的变压器并联运行，除循环电流引起损耗增加外对设备容量的利用率不产生影响。（×）

Lb2B2029 两台变压器的变比不等并列运行，在二次绕组中会产生环流，当达到一定值后，就会烧毁变压器。（√）

Lb2B2030 10kV 级以下的电力变压器中，绕组沿圆周布置垫块数目和线圈沿圆周分布的撑条数目是不相同的。（√）

Lb2B2031 连续式绕组的线段种类和垫纸板条的段数要尽量少，垫纸板条线段的纸板条总厚度不超过线段辐向尺寸的 1/3。纸板条尽可能垫在正段匝间，但首末线段因主纵绝缘要求所垫的纸板条位置不得变动。（√）

Lb2B2032 绕组中的纠结是指纠结单元内进行"纠结"连接的导线，连线是指一个纠结单元进入下一个纠结单元的导线。（√）

Lb2B2033 绕组导线的换位分完全换位和不完全换位，完全换位必须满足的条件是通过换位，使并联的每根导线在漏磁场中所处的位置相同，换位后每根导线长度相等。（√）

Lb2B3034 强迫油循环风冷却器的集油室内设有隔板，将集油室分成几个小区域，其目的是增长油的流通路径。（√）

Lb2B3035 单相变压器的接线组标号的时钟序数只有 6 和 12 两种。（√）

Lb2B3036 三相变压器高压侧线电动势 E_{AB} 领先于低压侧线电动势 E_{ab} 的相位为 n 倍 $30°$，则该变压器的接线组标号的时钟序数为 $n/2$。（×）

Lb2B3037 变压器调压一般都从高压侧抽头。（√）

Lb2B3038 变压器电压比试验除用于证明电压比之外，还可判断出绕组匝间或层间有无短路以及开关引线有无接错等故障。（√）

Lb2B3039 不会导致绝缘击穿的试验叫做非破坏性试验。通过这类试验可以及时地发现设备的绝缘缺陷。（√）

Lb2B3040 电流互感器一次绕组与母线等一起进行交流耐压试验时，其试验电压应

采用相连设备中的最高试验电压。（×）

Lb2B3041 变压器空载试验的目的是测量短路损耗和阻抗电压，以检查铁芯结构质量。（×）

Lb2B3042 感应耐压试验可同时考核变压器的纵绝缘和主绝缘。（√）

Lb2B3043 良好的设备绝缘其泄漏电流与外施直流电压的关系是近似的线性关系。（√）

Lb2B3044 变压器工频耐压试验的作用是考核变压器的主绝缘强度，感应高压试验的作用是考核变压器主、纵绝缘强度。（√）

Lb2B3045 测量变压器绕组的直流电阻，可判断导线焊接质量、绕组短路、开关接触不良或引线接错等故障。（√）

Lb2B3046 进行交流耐压试验前后应测其绝缘电阻，以检查耐压试验前后被测试设备的绝缘状态。（√）

Lb2B3047 运行中配电变压器油的化验和电气试验项目为酸价、pH 值、水分和击穿电压。（√）

Lb2B3048 绕组电阻测量 R_t，换算到 75℃ 参考温度的温度换算系数 $K = (\alpha+75) / (\alpha+t)$。其中 t 为测量时绕组的温度（℃）；α 是导线材料温度系数，铜为 235，铝为 225。（√）

Lb2B3049 变压器做空载试验时要加额定电压。（√）

Lb2B3050 测量 PT 一次绕组的直流电阻应使用双臂电桥，测量其二次绕组的直流电阻应使用单臂电桥。（×）

Lb2B3051 交接试验时测量电力变压器绕组连同套管的 tgδ 值不应大于产品出厂试验值。（×）

Lb2B3052 变压器做短路试验时要加额定电压。（×）

Lb2B3053 根据直流泄漏电流测量值及其施加的直流试验电压值，可以换算出试品的绝缘电阻值。（√）

Lb2B3054 进行工频高电压测量，可以采用直接测量或间接测量。直接测量常采用静电电压表和球隙进行；间接测量常采用电压互感器和分压器以及与其相配合的测量仪器进行。（√）

Lb2B3055 变压器做空载试验时，无论在高压侧加额定电压还是在低压侧加额定电压，铁芯中的磁通是相同的。（√）

Lb2B3056 交接试验时，电力变压器绕组直流电阻，与同温下产品相同部位出厂实测数值比较，相应变化不应大于 2%。（√）

Lb2B3057 钢的热处理方法可分为退火、正火、淬火、回火及表面热处理 5 种。（√）

Lb2B3058 铸铁和钢的主要区别在于含碳量的不同，铸铁的含碳量比钢大，而且所含的硅、锰、磷、硫也较钢多。（√）

Lb2B3059 介质的绝缘电阻随温度升高而减少，金属材料的电阻随温度升高而增加。（√）

Lb2B4060 变压器干燥时，线圈的最高温度不得超过 95～105℃（根据绝缘材料和测

温方法决定）。（√）

Lb2B4061 中和 1g 油中酸性组分所需要的氢氧化钾的毫克数称为油的酸价。（√）

Lb2B4062 表征变压器油中水溶性酸碱的 pH 值，随运行时间的增加而逐渐降低。（√）

Lb2B4063 绝缘纸板在变压器中常用来作为主绝缘的软纸筒、支撑条、垫块、相间隔板、绕组的支持绝缘及端绝缘和铁轭绝缘。（√）

Lb2B4064 型号为 DY50/50，厚度为 5mm 的绝缘纸板在常态下电击穿强度为 50Hz，不低于 32kV/mm。（√）

Lb2B4065 变压器油的介电系数比绝缘纸板的介电系数大。（×）

Lb2B4066 对某一绝缘材料，其脉冲击穿电压大于直流击穿电压，直流击穿电压大于工频击穿电压。（√）

Lb2B4067 色谱分析结果显示乙烯浓度高，其次是甲烷和氢，则有局部过热。（√）

Lb2B4068 绝缘材料又称电介质。它与导电材料相反，在施加直流电压下，除有极微小泄漏的电流通过外，实际上不导电。（√）

Lb2B4069 变压器油的基本物理化学性质有：密度、闪点、黏度、凝固点、含硫量等。这些性质主要取决于原油的性质和加工炼制的质量。在运行使用中是很少改变的。（√）

Lb2B4070 型号为 DK 的绝缘纸板可以在油中使用；型号为 DY 的绝缘纸板可以在空气中使用。（×）

Lb2B4071 漆布的性能和机械强度，除与浸渍漆有关外，主要取决于织物底材。其中以玻璃漆布的抗张强度较好。（×）

Lb2B5072 变压器油再生处理常用的方法有：热油、硫酸处理法；静电再生法；吸附过滤法、接触处理法和常温再生法。（√）

Lb2B5073 故障变压器油闪点降低的原因，一般是由于油的分解产生低分子碳水化合物溶于油造成的。（√）

Lb2B5074 变压器油老化后黏度增大。（√）

Lb2B5075 变压器油中的水分、杂质、游离碳和沉淀物等，说明油被外界杂质和被氧化产物的污染情况。（√）

Lb2B5076 受潮的变压器油的击穿电压一般随温度升高而上升，但温度达 80℃ 及以上时，击穿电压反而下降。（√）

Lb2B5077 表征油老化的性质有水溶性酸碱、酸值、皂化值、钠试验等级、抗乳化度、安定性、碳基含量、界面张力等。这一类性质除与原油的性质和加工炼制的质量有关外，还与外界条件有关。如：与氧的接触、温度、金属的接触有密切的关系。这些性质在使用中是经常变化的，应经常进行监督和控制。（√）

Lb2B5078 变压器油的再生处理是采用吸附能力强的吸附剂把酸除掉。（√）

Lc2B1079 钢丝绳作为牵引绳使用时，其安全系数为 4～6 倍。（√）

Lc2B1080 起重重物时，为提高工作效率，一定要快吊快放。（×）

Lc2B2081 滑轮轮轴磨损量达到轮轴公称直径的 3%～5% 时需要换轮轴。滑轮槽壁

磨损达到厚度的 10％，径向磨损量达到绳直径的 25％时均要检修或更换。（√）

Lc2B2082 麻绳与滑轮组配合使用时，滑轮的最小直径 D 必须不小于 $7 \times d$（d 为麻绳直径）。（√）

Lc2B3083 起重量不明的滑轮，可用经验公式：$Q = 0.163 \times D^2 N$ 进行估算。（D 为滑轮直径，单位 mm）。（√）

Lc2B3084 涤纶绳的伸长与载重成正比，额定满载时，最大伸长率为 36％左右。（√）

Lc2B3085 万能角度尺属于游标量具。（√）

Lc2B3086 钢丝绳直径减少了 30％时应报废。（×）

Lc2B3087 在有爆炸危险的场所，不得用金属管、建筑物和构筑物的金属结构作为接地线。（√）

Lc2B4088 "PDCA" 循环，是组织质量改进工作的基本方法。（√）

Lc2B4089 异步电动机的接法为 380V，△是指当电源线电压为 380V 时，接成三角形。（√）

Lc2B5090 将零线上的一处或多处，通过接地装置与大地再次连接的措施称为重复接地。（√）

Jd2B1091 零件尺寸允许的变动量，称为尺寸公差（简称公差）。（√）

Jd2B2092 国标中对未注公差尺寸的公差等级（即旧国标中所称的自由尺寸）在加工时并没有任何限制性的要求。（×）

Jd2B2093 零件的极限尺寸就是零件允许达到的最大尺寸。（×）

Jd2B3094 钻孔时，如果切削速度太快，冷却润滑不充分，会造成钻头工作部分折断。（√）

Jd2B3095 钻孔时，如果切削速度太慢，冷却润滑充分，会造成钻头工作部分折断。（×）

Jd2B4096 使用千斤顶进行起重作业时，放置千斤顶的基础必须稳固可靠。在地面设置千斤顶时，应垫上道木或其他适当的材料，以扩大支承面积。（√）

Je2B1097 变压器大修后，装有油枕的变压器在合闸送电前，可无需放出外壳和散热器上部残存的空气。（×）

Je2B2098 变压器绕组进行大修后，如果匝数不对，进行变比试验时即可发现。（√）

Je2B4099 仅根据油中气体分析结果的绝对值是很难对故障的严重性作出正确判断的，必须考察故障的发展趋势，也就是故障点的产气速率。（√）

Jf2B1100 对电容量大或电缆等设备进行试验时，在试验前后不必放电。（×）

Jf2B1101 为了防止零线断裂而造成用电器的金属外壳带电，目前在工厂内广泛应用重复接地。（√）

Jf2B1102 可以利用金属外皮、蛇皮管、保温管、电缆金属保护层或金属网作接地线。（×）

Jf2B1103 变压器充电时，励磁涌流的大小与断路器瞬间电压的相位角有关。（√）

Jf2B1104 带有套管型电流互感器的风冷变压器应有吹风装置控制箱。在负载电流大于 2/3 额定电流或油面温度达到 56℃ 时，应投入风扇电动机，当负载电流低于 1/2 额定电流且油面温度低于 50℃ 时应切除风扇电动机。（×）

Jf2B1105 变压器噪声的主要声源是铁芯（由于磁致伸缩）和在某些冷却系统中采用的风扇及潜油泵的噪声。（√）

Jf2B1106 容量 2000～10000kV·A 及以下较小容量的变压器，采用电流速断保护与瓦斯保护配合，即可排除变压器高压侧及其内部的各种故障。（√）

Jf2B1107 10kV 电力变压器气体继电器保护动作时，重瓦斯动作作用于跳闸。（√）

Jf2B1108 10kV 电力变压器过负荷保护动作后，经一段时间发出警报信号，不作用于跳闸。（√）

Jf2B1109 变压器的电流速断保护能瞬时切除变压器一侧次（指单侧电源的电源侧）引出线及部分绕组的故障，但不能保护变压器全部二次绕组及变压器二次侧主连接线上的短路故障。（√）

Jf2B1110 瓦斯保护是变压器的唯一主保护。（×）

Jf2B1111 在变压器差动保护电流互感器范围以外改变一次电路的相序时，变压器差动保护用的 CT 二次接线也应相应随着作变动。（×）

Jf2B1112 有载变压器的差动保护应使用 BCH−2 型继电器。（×）

1.3 多选题

La2C1001 在简述电流互感器的基本原理时可以使用到( )概念。
(A) 在忽略激磁损耗的情况下，$U_1/W_1 = U_2/W_2$
(B) 在忽略激磁损耗的情况下，$I_1/W_1 = I_2/W_2$
(C) 电流互感器的铁芯上装有一次和二次绕组，设一次绕组的匝数为 W_1、电流为 I_1，二次绕组的匝数为 W_2、电流为 I_2
(D) 在忽略激磁损耗的情况下，$I_1 W_1 = I_2 W_2$，即 $I_2 = I_1 W_1/W_2$
答案：CD

La2C1002 R、L、C 并联电路处于谐振状态时，电容 C 两端的电压不等于( )。
(A) 电源电压与电路品质因数 Q 的乘积
(B) 电容器额定电压
(C) 电源电压
(D) 电源电压与电路品质因数 Q 的比值
答案：ABD

La2C1003 有关自感电动势说法正确的是( )。
(A) 由通电线圈本身电流的变化而产生的感应电动势叫做自感电动势
(B) 自感电动势的大小为 $E = L\triangle i/\triangle t$
(C) 自感电动势的大小与线圈本身的电感和电流成正比
(D) 自感电动势的大小与线圈本身的电感和电流的变化率成正比
答案：ABD

La2C1004 关于互感电动势叙述正确的有( )。
(Λ) 两个互相靠近的绕组，当一个绕组中的电流发生变化时，在另一个绕组中产生感应电动势
(B) 互感现象不是电磁感应现象
(C) 互感现象是一种电磁感应现象
(D) 两个绕组电路上是互不相通的，而是通过磁耦合在电气上建立联系
答案：ACD

La2C1005 铁磁材料的磁化现象主要表现为( )。
(A) 广泛地应用于电子仪表与微机等设备中用以产生磁场
(B) 当铁磁材料被引入外磁场时，在外磁场的作用下，内部分子磁矩排列整齐的过程称为磁化
(C) 某些铁磁物质一经磁化，即使去除外磁场后，仍有很大的剩余磁感应强度

（D）铁、钢、镍、钴等铁磁材料，没有受外磁场的作用时，其分子电流所产生的合成磁矩在宏观上等于零，不呈现磁性

答案：BCD

Lb2C1006 变压器二次侧出口突然短路，对变压器的危害主要表现在（　　）。
（A）产生的短路电流影响变压器的热稳定，可能使变压器受到损坏
（B）产生的过电压影响变压器的绝缘，可能造成绝缘击穿
（C）短路电流产生的电动力影响变压器的动稳定
（D）产生的过电流使负载损耗增加，影响变压器的输出效率

答案：AC

Lb2C1007 绝缘材料的热击穿是由于（　　）造成的。
（A）在电压的作用下绝缘材料的介质损耗随温度的增加而增大
（B）绝缘材料增加的热量大于散发的热量时绝缘材料加速老化、绝缘强度降低
（C）温度高
（D）电压高

答案：AB

Lb2C1008 胶纸制品是用单面涂以酚醛树脂的胶纸卷成筒状或管状，再经烘烤及涂漆处理而成，具有良好的电气性能及机械强度，常用作变压器（　　）绝缘。
（A）绕组和铁芯之间的绝缘
（B）绕组和绕组之间的绝缘
（C）铁轭螺杆和分接开关的之间的绝缘
（D）引线与引线之间的绝缘
（E）铁芯对地的绝缘

答案：ABC

Lb2C1009 电力变压器在运行中要承受时断时续的机械应力、张力、压力、扭力以及大气过电压和内部过电压的作用，对绝缘材料有（　　）的基本要求。
（A）结实紧密，对空气、湿度的作用稳定
（B）额定工作电压下不能产生放电
（C）有高的电击穿、耐电弧及机械强度
（D）价格便宜、可塑性强
（E）额定工作电压下放电量小

答案：ACE

Lb2C1010 有（　　）几种措施可以提高绕组对冲击电压的耐受能力。
（A）加静电屏　　　　　　　　　　（B）增大纵向电容

(C) 加强端部线匝的绝缘　　　　　(D) 增大横向电容

(E) 加静电环

答案：BCE

Lb2C1011 通常采取(　　　)绕组增大纵向电容，提高绕组对冲击电压的耐受能力。

(A) 连续式绕组　　　　　　　　　(B) 内屏蔽式绕组

(C) 分区补偿绕组（递减纵向电容补偿）(D) 纠结式绕组

(E) 分段式绕组

答案：BCD

Lb2C2012 电压为 10kV 级配电变压器，其高低压绕组之间主绝缘的最小允许距离是(　　　)。

(A) 10kV 圆筒式绕组为 10.5mm

(B) 10kV 圆筒式绕组为 8.5mm

(C) 10kV 饼式绕组拉螺杆压紧的硬纸筒结构为 15.5mm

(D) 10kV 饼式绕组拉螺杆压紧的硬纸筒结构为 17.5mm

(E) 压钉压板压紧的软纸筒结构为 17mm

(F) 压钉压板压紧的软纸筒结构为 19mm

答案：BCE

Lb2C2013 在变压器中常用的绝缘纸板厚度有(　　　)。

(A) 0.5mm、1.0mm　　　　　　　(B) 1.5mm、2.0mm

(C) 2.5mm、3.0mm　　　　　　　(D) 3.5mm、4.0mm

(E) 4.5mm、5.0mm

答案：ABC

Lb2C2014 电缆纸的厚度有 0.08mm、0.12mm、0.17mm 等，型号有 DLZ－0.8、DLZ－12、DLZ－17，在变压器中可用于(　　　)。

(A) 铁轭绝缘

(B) 绕组层间绝缘

(C) 引线绝缘以及端部绕组引线的加强绝缘

(D) 导线绝缘

答案：BCD

Lb2C2015 新安装和大修后的变压器严格按照有关标准或厂家规定真空注油和热油循环(　　　)，均达到要求。对有载分接开关的油箱同时按照相同要求抽真空。

(A) 安装工艺　　　　　　　　　　(B) 真空度

(C) 抽真空时间　　　　　　　　　(D) 注油速度

（E）热油循环时间、温度

答案：BCDE

Lb2C2016 运行中的变压器油色谱异常、怀疑设备存在放电性故障时，首先应采取多种手段排除（　　）等其他原因。进行局部放电测量应慎重。

（A）遭受低压侧短路冲击　　　　　　（B）绕组变形

（C）受潮　　　　　　　　　　　　　（D）油流带电

答案：CD

Lb2C2017 自耦变压器星形接线中性点必须接地（或经过小电抗器接地），是因为如果中性点不接地，在高压电网发生单相接地故障时，则会造成（　　）。

（A）中性点电位降低

（B）中性点电位升高

（C）非故障相的低压侧对地电压将升高，它比正常情况下低压侧线电压还大

（D）非故障相的低压侧对地电压将降低，它比正常情况下低压侧相电压还低

答案：BC

Lb2C2018 关于电压互感器的额定电压因数正确的是（　　）。

（A）额定电压因数是在规定时间内能满足热性能及准确等级的最大电压与额定一次电压的比值

（B）额定电压因数是电压互感器的主要技术数据之一

（C）系统发生单相接地故障时，该因数一般不超过 1.5 或 1.6（中性点有效接地系统）和 1.9 或 2.0（中性点非有效接地系统）

（D）它与系统电压及运行方式有关

（E）它与系统最高电压及接地方式有关

答案：ABCE

Lb2C2019 由于铁芯方面的原因，造成变压器空载损耗增加一般有（　　）。

（A）硅钢片之间绝缘不良，穿芯螺杆、轭铁螺杆或压板的绝缘损坏

（B）设计不当致使轭铁中某一部分磁通密度过大

（C）铁芯中的油道堵塞、铁芯温度增加

（D）铁芯中有一部分硅钢片短路

（E）夹件螺栓松动，穿芯螺杆、轭铁螺杆或压板紧固力不够

答案：ABD

Lb2C2020 绝缘油的氧化分为（　　）阶段。

（A）加速阶段　　　　　　　　　　　（B）深化阶段

（C）发展阶段　　　　　　　　　　　（D）迟滞阶段

（E）开始阶段

答案：**CDE**

Lb2C2021 在大多数情况下，电源的线电压和相电压都可以认为是近似对称的，不对称的星形负载若无中线或中线上阻抗较大，则其（　　）和（　　）出现之间的电压，此种现象称为中性点位移。

（A）变压器中性点　（B）电源的中性点　（C）负载中性点　　　（D）负载

（E）电源

答案：**BC**

Lb2C2022 出现中性点位移的后果是（　　）。

（A）电源各相电压不一致

（B）负载各相电压不一致

（C）影响设备的正常工作、有可能造成设备损坏

（D）对三相负荷，容易出现零序电流，加大空损和发热

答案：**BCD**

Lb2C2023 当电流的标幺值相等，负载阻抗角也相等时变压器短路阻抗 $Z_k\%$ 的大小对变压器电压变化率有（　　）影响。

（A）$Z_k\%$ 越大，电压变化率越大　　　（B）$Z_k\%$ 越大，电压变化率越小

（C）$Z_k\%$ 越小，电压变化率越大　　　（D）$Z_k\%$ 越小，电压变化率越小

答案：**AD**

Lb2C2024 关于油中含有酸性物质下列说法正确的是（　　）。

（A）油中所含有机酸和无机酸，但在大多数情况下，油中不含无机酸

（B）新油所含有机酸主要为环浣酸

（C）新油所含有机酸主要为脂肪酸

（D）在贮存和使用过程中，油因氧化而生成的有机酸为脂肪酸

答案：**ABD**

Lb2C2025 拟定并列运行的变压器，在正式并列送电之前，必须做定相试验，现场定相的步骤是（　　）。

（A）将两台并列条件的变压器，一次侧都接在同一电源上，分别测量两台变压器的电压是否相同

（B）测量同名端子间的电压差，当各同名端子上的电压差全近似于零时，就可以并列运行

（C）分别测量二次侧各端子间的电压，电压相等就可以并列

答案：**AB**

Lb2C2026 并联运行的各台变压器中，短路阻抗 $Z_k\%$ 的大小对变压器有影响（　　）。

（A）阻抗 $Z_k\%$ 大负载大

（B）阻抗 $Z_k\%$ 小负载大

（C）若 $Z_k\%$ 大的满载，则 $Z_k\%$ 小的超载

（D）若阻抗 $Z_k\%$ 小的满载，则 $Z_k\%$ 大的欠载

答案：CD

Lb2C2027 绕制连续式绕组的一般技术要求有（　　）。

（A）线段应紧实平整，导线无扭曲、变形，绝缘无损伤，换位出头位置正确，油道、匝数符合设计要求

（B）换位"S"弯度合适端正，换位"S"弯上包扎的纸槽端正，纸槽和布带应离开垫块边缘 2~10mm，但应超过"S"弯的弯折部分

（C）绕组内径不应呈多角形，内部换位不应向内凸起

（D）油道内不应有悬浮的纸头或棉纱头，保持油道畅通

（E）出头绝缘包扎坚实，包扎方法正确；

（F）导线无裂纹、尖角毛刺、绝缘良好

答案：ABCD

Lb2C2028 Y_n，y_n 星形连接的自耦变压器常带有角接的第三绕组，关于该绕组观点正确的是（　　）。

（A）在自耦变压器中第三绕组与其他绕组既有电磁感应关系也有电的联系

（B）该绕组与其他绕组有电磁感应关系但没有电的联系

（C）第三组绕组除了补偿三次谐波外，还可以作为带负荷的绕组

（D）设置一个独立的接成三角形的第三组绕组，可以改善电动势波形

（E）常带有角接的第三绕组，方便引出调压分接

答案：BCD

Lb2C2029 变压器绕组由几根导线并绕时，并联的导线必须进行换位的原因是（　　）。

（A）并联的各根导线在漏磁场中所处的位置不同，漏磁通不同，感应的电动势也不相等

（B）并联的各根导线电流不等，温度不等

（C）并联的导线间会产生循环电流，使导线损耗增加

（D）导线的长度不等，电阻也不相等

（E）绕线方便，节约原材料

答案：ACD

Lb2C2030 拆卸 MR 有载分接开关切换开关的步骤包括（　　），上述工作完毕后，用盖子盖住分接开关顶部，并用 4 个 M10 螺钉紧固，防止掉入物体及尘土，直到重新安

装完毕为止。

（A）将分接开关置于整定档位

（B）拆开上部齿轮机构驱动轴

（C）卸下分接开关顶盖、取下位指示盘

（D）吊出切换开关

（E）分接开关拆除储油柜

（F）降低油位

答案：ABCDF

Lb2C2031 在拆卸 MR 有载分接开关的切换开关扇形接触器外壳时，必须把切换开关调到中间位置，在该位置上切换开关具有（　　）特点。

（A）在该位置上每个扇形分流开关的两辅助弧触头是闭合的

（B）在该位置上每个扇形分流开关的两辅助弧触头是分开的，主触头是闭合的

（C）快速机构的绕紧滑块和击发滑块达到约在中间的稳定位置

（D）快速机构不起作用

答案：ACD

Lb2C2032 拆卸 MR 有载分接开关时，吊出切换开关的步骤包括（　　）。

（A）切换开关驱动轴上的槽及支撑板上三角标记必须在校准位置

（B）卸下支撑板的固定螺钉（4 个 M8×20 螺钉），并仔细检查是否还有连接的地方需要拆除

（C）用起重吊耳小心地垂直吊出切换开关，并放在平坦、清洁的地方

（D）把切换开关油箱中的脏油排净，再用新的合格的变压器油冲洗干净，拆下抽气管并将内外都冲刷干净后重新装上

（E）用盖子盖住分接开关顶部，并螺钉紧固

答案：ABCD

Lb2C2033 拆卸 MR 有载分接开关的切换开关时，在操作中应注意（　　）问题

（A）拆除伞齿轮盒断开分接开关和电动机构的机械连接

（B）防止异物落入切换开关或油箱中

（C）工作中要保持干净

（D）拆除弹簧机构时应先做好标记

（E）断开操作机构电源，以防触电及电动机误转

答案：BCE

Lb2C2034 重新安装 MR 有载分接开关的切换开关的步骤包括（　　）

（A）卸下封好的开关顶盖

（B）重新检查切换开关，并在拆卸位置将其慢慢地放入油箱，轻轻地转动切换开关绝

缘轴，直到连轴节接合为止

（C）对齐切换开关支承板和分接开关顶部的标志，用支撑板固定螺栓将切换开关固定；重新安装位置指示盘

（D）封好顶部盖子，打开位于气体继电器与小油枕之间的阀门，注油、排气、调整油位

（E）重新接好二次接线

（F）将开关调回检修前的位置

答案：ABCD

Lb2C2035 组合型有载分接开关主要由（　　）部分组成。

（A）箱盖及油枕 　　　　　　　　（B）选择开关

（C）分接开关绝缘筒 　　　　　　（D）快速机构及操作机构

（E）切换开关 　　　　　　　　　（F）范围开关

答案：BDEF

Lb2C2036 电阻式复合型和电阻式组合型有载调压装置有（　　）区别。

（A）中小容量的变压器使用复合式开关，大容量变压器使用组合式开关

（B）复合型开关的选择开关兼有切换触头并设置在一个绝缘筒内；切换开关单独放在绝缘筒内，选择开关放在与器身相连的油箱内

（C）复合型开关价格比组合式开关价格高

（D）复合型开关本体，切换开关和选择开关合并为一体；组合型的切换开关和选择开关是分开的

答案：BD

Lb2C2037 组合式有载分接开关过渡电阻烧毁的原因有（　　）。

（A）过渡电阻质量不良或有短路，电阻值不能满足要求

（B）切换开关触头有氧化膜、油中杂质在过渡电阻上积存影响散热

（C）制造工艺或安装不良，使主触头不就位而过渡电阻长时间通电

（D）变压器负荷电流偏大

（E）快速机构故障，缓冲器不能正常动作，使切换开关触头停在过渡位置，过渡电阻长期通过电流

答案：ACE

Lb2C2038 拆卸 MR 有载分接开关的切换开关对操作位置有（　　）要求。

（A）可以在任何操作位置拆卸切换开关，但应记住取出开关时的实际操作位置

（B）必须在极限位置拆卸

（C）可以在任意位置随意拆装

（D）在校准位取出切换开关

答案：AD

Lb2C2039　拆卸 MR 有载分接开关的切换开关扇形接触器外壳的步骤包括(　　)。

（A）把切换开关调到中间位置

（B）把切换开关调到双数档位置

（C）把切换开关调到单数档位置

（D）用扳手卸下扇形接触器外壳的螺钉（8 个 M6×20）

（E）先拆卸过渡电阻

答案：AD

Lb2C3040　总烃气体含量是变压器油气相色谱分析中的重要指标，通常是指变压器油中溶解的(　　)烃类气体含量之和。

（A）甲烷　　　　　　　　　　（B）一氧化碳、二氧化碳

（C）乙烷　　　　　　　　　　（D）乙烯

（E）乙炔　　　　　　　　　　（F）丙烷

答案：ACDE

Lb2C3041　变压器短路阻抗 $Z_k\%$ 的大小对变压器短路电流有(　　)影响。

（A）短路阻抗 $Z_k\%$ 大的变压器，短路电流大

（B）短路阻抗 $Z_k\%$ 大的变压器，短路电流小

（C）短路阻抗 $Z_k\%$ 小的变压器，短路电流大

（D）短路阻抗 $Z_k\%$ 小的变压器，短路电流小

答案：BC

Lb2C3042　在进行变压器工频耐压试验之前，必须先进行油的击穿电压试验的原因是(　　)。

（A）油的击穿电压试验是变压器工频耐压试验的一个步骤

（B）油不合格会导致变压器在耐压试验时放电，造成变压器不应有的损伤

（C）变压器工频耐压试验后不再进行油的试验

（D）油的击穿电压值对整个变压器的绝缘强度影响很大

答案：BD

Lb2C3043　在解释介质损失角正切值的大小是判断绝缘状况的重要指标时，可以用到的观点是(　　)。

（A）绝缘介质在电压作用下都有能量损耗

（B）如果损耗较大，会使介质温度不断上升，促使材料发热老化以至损坏，从而丧失绝缘性能而击穿

（C）绝缘介质在电压作用下，都会因有能量损耗而丧失绝缘性能

答案：AB

Lb2C3044 电器绝缘内部存在缺陷是难免的，例如固体绝缘中的空隙、杂质，液体绝缘中的气泡等。这些( )的场强达到一定值时，就会发生局部放电。这种放电只存在于绝缘的局部位置，而不会立即形成贯穿性通道，称为局部放电。

（A）空隙中

（B）气泡中

（C）导电部位

（D）局部固体绝缘表面上

答案：ABD

Lb2C3045 变压器在进行感应高压试验时，提高试验电压的频率原因是( )。

（A）变压器在进行感应高压试验时，要求试验电压不低于两倍额定电压

（B）提高所施加的电压而不提高试验频率，则铁芯中的磁通必将过饱和，这是不允许的

（C）提高频率就可以提高感应电动势，在主、纵绝缘上获得所需要的试验电压

（D）提高频率可以提高试验效率

答案：ABC

Lb2C3046 近年来由于对运行设备中的油定期进行气相色谱分析，因此运行设备中的油可不再做闪点测定。但对( )必需进行油的闪点测定。

（A）备用设备中的油

（B）没有气相色谱分析资料的设备

（C）长期存放的备用油

（D）新油

（E）不了解底细的油罐运输的油

答案：BDE

Lb2C3047 大气过电压是( )。

（A）雷电过电压是由于雷电流直接流经电气设备而产生的

（B）由于在导线附近天空中，雷云对地放电时，在导线上产生的感应过电压，感应过电压多数为正极性

（C）雷电波能从着雷点沿导线向两侧传播

（D）由于雷电直接击中架空线路发生的

答案：BCD

Lb2C3048 绝缘油氧化发展阶段的特征是( )。

（A）氧化速度加快

（B）开始生成稳定的，能溶于油和水的氧化物

（C）生成少量固体产物，即油泥

（D）有乙炔等特征气体产生

答案：**ABC**

Lb2C3049 油的酸值是（　　）。

（A）酸值是表示油中含有酸性物质的数量，中和 1g 油中的酸性物质所需的氢氧化钾的毫克数

（B）大多数情况下油酸值代表油中无机酸的含量

（C）大多数情况下油酸值代表油中有机酸的含量

（D）酸值包括油中所含有机酸和无机酸

答案：**ACD**

Lb2C3050 变压器短路阻抗 $Z_k\%$ 的大小对变压器运行性能主要有（　　）影响。

（A）对短路电流的影响　　　　　　（B）对变压器的使用效率的影响

（C）对并联运行的影响　　　　　　（D）对电压变化率的影响

答案：**ACD**

Lb2C3051 测定变压器油的闪点的实际意义有（　　）。

（A）可通过测定闪点及时发现电器设备故障类型和产生的原因

（B）闪点可以对油运行进行监督，闪点低表示油中有挥发性可燃物产生

（C）可通过测定闪点及时发现电器设备严重过热故障，防止由于油品闪点降低，导致设备发生火灾或爆炸事故

（D）对于新充入设备及检修处理后的油，测定闪点可以防止或发现是否混入轻质油品

答案：**BCD**

Lb2C3052 工业用纯铜按所含杂质的多少，可分为（　　）牌号。

（A）1 号　　　　（B）2 号　　　　（C）3 号　　　　（D）4 号

（E）5 号　　　　（F）6 号

答案：**ABCD**

Lb2C3053 工业纯铜又称紫铜，下列说法正确的有（　　）。

（A）紫铜加热后呈紫色　　　　　　（B）紫铜是玫瑰红色金属

（C）紫铜表面形成氧化铜膜后呈紫色　（D）紫铜的含铜量为 $99.5\%\sim99.95\%$

答案：**BCD**

Lb2C3054 紫铜具有（　　）特性。

（A）较高的导电

（B）导热性能和良好的耐蚀性

（C）机械性能好

（D）机械性能差

答案：**ABD**

Lb2C3055　电线、电缆是用（　　）号铜制造的。

（A）T_1　　　　　　（B）T_2　　　　　　（C）T_3　　　　　　（D）T_4

答案：**AB**

Lb2C3056　金属材料的硬度是（　　）。

（A）是金属表面抵抗其他更硬物体压入的能力

（B）表示材料的坚硬程度

（C）可以反映材料的耐磨性

（D）零件或工具的一项重要的机械性能指标

（E）与物体的密度有关。

答案：**ABCD**

Lb2C3057　变压器油气相色谱分析中的总烃气体含量有（　　）几种烃类气体

（A）氢气　　　　（B）甲烷　　　　（C）乙烷　　　　（D）乙烯

（E）乙炔

答案：**BCDE**

Lb2C3058　变压器常用的绝缘材料有（　　）。

（A）变压器油　　　　　　　　　　（B）绝缘纸板、电缆纸、电话纸

（C）绝缘胶垫　　　　　　　　　　（D）漆布（绸）或漆布（绸）带

（E）电瓷制品、环氧制品　　　　　（F）胶纸制品、木材

答案：**ABDEF**

Lb2C3059　热轧硅钢片和冷轧硅钢片在性能上的主要区别有（　　）。

（A）冷轧硅钢片的磁饱和点比热轧硅钢片的磁饱和点低

（B）冷轧硅钢片的磁饱和点比热轧硅钢片的磁饱和点高

（C）冷轧硅钢片有无取向和取向两种，取向冷轧硅钢片有明显的方向性；热轧硅钢片都无取向

（D）采用剪切或冲压对硅钢片进行加工时，对冷轧硅钢片性能影响特别明显，对热轧硅钢片影响较小

（E）用剪切或冲压对冷轧硅钢片性能影响较小，对热轧硅钢片影响特别明显

（F）在磁通密度及频率相同的情况下，冷轧硅钢片比热轧硅钢片的单位损耗低

答案：**BCDF**

Lb2C3060　测定变压器油的酸值有（　　）意义。

（A）对于新油来说是精制程度的一种标志

（B）对于运行油来说是油质老化程度的一种标志

（C）是判定油品是否能继续使用的重要指标之一

（D）就是水溶性酸的含量

答案：ABC

Lb2C3061 绝缘油氧化开始阶段的特征是( )。

（A）新油本身抗氧能力较强　　　　　（B）有少量的油泥产生

（C）氧化速度缓慢　　　　　　　　　（D）油中生成的氧化物极少

答案：ACD

Lb2C3062 变压器油老化后酸值（酸价）、黏度、颜色有( )变化。

（A）酸价降低　　　　　　　　　　　（B）酸价增高

（C）黏度增大　　　　　　　　　　　（D）黏度减小

（E）颜色变深　　　　　　　　　　　（F）颜色变浅

答案：BCE

Lb2C3063 变压器油的闪点是( )。

（A）将试油在规定的条件下加热，直到蒸汽与空气的混合气体接触火焰发生闪火时

（B）将试油在规定的条件下加热，直到蒸汽与空气的混合气体接触火焰发生闪火时的最高温度

（C）将试油在规定的条件下加热，直到蒸汽与空气的混合气体接触火焰发生闪火时的最低温度

（D）采用开口杯法测定的

（E）采用闭口杯法测定。

答案：CE

Lc2C3064 使用滑轮时，滑轮直径的大小，轮槽的宽窄应与配合使用的钢丝绳直径相适应，如果不相适应会造成( )。

（A）滑轮直径过小，钢丝绳将会因弯曲半径过小而受损伤，从而缩短使用寿命

（B）滑轮直径过小，滑轮将会因钢丝绳弯曲半径过小而受损伤，从而缩短使用寿命

（C）滑轮轮槽太窄，钢丝绳过粗，将会使轮槽边缘受挤而损坏，钢丝绳也会受到损伤

（D）滑轮轮槽太窄，钢丝绳过粗，只会使轮槽边缘受挤而损坏

答案：BC

Lc2C3065 使用滑轮组应注意( )事项。

（A）使用滑轮组不得超载

（B）在使用前应检查各部件是否良好

（C）滑轮直径的大小，轮槽的宽窄应与配合使用的钢丝绳直径相适应

（D）在受力方向变化较大和高空作业中，不宜使用吊钩式滑轮，应选用吊环式滑轮，以免脱钩；使用吊钩式滑轮，必须采用铁线封口

（E）在使用过程中应定期润滑，减少轴承磨损和锈蚀

答案：ABCD

Lc2C3066 使用钢制三角架应注意（　　）问题。

（A）移动时应三个腿同时移动

（B）三角架竖立时，三个脚腿之间距离应相等，每根支腿与地面水平夹角不应小于 60°

（C）脚腿与坚硬地面接触时，腿外可用木楔顶垫，防止滑动

（D）脚腿与松软地面接触时，腿外可不用木楔顶垫

（E）使用前应对三角架的载荷进行验算并对各部件进行检查，符合要求，方可使用

答案：BCE

Lc2C3067 电压互感器二次绕组一端必须接地的原因是（　　）。

（A）电压互感器一次绕组直接与电力系统高压连接

（B）若在运行中电压互感器的绝缘被击穿，高电压即窜入二次回路，将危及设备和人身的安全

（C）互感器二次绕组要有一端牢固工作接地

（D）二次系统特定的工作方式要求

答案：ABD

Lc2C3068 电流互感器二次侧接地的规定是（　　）。

（A）电流互感器二次绕组可以不接地

（B）高压电流互感器二次侧绕组应有一端接地，为提高接地的可靠性允许有多个接地点

（C）低压电流互感器，由于绝缘强度大，发生一次、二次绕组击穿的可能性极小，但其二次绕组也必须一点接地

（D）高压电流互感器二次侧绕组应有一端接地，而且只允许有一个接地点。

答案：CD

Lc2C3069 为防止星形连接的自耦变压器在高压侧出现单相接地时，低压侧非故障相出现过电压，应采取（　　）措施。

（A）中性点直接接地　　　　　　　（B）中性点不接地

（C）中性点接避雷器　　　　　　　（D）中性点经过小电抗接地

答案：AD

Lc2C3070 下列（　　）项工作可以不用工作票。

（A）事故紧急处理　　　　　　　　（B）拉合断路器（开关）的单一操作

（C）程序操作　　　　　　　　　　（D）遥控操作

答案：ABC

Lc2C3071 套丝工具有（　　）。

（A）丝锥　　　　　（B）方板牙　　　　（C）板牙铰手　　　（D）圆板牙

答案：CD

Lc2C3072 在机械制图中关于配合的说法正确的是（　　）。

（A）一定公称尺寸的轴装入相同公称尺寸的孔，称为配合。配合可分为间隙配合（动配合）、过盈配合（静配合）和过渡配合三大类

（B）具有间隙（包括最小间隙为零）的配合，称为间隙配合

（C）具有过盈（包括最小过盈为零）的配合，称为过盈配合

（D）可能具有间隙或过盈的配合，称为过渡配合；过渡配合是介于间隙配合和过盈配合之间的一种配合

答案：ABCD

Lc2C3073 关于平面锉削说法正确的是（　　）。

（A）平面交叉锉法是从两个交叉的方向对工件进行锉削

（B）平面顺向锉法是顺着同一方向对工件进行锉削的方法

（C）平面顺向锉法的优点是根据锉痕可判断锉削面的高低情况，以便把高处锉平

（D）平面交叉锉法的优点是可得到正直的锉痕，比较整齐美观

（E）平面顺向锉法的优点是可得到正直的锉痕，比较整齐美观

（F）平面交叉锉法的优点是根据锉痕可判断锉削面的高低情况，以便把高处锉平

答案：ABEF

Lc2C3074 平面顺向锉法是顺着同一方向对工件进行锉削的方法，其优点是（　　）。

（A）锉痕杂乱

（B）锉痕正直

（C）整齐美观

（D）根据锉痕可判断锉削面的高低情况

答案：BC

Lc2C3075 螺纹小径说法正确的是（　　）。

（A）螺纹小径是指与外螺纹牙底或内螺纹牙顶相重合的假想圆柱面的直径

（B）螺纹小径公称位置在三角形下部的 $H/4$ 削平处（H 为三角形高度）

（C）内螺纹小径用 D_1 表示，外螺纹小径用 d_1 表示

（D）内螺纹小径用 D 表示，外螺纹小径用 d 表示

答案：ABC

Lc2C3076 关于螺纹大径说法正确的是(　　)。

(A) 是指与外螺纹牙顶或内螺纹牙底相重合的假想圆柱面的直径

(B) 螺纹公称直径即指螺纹大径

(C) 内螺纹大径用 d 表示，外螺纹大径用 D 表示

(D) 内螺纹大径用 D 表示，外螺纹大径用 d 表示

答案：**ABD**

Lc2C3077 平面顺向锉法适用于(　　)。

(A) 锉削不大的平面

(B) 锉削大的平面

(C) 工件开始的锉削

(D) 工件最后的锉光

答案：**AD**

Lc2C3078 线圈套装完毕，进行器身整体组装时应注意(　　)方面的问题。

(A) 插铁轭时，接缝要严密，硅钢片不得搭头错片，有卷边、折边应修正；铁芯穿心螺杆绝缘应良好；铁芯夹件应有足够的机械强度

(B) 正确选择引线截面；仔细核对引线的绝缘距离

(C) 正确选择引线夹持件（引线支架及引线夹），引线夹持件应有足够的机械强度和电气强度

(D) 根据引线的形状及截面积，正确选择焊接方法

(E) 平衡绝缘如采用木垫，应采用干燥的硬质木料，木垫应无任何裂纹

(F) 检查铁芯及金属结构件是否良好接地，只能一点接地

答案：**ABCDEF**

Lc2C4079 起重设备的操作人员和指挥人员应(　　)后方可独立上岗作业。

(A) 经专业技术培训

(B) 经实际操作及有关安全规程考试合格、取得合格证

(C) 熟悉起重设备

(D) 熟悉作业指导书

答案：**AB**

Lc2C4080 一台电压比为 10kV/0.4kV，接线组标号为 Y，y_{no} 的变压器，准备把电压比改成 6kV/0.4kV，改造中包括(　　)步骤。

(A) 将高压侧 Y 接联线拆开

(B) 原来的接线打开后，A 相首头和 B 相尾头连接，B 相首头和 C 相尾头连接，C 相首头和 A 相尾头连接，由 A、B、C 相首头出引线

(C) 从根部去除原有的分接引线并从新包好绝缘

（D）原来的接线打开后，A 相首头和 C 相尾头连接，B 相首头和 A 相尾头连接，C 相首头和 B 相尾头连接，由 A、B、C 相首头出引线

答案：ABD

Je2C4081 变压器三相直流电阻不平衡（不平衡的系数大于 2%）的原因是（   ）
（A）绕组出头与引线的连接焊接不好
（B）匝间短路
（C）引线与套管间的连接不良
（D）绕组绝缘下降
（E）分接开关接触不良而造成的

答案：ABCE

Je2C4082 当变压器在运行中发生近区短路事故后，通过低电压条件下测试（   ），并与该变压器在出厂和投运前测试绕组变形的原始参数进行对比，可判断绕组是否发生变形及其变形程度。
（A）短路阻抗　　　　　　　　　（B）吸收比
（C）频响法测试绕组变形　　　　（D）低压侧直阻

答案：AC

Je2C4083 造成电动机绝缘下降的原因有（   ）。
（A）电动机表面积垢严重
（B）电动机使用的绝缘材料质量不好
（C）电动机绕组长期过热老化
（D）引出线及接线盒内绝缘不良
（E）电动机绕组受潮或灰尘及碳化物质太多

答案：CDE

Je2C4084 变压器带油补焊应注意（   ）问题。
（A）必须采用负压补焊
（B）电焊补焊应使用较粗的焊条（如 4.0mm）
（C）电焊补焊应使用较细的焊条（如 3.2mm）
（D）要防止穿透着火，须焊接部位必须在油面 100mm 以下
（E）禁止使用气焊

答案：CDE

Je2C4085 目前常用的油箱检漏方法主要有（   ）。
（A）抽真空试验，根据真空的变化量判断
（B）在接缝处涂肥皂水，看是否起泡来判断

（C）小的油箱及散热器充压缩空气浸到水中试验

（D）不能加压的焊件在焊缝正面涂白土，背面涂煤油，观察 30min 看有无渗漏痕迹

（E）压缩空气试验，以观察压力下降的速度来判断

（F）在油箱及各部件上涂撒白土，直接观察渗漏

答案：ABCDEF

Je2C4086 异步电动机起动时，熔断丝熔断的原因有（　　）。

（A）接头松动、熔丝质量差

（B）起动控制设备接线错误、定子绕组接线错误，如一相绕组首尾接反

（C）负载过重、传动部分卡死、熔丝选择容量较小

（D）熔丝使用时间过长

（E）电源缺相、电动机定子绕组断相、定子转子绕组有严重短路或接地故障

答案：CDE

Je2C4087 变压器突然短路的危害主要表现在（　　）。

（A）变压器突然短路会产生很高的电压，使变压器承受过电压而损坏

（B）变压器突然短路会产生很大的短路电流，影响热稳定，可能使变压器受到损坏

（C）变压器突然短路时，过电流会产生很大的电磁力，影响动稳定，使绕组变形，破坏绕组绝缘，其他组件也会受到损坏

（D）变压器突然短路会产生很大的电流，使变压器严重过负荷

答案：BC

Je2C4088 变压器在空载合闸时会出现激磁涌流，其大小可达稳态激磁电流的 80～100 倍，或额定电流的 6～8 倍，激磁涌流对变压器的工作有（　　）影响。

（A）对变压器本身不会造成大的危害

（B）可能会出现过电压

（C）可能使过电流或差动继电保护误动作

（D）在某些情况下能造成电波动

答案：ACD

Je2C4089 变压器在空载合闸时会出现（　　）现象。

（A）会出现激磁涌流

（B）可能造成电波动

（C）可能使过电流或差动继电保护误动作

（D）可能会出现过电压

答案：ABC

Je2C4090 电压等级为 110～220kV 的变压器充氮运输，现场油置换的工作程序包括(　　)。

（A）三维冲撞记录仪的检查及变压器外部验收

（B）用合格的绝缘油置换氮气

（C）氮气压力的检查

（D）绝缘油的接收

答案：BD

Je2C4091 超高压大容量变压器现场作业的技术管理主要有(　　)。

（A）防止绝缘物受潮　　　　　　（B）氮气压力的管理

（C）绝缘油的管理　　　　　　　（D）防止箱壳内混入杂物

（E）仪器仪表及原材料的管理

答案：ACD

Je2C4092 红外测温作为一种非常有效的监督手段，可以有效地发现变压器运行中存在的问题，如(　　)等。

（A）线夹接触不良　（B）局部放电　　（C）介质升高　　　　（D）油路堵塞

答案：ACD

Je2C4093 真空干燥变压器要先充分预热然后再抽真空的原因是(　　)。

（A）预热可以提高器身的温度至 100℃以上，使水分蒸发，通过抽真空可以绝缘材料中的水分迅速抽走

（B）预热可以使水分蒸发，再抽真空可以深化干燥效果、提高材料的耐热等级

（C）如果没有预热或预热时间过短，抽真空后器身升温较慢，将影响干燥

（D）充分预热可以提高干燥设备的整体温度，避免抽真空造成密封不严或设备损坏

答案：AC

Je2C4094 变压器无激磁分接开关接触不良导致发热的原因有(　　)。

（A）分接开关选择不合理，触点界面小

（B）部分触头接触不上或接触面小使触点烧伤、接触表面有油泥及氧化膜

（C）定位指示与开关接触位置不对应，使动触头不到位

（D）穿越性故障电流烧伤开关接触面

（E）接触点压力不够（压紧弹簧疲劳、断裂或接触环各向弹力不均匀）

答案：BCDE

Je2C4095 由于绕组方面的原因，造成变压器空载损耗增加一般有(　　)。

（A）绕组匝间短路、绕组并联支路短路　（B）绕组中导线电流密度不等

（C）各并联支路匝数不等　　　　　　　（D）绕组绝缘受潮

（E）绕组电流增加

答案：AC

Je2C4096 造成变压器空载损耗增加一般有（　　）原因。

（A）硅钢片之间绝缘不良，穿芯螺杆、轭铁螺杆或压板的绝缘损坏，铁芯中有一部分硅钢片短路

（B）绕组匝间短路、绕组并联支路短路

（C）绕组中导线电流密度不等

（D）设计不当致使轭铁中某一部分磁通密度过大

（E）铁芯中的油道堵塞、铁芯温度增加

（F）各并联支路匝数不等

答案：ABDF

Je2C4097 变压器吊芯应做（　　）方面的检查。

（A）检查铁芯有无放电及烧伤痕迹，接地片是否良好，铁芯对地绝缘良好

（B）检查绕组外观及绝缘状况、压紧程度、有无变形；撑条、垫块、油道是否正常

（C）引线绝缘外观有无断裂，焊接头是否良好，绝缘距离是否合格，支架是否牢固

（D）检查分接开关的绝缘外观及固定状况，转动是否灵活，动静触头表面光洁度及弹簧弹性，外部位置指示是否与分接位置相符

（E）检查并紧固全部螺钉和紧固件，对器身各部位进行清扫，必要时用油冲洗

答案：ABCDE

Je2C4098 真空干燥变压器在预热阶段升温速度不宜过快的原因是（　　）。

（A）升温过快，容易造成加热设备损坏

（B）升温过快，会造成厚层绝缘件开裂

（C）升温过快，容易使器身表面绝缘材料老化

（D）升温过快，容易造成铁芯生锈

答案：BD

Je2C4099 对充氮的变压器要注意（　　）。

（A）氮气放出后，要立即进行吊心检查

（B）氮气放出后，要立即注满合格的变压器油

（C）放出氮气时，要注意人身安全

（D）经常保持氮气压力为正压，防止密封破坏

答案：BCD

Je2C4100 配电变压器在运行前应做（　　）项目的检查。

（A）检查试验合格证

（B）套管、外壳无异常情况，油位正常，高低压引线完整可靠，各处接点符合要求，引线与外壳及电杆的距离符合要求

（C）一次、二次熔断器符合要求，防雷保护齐全，接地电阻合格

（D）接地线是否拆除

答案：ABC

Je2C4101 工作地点，应停电的设备有（　　　　）。

（A）检修的设备

（B）在35kV及以下的设备处工作，安全距离虽大于作业人员工作中正常活动范围与设备带电部分的安全距离规定，但小于设备不停电时的安全距离规定，同时又无绝缘隔板、安全遮栏措施的设备

（C）带电部分在作业人员后面、两侧、上下，且无可靠安全措施的设备

（D）其他需要停电的设备

答案：ABCD

Je2C5102 变压器故障跳闸后，应及时切除油泵，避免故障产生的（　　　）等异物进入变压器的非故障部件。

（A）游离碳　　　　　（B）金属微粒　　　　　（C）水分

答案：AB

Je2C5103 变压器无激磁分接开关触头接触点压力不够的原因是（　　　）。

（A）触头接触面太大　　　　　　　　（B）接触环各向弹力不均匀

（C）触点变形　　　　　　　　　　　（D）压紧弹簧疲劳、断裂

答案：BD

Je2C5104 变压器铁芯多点接地，可能出现在（　　　）部位。

（A）变压器铁芯与夹件间绝缘空隙内

（B）夹件绝缘处；器身下垫脚绝缘处；油箱底与铁芯下轭铁间

（C）上铁轭夹件与钟罩间；钢压圈与铁芯柱间；铁轭大螺杆的钢护套处

（D）铁芯接地片与夹件间

答案：ABC

Je2C5105 星形连接的自耦变压器常带有角接的第三绕组，它的容量是这样确定的（　　　）。

（A）第三组绕组作为带负荷的绕组时，其容量等于自耦变压器的电磁容量

（B）仅用于改善电动势波形，则第三组绕组容量等于电磁容量的30％～50％

（C）仅用于改善电动势波形，则第三组绕组容量等于电磁容量的25％～30％

（D）第三组绕组容量必须等于自耦变压器的额定容量

答案：AC

Je2C5106 电压为 10kV 级配电变压器，其高低压绕组之间主绝缘的最小允许距离及纸筒的厚度是(　　)。

（A）10kV 圆筒式绕组为 10.5mm，纸筒厚 3mm

（B）10kV 圆筒式绕组为 8.5mm，纸筒厚 2.5mm

（C）10kV 饼式绕组拉螺杆压紧的硬纸筒结构为 15.5mm，纸筒厚 3mm

（D）10kV 饼式绕组拉螺杆压紧的硬纸筒结构为 17.5mm，纸筒厚 2.5mm

（E）压钉压板压紧的软纸筒结构为 17mm，纸筒厚 3mm

（F）压钉压板压紧的软纸筒结构为 19mm，纸筒厚 3mm

答案：BCE

Je2C5107 安装绕组外部围屏时要注意(　　)问题。

（A）围屏纸板应采用高密度纸板

（B）纸板边缘应支撑在长垫块的端头，纸板应围紧实，搭接头错开

（C）围屏纸板与铁芯保持足够大距离，避免造成沿面放电

（D）围屏纸板边缘不可接触绕组表面，以免造成绕组表面爬电

答案：BD

Je2C5108 绝缘纸板在变压器中常用作主绝缘的(　　)等。

（A）软纸筒、角环 　　　　　　　　（B）导线换位绝缘

（C）相间隔板 　　　　　　　　　　（D）铁轭绝缘

（E）撑条、垫块、支撑绝缘 　　　　（F）铁芯夹件绝缘

答案：ACDE

Jf2C5109 对于高处作业，说法正确的是(　　)。

（A）凡在坠落高度基准面 1.5m 及以上的高处进行的作业，都应视作高处作业

（B）电焊作业人员所使用的安全带或安全绳应有隔热防磨套

（C）高处作业应一律使用工具袋

（D）高处作业区周围应设置安全标志，夜间还应设红灯示警

答案：BCD

Jf2C5110 定期校验气体继电器的(　　)，确保气体继电器的保护灵敏度。通过气体成分的分析，判断设备是否存在故障及故障性质。

（A）流速值 　　　　（B）绝缘 　　　　（C）气体容积值

答案：AC

Jf2C5111 电压等级为 110～220kV 的变压器充氮运输，在现场油置换的工作中绝缘油的接收包括(　　)项目。

（A）核对绝缘油的数量与所需量是否相等

（B）把绝缘油储藏在专用的油罐内

（C）取油样做 tanδ、绝缘电阻及油耐压试验

（D）核对油的型号，并取油样测量油的含气量

（E）必须检测新油的含水量

答案：ABC

Jf2C5112 运行维护单位应根据红外测温导则要求，对变压器(　　)进行测温。

（A）本体 　　　　　　　　　　（B）套管

（C）储油柜 　　　　　　　　　（D）导电接头

（E）有载开关

答案：ABCD

1.4 计算题

La2D3001 如图所示，一个 R 与 C 串联电路接于电压为 220V，频率为 50Hz 的电源上，若电路中的电流为 X_1A，电阻上消耗的功率为 75W，求电路中的参数 $R=$ _____ A、$C=$ _____ $\times 10^{-3}$F。（保留两位小数）

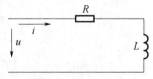

X_1 的取值范围：2.0 到 10.0 的整数。

计算公式：

电路中阻抗

$$Z = \frac{U}{I} = \frac{220}{X_1} \ (\Omega)$$

电阻

$$R = \frac{P}{I^2} = \frac{75}{X_1{}^2} \ (\Omega)$$

电抗

$$X_C = \sqrt{Z^2 - R^2} = \sqrt{\left(\frac{220}{X_1}\right)^2 - \left(\frac{75}{X_1{}^2}\right)^2} \ (\Omega)$$

电容

$$C = \frac{1}{2\pi f X_C} = \frac{1}{2 \times 3.14 \times 50 \times \sqrt{\left(\frac{220}{X_1}\right)^2 - \left(\frac{75}{X_1{}^2}\right)^2}} \ (F)$$

La2D3002 如图所示，为一个感性负载电路，已知负载电阻 $R=X_1\Omega$，感抗 $X_L=520\Omega$，电源电压为 220V，则负载电流有效值 I _____ A，电压与电流相位差角 $\varphi=$ _____ °。

X_1 的取值范围：2.0 到 10.0 的整数。

计算公式：

电路中阻抗

$$Z = \sqrt{R^2 + X_L{}^2} = \sqrt{X_1{}^2 + 520^2} \ (\Omega)$$

电流

$$I = \frac{U}{Z} = \frac{220}{\sqrt{X_1{}^2 + 520^2}} \ (A)$$

电压与电流相位差角

$$\varphi = \arctan(\frac{X_L}{R}) = \arctan(\frac{520}{X_1}) \ (°)$$

La2D2003 如图所示，为一个感性负载电路，已知负载电阻 $R = X_1\Omega$，感抗 $X_L = 520\Omega$，电源电压为 220V，则电压有效值 $U_R =$ _____ V，$U_L =$ _____ V。

X_1 的取值范围：2.0 到 10.0 的整数。
计算公式：
电路中阻抗

$$Z = \sqrt{R^2 + X_L{}^2} = \sqrt{X_1{}^2 + 520^2} \ (\Omega)$$

电流

$$I = \frac{U}{Z} = \frac{220}{\sqrt{X_1{}^2 + 520^2}} \ (A)$$

电阻上的电压

$$U_R = IR = \frac{220}{\sqrt{X_1{}^2 + 520^2}} \times X_1 (V)$$

电感上的电压

$$U_L = IX_L = \frac{220}{\sqrt{X_1{}^2 + 520^2}} \times 520 \ (V)$$

La2D3004 两负载并联，一个负载是电感性，功率因数 $\cos\varphi_1 = 0.6$，消耗功率 $P_1 = 90$kW；另一个负载由纯电阻组成，消耗功率 $P_2 = X_1$kW。则合成功率因数为_____。
X_1 的取值范围：60，70，80。
计算公式：
全电路的总有功功率为

$$P = P_1 + P_2 = 90 + X_1 (kW)$$

第一负载的功率因数角

$$\varphi_1 = \arccos 0.6 = 53.13°$$

全电路的总无功功率也就是第一负载的无功功率

$$Q_1 = P_1 \tan\varphi_1 = 90 \times \tan 53.13 = 120 \ (kV \cdot A)$$

故全电路的视在功率

$$S = \sqrt{P^2 + Q_1{}^2} = \sqrt{(90 + X_1)^2 + 120^2}$$

合成功率因数为

$$\cos\varphi = \frac{P}{S} = \frac{90 + X_1}{\sqrt{(90 + X_1)^2 + 120^2}}$$

La2D2005 有一电阻与电感相串联的负载，电阻为 $R=4\Omega$，频率 $f_1=50\mathrm{Hz}$ 时的功率因数 $\cos\phi_1=X_1$，则频率 $f_2=60\mathrm{Hz}$ 时负载的功率因数_____。

X_1 的取值范围：0.8，0.9，0.95，0.85。

计算公式：

当频率 $f_1=50\mathrm{Hz}$ 时，由

$$\begin{cases} X_{L1} = 2\pi f_1 L \\ X_{L1} = R\tan\varphi_1 \end{cases}$$

得

$$L = \frac{R\tan\varphi_1}{2\pi f_1}$$

当频率 $f_2=60\mathrm{Hz}$ 时，

$$X_{L2} = 2\pi f_2 L = \frac{f_2 R\tan\varphi_1}{f_1}$$

则功率因数

$$\cos\varphi_2 = \frac{R}{\sqrt{R^2 + X_{L2}^2}} = \frac{1}{\sqrt{1 + \dfrac{f_2^2 \tan^2\varphi_1}{f_1^2}}} = \frac{1}{\sqrt{1 + \dfrac{60^2 \tan^2[\arccos(X_1)]}{50^2}}}$$

La2D2006 有 R、L、C 串联电路，其中 $R=100\Omega$，$L=X_1\mathrm{mH}$，$C=200\mathrm{pF}$，则电路谐振频率_____ Hz。（保留两位小数）

X_1 的取值范围：20，45，80，125。

计算公式：

当发生谐振时

$$X_L = X_C$$

则

$$\omega = \frac{1}{\sqrt{LC}}$$

故谐振频率

$$f = \frac{1}{2\pi \sqrt{LC}} = \frac{1}{2 \times 3.14 \times \sqrt{X_1 \times 10^{-3} \times 200 \times 10^{-12}}}$$

La2D2007 将一根导线放在均匀磁场中，导线与磁力线方向垂直，已知导线长度 $L=10\mathrm{m}$，通过的电流 $I=X_1\mathrm{A}$，磁通密度为 $B=0.5\mathrm{T}$，则该导线所受的电场力_____ N。

X_1 的取值范围：50，100，150，200。

计算公式：

导线所受的电场力

$$f = IlB = X_1 \times 10 \times 0.5 (\mathrm{N})$$

Lb2D3008 如图所示，电动机电路中，已知电动机的电阻 $R=X_1\Omega$，感抗 $X_L=$

260Ω，电源电压 $U=220$，频率为 $50\mathrm{Hz}$，要使电动机的电压 $U=180\mathrm{V}$，则串联电感 $L=$
_____ H。

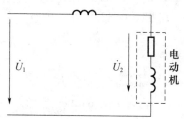

X_1 的取值范围：120.0 到 200.0 的整数。

计算公式：

要使电动机正常工作电压 $U=180\mathrm{V}$

则电流

$$I=\frac{U_2}{\sqrt{R^2+X_{L_2}{}^2}}=\frac{180}{\sqrt{X_1{}^2+260^2}}\text{（A）}$$

线路总感抗应为

$$X_L=\sqrt{Z^2-R^2}=\sqrt{(\frac{U_1}{I})^2-R^2}=\sqrt{(\frac{220}{180/\sqrt{X_1{}^2+260^2}})^2-X_1{}^2}$$

$$=\sqrt{0.49X_1{}^2+100982.7}\text{（}\Omega\text{）}$$

串联电感的感抗为

$$X_{L_1}=X_L-X_{L_2}=\sqrt{0.49X_1{}^2+100982.7}-260\text{（}\Omega\text{）}$$

串联电感为

$$L=\frac{X_{L_1}}{2\pi f}=\frac{\sqrt{0.49X_1{}^2+100982.7}-260}{2\times3.14\times50}\text{（H）}$$

Lb2D3009 一台三相电力变压器，额定容量 $S=100\mathrm{kV\cdot A}$，额定电压 $U_1/U_2=6000/$ $400\mathrm{V}$，每相参数：原绕组漏阻抗 $Z_1=r_1+jx_1=4.2+j9\Omega$，激磁阻抗 $Z_m=r_m+jx_m=X_1+$ $j5526\Omega$，绕组为 Y/yn0 接法。激磁电流＝_____。

X_1 的取值范围：200.0 到 600.0 的整数。

计算公式：

空载时原绕组每相总阻抗

$$Z=Z_1+Z_m=4.2+j9+X_1+j5526=4.2+X_1+j5535\text{（}\Omega\text{）}$$

激磁电流为

$$I_0=\frac{U_1/\sqrt{3}}{Z}=\frac{6000/\sqrt{3}}{\sqrt{(4.2+X_1)^2+5535^2}}\text{（A）}$$

Lb2D3010 一台三相电力变压器，额定容量 $S=100\mathrm{kV\cdot A}$，额定电压 $U_1/U_2=6000/$ $400\mathrm{V}$，每相参数：原绕组漏阻抗 $Z_1=rV_1+jx_1=4.2+j9\Omega$，激磁阻抗 $Z_m=r_m+jx_m=X_1$ $+j5526\Omega$，绕组为 Y，yn0 接法。空载时原边相电势＝_____、每相漏抗压降＝

$\underline{\hspace{2cm}}$ V。

X_1 的取值范围：200.0 到 600.0 的整数。

计算公式：

空载时原绕组每相总阻抗

$$Z = Z_1 + Z_m = 4.2 + j9 + X_1 + j5526 = 4.2 + X_1 + j5535 \ (\Omega)$$

激磁电流为

$$I_0 = \frac{U_1/\sqrt{3}}{Z} = \frac{6000/\sqrt{3}}{\sqrt{(4.2+X_1)^2 + 5535^2}} \ (A)$$

原边相电势为

$$E_1 = I_0 Z = \frac{U_1/\sqrt{3}}{Z} \cdot Z = U_1/\sqrt{3} = 6000/\sqrt{3} = 3464 \ (V)$$

相漏阻抗压降为

$$U_{Z1} = I_0 Z_1 = \frac{6000/\sqrt{3}}{\sqrt{(4.2+X_1)^2 + 5535^2}} \times \sqrt{4.2^2 + 9^2} \ (V)$$

Lb2D5011 某台三相电力变压器，$S_e = 600 \text{kV} \cdot \text{A}$，额定电压 $U_{e1}/U_{e2} = 10000/400\text{V}$，Y，y0 接法，$Z_K = XV_1 + j5\Omega$，一次侧接额定电压，二次侧接额定负载运行，$\beta$ 为 1。负载功率因数 $\cos\varphi_2 = 0.9$（落后），该变压器二次侧电压 = $\underline{\hspace{2cm}}$ V。（误差在 1%）。

X_1 的取值范围：1.2 到 2.6 的一位小数。

计算公式：

一次侧额定电流

$$I_{e1} = \frac{S_e}{\sqrt{3} U_{e1}} = \frac{600 \times 10^3}{\sqrt{3} \times 10000} = 34.64 \ (A)$$

负载功率因数 $\cos\varphi_2 = 0.9$（落后）时，$\sin\varphi_2 = 0.436$

额定电压调整率为

$$\Delta U\% = \frac{\beta I_{e1}(r_k \cos\varphi_2 + x_k \sin\varphi_2)}{U_{e1}/\sqrt{3}} = \frac{1 \times 34.64 \times (X_1 \times 0.9 + 5 \times 0.436)}{10000/\sqrt{3}}$$

二次侧电压

$$U_2 = (1 - \Delta U)U_{e2} = (1 - \frac{1 \times 34.64 \times (X_1 \times 0.9 + 5 \times 0.436)}{10000/\sqrt{3}}) \times 400 \ (V)$$

Lb2D3012 已知一电压互感器一次绕组的平均直径 $D_1 = X_1$m，二次绕组平均直径 $D_2 = X_2$m，一次绕组匝数 $n_1 = 11280$ 匝，二次绕组匝数 $n_2 = 189$ 匝，一次绕组导线截面积 $S_1 = 0.0314\text{mm}^2$。二次绕组导线截面积 $S_2 = 1.43\text{mm}^2$。二次绕组的有效电阻 = $\underline{\hspace{2cm}}$ Ω、换算到二次绕组的一次绕组的有效电阻 = $\underline{\hspace{2cm}}$ Ω。（导线在 20℃ 时的电阻率 $\rho_{20} = 0.0178\Omega \cdot \text{mm}^2/\text{m}$）。

X_1 的取值范围：0.101 到 0.112 的三位小数。

X_2 的取值范围：0.065 到 0.079 的三位小数。

计算公式：

二次绕组的有效电阻

$$R_2 = \rho_{20} \frac{\pi D_2 n_2}{S_2} = 0.0178 \times \frac{3.14 \times X_2 \times 189}{1.43} = 7.387 \times X_2 \, (\Omega)$$

一次绕组的有效电阻

$$R_1 = \rho_{20} \frac{\pi D_1 n_1}{S_1} = 0.0178 \times \frac{3.14 \times X_1 \times 11280}{0.0314} = 20078.4 \times X_1 \, (\Omega)$$

变比

$$K = \frac{11280}{189} = 59.7$$

换算到二次绕组上的一次绕组的有效电阻

$$R_1' = \frac{20078.4 \times X_1}{K^2} = \frac{20078.4 \times X_1}{59.7^2} \, (\Omega)$$

Lb2D4013　三相变压器容量为 8000kV·A，变比 35000V/1000V，Y，d11 接线，一次绕组匝数为 500 匝（频率为 50Hz）。若磁密取 X_1 T，铁芯的截面积＝_____ cm²。若高压绕组电流密度为 X_2 A/mm²，高压导线截面积＝_____ mm²。（保留两位小数）

X_1 的取值范围：1.45 到 1.78 的二位小数。

X_2 的取值范围：3.5 到 4.2 的一位小数。

计算公式：

一次绕组相电压

$$U_{1p} = \frac{U_1}{\sqrt{3}} = \frac{35000}{\sqrt{3}} = 20207 \, (\text{V})$$

一次绕组相电势

$$E_1 = U_{1p} = 20207 \, (\text{V})$$

铁芯的截面积

$$S_\omega = \frac{E_1}{4.44 f B W_1} = \frac{20207}{4.44 \times 50 \times X_1 \times 500} \times 10^4 \, (\text{cm}^2)$$

一次绕组的相电流

$$I_{1p} = I_1 = \frac{S_e}{\sqrt{3} U_{l1}} = \frac{8000 \times 10^3}{\sqrt{3} \times 35000} = 132 \, (\text{A})$$

高压导线截面

$$S_1 = \frac{I_{lp}}{X_2} = \frac{132}{X_2} \, (\text{mm}^2)$$

Lb2D4014　某台三相电力变压器，额定容量 $S_e = 600$kV·A，额定电压 $U_{e1}/U_{e2} = 10000$V/400V，D/y11 接法，短路阻抗 $Z_K = 1.8 + jX_1 \, \Omega$，二次侧接三相对称负载，每相负载 $Z_L = 0.3 + j0.1 \, \Omega$，一次侧加额定电压时二次侧线电压＝_____ V。

X_1 的取值范围：2.0 到 8.0 的整数。

计算公式：

一次侧电流的计算

变比

$$K = \frac{U_{e1}}{U_{e2}/\sqrt{3}} = \frac{10000}{400/\sqrt{3}} = 43.3$$

负载阻抗折合到原边

$$Z_L' = K^2 Z_L = 43.3^2 \times (0.3 + j0.1) = 562.5 + j187.5 \ (\Omega)$$

从一次侧看每相总阻抗

$$Z = Z_K + Z_L' = 1.8 + jX_1 + 562.5 + j187.5 = 564.3 + j(X_1 + 187.5) \ (\Omega)$$

一次侧线电流

$$I_1 = \frac{\sqrt{3}U_{e1}}{Z} = \frac{\sqrt{3} \times 10000}{\sqrt{564.3^2 + (X_1 + 187.5)^2}} \ (A)$$

二次侧线电流与相电流相等

$$I_2 = K\frac{I_1}{\sqrt{3}} = \frac{43.3}{\sqrt{3}} \times \frac{\sqrt{3} \times 10000}{\sqrt{564.3^2 + (X_1 + 187.5)^2}} = \frac{43.3 \times 10000}{\sqrt{564.3^2 + (X_1 + 187.5)^2}} \ (A)$$

二次侧线电压

$$U_2 = \sqrt{3}I_2 Z_L = \sqrt{3} \times \frac{43.3 \times 10000}{\sqrt{564.3^2 + (X_1 + 187.5)^2}} \times \sqrt{0.3^2 + 0.1^2}$$

$$= \frac{23.716 \times 10000}{\sqrt{564.3^2 + (X_1 + 187.5)^2}} \ (V)$$

Lb2D5015 某台三相电力变压器，额定容量 $S_e = 600 \text{kV} \cdot \text{A}$，额定电压 $U_{e1}/U_{e2} =$ 10000V/400V，D，y11 接法，短路阻抗 $Z_K = X_1 + j5\Omega$，二次侧接三相对称负载，每相负载 $Z_L = 0.3 + j0.1\Omega$，一次侧加额定电压时一次侧线电流 $I_1 = $ _____ A，二次侧线电流 $I_2 = $ _____ A。

X_1 的取值范围：1.5 到 2.6 的一位小数。

计算公式：

一次侧电流的计算

变比

$$K = \frac{U_{e1}}{U_{e2}/\sqrt{3}} = \frac{10000}{400/\sqrt{3}} = 43.3$$

负载阻抗折合到原边

$$Z_L' = K^2 Z_L = 43.3^2 \times (0.3 + j0.1) = 562.5 + j187.5 \ (\Omega)$$

从一次侧看每相总阻抗

$$Z = Z_K + Z_L' = X_1 + j5 + 562.5 + j187.5 = (X_1 + 562.5) + j192.5 \ (\Omega)$$

一次侧线电流

$$I_1 = \frac{\sqrt{3}U_{e1}}{Z} = \frac{\sqrt{3} \times 10000}{\sqrt{(X_1 + 562.5)^2 + 192.5^2}} \ (A)$$

二次侧线电流与相电流相等

$$I_2 = K\frac{I_1}{\sqrt{3}} = \frac{43.3}{\sqrt{3}} \times \frac{\sqrt{3} \times 10000}{\sqrt{(X_1 + 562.5)^2 + 192.5^2}} = \frac{43.3 \times 10000}{\sqrt{(X_1 + 562.5)^2 + 192.5^2}} \quad (A)$$

Jd2D4016　如图所示，在坡度为 $10°$ 的路面上移动 X_1t 重的变压器，变压器放在木托板上，在托板下面垫滚杠，移动该变压器所需的拉力＝_____ N。（已知滚动摩擦力 f ＝0.3t，$\sin10° = 0.174$，$\cos10° = 0.958$）

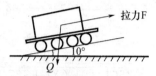

X_1 的取值范围：10.0 到 40.0 的整数。

计算公式：

$$H = Q \cdot \sin10° = X_1 \times 0.174(t)$$

拉力

$$F \geqslant H + f = X_1 \times 0.174 + 0.3 \ (t) = (X_1 \times 0.174 + 0.3) \times 10^3 \times 9.8 \ (N)$$

Jd2D4017　如图所示，一悬臂起重机，变压器吊重为 $Q = X_1$kN，当不考虑杆件及滑车的自重时，AB 杆上的力＝_____ N、BC 杆上的力＝_____ N。

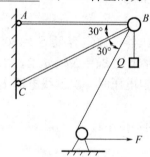

X_1 的取值范围：18.0 到 25.0 的整数。

计算公式：

取滑轮 B 作为研究对象。可列出力平衡方程式，在 x 轴上力的投影

$$F_{bc}\cos30° - F_{db} - T\cos60° = 0$$

在 y 轴上的投影

$$F_{bc}\cos60° - T\cos30° - Q = 0$$

由于 $T = Q$，解得

$$F_{bc} = \frac{(\cos30° + 1) \times X_1}{\cos60°} = 3.732 \times X_1 \times 1000 \ (N)$$

$$F_{db} = 3.732 \times X_1 \times \cos30° - X_1 \times \cos60° = 2.732 \times X_1 \times 1000 \ (N)$$

Jd2D1018 一台变压器为 X_1 N，用两根千斤绳起吊，两根绳的夹角为 $60°$，则每根千斤绳上受力是_____ N。

X_1 的取值范围：8000.0 到 10000.0 的两位小数。

计算公式：

每根千斤绳上受力是

$$F = \frac{X_1}{2\cos30°} = \frac{X_1}{2 \times 0.866} \text{ (N)}$$

1.5 识图题

Lb2E3001 双绕组降压变压器过负荷保护原理接线图是(　　)。

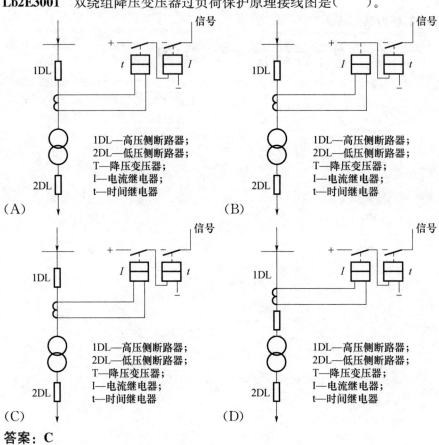

答案：C

Lb2E4002 变压器电感性负载时的相量图(　　)。

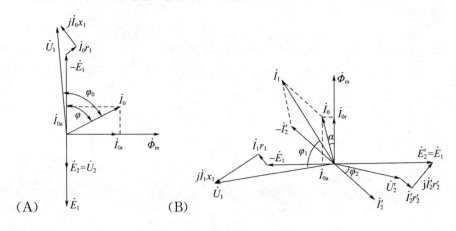

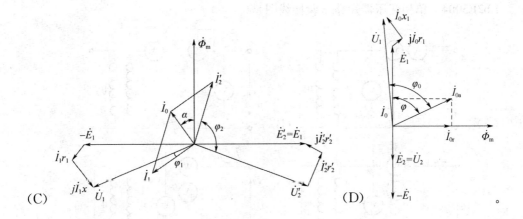

(C)

(D)

答案：B

Lb2E3003 变压器空载时的相量图是（　　）。

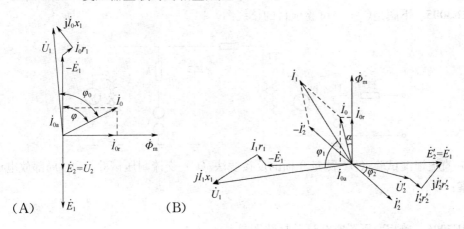

(A)　　　　　　　　　　(B)

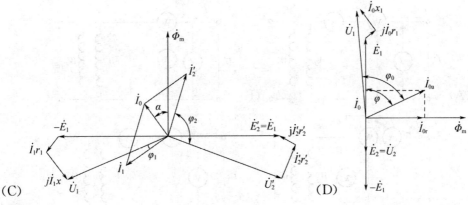

(C)　　　　　　　　　　(D)

答案：A

Lb2E3004 单相变压器短路试验接线图是(　　)。

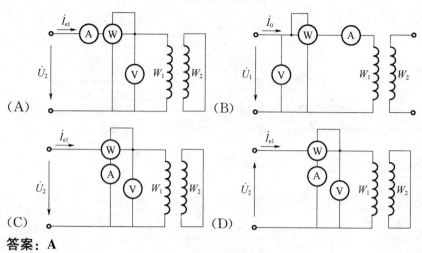

答案：**A**

Lb2E3005 下图是(　　)试验项目的接线图。

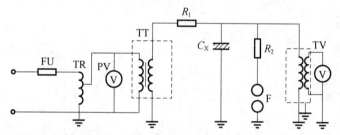

(A) 直流泄漏试验　(B) 测量介损的反接线法　(C) 交流耐压试验　(D) 局部放电试验
答案：**C**

Lb2E3006 单相变压器空载试验接线图是(　　)。

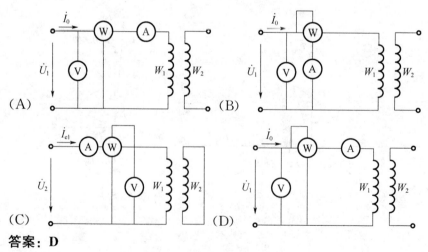

答案：**D**

Lb2E3007 下图为变压器泄漏电流与所加直流电压的变化曲线，下列哪组各条曲线所代表的变压器绝缘状况是正确的(   )。

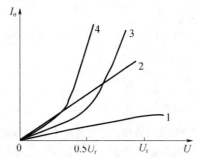

（A）1：绝缘受潮；2：绝缘良好；3：绝缘有集中性缺陷；4：绝缘有严重的集中性缺陷
（B）1：绝缘良好；2：绝缘受潮；3：绝缘有集中性缺陷；4：绝缘有严重的集中性缺陷
（C）1：绝缘良好；2：绝缘受潮；3：绝缘有严重的集中性缺陷；4：绝缘有集中性缺陷
（D）1：绝缘良好；2：绝缘有严重的集中性缺陷；3：绝缘受潮；4：绝缘有集中性缺陷
答案：B

Jd2E3008 SYXZ 型有载分接开关操作机构电气控制原理图是(   )。

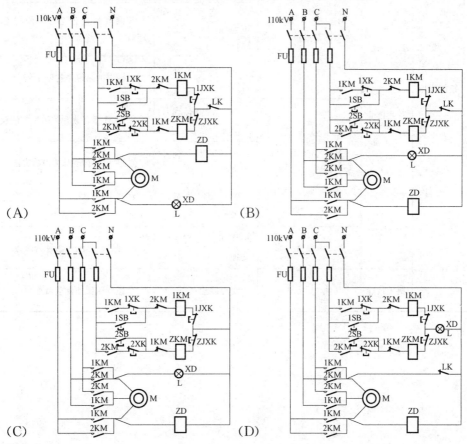

答案：B

2 技能操作

2.1 技能操作大纲

变压器检修工（技师）技能鉴定 技能操作考核大纲

等级	考核方式	能力种类	能力项	考核项目	考核主要内容
技师	技能操作	基本技能	识绘图	01. 110kV 风冷控制箱控制回路缺陷消除	掌握 110kV 风冷控制箱控制回路原理、接线图及缺陷消除方法
				02. MA7 有载开关控制箱缺陷消除	掌握 MA7 有载开关控制箱控制回路原理、接线图及缺陷消除方法
		专业技能	01. 变压器类设备小修及维护	01. 电容式套管过热检查	掌握电容式套管过热检查方法及工艺
				02. 电容式套管更换前检查试验项目	掌握电容式套管更换前检查试验项目
				03. 潜油泵解体检修	掌握潜油泵解体检修工艺
			02. 变压器类设备大修	01. M 型有载开关吊检	掌握 M 型有载开关吊检方法及工艺
				02. V 型有载开关吊检	掌握 V 型有载开关吊检方法及工艺
				03. ABB 型有载开关吊检	掌握 ABB 型有载开关吊检方法及工艺
			03. 恢复性大修	变压器油箱渗油处理	掌握变压器油箱渗油处理方法
		相关技能	其他	变压器抽真空	掌握变压器抽真空流程

2.2 技能操作项目

2.2.1 BY2JB0101 110kV 风冷控制箱控制回路缺陷消除

1. 作业

1) 工器具、材料、设备

(1) 工器具：万用表，500V 绝缘电阻表，十字、一字螺丝刀各一把，尖嘴钳，毛刷。

(2) 材料：变压器 XKWF－15/4 风冷控制回路图纸、备品备件、短路线。

(3) 设备型号：XKWF－15/4 变压器风冷控制箱。

2) 安全要求

(1) 按要求着装。

(2) 现场设置遮栏及相关标示牌。

(3) 使用电工工具注意做好防护措施。

(4) 工作中严格遵守国家电网公司《电力安全工作规程》与带电点保持足够安全距离。

3) 操作步骤及工艺要求

(1) 作业前准备

①做好个人安全防护措施，着装齐全。

②做好安全措施，办理第二种工作票。

③向工作人员交待安全措施，并履行确认手续。

(2) 控制箱外观检查

对箱体外观、外壳接地、密封情况等进行检查并清擦尘土。

(3) 电源检查开关

电源检查：空开，接触器和热继电器外观和触点应完好无烧损或接触不良，接线牢固可靠。必要时进行更换。

(4) 主令开关外观检查

主令开关外观检查完好，接线牢固可靠，手动切换，同时用万用表检查切换开关动作和接触情况，切换到位，指示位置正确。

(5) 运行试验

①手动投入风扇功能正常。

②校验按温度自动启动功能正常。

③校验按负荷自动启动功能正常。

④强投风扇回路功能检查。

(6) 信号回路检查

①缺相保护回路功能检查。

②"工作电源"信号灯检查。

③"本地全停"信号灯检查。

④"工作电源缺相"信号灯检查。

⑤ "风机故障"信号灯检查。

⑥箱内照明、加热控制设置、远传信号功能检查。

（7）元件绝缘电阻试验

500V 绝缘电阻表测量绝缘电阻应大于 $1M\Omega$。

2. 考核

1）考核场地

变压器检修实训室。

2）考核时间

参考时间为 60min，考评员允许开工开始计时，到时即停止工作。

3）考核要点

（1）正确着装、独立完成作业。

（2）工器具、图纸选择正确。

（3）查找故障点、排查故障。

3. 评分标准

行业：电力工程			工种：变压器检修工			等级：二	
编号	BY2JB0101	行为领域	d	鉴定范围			
考核时限	60min	题型	A	满分	100 分	得分	
试题名称	110k 风冷控制箱控制回路缺陷消除						
考核要点及其要求	（1）严格执行有关规程、规范 （2）工器具、图纸选择正确 （3）查找故障点、排查故障						
现场设备、工器具、材料	（1）工器具：万用表，500V 或 1000V 绝缘电阻表，十字、一字螺丝刀各一把，尖嘴钳，毛刷 （2）材料：变压器 XKWF-15/4 风冷控制回路图纸、备品备件、短路线 （3）设备型号：XKWF-15/4 变压器风冷控制箱						
备注							

评分标准

序号	考核项目名称	质量要求	分值	扣分标准	扣分原因	得分
1	作业前准备	（1）做好个人安全防护措施，着装齐全 （2）做好安全措施，办理第二种工作票 （3）向工作人员交待安全措施，并履行确认手续	10	（1）着装不规范扣3分 （2）未办理工作票扣2分 （3）未向工作人员交待安全措施扣3分 （4）未履行确认手续扣2分		
2	控制箱外观检查	外观检查：对箱体外观、外壳接地、密封情况等进行检查并清擦尘土	5	（1）外观检查项目不全，每项扣2分 （2）该项分值扣完为止		
3	电源检查开关	电源检查：空开，接触器和热继电器外观和触点应完好无烧损或接触不良，接线牢固可靠。必要时进行更换	10	（1）电源开关检查项目不全，每项扣2分 （2）该项分值扣完为止		

序号	考核项目名称	质量要求	分值	扣分标准	扣分原因	得分
4	主令开关外观检查	主令开关外观检查完好,接线牢固可靠,手动切换,同时用万用表检查切换开关动作和接触情况,切换到位,指示位置正确	10	(1) 主令开关外观检查项目不全,每项扣2分 (2) 该项分值扣完为止		
5	运行试验	(1) 手动投入风扇功能正常 (2) 校验按温度自动启动功能正常 (3) 校验按负荷自动启动功能正常 (4) 强投风扇回路功能检查	10	(1) 未检测手动功能扣2分 (2) 未检测按温度自动启动功能扣3分 (3) 未检测按负荷自动启动功能扣3分 (4) 未检测强投风扇回路功能扣2分		
6	信号回路检查	(1) 缺相保护回路功能检查 (2)"工作电源"信号灯检查 (3)"本地全停"信号灯检查 (4)"工作电源缺相"信号灯检查 (5)"风机故障"信号灯检查 (6) 箱内照明、加热控制设置、远传信号功能检查	30	(1) 未检查缺相保护回路扣4分 (2) 未检查"工作电源"信号灯扣4分 (3) 未检查"本地全停"信号灯扣5分 (4) 未检查"工作电源缺相"信号灯扣4分 (5) 未检查"风机故障"信号灯扣4分 (6) 未检查箱内照明、加热控制设置、远传信号功能扣4分		
7	元件绝缘电阻试验	500V绝缘电阻表测量绝缘电阻应大于1MΩ	10	绝缘电阻试验不规范扣10分		
8	填写记录结束工作	(1) 填写检修记录内容齐全、准确字迹工整 (2) 结束工作票	5	(1) 填写内容不齐全、不准确扣3分 (2) 字迹缭草每项扣2分		
9	安全文明生产	(1) 严格遵守《电业安全工作规程》 (2) 现场清洁 (3) 工具、材料、设备摆放整齐	10	(1) 违章作业每次扣1分该项最多扣5分 (2) 不清洁扣2分 (3) 工具、材料、设备摆放凌乱扣3分		
10	否决项	否决内容				
10.1	安全否决	作业工程中出现严重危及人身安全及设备安全的现象	否决	整个操作项目得0分		

2.2.2 BY2JB0102　MA7 有载开关控制箱缺陷消除

1. 作业

1) 工器具、材料、设备

(1) 工器具：万用表，500V 绝缘电阻表，十字、一字螺丝刀各一把，尖嘴钳，毛刷。

(2) 材料：MA7 有载开关控制箱原理接线图，备品备件、短路线。

(3) 设备：MA7 有载开关控制箱。

2) 安全要求

(1) 按要求着装。

(2) 现场设置遮栏及相关标示牌。

(3) 使用电工工具注意做好防护措施。

(4) 工作中严格遵守国家电网公司《电力安全工作规程》与带电点保持足够安全距离。

3) 操作步骤及工艺要求

(1) 作业前准备

①做好个人安全防护措施，着装齐全。

②做好安全措施，办理第二种工作票。

③向工作人员交待安全措施，并履行确认手续。

(2) 控制箱外观检查

外观检查：对箱体外观、外壳接地、密封情况、元器件、接线紧固情况等进行检查。

(3) 控制箱清扫

切断操作电源，对电动机构箱进行清扫，并检查机构箱的密封性能。

(4) 元器件检查

检查电动机构内部连接与控制器连线是否牢固，各元器件是否完好。

(5) 电动机构传动部分检查

检查电动机构、皮带轮箱、传动齿轮是否安装牢固、动作灵活，连接正确，无卡涩现象，对滑动接触部位应加适量润滑脂（刹车部位、皮带传动、位置盘触头除外）。

(6) 电源检查

①检查加热器及温度控制器。

②检查电源相序是否正确。

③检查电源中断后自动再启动性能。

(7) 电机控制部分检查

①检查电动机构的电气与机械限位装置是否正确。

②检查电动机构的手动与电动的联锁功能。

③检查电动机构逐级控制功能。

④检查电动机构紧急脱扣装置。

(8) 档位检查

检查电动机构操作方向指示、分接变换在运行中的指示、紧急断开电源指示、完成分接变换次数指示及就地和远控工作位置指示的正确性。

(9) 元件绝缘检查

检查电气回路的绝缘性能，测量绝缘电阻（500V 绝缘电阻表测量绝缘电阻应大于 1MΩ）

（10）缺陷处理

根据缺陷现象，按照图纸对缺陷查找并处理。

2. 考核

1）考核场地

变压器检修实训室。

2）考核时间

参考时间为 60min，考评员允许开工开始计时，到时即停止工作。

3）考核要点

（1）正确着装、独立完成作业。

（2）工器具、图纸选择正确。

（3）查找故障点、排查故障。

3. 评分标准

行业：电力工程　　　　　　　　工种：变压器检修工　　　　　　　等级：二

编号	BY2JB0102	行为领域	d	鉴定范围		
考核时限	60min	题型	c	满分	100 分	得分
试题名称	MA7 有载开关控制箱缺陷消除					
考核要点及其要求	（1）严格执行有关规程、规范，正确着装、独立完成作业 （2）对新 MA7 型有载开关机构箱进行检查、传动 （3）对检查过程中发现的缺陷进行处理 （4）确保机构箱各项功能正常，处于可用状态					
现场设备、工器具、材料	（1）工器具：万用表，500V 绝缘电阻表，十字、一字螺丝刀各一把，尖嘴钳，毛刷 （2）材料：MA7 有载开关控制箱原理接线图，备品备件，短路线 （3）设备：MA7 有载开关控制箱					
备注						

评分标准

序号	考核项目名称	质量要求	分值	扣分标准	扣分原因	得分
1	作业前准备	（1）做好个人安全防护措施，着装齐全 （2）做好安全措施，办理第二种工作票 （3）向工作人员交待安全措施，并履行确认手续	10	（1）着装不规范扣 3 分 （2）未办理工作票扣 2 分 （3）未向工作人员交待安全措施扣 3 分 （4）未履行确认手续扣 2 分		
2	控制箱外观检查	外观检查：对箱体外观、外壳接地、密封情况、元器件、接线紧固情况等进行检查	5	（1）外观检查项目不全，每项扣 1 分 （2）该项分值扣完为止		
3	控制箱清扫	切断操作电源，对电动机构箱进行清扫，并检查机构箱的密封性能	5	（1）未清扫扣 2 分 （2）未检查密封扣 3 分		
4	元器件检查	检查电动机构内部连接与控制器连线是否牢固，各元器件是否完好	5	未检查扣 5 分		

序号	考核项目名称	质量要求	分值	扣分标准	扣分原因	得分
5	电动机构传动部分检查	检查电动机构、皮带轮箱、传动齿轮是否安装牢固、动作灵活，连接正确，无卡涩现象，对滑动接触部位应加适量润滑脂（刹车部位、皮带传动、位置盘触头除外）	5	（1）电动机构传动部分检查项目不全，每项扣2分 （2）该项分值扣完为止		
6	电源检查	（1）检查加热器及温度控制器 （2）检查电源相序是否正确 （3）检查电源中断后自动再启动性能	10	（1）加热器及温度控制器未检查扣3分 （2）电源相序未检查扣4分 （3）再启动性能未检查扣3分		
7	电机控制部分检查	（1）检查电动机构的电气与机械限位装置是否正确 （2）检查电动机构的手动与电动的联锁功能 （3）检查电动机构逐级控制功能 （4）检查电动机构紧急脱扣装置	10	（1）电气与机械限位未检查扣3分 （2）联锁功能未检查扣3分 （3）逐级控制功能能未检查扣2分 （4）紧急脱扣装置未检查扣2分		
8	档位检查	检查电动机构操作方向指示、分接变换在运行中的指示、紧急断开电源指示、完成分接变换次数指示及就地和远控工作位置指示的正确性	10	（1）档位检查项目不全，每项扣2分 （2）该项分值扣完为止		
9	元件绝缘检查	检查电气回路的绝缘性能，测量绝缘电阻（500V绝缘电阻表测量绝缘电阻应大于1MΩ）	5	元件绝缘未检查扣5分		
10	缺陷处理	不固定随机出缺陷2个，根据缺陷现象，按照图纸对缺陷查找并处理	20	每个缺陷扣10分		
11	填写记录工作结束	（1）填写检修记录内容齐全、准确、字迹工整 （2）结束工作票	5	（1）填写内容不齐全、不准确扣3分 （2）字迹缭草扣2分		
12	安全文明生产	（1）严格遵守《电业安全工作规程》 （2）现场清洁 （3）工具、材料、设备摆放整齐	10	（1）违章作业每次扣1分，该项最多扣5分 （2）不清洁扣2分 （3）工具、材料、设备摆放凌乱扣3分		
13	否决项	否决内容				
13.1	安全否决	作业工程中出现严重危及人身安全及设备安全的现象	否决	整个操作项目得0分		

2.2.3 BY2ZY0101 电容式套管过热检查

1. 作业

1）工器具、材料、设备

（1）工器具：组合工具1套、组合金具1套、内6角一套、10寸活动扳手1个、专用工具1套。

（2）材料：无绒布若干、套管配件及密封胶垫一套。

（3）设备：BRLW2－126/630A电容式套管。

2）安全要求

（1）现场设置遮栏、标示牌：在检修现场四周设一留有通道口的封闭式遮栏，字面朝里挂适当数量"止步，高压危险！"标示牌，并挂"在此工作"标示牌，在通道入口处挂"从此进入"标示牌。

（2）防高空坠落：高处作业中安全带应系在安全带专用构架或牢固的构件上，不得系在支柱绝缘子或不牢固的构件上，作业中不得失去监护。

（3）防坠物伤人或设备：作业现场人员必须戴好安全帽，严禁在作业点正下方逗留，高处作业要用传递绳传递工具材料，严禁上下抛掷。

3）操作步骤及工艺要求

（1）作业前准备

①做好个人安全防护措施，着装齐全。

②做好安全措施，办理第一种工作票。

③向工作人员交待安全措施，并履行确认手续。

（2）套管引线拆除

将主变一次引线接头拆引后用绑扎绳进行固定，检查引线抱箍处螺栓紧固情况，应无松动，检查引线导杆，应无变形、烧蚀损坏痕迹。

（3）直阻测量

进行高压直阻测试，保留原始数据，以利于消缺后比对。

（4）拆除套管将军帽固定螺栓

将套管将军帽处4条固定螺栓拆除并保存，如有锈蚀等损坏应选择同型号螺栓进行更换。

（5）拆除套管将军帽接线底座

由于将军帽质量较大，拆除时应有防止坠落措施，防止坠落碰伤套管。

（6）主变引线导杆固定销及大螺母拆除

①用小号螺丝刀将固定销顶出，将套管锁紧螺母取下，检查是否有过热、变色、变形、螺纹损坏。

②将白布带穿过引线固定销孔，并绑扎牢固，防止引线下坠。

（7）过热缺陷原因分析处理

①个别引线与将军帽接触配合部位有毛刺，引起尖端放电，造成放电部位有烧蚀痕迹，引起过热。

②安装或检修时引线与将军帽连接松动，紧固力量不足，螺纹乱扣，接触面有氧化

层等。

③所用材质自身存在缺陷导致过热现象。

④处理方法：尖端倒角部位用 0 号纱布打磨处理；接触面清擦洁净，无油垢，无氧化层；引线与将军帽连接紧固；材质问题必须更改。

（8）回装

①按照拆除的相反顺序安装。

②安装完毕后用厌氧密封胶进行密封处理。

（9）直阻测量

进行高压直阻测试，与消缺前数据进行比对，应合格。

（10）引线线夹连接部位处理

引线线夹及导电杆应清擦干净，打磨无氧化层后，涂抹导电膏（凡士林）。

（11）套管导电部分回装

回装的顺序与解体顺序相反。

2. 考核

1）考核场地

变压器检修实训室。

2）考核时间

参考时间为 60min，考评员允许开工开始计时，到时即停止工作。

3）考核要点

（1）工作服、绝缘鞋、安全帽自备。

（2）防止大量漏油。

（3）防止触电伤人。

（4）防止机械伤害。

3. 评分标准

行业：电力工程　　　　　　　　　工种：变压器检修工　　　　　　　　　等级：二

编号	BY2ZY0101	行为领域	e	鉴定范围		
考核时限	60min	题型	A	满分	100分	得分
试题名称	电容式套管过热检查					
考核要点及其要求	（1）工作服、绝缘鞋、安全帽自备，独立完成工作 （2）防止大量漏油 （3）防止触电伤人 （4）防止机械伤害					
现场设备、工器具、材料	（1）工器具：组合工具 1 套、组合金具 1 套、内 6 角一套、10 寸活动扳手 1 个、专用工具 1 套 （2）材料：无绒布若干、套管配件及密封胶垫一套 （3）设备：BRLW2－126/630A 电容式套管					
备注						

评分标准

序号	考核项目名称	质量要求	分值	扣分标准	扣分原因	得分
1	作业前准备	（1）做好个人安全防护措施，着装齐全 （2）做好安全措施，办理第一种工作票 （3）向工作人员交待安全措施，并履行确认手续	10	（1）着装不规范扣3分 （2）未办理工作票扣3分 （3）未对工作班人员交待安全措施扣2分 （4）未履行确认手续扣2分		
2	套管引线拆除	将主变一次引线接头拆引后用绑扎绳进行固定，检查引线抱箍处螺栓紧固情况，应无松动，检查引线导杆，应无变形、烧蚀损坏痕迹	5	（1）套管引线连接处未检查的每项扣1分 （2）该项分值扣完为止		
3	直阻测量	进行高压直阻测试，保留原始数据，以利于消缺后比对	5	未进行测量，扣5分		
4	拆除套管将军帽固定螺栓	将套管将军帽处4条固定螺栓拆除并保存，如有锈蚀等损坏应选择同型号螺栓进行更换	5	（1）拆除方法不规范每处扣2分 （2）该项分值扣完为止		
5	拆除套管将军帽接线底座	由于将军帽质量较大，拆除时应有防止坠落措施，防止坠落碰伤套管	5	（1）拆除方法不规范每处扣2分 （2）该项分值扣完为止		
6	主变引线导杆固定销及大螺母拆除	（1）用小号螺丝刀将固定销顶出，将套管锁紧螺母取下，检查是否有过热、变色、变形、螺纹损坏 （2）将白布带穿过引线固定销孔，并绑扎牢固，防止引线下坠	5	（1）拆除方法不规范扣3分 （2）未固定引线扣2分		
7	过热缺陷原因分析处理	（1）个别引线与将军帽接触配合部位有毛刺，引起尖端放电，造成放电部位有烧蚀痕迹，引起过热 （2）安装或检修时引线与将军帽连接松动，紧固力量不足，螺纹乱扣，接触面有氧化层等 （3）所用材质自身存在缺陷导致过热现象 （4）处理方法：尖端倒角部位用0号纱布打磨处理；接触面清擦洁净，无油垢，无氧化层；引线与将军帽连接紧固；材质问题必须更改	20	（1）分析及处理不正确每处扣3分 （2）该项分值扣完为止		

评分标准

序号	考核项目名称	质量要求	分值	扣分标准	扣分原因	得分
8	回装	（1）按照拆除的相反顺序安装 （2）安装完毕后用厌氧密封胶进行密封处理	15	（1）顺序错误每项扣2分 （2）未进行涂胶处理扣5分 （3）该项分值扣完为止		
9	直阻测量	进行高压直阻测试，与消缺前数据进行比对，应合格	5	未进行测量，扣5分		
10	引线线夹连接部位处理	引线线夹及导电杆应清擦干净，打磨无氧化层后，涂抹导电膏（凡士林）	5	方法不正确扣5分		
11	套管导电部分回装	回装的顺序与解体顺序相反	5	顺序错误扣5分		
12	填写记录结束工作	（1）填写检修记录内容齐全、准确字迹工整 （2）结束工作票	5	（1）填写内容不齐全、不准确扣2分 （2）字迹缭草每项扣1分 （3）未结束工作票扣2分		
13	安全文明生产	（1）严格遵守《电业安全工作规程》 （2）现场清洁 （3）工具、材料、设备摆放整齐	10	（1）违章作业每次扣1分该项最多扣5分 （2）现场不清洁扣2分 （3）工具、材料、设备摆放凌乱扣3分		
14	否决项	否决内容				
14.1	安全否决	作业工程中出现严重危及人身安全及设备安全的现象	否决	整个操作项目得0分		

2.2.4 BY2ZY0102 电容式套管更换前检查试验项目

1. 作业

1）工器具、材料、设备

（1）工器具：组合工具1套、内6角一套、10寸活动扳手1个、管钳一个、专用工具1套、1000V绝缘电阻表、加油壶1个。

（2）材料：油盘1个、无绒布若干、合格的变压器油20kg。

（3）设备：BRLW2－126/630A电容式套管。

2）安全要求

（1）现场设置遮栏、标示牌：在检修现场四周设一留有通道口的封闭式遮栏，字面朝里挂适当数量"止步，高压危险！"标示牌，并挂"在此工作"标示牌，在通道入口处挂"从此进入"标示牌。

（2）防高空坠落：高处作业中安全带应系在安全带专用构架或牢固的构件上，不得系在支柱绝缘子或不牢固的构件上，作业中不得失去监护。

（3）防坠物伤人或设备：作业现场人员必须戴好安全帽，严禁在作业点正下方逗留，高处作业要用传递绳传递工具材料，严禁上下抛掷。

3）操作步骤及工艺要求

（1）作业前准备

①做好个人安全防护措施，着装齐全。

②做好安全措施，办理第一种工作票。

③向工作人员交待安全措施，并履行确认手续。

（2）安装前试验

检查试验项目：油质化验、介损、电容量、绝缘电阻，是否合格。

（3）均压球检查

打开均压球紧固铜管壁大螺钉，用无绒白棉布擦拭清理干净、安装紧固。

（4）套管底部放油塞检查

胶垫压缩量1/3完好，放油塞需要用扳手紧固。

（5）末屏小套管检查

①末屏小套管压板密封的四条螺栓是否均匀受力，检查压板受力间隙是否均匀。

②末屏接地端子是否受到损伤，回装后可靠接地。

（6）取油塞检查

检查连接法兰处油样阀（塞）紧固。

（7）瓷瓶外观检查

瓷瓶有无损伤裂纹，需要转动套管全面检查。

（8）油位计、油标检查

油位计是否渗油，油位高度应符合标准。

（9）头部注油塞检查

头部注油塞是否紧固，密封胶垫是否完好。

（10）套管头部双封螺母检查

检查套管头部双封螺母两端的密封垫是否良好，双封螺母是否紧固。

（11）将军帽处密封检查

检查接线端子（将军帽）处密封面和胶垫是否完好，内部是否洁净。

（12）相位色检查

相位漆完好。

2. 考核

1）考核场地

变压器检修实训室。

2）考核时间

参考时间为 60min，考评员允许开工开始计时，到时即停止工作。

3）考核要点

（1）工作服、绝缘鞋、安全帽自备。

（2）防止大量漏油。

（3）防止触电伤人。

（4）防止机械伤害。

3. 评分标准

行业：电力工程　　　　　　工种：变压器检修工　　　　　　等级：二

编号	BY2ZY0102	行为领域	e	鉴定范围		变压器检修
考核时限	60min	题型	Λ	满分	100分	得分
试题名称	电容式套管更换前检查试验项目					
考核要点及其要求	（1）工作服、绝缘鞋、安全帽自备 （2）防止大量漏油 （3）防止触电伤人 （4）防止机械伤害					
现场设备、工器具、材料	（1）工器具：组合工具1套、内6角一套、10寸活动扳手1个、管钳一个、专用工具1套、1000V绝缘电阻表1个、加油壶1个。 （2）材料：油盘1个、无绒布若干、合格的变压器油20kg。 （3）设备：BRLW2－126/630A 电容式套管					
备注						

评分标准

序号	考核项目名称	质量要求	分值	扣分标准	扣分原因	得分
1	作业前准备	（1）做好个人安全防护措施，着装齐全 （2）做好安全措施，办理第一种工作票 （3）向工作人员交待安全措施，并履行确认手续	10	（1）着装不规范扣3分 （2）未办理工作票扣2分 （3）未向工作人员交待安全措施扣3分 （4）未履行确认手续扣2分		
2	安装前试验	检查试验项目：油质化验、介损、电容量、绝缘电阻，是否合格	5	（1）检查试验项目不全，每项扣1分 （2）该项分值扣完为止		

序号	考核项目名称	质量要求	分值	扣分标准	扣分原因	得分
3	均压球检查	打开均压球紧固铜管壁大螺钉，用无绒白棉布擦拭清理干净、安装紧固	5	（1）未清理扣2分 （2）安装松动扣3分		
4	套管底部放油塞检查	胶垫压缩量1/3完好，放油塞需要用扳手紧固	10	（1）未检查扣5分 （2）未用扳手紧固扣5分		
5	末屏小套管检查	（1）末屏小套管压板密封的四条螺栓是否均匀受力，检查压板受力间隙是否均匀 （2）末屏接地端子是否受到损伤，回装后可靠接地	10	（1）末屏小套管螺栓未检查扣5分 （2）末屏接地端子未检查扣5分		
6	取油塞检查	检查连接法兰处油样阀（塞）紧固	10	（1）未检查扣5分 （2）未紧固扣5分		
7	瓷瓶外观检查	瓷瓶有无损伤裂纹，需要转动套管全面检查	10	（1）未检查扣5分 （2）未转动套管扣5分		
8	油位计、油标检查	油位计是否渗油，油位高度应符合标准	5	未检查扣5分		
9	头部注油塞检查	头部注油塞是否紧固，密封胶垫是否完好	10	（1）未检查扣5分 （2）未紧固扣5分		
10	套管头部双封螺母检查	检查套管头部双封螺母两端的密封垫是否良好，双封螺母是否紧固	10	（1）未检查密封垫扣5分 （2）未检查双封螺母扣5分		
11	将军帽处密封检查	检查接线端子（将军帽）处密封面和胶垫是否完好，内部是否洁净	3	未检查扣3分		
12	相位色检查	相位漆完好	5	未检查扣5分		
13	文明生产	（1）现场清洁 （2）工器具、材料摆放整齐	7	（1）现场清洁扣5分 （2）工器具、材料摆放整齐扣2分		
14	否决项	否决内容				
14.1	安全否决	作业工程中出现严重危及人身安全及设备安全的现象	否决	整个操作项目得0分		

2.2.5 BY2ZY0103 潜油泵解体检修

1. 作业

1) 工器具、材料、设备

(1) 工器具：28件套筒扳手1盒、500V兆欧表1块、数字式万用表1块、磁力百分表1块、内外径千分尺各1把、150mm三爪拉码1个、12寸活动扳手2把、手锤1把、铅锅1个、电炉子1个。

(2) 材料：潜油泵各种配件1套、木块1个、合格变压器油30kg、稀料2kg、清洁无绒布块足量、塑料布足量。

(3) 设备：KCB手提试压油泵1台、潜油泵一台。

2) 安全要求

(1) 按要求着装。

(2) 现场设置遮栏及相关标示牌。

(3) 使用电工工具注意做好防护措施。

(4) 工作中严格遵守国家电网公司《电力安全工作规程》与带电点保持足够安全距离。

3) 操作步骤及工艺要求

(1) 作业前准备

①做好个人安全防护措施，着装齐全。

②做好安全措施，办理第二种工作票。

③向工作人员交待安全措施，并履行确认手续。

(2) 解体前工作

①将潜油泵垂直放置，清洗外壳达到清洁无污垢。

②摇测定子绕组绝缘电阻，应不小于1MΩ。

③测量定子绕组直流电阻，其不平衡度应小于2%。

(3) 解体检修

①拆卸泵罩并进行清洗，达到清洁无油垢。

②打开止动垫圈，拆下圆头螺母，用三爪拉码取下叶轮，同时取下平键。检查叶轮有无变形及磨损时更换。

③拆卸前端盖螺栓用顶丝将前端盖、转子、后轴承顶起。严禁用螺丝刀及扁铲撬起。

④利用三爪拉码将前端盖、前轴承及后轴承拆除。同时将后端盖从定子上拆除。检查前后端盖轴承室有无磨损，并测量轴承室内径，允许公差+0.025mm。

⑤检查转子有无磨损及短路环有无开裂现象。测量转子前后轴直径，允许公差+0.02mm。

⑥检查定子铁芯及绕组应无损伤，散热油道无堵塞。

⑦打开接线盒检查接线柱及其密封情况，应良好。引线无脱焊及断线现象。

(4) 组装

①组装程序应按分解检修的相反程序进行。

②组装时应更换全部密封胶垫或胶环，属于限位密封的部位，法兰一律刚性连接；属于坚固密封的部位，胶垫压缩量控制在1/3左右，封环压缩量控制在1/2左右。

③所有安装螺栓、螺母应清洗干净，其螺纹无滑扣现象，否则应进行更换。

④更换的新轴承应进行认真筛选，其滚动间隙 2 级泵不大于 0.07mm，4 级以上泵不大于 0.10mm。

⑤镶嵌轴承应将轴承放在煤油中加热至 120～150℃ 时取出，进行热胀安装。同时使用专用套筒顶在轴承内环上，用手锤将轴承轻轻打入。严禁用手直接击入。

⑥将定子放在工作台上，再将转子穿入定子腔内，对准后端盖轴承室，在前轴头上衬垫木方，用手锤轻轻敲击将后轴承嵌入轴承室中。

⑦前端盖安装应将其嵌入定子止口中，不得堵塞散热油道。

⑧叶轮安装后用手拨动应转动灵活，无异音，用磁力百分表测量其偏摆度与两端密封环直径处圆跳动应不大于 0.10mm。

（5）电气及密封试验

①测量定子绕组对地绝缘电阻，应不小于 1MΩ，否则应查明原因或进行干燥处理。

②测量定子绕组直流电阻，三相不平衡度不大于 2%。

③空载试运行：在泵入口处注入少量变压器油后，按通电源泵运转应无异音，旋转方向应与箭头所示方向一致。

④整体密封试验：0.5MPa 油压保持 30min，观察各处无渗漏。

2. 考核

1）考核场地

变压器检修实训室。

2）考核时间

参考时间为 60min，考评员允许开工开始计时，到时即停止工作。

3）考核要点

（1）严格执行有关规程、规范。

（2）现场以提供潜油泵为考核设备。

（3）现场由 1 名检修工协助完成。

3. 评分标准

行业：电力工程　　　　　　　　工种：变压器检修工　　　　　　　　等级：二

编号	BY2ZY0103	行为领域	e	鉴定范围		
考核时限	60min	题型	B	满分	100 分	得分
试题名称	潜油泵解体检修					
考核要点及其要求	（1）严格执行有关规程、规范 （2）现场以提供的潜油泵为考核设备 （3）现场由 1 名检修工协助完成					
现场设备、工器具、材料	（1）工器具：28 件套筒扳手 1 盒、500V 兆欧表 1 块、数字式万用表 1 块、磁力百分表 1 块、内外径千分尺各 1 把、150mm 三爪拉码 1 个、12 寸活动扳手 2 把、手锤 1 把、铅锅 1 个、电炉子 1 个 （2）材料：潜油泵各种配件 1 套、木块 1 个、合格变压器油 30kg、稀料 2kg、清洁无绒布块足量、塑料布足量 （3）设备：KCB 手动试压油泵 1 台、潜油泵一台					

序号	考核项目名称	质量要求	分值	扣分标准	扣分原因	得分
1	作业前准备	（1）做好个人安全防护措施，着装齐全 （2）做好安全措施，办理第二种工作票 （3）向工作人员交待安全措施，并履行确认手续	10	（1）着装不规范扣3分 （2）未办理工作票扣2分 （3）未向工作人员交待安全措施扣3分 （4）未履行确认手续扣2分		
2	解体前工作	（1）将潜油泵垂直放置，清洗外壳达到清洁无污垢 （2）摇测定子绕组绝缘电阻，应不小于1MΩ （3）测量定子绕组直流电阻，其不平衡度应小于2%	10	（1）外壳清洗不洁净扣2分 （2）未进行测量扣4分 （3）未进行测量扣4分		
3	解体检修	（1）拆卸泵罩并进行清洗，达到清洁无油垢 （2）打开止动垫圈，拆下圆头螺母，用三爪拉码取下叶轮，同时取下平键；检查叶轮有无变形及磨损时更换 （3）拆卸前端盖螺栓用顶丝将前端盖、转子、后轴承顶起；严禁用螺丝刀及扁铲撬起 （4）利用三爪拉码将前端盖、前轴承及后轴承拆除；同时将后端盖从定子上拆除；检查前端盖轴承室有无磨损，并测量轴承室内径，允许公差+0.025mm （5）检查转子有无磨损及短路环有无开裂现象；测量转子前后轴直径，允许公差+0.02mm （6）检查定子铁芯及绕组应无损伤，散热油道无堵塞 （7）打开接线盒检查接线柱及其密封情况，应良好；引线无脱焊及断线现象	30	（1）泵罩清洗不净扣2分 （2）拆卸方法不符合工艺要求每项扣2分，该项最多扣8分 （3）未使用专用工具拆卸扣2分； （4）前端盖轴承室超差未进行更换扣2分 （5）存在缺陷未处理每项扣2分，该项最多扣8分 （6）接线部位存在缺陷未处理每项扣2分，该项最多扣8分		

序号	考核项目名称	质量要求	分值	扣分标准	扣分原因	得分
4	组装	（1）组装程序应按分解检修的相反程序进行 （2）组装时应更换全部密封胶垫或胶环，属于限位密封的部位，法兰一律刚性连接；属于坚固密封的部位，胶垫压缩量控制在 1/3 左右，封环压缩量控制在 1/2 左右 （3）所有安装螺栓、螺母应清洗干净，其螺纹无滑扣现象，否则应进行更换 （4）更换的新轴承应进行认真筛选，其滚动间隙 2 级泵不大于 0.07mm，4 级以上泵不大于 0.10mm （5）镶嵌轴承应将轴承放在煤油中加热至 120～150℃ 时取出，进行热胀安装；同时使用专用套筒顶在轴承内环上，用手锤将轴承轻轻打入；严禁用手直接击入 （6）将定子放在工作台上，再将转子穿入定子腔内，对准后端盖轴承室，在前轴头上衬垫木方，用手锤轻轻敲击将后轴承嵌入轴承室中 （7）前端盖安装应将其嵌入定子止口中，不得堵塞散热油道 （8）叶轮安装后用手拨动应转动灵活，无异音，用磁力百分表测量其偏摆度与两端密封环直径处圆跳动应不大于 0.10mm	25	（1）组装程序错误及工艺不符合要求每项扣 2 分，该项最多扣 6 分 （2）螺栓、螺母未清洗；损坏的螺栓、螺母未更换每件扣 1 分，该项最多扣 3 分 （3）轴承间隙超差每件扣 1 分，该项最多扣 6 分 （4）镶嵌轴承方法不符合工艺要求扣 3 分 （5）转子安装方法不符合工艺要求扣 3 分 （6）未进入止口或散热油道被堵塞每项扣 1 分 （7）叶轮偏摆度超过允许偏差扣 3 分		
5	电气及密封试验	（1）测量定子绕组对地绝缘电阻，应不小于 1MΩ。否则应查明原因或进行干燥处理 （2）测量定子绕组直流电阻，三相不平衡度不大于 2% （3）空载试运行：在泵入口处注入少量变压器油后，按通电源泵运转应无异声，旋转方向应与箭头所示方向一致 （4）整体密封试验：0.5MPa 油压保持 30min，观察各处无渗漏	10	（1）绝缘电阻小于 1MΩ 时，未查明原因及采取相应措施处理扣 3 分 （2）三相不平衡率大于 2% 时，未查明原因并处理扣 3 分 （3）空载运行有异音未处理消除扣 2 分 （4）发现渗漏扣 2 分		

序号	考核项目名称	质量要求	分值	扣分标准	扣分原因	得分
6	填写检修记录工作结束	(1) 填写检修记录内容完整、准确、字迹工整 (2) 结束工作票	5	(1) 内容不全、不准确扣3分 (2) 字迹潦草扣2分		
7	安全文明生产	(1) 严格遵守《电业安全工作规程》 (2) 现场清洁 (3) 工具、材料、设备摆放整齐	10	(1) 违章作业每次扣1分，该项最多扣5分 (2) 不清洁扣2分 (3) 工具、材料、设备摆放凌乱扣3分		
8	否决项	否决内容				
8.1	安全否决	作业工程中出现严重危及人身安全及设备安全的现象	否决	整个操作项得0分		

2.2.6 BY2ZY0201 M型有载开关吊检

1. 作业

1) 工器具、材料、设备

(1) 工器具：组合工具1套、内6角一套、套筒1套、10寸活动扳手1个、吊带、专用工具1套、万用表1块、双臂电桥1台。

(2) 材料：无绒棉布若干、塑料布、废油桶2个、油盘。

(3) 设备：CMⅢ500Y型有载开关、KCB微型滤油机1套、2.5t桥式吊车。

2) 安全要求

(1) 现场设置遮栏、标示牌：在检修现场四周设一留有通道口的封闭式遮栏，字面朝里挂适当数量"止步，高压危险！"标示牌，并挂"在此工作"标示牌，在通道入口处挂"从此进入"标示牌。

(2) 防高空坠落：高处作业中安全带应系在安全带专用构架或牢固的构件上，不得系在支柱绝缘子或不牢固的构件上，作业中不得失去监护。

(3) 防坠物伤人或设备：作业现场人员必须戴好安全帽，严禁在作业点正下方逗留，高处作业要用传递绳传递工具材料，严禁上下抛掷。

3) 操作步骤及工艺要求

(1) 作业前准备

①做好个人安全防护措施，着装齐全。

②做好安全措施，办理第一种工作票。

③向工作人员交待安全措施，并履行确认手续。

④连接滤油机油管，拆接滤油机电源（必须有人监护）。

(2) 头盖拆除

①记录分接头位置。

②将有载开关由 N→1 方向调至中间整定位置。

③断开控制箱操作电源，挂"禁止合闸，有人工作！"标示牌。

④关闭位于开关油枕与分接开关顶部之间阀门，将顶盖上的泄放螺钉的螺帽取下，提起阀挺杆进气，由分接开关放油阀处排油约5L，至顶盖以下。

⑤拆开上部机构驱动轴，从联轴节架上拆下螺钉，拆除水平连轴。

⑥拆下分接开关顶盖。

⑦拆下位置指示盘。

(3) 芯体吊出

①注意分接开关顶部和支撑板的记号并校准位置。

②拆除支撑板的固定螺栓，螺栓摆放整齐。

③谨慎垂直地向上吊出芯体，密切注意观察无碰撞。

④将芯体放在一边，妥善放置，并让油滴干。

(4) 油室检修

①排除油室的污油，用新油清洗，用无绒干净白布清查油室内壁。绝缘桶表面是应无爬电痕迹，拆下吸油管进行清理检查。

②利用变压器本体与油室的油压差，检查油室各处密封情况。

③清洗、检查好的油室用头盖进行密封，防止异物落入。

（5）开关芯体检修

①用合格绝缘油冲洗干净开关芯体弧形板上的游离碳，用干净的无绒棉布擦净开关芯体，检查各紧固件应无松动。

②测量各相过渡电阻，并做好纪录，符合合格证和铭牌数据，允许偏差在±10％内，接触电阻不大于 $500\mu\Omega$。

③检查各触头有无烧损拉弧现象。

④弧形板上紧固螺钉及放松扳垫应无松动变形．

（6）枪机机构的检查

各紧固件无松动、断裂现象，两端机械限位可靠，机械部位无变形、卡死现象。弹簧无变形、断裂现象。

（7）开关芯体回装

①用合格绝缘油冲洗干净开关芯体弧形板上的游离碳，用干净的无绒棉布擦净开关芯体，检查各紧固件应无松动。

②测量各相过渡电阻，并做好纪录，符合合格证和铭牌数据，允许偏差在±10％内，接触电阻不大于 $500\mu\Omega$。

③检查各触头有无烧损拉弧现象。

④弧形板上紧固螺钉及放松扳垫应无松动变形。

（8）注油

①打开气体继电器和储油柜之间的阀门，让油慢慢流入分接开关油室。

②继续通过储油柜补充新油至规定油位（根据油位曲线）。

③本体、瓦斯、排油管上放气塞排气应彻底流出油。

④连接传动部分螺栓紧固。

（9）联校校验

进行联校试验，正反旋转圈数差值小于规定值（不大于 1 圈）。

（10）传动检查

①检查电动机构与开关本体及主控室后台机档位一致。

②插入手动手柄，手动动作一个循环，确认转动无卡涩，机械限位灵活可靠。

③合上电源开关，进行电动操作，各位置启动、停止、超越接点、紧急停车、时间闭锁、电气极限闭锁应动作正确，将开关位置至于检修时位置，进行相关电气试验。

2. 考核

1）考核场地

变压器检修实训室。

2）考核时间

参考时间为 60min，考评员允许开工开始计时，到时即停止工作。

3）考核要点

（1）工作服、绝缘鞋、安全帽自备，由 2 名助手协助完成。

（2）防止大量漏油。

（3）防止触电伤人。

（4）使用吊车进行起重作业时，吊臂下面严禁站人。

（5）防止机械伤害。

3．评分标准

行业：电力工程　　　　　　工种：变压器检修工　　　　　　等级：二

编号	BY2ZY0201	行为领域	e	鉴定范围		
考核时限	60min	题型	B	满分	100分	得分
试题名称	M型有载开关吊检					
考核要点及其要求	（1）工作服、绝缘鞋、安全帽自备，由2名助手协助完成 （2）防止大量漏油 （3）防止触电伤人 （4）使用吊车注意吊臂下面严禁站人					
现场设备、工器具、材料	（1）工器具：组合工具1套、套筒1套、内6角一套、10寸活动扳手1个、吊带、专用工具1套、万用表1块、双臂电桥1台 （2）材料：无绒棉布若干、塑料布、废油桶2个、油盘 （3）设备：CMⅢ500Y型有载开关、KCB微型滤油机1套、2.5t桥式吊车					
备注						

评分标准

序号	考核项目名称	质量要求	分值	扣分标准	扣分原因	得分
1	作业前准备	（1）做好个人安全防护措施，着装齐全 （2）做好安全措施，办理第一种工作票 （3）向工作人员交待安全措施，并履行确认手续 （4）连接滤油机油管，拆接滤油机电源（必须有人监护）	10	（1）着装不规范扣3分 （2）安全措施不当扣2分 （3）油管连接不正确扣5分		
2	头盖拆除	（1）记录分接头位置 （2）将有载开关由 $N \to 1$ 方向调至中间整定位置 （3）断开控制箱操作电源，挂"禁止合闸，有人工作!"标示牌 （4）关闭位于开关油枕与分接开关顶部之间阀门，将顶盖上的泄放螺钉的螺帽取下，提起阀挺杆进气，由分接开关放油阀处排油约5L，至顶盖以下 （5）拆开上部机构驱动轴，从联轴节架上拆下螺钉，拆除水平连轴 （6）拆下分接开关顶盖 （7）拆下位置指示盘	10	（1）未记录分接头位置扣1分 （2）未按照规定方向调整至整定位置扣1分 （3）未悬挂标示牌扣1分 （4）未关闭阀门扣2分，放油位置不正确扣2分 （5）指示盘拆除不正确扣3分		

序号	考核项目名称	质量要求	分值	扣分标准	扣分原因	得分
3	芯体吊出	（1）注意分接开关顶部和支撑板的记号并校准位置 （2）拆除支撑板的固定螺栓，螺栓摆放整齐 （3）谨慎垂直地向上吊出芯体，密切注意观察无碰撞 （4）将芯体放在一边，妥善放置，并让油滴干	10	（1）记号未校准扣2分 （2）螺栓摆放不规范扣1分 （3）有碰撞现象扣5分 （4）未让油滴干扣2分		
4	油室检修	（1）排除油室的污油，用新油清洗，用无绒干净白布清查油室内壁。绝缘桶表面是应无爬电痕迹，拆下吸油管进行清理检查 （2）利用变压器本体与油室的油压差，检查油室各处密封情况 （3）清洗、检查好的油室用头盖进行密封，防止异物落入	10	（1）油室内壁未检查扣2分 （2）吸油管未清理扣2分 （3）未进行油室检查扣2分 （4）油室冲洗不干净2分 （5）油室未用头盖进行密封扣2分		
5	开关芯体检修	（1）用合格绝缘油冲洗干净开关芯体弧形板上的游离碳，用干净的无绒棉布擦净开关芯体，检查各紧固件应无松动 （2）测量各相过渡电阻，并做好纪录，符合合格证和铭牌数据，允许偏差在±10%内，接触电阻不大于500μΩ （3）检查各触头有无烧损拉弧现象 （4）弧形板上紧固螺钉及放松扳垫应无松动变形	15	（1）芯体检修不到位扣4分 （2）过渡电阻、接触电阻测量方法不正确扣3分 （3）触头检查不全扣4分 （4）弧形板未检查扣4分		
6	枪机机构的检查	各紧固件无松动、断裂现象，两端机械限位可靠，机械部位无变形、卡死现象。弹簧无变形、断裂现象	10	（1）检查项目不全，每项扣2分 （2）该项分值扣完为止		
7	开关芯体回装	芯体回装与吊出的顺序相反	10	（1）开关芯体回装方法不规范每处扣2分 （2）该项分值扣完为止		

序号	考核项目名称	质量要求	分值	扣分标准	扣分原因	得分
8	注油	（1）打开气体继电器和储油柜之间的阀门，让油慢慢流入分接开关油室 （2）继续通过储油柜补充新油至规定油位（根据油位曲线） （3）本体、瓦斯、排油管上放气塞排气应彻底流出油 （4）连接传动部分螺栓紧固	5	注油、排气方法不规范扣5分		
9	联校校验	进行联校试验，正反旋转圈数差值小于规定值（不大于1圈）	5	未进行联校试验扣5分		
10	传动检查	（1）检查电动机构与开关本体及主控室后台机档位一致 （2）插入手动手柄，手动动作一个循环，确认转动无卡涩，机械限位灵活可靠 （3）合上电源开关，进行电动操作，各位置启动、停止、超越接点、紧急停车、时间闭锁、电气极限闭锁应动作正确，将开关位置置于检修时位置，进行相关电气试验	5	（1）未进行位置检查扣1分 （2）未进行手动检查扣1分 （3）未进行电动功能检查扣2分 （4）检查项目不全扣1分		
11	填写记录结束工作	（1）填写检修记录内容齐全、准确字迹工整 （2）结束工作票	5	（1）填写内容不齐全、不准确扣3分 （2）字迹缭草每项扣2分		
12	安全文明生产	（1）严格遵守《电业安全工作规程》 （2）现场清洁 （3）工具、材料、设备摆放整齐	5	（1）违章作业每次扣1分，该项最多扣3分 （2）现场不清洁扣1分 （3）工具、材料、设备摆放凌乱扣1分		
13	否决项	否决内容				
13.1	安全否决	作业工程中出现严重危及人身安全及设备安全的现象	否决	整个操作项目得0分		

2.2.7 BY2ZY0202 V型有载开关吊检

1. 作业

1）工器具、材料、设备

（1）工器具：组合工具1套、套筒1套、内6角一套、10寸活动扳手1个、吊带、专用工具1套、万用表1块、双臂电桥1台。

（2）材料：无绒棉布若干、塑料布、废油桶2个、油盘。

（3）设备：VⅢ350Y型有载开关、KCB微型滤油机1套、2.5t桥式吊车。

2）安全要求

（1）现场设置遮栏、标示牌：在检修现场四周设一留有通道口的封闭式遮栏，字面朝里挂适当数量"止步，高压危险！"标示牌，并挂"在此工作"标示牌，在通道入口处挂"从此进入"标示牌。

（2）防高空坠落：高处作业中安全带应系在安全带专用构架或牢固的构件上，不得系在支柱绝缘子或不牢固的构件上，作业中不得失去监护。

（3）防坠物伤人或设备：作业现场人员必须戴好安全帽，严禁在作业点正下方逗留，高处作业要用传递绳传递工具材料，严禁上下抛掷。

3）操作步骤及工艺要求

（1）作业前准备

①做好个人安全防护措施，着装齐全。

②做好安全措施，办理第一种工作票。

③向工作人员交待安全措施，并履行确认手续。

④连接滤油机油管，拆接滤油机电源（必须有人监护）。

（2）头盖拆除

①记录分接头位置。

②将有载开关由 N→1 方向调至中间整定位置。

③断开控制箱操作电源，挂"禁止合闸，有人工作！"标示牌。

④关闭位于开关油枕与分接开关顶部之间阀门，将顶盖上的泄放螺钉的螺帽取下，提起阀挺杆进气，由分接开关放油阀处排油约5L，至顶盖以下。

⑤拆开上部机构驱动轴，从联轴节架上拆下螺钉，拆除水平连轴。

⑥拆下分接开关顶盖。

（3）储能机构拆除

①拆卸储能机构之前先记录快速切换机构的位置标识，以便于复装。

②用手握住拉簧，用 M5 螺钉先拨出一只拉簧销，然后拨出另外一个拉簧销，慢慢地放松弹簧。

③拆除吸油管弯头的活节螺母，将吸油管弯头推向一侧。

④拆除储能机构固定螺钉，拨出储能机构后，看到范围轴承座所在位置，留意一下此位置，储能机构要妥善保存，以备复装。

⑤用专用工具插进上一道槽口抬起吸油管，然后用手抓住第二道槽口，拨出吸油管。

⑥拆卸主轴主体必需使用专用吊具。用三个螺栓将吊具固定到主轴主体的三角轴承座

端面。

（4）吊出芯体

①主轴带转换选择器，使用专用吊具将吊具的止档必需插入支撑横杆中间的豁口中，顺时针扭转吊具，使转换选择器触头位于两相之间，必需将转换选择器触头脱离啮合状态，将触头组应转到中间的空档位置。不带转换选择器的分接开关吊芯时"羊角"轴承座应在触头组的正上方。

②将起吊装置的吊钩挂到吊具上，谨慎地向上吊出主轴，密切注意观察各动触头和过渡电阻无碰撞。将主轴主体放在一边，妥善放置，并让油滴干。

（5）油室检修

①排除油室的污油，用新油清洗，用无绒干净白布清查油室内壁。绝缘桶表面是应无爬电痕迹，拆下吸油管进行清理检查。

②利用变压器本体与油室的油压差，检查油室各处密封情况。

③清洗、检查好的油室用头盖进行密封，防止异物落入。

（6）开关主轴检修

①用合格绝缘油冲洗干净切换开关芯体上的游离碳，用干净的抹布擦干净开关主轴，检查各紧固件无松动。清洗抽油管内外壁。

②用电桥测量各相过渡电阻，并做好纪录，符合合格证和铭牌数据，允许偏差在±10%内。

③检查各动触头烧损拉弧现象，电弧烧损较均匀，电弧痕迹按圆周分布。各动触头应滚动灵活、无卡死现象。检查各动触头下端的弹簧无断裂，并有一定压力。检查各动触头引出线连接可靠，无断裂现象。检查各动触头上的尼龙滚子应无开裂和无卡死现象。

④检查开关绝缘主轴无明显弯曲和变形。检查开关选择器的绝缘支架无裂痕，绝缘应良好。吸油管内外壁无裂痕和气泡，绝缘应良好。

（7）储能机构的检查

各紧固件无松动、断裂现象。检查快速机构各档指示正确，两端机械限位可靠。各机械部位无变形、卡死现象。两根主拉弹簧无变形、断裂现象。

（8）开关芯体回装

芯体回装与吊出的顺序相反。

（9）注油

①打开气体继电器和储油柜之间的阀门，让油慢慢流入分接开关油室。

②继续通过储油柜补充新油至规定油位（根据油位曲线）。

③本体、瓦斯、排油管上放气塞排气应彻底流出油。

④连接传动部分螺栓紧固。

（10）联校校验

进行联校试验，正反旋转圈数差值小于厂家规定值（1或3.75）；操作机构箱位置指示与顶盖视窗分头指示一致；连接传动部分螺栓紧固。

（11）传动检查

①检查电动机构与开关本体及主控室后台机档位一致。

②插入手动手柄，手动动作一个循环，确认转动无卡涩，机械限位灵活可靠。

③合上电源开关，进行电动操作，各位置启动、停止、超越接点、紧急停车、时间闭锁、电气极限闭锁应动作正确，将开关位置至于检修时位置，进行相关电气试验。

2. 考核

1）考核场地

变压器检修实训室。

2）考核时间

参考时间为 60min，考评员允许开工开始计时，到时即停止工作。

3）考核要点

（1）工作服、绝缘鞋、安全帽自备，由 2 名助手协助完成。

（2）防止大量漏油。

（3）防止触电伤人。

（4）使用吊车注意吊臂下面严禁站人。

（5）防止机械伤害。

3. 评分标准

行业：电力工程		工种：变压器检修工			等级：二	
编号	BY2ZY0202	行为领域	e	鉴定范围		
考核时限	60min	题型	c	满分	100 分	得分
试题名称	V 型有载开关吊检					
考核要点及其要求	（1）工作服、绝缘鞋、安全帽自备，由 2 名助手协助完成 （2）防止大量漏油 （3）防止触电伤人 （4）使用吊车注意吊臂下面严禁站人 （5）防止机械伤害					
现场设备、工器具、材料	（1）工器具：组合工具 1 套、套筒 1 套、内 6 角一套、10 寸活动扳手 1 个、吊带、专用工具 1 套、万用表 1 块、双臂电桥 1 台 （2）材料：无绒棉布若干、塑料布、废油桶 2 个、油盘 （3）设备：VⅢ350Y 型有载开关、KCB 微型滤油机 1 套、2.5t 桥式吊车					
备注						

评分标准

序号	考核项目名称	质量要求	分值	扣分标准	扣分原因	得分
1	作业前准备	（1）做好个人安全防护措施，着装齐全 （2）做好安全措施，办理第一种工作票 （3）向工作人员交待安全措施，并履行确认手续 （4）连接滤油机油管，拆接滤油机电源（必须有人监护）	10	（1）着装不规范扣 3 分 （2）安全措施不当扣 2 分 （3）油管连接不正确扣 5 分		

序号	考核项目名称	质量要求	分值	扣分标准	扣分原因	得分
2	头盖拆除	（1）记录分接头位置 （2）将有载开关由 N→1 方向调至中间整定位置 （3）断开控制箱操作电源，挂"禁止合闸，有人工作！"标示牌 （4）关闭位于开关油枕与分接开关顶部之间阀门，将顶盖上的泄放螺钉的螺帽取下，提起阀挺杆进气，由分接开关放油阀处排油约5L，至顶盖以下 （5）拆开上部机构驱动轴，从联轴节架上拆下螺钉，拆除水平连轴 （6）拆下分接开关顶盖	10	（1）未记录分接头位置扣2分 （2）未按照规定方向调整至整定位置扣2分 （3）未悬挂标示牌扣2分 （4）未关闭阀门扣2分 （5）放油位置不正确扣2分		
3	储能机构拆除	（1）拆卸储能机构之前先记录快速切换机构的位置标识，以便于复装 （2）用手握住拉簧，用 M5 螺钉先拨出一只拉簧销，然后拨出另外一个拉簧销，慢慢地放松弹簧 （3）拆除吸油管弯头的活节螺母，将吸油管弯头推向一侧 （4）拆除储能机构固定螺钉，拨出储能机构后，看到范围轴承座所在位置，留意一下此位置，储能机构要妥善保存，以备复装 （5）用专用工具插进上一道槽口抬起吸油管，然后用手抓住第二道槽口，拨出吸油管 （6）拆卸主轴主体必需使用专用吊具。用三个螺栓将吊具固定到主轴主体的三角轴承座端面	10	（1）未记录位置标识扣1分 （2）拉簧拆卸不规范扣1分 （3）吸油管拆卸不规范扣2分 （4）快速机构取出方法不正确扣2分 （5）未使用专用工具扣1分 （6）专用吊具固定不牢扣3分		
4	吊出芯体	（1）主轴带转换选择器，使用专用吊具将吊具的止档必需插入支撑横杆中间的豁口中，顺时针扭转吊具，使转换选择器触头位于两相之间，必需将转换选择器触头脱离啮合状态，将触头组应转到中间的空档位置。不带转换选择器的分接开关吊芯时"羊角"轴承座应在触头组的正上方 （2）将起吊装置的吊钩挂到吊具上，谨慎地向上吊出主轴，密切注意观察各动触头和过渡电阻无碰撞。将主轴主体放在一边，妥善放置，并让油滴干	10	（1）吊出芯体方向错误扣5分 （2）吊起时碰撞动触头扣3分 （3）滴油扣2分		

序号	考核项目名称	质量要求	分值	扣分标准	扣分原因	得分
5	油室检修	（1）排除油室的污油，用新油清洗，用无绒干净白布清查油室内壁。绝缘桶表面是应无爬电痕迹，拆下吸油管进行清理检查 （2）利用变压器本体与油室的油压差，检查油室各处密封情况 （3）清洗、检查好的油室用头盖进行密封，防止异物落入	10	（1）油室内壁未检查扣2分 （2）吸油管未清理扣2分 （3）未进行油室检查扣2分 （4）油室冲洗不干净2分 （5）油室未用头盖进行密封扣2分		
6	开关主轴检修	（1）用合格绝缘油冲洗干净切换开关芯体上的游离碳，用干净的抹布擦干净开关主轴，检查各紧固件无松动。清洗抽油管内外壁 （2）用电桥测量各相过渡电阻，并做好纪录，符合合格证和铭牌数据，允许偏差在±10%内 （3）检查各动触头烧损拉弧现象，电弧烧损较均匀，电弧痕迹按圆周分布；各动触头应滚动灵活、无卡死现象；检查各动触头下端的弹簧无断裂，并有一定压力；检查各动触头引出线连接可靠，无断裂现象；检查各动触头上的尼龙滚子应无开裂和卡死现象 （4）检查开关绝缘主轴无明显弯曲和变形。检查开关选择器的绝缘支架无裂痕，绝缘应良好；吸油管内外壁无裂痕和气泡，绝缘应良好	15	（1）未清洗抽油管扣2分 （2）测量过渡电阻方法不正确扣3分 （3）各动触头检查不全扣5分 （4）未检查开关绝缘主轴扣5分		
7	储能机构的检查	各紧固件无松动、断裂现象；检查快速机构各档指示正确，两端机械限位可靠。各机械部位无变形、卡死现象；两根主拉弹簧无变形、断裂现象	5	（1）检查不全面每项扣2分 （2）该项分值扣完为止		
8	开关芯体回装	芯体回装与吊出的顺序相反	5	（1）开关芯体回装方法不规范每处扣2分 （2）该项分值扣完为止		
9	注油	（1）打开气体继电器和储油柜之间的阀门，让油慢慢流入分接开关油室 （2）继续通过储油柜补充新油至规定油位（根据油位曲线） （3）本体、瓦斯、排油管上放气塞排气应彻底流出油 （4）连接传动部分螺栓紧固	5	注油、排气方法不规范扣5分		

432

序号	考核项目名称	质量要求	分值	扣分标准	扣分原因	得分
10	联校校验	进行联校试验,正反旋转圈数差值小于厂家规定值(1或3.75);操作机构箱位置指示与顶盖视窗分头指示一致;连接传动部分螺栓紧固	5	联校校验方法不正确扣5分		
11	传动检查	(1)检查电动机构与开关本体及主控室后台机档位一致 (2)插入手动手柄,手动动作一个循环,确认转动无卡涩,机械限位灵活可靠 (3)合上电源开关,进行电动操作,各位置启动、停止、超越接点、紧急停车、时间闭锁、电气极限闭锁应动作正确,将开关位置至于检修时位置,进行相关电气试验	5	(1)未进行位置检查扣1分 (2)未进行手动检查扣1分 (3)未进行电动功能检查扣2分 (4)检查项目不全扣1分		
12	填写记录结束工作	(1)填写检修记录内容齐全、准确字迹工整 (2)结束工作票	5	(1)填写内容不齐全、不准确扣3分 (2)字迹潦草扣2分		
13	安全文明生产	(1)严格遵守《电业安全工作规程》 (2)现场清洁 (3)工具、材料、设备摆放整齐	5	(1)违章作业每次扣1分该项最多扣3分 (2)现场不清洁扣1分 (3)工具、材料、设备摆放凌乱扣1分		
14	否决项	否决内容				
14.1	安全否决	作业工程中出现严重危及人身安全及设备安全的现象	否决	整个操作项目得0分		

2.2.8 BY2ZY0203 ABB 型有载开关吊检

1. 作业

1) 工器具、材料、设备

(1) 工器具：组合工具 1 套、套筒 1 套、内 6 角一套、10 寸活动扳手 1 个、吊带、专用工具 1 套、万用表 1 块、双臂电桥 1 台。

(2) 材料：无绒棉布若干、塑料布、废油桶 2 个、油盘。

(3) 设备：UCGRN380/300/C 有载开关、KCB 微型滤油机 1 套、2.5t 桥式吊车。

2) 安全要求

(1) 现场设置遮栏、标示牌：在检修现场四周设一留有通道口的封闭式遮栏，字面朝里挂适当数量"止步，高压危险！"标示牌，并挂"在此工作"标示牌，在通道入口处挂"从此进入"标示牌。

(2) 防高空坠落：高处作业中安全带应系在安全带专用构架或牢固的构件上，不得系在支柱绝缘子或不牢固的构件上，作业中不得失去监护。

(3) 防坠物伤人或设备：作业现场人员必须戴好安全帽，严禁在作业点正下方逗留，高处作业要用传递绳传递工具材料，严禁上下抛掷。

3) 操作步骤及工艺要求

(1) 作业前准备

① 做好个人安全防护措施，着装齐全。

② 做好安全措施，办理第一种工作票。

③ 向工作人员交待安全措施，并履行确认手续。

④ 连接滤油机油管，拆接滤油机电源（必须有人监护）。

(2) 头盖拆除

关闭位于开关油枕与分接开关顶部之间阀门，由有载开关排油管处放油，降低油位至可拆除头盖的高度，拆除头盖紧固螺栓，移开头盖，妥善保存好螺栓、密封垫等。

(3) 芯体吊出

将吊带与切换开关本体吊绊连接牢固，谨慎地向上吊出切换开关，密切注意观察各动触头和过渡电阻无碰撞。将切换开关放在一边，妥善放置，并让油滴干。

(4) 油室检修

① 排除油室的污油，用新油清洗，用无绒干净白布清查油室内壁。绝缘桶表面是应无爬电痕迹，拆下吸油管进行清理检查。

② 利用变压器本体与油室的油压差，检查油室各处密封情况。

③ 清洗、检查好的油室用头盖进行密封，防止异物落入。

(5) 开关检修

① 用合格绝缘油冲洗干净切换开关芯体上的游离碳，用无绒棉布擦净开关，检查各紧固件无松动，清洗抽油管内外壁。

② 用电桥测量各相过渡电阻，并做好纪录，符合合格证和铭牌数据，允许偏差在±10%内，接触电阻不大于 500$\mu\Omega$。

③ 检查各动触头烧损拉弧现象。

（6）储能机构的检查

各紧固件无松动、断裂现象。各机械部位无变形、卡死现象。弹簧无变形、断裂现象。

（7）开关芯体回装

①将切换开关芯体吊至油室上方，调整位置，使切换开关芯体底部结构上的两个导向槽口，分别对准油室桶壁上的导向杆及排油管，使半圆形导向口与排油管重合。

②缓慢下降切换开关，注意防止磕碰触头和过渡电阻，把切换开关转入油室内室，确定插入式触头应定位到正确的位置。

③为了保证切换开关的驱动销正确插入驱动盘的槽口中，在同一方向上操作有载开关至少三个档位；在操作期间，在切换开关动作时，应有一明显的声音，即可确认驱动销已装入驱动盘的定位孔中，切换开关的机械连接正确；当切换开关落入最终位置时，其顶部起吊装置在法兰盖水平面一下，仅有缓冲弹簧在水平面以上。

④注油至没过切换开关芯体。

⑤安装有载开关顶盖，注意油室内的导向销应正对顶盖上的导向孔，紧固螺栓。

（8）注油

①打开气体继电器和储油柜之间的阀门，让油慢慢流入分接开关油室。

②继续通过储油柜补充新油至规定油位（根据油位曲线）。

（9）传动检查

①检查电动机构与开关本体及主控室后台机档位一致。

②插入手动手柄，手动动作一个循环，确认转动无卡涩，机械限位灵活可靠。

③合上电源开关，进行电动操作，各位置启动、停止、超越接点、紧急停车、时间闭锁、电气极限闭锁应动作正确，将开关位置至于检修时位置，进行相关电气试验。

2. 考核

1）考核场地

变压器检修实训室。

2）考核时间

参考时间为 1h，考评员允许开工开始计时，到时即停止工作。

3）考核要点

（1）工作服、绝缘鞋、安全帽自备，由 2 名助手协助完成。

（2）防止大量漏油。

（3）防止触电伤人。

（4）使用吊车注意吊臂下面严禁站人。

3. 评分标准

行业：电力工程		工种：变压器检修工				等级：二	
编号	BY2ZY0203	行为领域	e	鉴定范围			
考核时限	1h	题型	c	满分	100 分	得分	

试题名称	ABB 型有载开关吊检
考核要点 及其要求	（1）工作服、绝缘鞋、安全帽自备，由 2 名助手协助完成 （2）防止大量漏油 （3）防止触电伤人 （4）使用吊车注意吊臂下面严禁站人
现场设备、工 器具、材料	（1）工器具：组合工具 1 套、套筒 1 套、内 6 角一套、10 寸活动扳手 1 个、吊带、专用工具 1套、万用表 1 块、双臂电桥 1 台 （2）材料：无绒棉布若干、塑料布、废油桶 2 个、油盘 （3）设备：UCGRN380/300/C 有载开关、KCB 微型滤油机 1 套、2.5t 桥式吊车
备注	

评分标准

序号	考核项目名称	质量要求	分值	扣分标准	扣分原因	得分
1	作业前准备	（1）做好个人安全防护措施，着装齐全 （2）做好安全措施，办理第一种工作票 （3）向工作人员交待安全措施，并履行确认手续 （4）连接滤油机油管，拆接滤油机电源（必须有人监护）	10	（1）着装不规范扣 3 分 （2）安全措施不当扣 2 分 （3）油管连接不正确扣 5 分		
2	头盖拆除	关闭位于开关油枕与分接开关顶部之间阀门，由有载开关排油管处放油，降低油位至可拆除头盖的高度，拆除头盖紧固螺栓，移开头盖，妥善保存好螺栓、密封垫等	10	（1）放油位置错误扣 5 分 （2）螺栓拆除时使用工具不当扣 3 分 （3）拆除的螺栓、密封垫保管不当扣 2 分		
3	芯体吊出	将吊带与切换开关本体吊绊连接牢固，谨慎地向上吊出切换开关，密切注意观察各动触头和过渡电阻无碰撞。将切换开关放在一边，妥善放置，并让油滴干	10	（1）吊起时碰撞动触头扣 8 分 （2）滴油扣 2 分		
4	油室检修	（1）排除油室的污油，用新油清洗，用无绒干净白布清查油室内壁；绝缘桶表面是应无爬电痕迹，拆下吸油管进行清理检查 （2）利用变压器本体与油室的油压差，检查油室各处密封情况 （3）清洗、检查好的油室用头盖进行密封，防止异物落入	10	（1）油室内壁未检查扣 2 分 （2）吸油管未清理扣 2 分 （3）未进行油室检查扣 2 分 （4）油室冲洗不干净扣 2 分 （5）油室未用头盖进行密封扣 2 分		

序号	考核项目名称	质量要求	分值	扣分标准	扣分原因	得分
5	开关检修	（1）用合格绝缘油冲洗干净切换开关芯体上的游离碳，用无绒棉布擦净开关，检查各紧固件无松动，清洗抽油管内外壁 （2）用电桥测量各相过渡电阻，并做好纪录，符合合格证和铭牌数据，允许偏差在±10%内，接触电阻不大于500μΩ （3）检查各动触头烧损拉弧现象	15	（1）未冲洗芯体扣5分 （2）测量各相过渡电阻、接触电阻方法不正确扣5分 （3）检查各动触头方法不正确扣5分		
6	储能机构的检查	各紧固件无松动、断裂现象；各机械部位无变形、卡死现象；弹簧无变形、断裂现象	10	（1）储能机构检查项目不全每项扣2分 （2）该项分值扣完为止		
7	开关芯体回装	（1）将切换开关芯体吊至油室上方，调整位置，使切换开关芯体底部结构上的两个导向槽口，分别对准油室桶壁上的导向杆及排油管，使半圆形导向口与排油管重合 （2）缓慢下降切换开关，注意防止磕碰触头和过渡电阻，把切换开关转入油室内室，确定插入式触头应定位到正确的位置 （3）为了保证切换开关的驱动销正确插入驱动盘的槽口中，在同一方向上操作有载开关至少三个档位；在操作期间，在切换开关动作时，应有一明显的声音，即可确认驱动销已装入驱动盘的定位孔中，切换开关的机械连接正确；当切换开关落入最终位置时，其顶部起吊装置在法兰盖水平面一下，仅有缓冲弹簧在水平面以上 （4）注油至没过切换开关芯体 （5）安装有载开关顶盖，注意油室内的导向销应正对顶盖上的导向孔，紧固螺栓	15	（1）回装位置错误扣3分 （2）碰撞动触头扣3分 （3）操作方法错误扣3分 （4）注油高度不足扣3分 （5）头盖定位不准扣3分		
8	注油	（1）打开气体继电器和储油柜之间的阀门，让油慢慢流入分接开关油室 （2）继续通过储油柜补充新油至规定油位（根据油位曲线）	5	注油、排气方法不规范扣5分		

序号	考核项目名称	质量要求	分值	扣分标准	扣分原因	得分
9	传动检查	（1）检查电动机构与开关本体及主控室后台机档位一致 （2）插入手动手柄，手动动作一个循环，确认转动无卡涩，机械限位灵活可靠 （3）合上电源开关，进行电动操作，各位置启动、停止、超越接点、紧急停车、时间闭锁、电气极限闭锁应动作正确，将开关位置至于检修时位置，进行相关电气试验	5	（1）未进行位置检查扣1分 （2）未进行手动检查扣1分 （3）未进行电动功能检查扣2分 （4）检查项目不全扣1分		
10	填写记录结束工作	（1）填写检修记录内容齐全、准确字迹工整 （2）结束工作票	5	（1）填写内容不齐全、不准确扣3分 （2）字迹缭草每项扣2分		
11	安全文明生产	（1）严格遵守《电业安全工作规程》 （2）现场清洁 （3）工具、材料、设备摆放整齐	5	（1）违章作业每次扣1分该项最多扣3分 （2）现场不清洁扣1分 （3）工具、材料、设备摆放凌乱扣1分		
12	否决项	否决内容				
12.1	安全否决	作业工程中出现严重危及人身安全及设备安全的现象	否决	整个操作项目得0分		

2.2.9 BY2ZY0301 变压器油箱渗油处理

1. 作业

1）工器具、材料、设备

（1）工器具：28件套筒扳手1盒、合金金具一套、2寸毛刷1把、1手锤1把、十字改锥1把、一字改锥1把、钢丝刷。

（2）材料：焊条若干、堵漏胶若干、酒精若干、防锈漆若干、面漆若干、砂布若干、塑料布若干、棉丝若干、油盘1个、50kg废油桶1个、灭火器足量。

（3）设备：SFSZ10－800/35变压器一台、电焊机一套。

2）安全要求

（1）按要求着装。

（2）现场设置遮栏及相关标示牌。

（3）防高空坠落：高处作业中安全带应系在安全带专用构架或牢固的构件上，不得系在支柱绝缘子或不牢固的构件上，作业中不得失去监护。

（4）防坠物伤人或设备：作业现场人员必须戴好安全帽，严禁在作业点正下方逗留，高处作业要用传递绳传递工具材料，严禁上下抛掷。

（5）工作中严格遵守国家电网公司《电力安全工作规程》与带电点保持足够安全距离。

3）操作步骤及工艺要求

（1）作业前准备

①做好个人安全防护措施，着装齐全。

②做好安全措施，办理第二种工作票。

③向工作人员交待安全措施，并履行确认手续。

（2）渗漏点查找

①根据渗漏情况判断渗漏部位，找出大致位置，判断渗漏原因。

②清理渗漏点周围油污。

③喷检漏剂或撒白土，确定准确位置。

（3）渗漏点处理（电焊补焊）

①带油补焊时注意：漏点应在油面以下200mm，油箱无油不可施焊；不能长时间施焊，必要可采取负压补焊；油箱易入火花处应有铁板挡好，附近不能有易燃物，同时准备好消防器材。

②焊条选择正确，电流调节合适（先用小电流试焊），然后施焊，施焊时间掌握正确。

③补焊可靠，无砂眼，无穿透。

④喷检漏剂或撒白土，观察30min以上确定无渗出油现象。

⑤先刷底（漆防锈漆），后喷面漆。

（4）渗漏点处理（胶粘堵）

①渗漏位置油污、漆皮、焊渣，彻底清理，漏出底材，然后用酒精清理干净。

②找到漏洞，先用合金金具点铆法控制漏油。

③再用少量堵漏胶迅速堵漏，然后再加强被堵位置。

④堵漏胶完全凝固后，喷检漏剂或撒白土，观察 30min 以上确定无渗油现象。

⑤先刷底漆，后喷面漆。

（5）渗漏点处理更换胶垫

胶垫选择合适，压缩量 1/3 满足要求；胶棒压缩量为 1/2 左右。

2. 考核

1）考核场地

变压器检修实训室。

2）考核时间

参考时间为 60min，考评员允许开工开始计时，到时即停止工作。

3）考核要点

（1）工作服、绝缘鞋、安全帽自备。

（2）由 1 名助手协助完成。

（3）防止触电伤人。

（4）防止机械伤害。

（5）防止大量漏油。

3. 评分标准

行业：电力工程		工种：变压器检修工				等级：二	
编号	BY2ZY0301	行为领域	e	鉴定范围			
考核时限	60min	题型	B	满分	100 分	得分	
试题名称	变压器油箱渗油处理						
考核要点及其要求	（1）工作服、绝缘鞋、安全帽自备 （2）由 1 名助手协助完成 （3）防止触电伤人 （4）防止机械伤害 （5）防止大量漏油						
现场设备、工器具、材料	（1）工器具：28 件套筒扳手 1 盒、合金金具一套、2 寸毛刷 1 把、1 手锤 1 把、十字改锥 1 把、一字改锥 1 把、钢丝刷 （2）材料：焊条若干、堵漏胶若干、酒精若干、防锈漆若干、面漆若干、砂布若干、塑料布若干、棉丝若干、油盘 1 个、50kg 废油桶 1 个、灭火器足量 （3）设备：SFSZ10－800/35 变压器一台、电焊机一套						
备注							

			评分标准				
序号	考核项目名称	质量要求		分值	扣分标准	扣分原因	得分
1	作业前准备	（1）做好个人安全防护措施，着装齐全 （2）做好安全措施，办理第二种工作票 （3）向工作人员交待安全措施，并履行确认手续		10	（1）着装不规范扣 3 分 （2）未办理工作票扣 2 分 （3）未向工作人员交待安全措施扣 3 分 （4）未履行确认手续扣 2 分		

序号	考核项目名称	质量要求	分值	扣分标准	扣分原因	得分
2	渗漏点查找	（1）根据渗漏情况判断渗漏部位，找出大致位置，判断渗漏原因 （2）清理渗漏点周围油污 （3）喷检漏剂或撒白土，确定准确位置	10	（1）渗漏原因分析不准确，扣5分 （2）未清理干净扣2分 （3）渗漏位置判断不准确扣2分		
3	渗漏点处理（电焊补焊）	（1）带油补焊时注意：漏点应在油面以下200mm，油箱无油不可施焊；不能长时间施焊，必要可采取负压补焊；油箱易入火花处应有铁板挡好，附近不能有易燃物，同时准备好消防器材 （2）焊条选择正确，电流调节合适（先用小电流试焊），然后施焊，施焊时间掌握正确 （3）补焊可靠，无砂眼，无穿透 （4）喷检漏剂或撒白土，观察30min以上确定无渗出油现象 （5）先刷底（漆防锈漆），后喷面漆	20	（1）未采取防火措施扣5分 （2）焊条选择不合适扣2分 （3）未进行试焊、调节电流扣5分 （4）补焊穿透渗油扣5分 （5）补焊后未检漏刷漆扣3分		
4	渗漏点处理（胶粘堵）	（1）渗漏位置油污、漆皮、焊渣、彻底清理漏出底材，然后用酒精清理干净 （2）找到漏洞，先用合金金具点铆法控制漏油 （3）再用少量堵漏胶迅速堵漏，然后再加强被堵位置 （4）堵漏胶完全凝固后，喷检漏剂或撒白土，观察30min以上确定无渗油现象 （5）先刷底漆，后喷面漆	20	（1）渗漏点未清理干净扣2分 （2）渗漏未消除扣5分 （3）未加强扣5分 （4）未检测扣5分 （5）未补漆扣3分		
5	渗漏点处理更换胶垫	胶垫选择合适，压缩量1/3满足要求；胶棒压缩量为1/2左右	15	（1）胶垫选择不合适扣8分 （2）压缩量不合格扣7分		
6	现场规范	现场清洁、无油迹、工器具摆放凌乱、不方便检修	10	（1）现场不清洁扣5分 （2）现场漏油跑油扣5分		
7	工作结束填写检修记录	（1）填写检修记录内容完整、准确、字迹工整 （2）结束工作票	5	（1）内容不全、不准确扣3分 （2）字迹潦草扣2分		

序号	考核项目名称	质量要求	分值	扣分标准	扣分原因	得分
8	安全文明生产	（1）严格遵守《电业安全工作规程》 （2）现场清洁 （3）工具、材料、设备摆放整齐	10	（1）违章作业每次扣1分，该项最多扣5分 （2）不清洁扣2分 （3）工具、材料、设备摆放凌乱扣3分		
9	否决项	否决内容				
9.1	安全否决	作业工程中出现严重危及人身安全及设备安全的现象	否决	整个操作项目得0分		

2.2.10 BY2XG0101 变压器抽真空

1. 作业

1) 工器具、材料、设备

(1) 工器具：干湿温度计 1 只，套筒扳手 1 套，10、24 呆扳手 1 套，200mm，300mm，350mm 活动扳手各一把，钢丝钳，电源盘。

(2) 材料：无水酒精、棉丝若干、检修苦布、白土若干、油盘。

(3) 设备：ZJ15/70 真空泵一套、SFSZ10−800/35 变压器。

2) 安全要求

(1) 现场设置遮栏、标示牌：在检修现场四周设一留有通道口的封闭式遮栏，字面朝里挂适当数量"止步，高压危险！"标示牌，并挂"在此工作"标示牌，在通道入口处挂"从此进入"标示牌。

(2) 防高空坠落：高处作业中安全带应系在安全带专用构架或牢固的构件上，不得系在支柱绝缘子或不牢固的构件上，作业中不得失去监护。

(3) 防坠物伤人或设备：作业现场人员必须戴好安全帽，严禁在作业点正下方逗留，高处作业要用传递绳传递工具材料，严禁上下抛掷。

3) 操作步骤及工艺要求

(1) 作业前准备

①做好个人安全防护措施，着装齐全。

②做好安全安全措施，办理第一种工作票。

③向工作人员交待安全措施，并履行确认手续。

(2) 真空泵连接

①根据使用的电气设备容量核对施工电源的容量；拆装电源必须有人监护，相序正确。

②管路连接（无渗漏气现象）可靠正确。

③确认逆止阀动作可靠。

④有冷却水的真空泵检查水位是否合适。

⑤真空泵内的真空油的油位是否合适。

⑥真空泵外壳可靠接地。

(3) 不能承受真空附件防护措施

①抽真空前应核实变压器油箱承受的设计真空度（主变压器资料或铭牌）。

②不能承受真空的部件应拆除或用挡板封堵。变压器油枕不是全真空的应封闭主油箱的接口。

(4) 有载开关要求

有载调压开关与变压器本体联管连好，保持两面真空度平衡。

(5) 真空度要求

①先检查真空泵本身系统（真空度不大于 10Pa）。

②变压器的严密性（应该小于 133Pa）。

③变压器、真空泵、真空计、连接管路密封良好，无漏气现象。

（6）时间要求

对主变抽真空，真空度（达到133Pa），再连续时间不小于24小时达到要求。（原则抽真空时间一般为1/3～1/2暴露空气时间）

（7）油箱要求

通过抽真空检查油箱强度，一般局部变形不应超过箱壁厚度的2倍。

二、考核

1）考核场地

变压器检修实训室。

2）考核时间

参考时间为60min，考评员允许开工开始计时，到时即停止工作。

3）考核要点

（1）要求一人操作，一人协助。

（2）不能承受真空的部件应拆除或用挡板封堵。

（3）工作服、绝缘鞋、安全帽自备。

3. 评分标准

行业：电力工程		工种：变压器检修工				等级：二	
编号	BY2XG0101	行为领域	f	鉴定范围			
考核时限	60min	题型	B	满分	100分	得分	
试题名称	变压器抽真空						
考核要点及其要求	（1）要求一人操作，一人协助 （2）不能承受真空的部件应拆除或用挡板封堵 （3）工作服、绝缘鞋、安全帽自备						
现场设备、工器具、材料	（1）工器具：干湿温度计1只，套筒扳手1套，10、24呆扳手1套，200mm、300mm、350mm活动扳手各一把，钢丝钳，电源盘 （2）材料：无水酒精、棉丝若干、检修苫布、白土若干、油盘 （3）设备：ZJ15/70真空泵1套、SFSZ10－800/35变压器						
备注							

评分标准

序号	考核项目名称	质量要求	分值	扣分标准	扣分原因	得分
1	作业前准备	（1）做好个人安全防护措施，着装齐全 （2）做好安全措施，办理第一种工作票 （3）向工作人员交待安全措施，并履行确认手续	10	（1）着装不规范扣3分 （2）未办理工作票扣2分 （3）未向工作人员交待安全措施扣3分 （4）未履行确认手续扣2分		

序号	考核项目名称	质量要求	分值	扣分标准	扣分原因	得分
2	真空泵连接	（1）根据使用的电气设备容量核对施工电源的容量；拆装电源必须有人监护，相序正确 （2）管路连接（无渗漏气现象）可靠正确 （3）确认逆止阀动作可靠 （4）有冷却水的真空泵检查水位是否合适 （5）真空泵内的真空油的油位是否合适 （6）真空泵外壳可靠接地	15	（1）未核对容量扣2分 （2）拆装电源没有人监护扣2分 （3）管路连接不正确的扣2分 （4）未检查扣2分 （5）油位未检查扣2分 （6）真空泵外壳未接地扣3分		
3	不能承受真空附件防护措施	（1）抽真空前应核实变压器油箱承受的设计真空度（主变压器资料或铭牌） （2）不能承受真空的部件应拆除或用挡板封堵；变压器油枕不是全真空的应封闭主油箱的接口	10	（1）未核实油箱强度扣2分 （2）发现未封堵，每处扣2分，该项最多扣8分		
4	有载开关要求	有载调压开关与变压器本体联管连好，保持两面真空度平衡	10	未安装联管扣10分		
5	真空度要求	（1）先检查真空泵本身系统（真空度不大于10Pa） （2）变压器的严密性（应该小于133Pa） （3）变压器、真空泵、真空计、连接管路密封良好，无漏气现象	10	（1）未检查系统真空度扣3分 （2）未检查变压器真空度扣4分 （3）未检查管路漏气扣3分		
6	时间要求	对主变抽真空，真空度（达到133Pa），再连续时间不小于24小时达到要求；（原则抽真空时间一般为1/3～1/2暴露空气时间）	10	时间不满足要求扣10分		
7	油箱要求	通过抽真空检查油箱强度，一般局部变形不应超过箱壁厚度的2倍	10	未检查扣10分		
8	现场规范	现场清洁、无油迹、工器具摆放凌乱、不方便检修	10	（1）现场不清洁扣5分 （2）漏油跑油扣5分		
9	工作结束填写检修记录	（1）填写检修记录内容完整、准确、字迹工整 （2）结束工作票	5	（1）内容不全、不准确扣3分 （2）字迹潦草每项扣2分		

序号	考核项目名称	质量要求	分值	扣分标准	扣分原因	得分
10	安全文明生产	（1）严格遵守《电业安全工作规程》 （2）现场清洁 （3）工具、材料、设备摆放整齐	10	（1）违章作业每次扣2分，该项最多扣5分 （2）不清洁扣2分 （3）工具、材料、设备摆放凌乱扣3分		
11	否决项	否决内容				
11.1	安全否决	作业工程中出现严重危及人身安全及设备安全的现象	否决	整个操作项目得0分		

第五部分　高级技师

1 理论试题

1.1 单选题

La1A1001 远距离高压输电，当输电的电功率相同时，输电线路上电阻损失的功率（　　）。
（A）与输电线路电压的平方成反比　　（B）与输电线路电压的平方成正比
（C）与输电线路损失的电压平方成正比　　（D）与输电线路电压无关
答案：A

La1A2002 绕组中的感应电动势大小与绕组中的（　　）。
（A）磁通的大小成正比
（B）磁通的大小成反比
（C）磁通的大小无关，而与磁通的变化率成正比
（D）磁通的变化率成反比
答案：C

La1A3003 下图是绕在铁芯上的 4 个线圈与电池 E、电位器 RP 和负载电阻 R 的连接线路。若通过 A 的电流强度随时间做加速增长，则 B、C、D 哪个线圈有感生电流，终端的感生电流是什么方向（　　）。

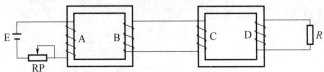

（A）C、D、B 上均有电流，通过 R 的电流方向向上
（B）均无电流
（C）C 有电流，方向向下
（D）C、D、B 上均有电流，通过 R 的电流方向向下
答案：D

La1A3004 下图是绕在铁芯上的 4 个线圈与电池 E、电位器 RP 和负载电阻 R 的连接线路。线圈 A 通电后，电位器不动，B、C、D 哪个线圈有感生电流（　　）。

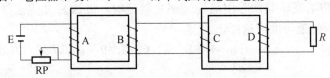

(A) B   (B) C   (C) D   (D) 均无电流

答案：**D**

Lb1A1005　10kV 配电变压器油中带电裸零件到接地部件的净距离为(　　)mm。

(A) 20   (B) 30   (C) 25   (D) 50

答案：**B**

Lb1A1006　加强型油电容式套管（BRYQ 型）允许使用的海拔高度为(　　)m 及以下。

(A) 1000   (B) 1500   (C) 2000   (D) 2500

答案：**D**

Lb1A1007　普通型油纸电容式套管（BRY 型）允许使用的海拔高度为(　　)m 及以下。

(A) 1000   (B) 1500   (C) 2000   (D) 2500

答案：**A**

Lb1A1008　油纸电容式套管允许在环境温度为(　　)的条件下使用。

(A) −35～40℃   (B) 0～40℃   (C) −25～40℃   (D) −40～40℃

答案：**D**

Lb1A2009　五回路的 YF 冷却器的净油器接在(　　)。

(A) 第 1、2 回路的末端之间

(B) 第 2 回路始端与第 4 回路末端之间

(C) 第 3 回路始端与第 5 回路末端之间

(D) 短路段

答案：**C**

Lb1A2010　三回路的 YF 型风冷却器的净油器接在(　　)。

(A) 第 1、2 回路的末端之间

(B) 第 1 回路始端与第 3 回路末端之间

(C) 第 2 回路始端与第 3 回路末端之间

(D) 短路段

答案：**A**

Lb1A2011　电力变压器铁芯用热轧硅钢片制造时，磁通密度应选择 1.4～1.5T；用冷轧钢片制造时，磁通密度应选择(　　)。

(A) 1.4～1.5T   (B) 1.6～1.7T   (C) 1.39～1.45T   (D) 1.2～1.3T

答案：**B**

Lb1A2012 变压器注入油的油温宜高于器身温度，注油时间：220kV 及以上者不宜少于 6h，110kV 者不宜少于（　　）h。

(A) 4　　　　　　　(B) 6　　　　　　　(C) 8　　　　　　　(D) 2

答案：**A**

Lb1A2013 经过检修的互感器，瓷件的掉瓷面积允许不超过瓷件总面积的（　　）。

(A) 1％～2.5％　(B) 2.5％～3％　(C) 3％～3.5％　(D) 0.5％～0.75％

答案：**D**

Lb1A2014 电流互感器的角误差，可用下式表示：$\Delta f_1 \% =$（　　）。其中 K 为电流互感器的额定变比，I_1 为一次绕组中的电流；I_2 为二次绕组中的电流。

(A) $\left[\ (K I_2 I_1)\ / I_1\right] 100\%$　　　(B) $(I_2 I_1)\ 100\% / I_1$

(C) $I_2 I_1$　　　　　　　　　　　　(D) I_2 / I_1

答案：**A**

Lb1A2015 已知容量为 20000kV·A 的三相变压器，其绕组参数见下表。求高低压绕组三相的铜线总质量（铜线密度 $8.9 \times 10^{-6} \text{kg/mm}^3$）为（　　）。

电压等级	内径(mm)	外径(mm)	匝数	铜导线截面积(mm²)
高压	700	820	320	82
低压	530	640	167	175

(A) 3106.8（kg）　(B) 3209.8（kg）　(C) 1672.8（kg）　(D) 1434（kg）

答案：**A**

Lb1A2016 电压互感器电压误差数值按下式确定：$\Delta U \% =$（　　）。其中 K 为变比，U_1 和 U_2 分别是一次侧和二次侧绕组加的电压。

(A) $\left[\ (K U_2 U_1)\ / U_1\right] 100\%$　　　(B) $(U_2 U_1)\ / U_1$

(C) $U_2 \sim U_1$　　　　　　　　　　　(D) U_2 / U_1

答案：**A**

Lb1A2017 增大异步电动机的转子电阻对 M_{st}、M_{max} 的影响是（　　）。

(A) 增大、增大　(B) 减小、减小　(C) 增大、减小　(D) 增大、无影响

答案：**D**

Lb1A2018 电压互感器的角误差，是二次侧电压的矢量转过 $180°$ 后和原电压矢量间以度和分计的相位差的数值。如果二次侧电压超前原电压时，角度的误差是（　　）的。

(A) 负　　　　　　　(B) 正　　　　　　　(C) 0　　　　　　　(D) 可能负

答案：**B**

Lb1A2019 当落后的负载阻抗角 ϕ_2 增大时，变压器电压变化率 $\Delta U\%$ 将（　　　）。

（A）增大　　　　　　（B）不变　　　　　　（C）减小　　　　　　（D）迅速减小

答案：**A**

Lb1A2020 变压器负载为电容性时，输入的无功功率的性质（　　　）。

（A）一定是领先的

（B）一定是落后的

（C）可能是领先的，也可能是落后的

（D）是不变的

答案：**C**

Lb1A3021 下图确定多根导线并绕的绕组在非出头弯折处的短路点方法是（　　　）。

（A）用电桥测量电阻 R_{AB}、R_{AC}、R_{BC}，然后按下式计算短路点的匝数 $W_{AF}=(R_{AB}+R_{A(C)}R_{BC})W/2R_{AC}$ 式中 W 为总匝数，W_{AF} 为短路点匝数

（B）用摇表测量电阻 R_{AB}、R_{AC}、R_{BC}，然后按下式计算短路点的匝数 $W_{AF}=(R_{AB}+R_{A(C)}R_{BC})W/2R_{AC}$ 式中 W 为总匝数，W_{AF} 为短路点匝数

（C）用电桥测量电阻 R_{AB}、R_{AC}、R_{BC}，然后按下式计算短路点的匝数 $W_{AF}=(R_{BC}+R_{A(B)}R_{AC})W/2R_{BC}$ 式中 W 为总师数，W_{AF} 为短路点匝数

（D）用摇表测量电阻 R_{AB}、R_{AC}、R_{BC}，然后按下式计算短路点的匝数 $W_{AF}=(R_{BC}+R_{A(B)}R_{AC})W/2R_{BC}$ 式中 W 为总匝数，W_{AF} 为短路点匝数

答案：**A**

Lb1A3022 圆筒式绕组层间绝缘目前一般采用多层（　　　）。

（A）电话纸　　　　　（B）皱纹纸　　　　　（C）电缆纸　　　　　（D）普通纸

答案：**C**

Lb1A3023 三相变压器高压侧线电动势 E_{AB} 领先于低压侧线电动势 E_{ab} 的相位为 $120°$，则该变压器联接组标号的时钟序号为（　　　）。

（A）8　　　　　　　（B）4　　　　　　　（C）3　　　　　　　（D）5

答案：**B**

Lb1A3024 某公司的 M 型有载分接开关是切换开关和选择开关分离的有载分接开关。开关为（　　　）电阻式。

（A）双　　　　　　　（B）单　　　　　　　（C）三　　　　　　　（D）四

答案：**A**

Lb1A3025 分接开关触头表面镀层的厚度一般为( )μm。

(A) 30　　　　　(B) 20　　　　　(C) 25　　　　　(D) 50

答案：B

Lb1A3026 有载分接开关的连续载流触头应能承受( )时间短路电流试验。

(A) 1.5s　　　　(B) 2s　　　　(C) 2.5s　　　　(D) 3s

答案：D

Lb1A3027 MR 公司的 M 型有载分接开关，完成一个分接的操作时间为( )s。

(A) 2　　　　　(B) 3.5　　　　(C) 4　　　　　(D) 5.3

答案：D

Lb1A3028 三相变压器联接组标号为偶数，则该变压器一次、二次绕组的联接方式是( )

(A) Y/d　　　　(B) D/y　　　　(C) Y/y　　　　(D) I/I

答案：C

Lb1A3029 110～220kV 电磁式电压互感器，电气试验项目( )的测试结果与其油中溶解气体色谱分析总烃和乙炔超标无关。

(A) 空载损耗和空载电流试验　　　(B) 绝缘电阻和介质损耗因数 tanδ 测量

(C) 局部放电测量　　　　　　　　(D) 引出线的极性检查试验

答案：D

Lb1A3030 通过负载损耗试验，能够发现变压器的诸多缺陷，但不包括( )项缺陷。

(A) 变压器各结构件和油箱壁，由于漏磁通所导致的附加损耗过大

(B) 变压器箱盖、套管法兰等的涡流损耗过大

(C) 绕组并绕导线有短路或错位

(D) 铁芯局部硅钢片短路

答案：D

Lb1A3031 测量 500V 以上电力变压器绝缘电阻需( )V 的兆欧表。

(A) 500　　　　(B) 1000～2500　　　(C) 2500～5000　　　(D) 380

答案：B

Lb1A3032 红外检测时，被测设备应为( )设备。

(A) 停电　　　　(B) 带电　　　　(C) 停电和带电　　　　(D) 热备用

答案：B

Lb1A3033 在变压器进行检修时对铁轭螺杆的绝缘电阻允许值要求：电压等级在 10kV 及以下为 2MΩ，电压等级在 35kV 时为 5MΩ，110kV 及以上时为（   ）MΩ。

(A) 2　　　　　(B) 5　　　　　(C) 10　　　　　(D) 15

答案：C

Lb1A3034 变压器绕组的电阻一般都在 1Ω 以下，必须用（   ）进行测量。

(A) 直流单臂电桥　(B) 直流双臂电桥　(C) 万用表　　　(D) 兆欧表

答案：B

Lb1A3035 进行三相变压器高压绕组的感应高压试验，只能（   ）。

(A) 两项进行　　　(B) 分相进行　　　(C) 三相进行　　　(D) 怎样都行

答案：B

Lb1A4036 对于密封圈等橡胶制品，可用（   ）清洗。

(A) 汽油　　　　　(B) 水　　　　　(C) 酒精　　　　　(D) 润滑油

答案：C

Lb1A4037 由氯丁橡胶和丁腈橡胶制成的橡胶垫（   ）使用。

(A) 可在有油和汽油的场所　　　　(B) 不可在有油和汽油的场所

(C) 可作绝缘材料　　　　　　　　(D) 不可作绝缘材料和机械垫圈

答案：A

Lb1A4038 表示金属材料的坚硬程度，即表面抵抗其他更硬物体压入的能力，叫金属的（   ）。

(A) 硬度　　　　　(B) 强度　　　　　(C) 力度　　　　　(D) 抗度

答案：A

Lb1A4039 未浸渍或不在绝缘液体中使用的以棉纱、天然丝、再生纤维素、醋酸纤维素和聚酰胺为基础的纺织品，纤维素的纸、纸板和反白板，木质板，有机填料的塑料，其耐热等级都属（   ）。

(A) Y 级　　　　　(B) A 级　　　　　(C) B 级　　　　　(D) E 级

答案：A

Lb1A4040 对变压器油进行色谱分析所规定的油中溶解气体含量注意值为：总烃 150μL/L，氢 150μL/L，乙炔（   ）μL/L。

(A) 150　　　　　(B) 100　　　　　(C) 5　　　　　(D) 50

答案：C

Lb1A4041 用于电压为 500kV 变压器的新油耐压值应大于等于 60kV，运行中的油耐压应大于等于(   )。

(A) 60kV   (B) 50kV   (C) 500V   (D) 60V

答案：B

Lb1A4042 绝缘油在电弧作用下产生的气体大部分是(   )。

(A) 甲烷、乙烯   (B) 氢、乙炔   (C) 一氧化碳   (D) 二氧化碳

答案：B

Lb1A4043 220kV 互感器油中溶解气体含量注意值为：总烃 $100\mu L/L$，乙炔 $3\mu L/L$，氢(   )$\mu L/L$。

(A) 100   (B) 3   (C) 150   (D) 50

答案：C

Lb1A4044 电容式套管油中溶解气体含量注意值为：甲烷 $100\mu L/L$，乙炔 $5\mu L/L$，氢(   )$\mu L/L$。

(A) 100   (B) 5   (C) 500   (D) 50

答案：C

Lb1A5045 变压器油中水分增加可使油的介质损耗因数(   )。

(A) 降低   (B) 增加   (C) 不变   (D) 恒定

答案：B

Lb1A5046 在现场无专用设备，不可能直接测定油中的水分时，可用(   )方法估计油中的水分。

(A) 测定油中的含气量   (B) 测定油击穿电压

(C) 测定油的闪点   (D) 测定油的介质损耗

答案：B

Lb1A5047 变压器油中溶解气体的三比值法判断，用五种特征气体为(   )。

(A) C_2H_2、C_2H_4、CH_4、H_2、C_2H_6 (B) C_2H_2、C_2H_4、CH_4、CO、CO_2

(C) C_2H_2、C_2H_4、CH_4、CO、C_2H_6 (D) C_2H_2、C_2H_4、CH_4、CO_2、C_2H_6

答案：A

Lb1A5048 变压器进水受潮时，油中溶解气体色谱分析含量偏高的气体组分是(   )。

(A) 乙炔   (B) 甲烷   (C) 氢气   (D) 一氧化碳

答案：C

Lc1A1049 下图所示，每根吊索受力 P=(   )kN。

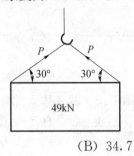

(A) 49　　　　　　　　　　　　(B) 34.7

(C) 28.4　　　　　　　　　　　(D) 24.5

答案：A

Lc1A2050 一个三轮滑轮的滑轮直径为 150mm，允许使用最大负荷是(   )kg。

(A) 5000　　　　(B) 4800　　　　(C) 4200　　　　(D) 3000

答案：C

Lc1A3051 利用滚动法搬运设备，放置滚杠的数量有一定的要求，如果滚杠较少，则所需的牵引力(   )。

(A) 增加　　　　　　　　　　　(B) 减少

(C) 不变　　　　　　　　　　　(D) 与滚杠成正比例增加

答案：A

Lc1A3052 拆除起重脚手架的顺序是(   )。

(A) 先拆上层的脚手架　　　　　(B) 先拆大横杆

(C) 先拆里层的架子　　　　　　(D) 可以从任何地方拆

答案：A

Lc1A4053 工厂试验时应将供货的套管安装在变压器上进行试验；(   )附件在出厂时均应按实际使用方式经过整体预装。

(A) 个别　　　　　　　　　　　(B) 所有

(C) 一些　　　　　　　　　　　(D) 大部分

答案：B

Lc1A5054 (   )及以上变压器在运输过程中，应按照相应规范安装具有时标且有合适量程的三维冲击记录仪。主变就位后，制造厂、运输部门、用户三方人员应共同验收，记录纸和押运记录应提供用户留存。

(A) 220kV　　　　　　　　　　(B) 35kV

(C) 10kV　　　　　　　　　　 (D) 110 (66) kV

答案：D

Jd1A2055 图中所标注尺寸的含义是( )。

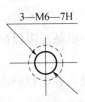

(A) 1个直径为 M7mm，深度为 6mm 的螺纹孔

(B) 3个直径为 M6mm，深度为 7mm 的螺纹孔

(C) 3个半径为 M6mm，深度为 7mm 的螺纹孔

(D) 1个直径为 M6mm，深度为 7mm 的螺纹孔

答案：**B**

Jd1A2056 图中所标注尺寸的含义是( )。

(A) 1个小直径为 7mm，大直径为 13mm，并有 90°的锥形沉孔

(B) 13个小直径为 7mm，并有 90°的锥形沉孔

(C) 1个小直径为 6~7mm，大直径为 13mm，并有 90°的锥形沉孔

(D) 6个小直径为 7mm，大直径为 13mm，并有角度小于 90°的锥形沉孔

答案：**D**

Jd1A3057 采用热套法把轴承套在轴径上，应先将轴承放在变压器油中加热 0.5h 左右，加热油温为( )℃。

(A) 80~100　　　　　　　　　(B) 150~200

(C) 45~55　　　　　　　　　 (D) 500

答案：**A**

Jd1A4058 采用滚杠搬运重物时，放置滚杠的数量有一定的要求，滚杠数量对拖拉力有( )影响。

(A) 放置滚杠数量极少，滚杠与走道上的接触总长度减少，使走道单位面积上减少，阻力和拖拉力相应地减少

(B) 放置滚杠数量极少，滚杠与走道上的接触总长度减少，使走道单位面积上的压力增加，阻力和拖拉力相应地增加

(C) 放置滚杠数量多，滚杠与走道上的接触总长度增加，使走道单位面积增加，相应

地增加了阻力和拖拉力

答案：B

Je1A3059 有载调压开关在运行中机械极限保护不起作用的原因是（　　）。

（A）转差平衡调整不当

（B）位置调整不当或电机抱闸不灵，在电机断电后还要走一段距离，电气极限保护和机械极限保护可能同时被打开

（C）电气极限保护不起作用

（D）机械保护销子被顶上去不能自动返回

答案：D

Je1A4060 零序干燥的基本原理是（　　）。

（A）零序电流使铁芯和绕组的损耗增加，达到加热器身的目的

（B）在保温层外绕上磁化绕组，然后通交流电，使箱体钢板产生涡流而发热

（C）强迫铁芯漏磁，使大多数的磁力线通过夹件、箱壁等铁部件，产生涡流发热，以达到加热器身的目的

答案：C

Jf1A3061 330～550kV 电力变压器，在新装投运前，其油中含气量（体积分数）应不大于（　　）%。

（A）0.5　　　　　（B）1　　　　　（C）3　　　　　（D）5

答案：B

Jf1A4062 额定电压 500kV 的油浸式变压器、电抗器应在充满合格油，静置一定时间后，方可进行耐压试验，其静置时间如无制造厂规定，则应是（　　）。

（A）≥84h　　　　（B）≥72h　　　　（C）≥60h　　　　（D）≥48h

答案：B

1.2 判断题

La1B1001 通电平行导体间有相互作用力，当两平行导体中的电流方向相同时是相互吸引的。（√）

La1B2002 运动电荷（电流）周围存在着电场，归根到底电场是由运动电荷产生的。（×）

La1B2003 根据欧姆定律：$I=U/R$ 得出，$R=U/I$，则导体的电阻与加在导体两端的电压成正比，与通过导体的电流强度成正比。（×）

La1B3004 欧姆定律适用于金属和电解液导电，但不适用于气体导电。（√）

La1B3005 如图所示，交流电压 $U_1=U_2$，$f_1=2f_2$，L_1 和 L_2 为纯电感，测得 $I_1=I_2$，则两个电感量 L_1 和 L_2 之比是 2∶1。（×）

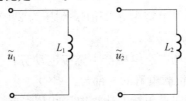

La1B3006 同一对称三相负载，先后用两种接法接入同一电源，则三角形连接时的功率等于星形连接时的 1.732 倍。（×）

La1B4007 磁铁周围存在着磁场，运动电荷（电流）周围存在着磁场，归根到底磁场是由运动电荷产生的。（√）

La1B4008 如图所示，电阻 R 中的电流方向是由下向上的。（√）

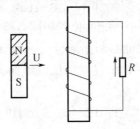

La1B5009 互感电动势的方向与磁通变化的方向无关，但与绕组的绕向有关。（×）

Lb1B1010 当铁芯饱和后，为了产生正弦波磁通，励磁电流的波形将变为尖顶波，其中含有较大的三次谐波分量，对变压器的运行有较大的影响。（√）

Lb1B1011 变压器的不正常工作状态主要是由于外部短路和过负荷引起的过电流；油面过度降低和变压器中性点电压升高。（√）

Lb1B1012 变压器绕组的轴向漏磁场产生轴向力，径向（横向）漏磁场产生径向力。（×）

Lb1B1013 变压器外部发生短路引起的绕组过电流属于变压器的正常运行状态。（×）

Lb1B2014 使电介质发生击穿的最高电压称为击穿电压。（×）

Lb1B2015 以酚醛纸作为分接开关的绝缘筒和转轴的主绝缘距离不应小于：6kV 为 50mm；10kV 为 80mm；35kV 为 180mm。（√）

Lb1B2016 在均匀电场中，油间隙内存在一定厚度的固体绝缘层时，则油隙中的放电电场强度提高。（√）

Lb1B2017 高压电力变压器的绝缘结构主要采用油－纸屏障绝缘，这种绝缘由绝缘油间隙和电工纸层交错组成。在交流电压和冲击电压作用下，油间隙分得越细，其耐受的电气强度越高。（√）

Lb1B2018 用空载试验数据可以计算变压器的阻抗电压。（×）

Lb1B2019 电力自耦变压器的变比不应大于 1.5～2。（√）

Lb1B2020 有一只电容为 $3\mu F$ 的电容器，当两端所接电压为 400V 时，电容器储存的能量为 0.0012J。（×）

Lb1B2021 两电容器，一只电容为 $0.25\mu F$，耐压为 250V；另一只电容为 $0.5\mu F$，耐压为 500V；串联后的耐压值为 375V。（√）

Lb1B2022 变压器的漏磁场在绕组中产生感应电动势，在此电动势作用下产生电流，这个漏磁场所引起的电流也是负载电流的一部分。（×）

Lb1B2023 电压互感器的误差包括变比误差和相位误差。（√）

Lb1B2024 变压器带额定负载运行时，其电压变化率为一个定值。（×）

Lb1B2025 当变压器的负载阻抗角 ϕ_2 是落后的，则电压变化率 $\Delta U\%$ 小于零；$\phi_{角}$ 越大，则电压变化率 $\Delta U\%$ 越小。（×）

Lb1B2026 变压器的负载系数 β 越大，则电压变化率 $\Delta U\%$ 越大。（√）

Lb1B2027 并列变压器承担负荷的大小与阻抗电压成正比。（×）

Lb1B2028 绕组导线的换位分完全和不完全换位，完全换位必须满足的条件是通过换位，使并联的每根导线在漏磁场中所处的位置相同，换位后每根导线长度相等。（√）

Lb1B3029 铁质夹件与铁轭之间必需垫绝缘纸。（√）

Lb1B3030 变压器铁芯柱撑板、小容量低压绕组间撑条、铁轭垫块以及在大型变压器中引线支架等一般采用木制件。（√）

Lb1B3031 三相变压器高压侧线电动势 E_{AB} 领先于低压侧线电动势 E_{ab} 的相位为 n 倍 30°，则该变压器的接线组标号的时钟序数为 $n/2$。（×）

Lb1B3032 MR 型有载分接开关的快速动作机构是采用拉簧－曲柄机构。（×）

Lb1B3033 分接开关触头的接触压力增大，触头的接触电阻减小，因此压力越大越好，一般要求接触压力不应小于 450kPa。（×）

Lb1B3034 用冲击电压试验能考核变压器主绝缘耐受大气过电压的能力。（√）

Lb1B3035 红外诊断电力设备内部缺陷是通过设备外部温度分布场和温度的变化，进行分析比较或推导来实现的。（√）

Lb1B3036 为了考核变压器耐受大气过电压的能力，变压器出厂时或改造后应进行冲击电压试验。（√）

Lb1B3037 对大型变压器测量绝缘的 $\tan\delta\%$，能发现整个绝缘普遍劣化的缺陷，但

不能发现局部缺陷或个别弱点。（√）

Lb1B3038 局部放电的强度在本质上取决于变压器的绝缘结构和制造工艺。例如干燥不彻底、油质低劣、器身暴露在空气中的时间过长和充油时真空度不高等都会造成大的局部放电。（√）

Lb1B3039 工频耐压试验对考核主绝缘强度，特别是对考核主绝缘的局部缺陷，具有决定性的作用。（√）

Lb1B3040 应用红外辐射探测诊断方法，能够以非接触、实时、快速和在线监测方式获取设备状态信息，是判定电力设备是否存在热缺陷，特别是外部热缺陷的有效方法。（√）

Lb1B3041 测得某变压器低压绕组（d接）三个线间直流电阻分别为 $R_{ab}=0.571\Omega$，$R_{bc}=0.585\Omega$，$R_{ca}=0.569\Omega$。其直流电阻是合格的。（×）

Lb1B3042 局部放电试验测得的是"视在放电量"，不是发生局部放电处的"真实放电量"。（√）

Lb1B3043 由于红外辐射不可能穿透设备外壳，因而红外诊断方法，不适用于电力设备内部由于电流效应或电压效应引起的热缺陷诊断。（×）

Lb1B3044 根据局部放电水平可发现绝缘物空气隙（一个或数个）中的游离现象及局部缺陷，但不能发现绝缘受潮，而且测量及推断发生错误的可能性大。（√）

Lb1B3045 对串级式或分级绝缘的电磁式电压互感器做交流耐压试验，应用倍频感应耐压试验的方法进行。（√）

Lb1B3046 色谱分析结果显示变压器油中乙炔含量显著增加，则内部有放电性故障或局部放电较大。（√）

Lb1B4047 异步电动机绕组头尾是否接反的检查方法有绕组串联法和万用表检查法。（√）

Lb1B4048 220kV 及以上电压等级的变压器，须考核长期工作电压，采用 1.3 倍或 1.5 倍系统最高电压进行局部放电测量。（√）

Lb1B4049 变压器的冲击试验电压是直接由雷电过电压决定的，而不是由保护水平决定的。（×）

Lb1B4050 110kV 及以下的变压器出厂试验中应包括外施耐压试验和感应耐压试验，而不进行全波、截波冲击试验。（√）

Lb1B4051 采用冷轧硅钢片，特别是经过退火处理的冷轧硅钢片，能够降低变压器的噪声水平。（√）

Lb1B4052 在变压器设计中，可以取：铜的许用应力 $Q_{CA}=1200\text{kg/cm}^2=1.18\times10^8\text{Pa}$，铝的许用应力 $Q_{CA}=500\text{kg/cm}^2=0.49\times10^8\text{Pa}$。（√）

Lb1B4053 根据含碳量的多少，铸铁可分为白口铸铁、灰口铸铁、球墨铸铁及可锻铸铁 4 种。（×）

Lb1B4054 一般变压器绕组铜导线电流密度不超过 2.5A/mm^2。（√）

Lb1B4055 当变压器有受潮、局部放电或过热故障时，一般油中溶解气体分析都会出现氢含量增加。（√）

Lb1B5056　变压器油酸值直接反映油中碱性物质含量的多少。（×）

Lb1B5057　运行中变压器油的酸值要求应不大于 0.1mgKOH/g。（√）

Lb1B5058　采用皱纹纸包扎引线绝缘，是由于这种纸的浸油性能、抗张力、撕裂强度、伸长率都比电缆纸高。（√）

Lb1B5059　DH－50 电话纸厚度为（0.05±4%）mm，卷成（500±10）mm 的纸卷，主要用于绝缘匝间和层间绝缘。（√）

Lb1B5060　对运行中变压器进行油中溶解气体色谱分析，有任一组分含量超过注意值则可判定为变压器存在过热性故障。（×）

Lb1B5061　变压器油老化后，产生酸性、胶质和沉淀物，会腐蚀变压器内金属表面和绝缘材料。（√）

Lc1B1062　常用的板牙有圆板牙和活络管子板牙。（√）

Lc1B2063　氩弧焊用的氩气纯度应大于 99.95%。（√）

Lc1B2064　常用的千斤顶升降高度一般为 100～300mm。起重能力为 5～500t。（√）

Lc1B2065　点焊、缝焊都是利用电阻热熔化母材金属的方法。（√）

Lc1B3066　高压电流互感器的二次侧绕组必须有一端接地，也只许一端接地。（√）

Lc1B3067　电流互感器的二次侧可以开路运行，也可以闭路运行。（×）

Lc1B3068　利用散布图和排列图法可以找出影响质量问题的原因。（√）

Lc1B4069　在一对齿轮传动时，主动齿轮的转速为 n_1，齿数为 Z_1；从动齿轮的转速为 n_2，齿数为 Z_2。其传动比为 $i_{12}=n_1/n_2=Z_2/Z_1$。（√）

Lc1B5070　引用误差是绝对误差与测量上限值的比值，用百分数表示，用来判断仪表是否合格。（√）

Jd1B1071　公差与配合的标准主要是孔、轴尺寸公差，以及由它们组成的配合和基本规定。（√）

Jd1B2072　实际尺寸是通过测量得到的尺寸，所以实际尺寸是尺寸的真值。（×）

Jd1B2073　在零件加工时，尺寸公差取绝对值，是表示没有正负的含义，也不可能为零。（√）

Jd1B3074　为了控制机械零件制造精度，除了对尺寸公差、表面粗糙度要有一定的要求外，形状和位置公差也是一项重要的技术指标。（√）

Jd1B3075　极限尺寸或实际尺寸减基本尺寸所得的代数差，称为尺寸偏差。（√）

Jd1B3076　进行刮削加工时，显示剂可以涂在工件上，也可以涂在标准件上。一般粗刮时，红丹粉涂在标准件表面，细刮和精刮时，则将红丹粉涂在工作件上。（×）

Jd1B3077　两切削刃长度不相等，顶角不对称的钻头，钻出来的孔径将大于图纸规定的尺寸。（√）

Jd1B3078　在制作工件时，预先选定工件的某个点、线、面为划线的出发点。这些选定的点、线、面就是划线基准。（√）

Jd1B3079　钻孔时，如不及时排削，将会造成钻头工作部分折断。（√）

Jd1B4080　几台千斤顶联合使用时，每台的起重能力不得小于其计算载荷的 1.2 倍，以防因不同步造成个别千斤顶超负荷而损坏。（√）

Jd1B4081 用滚杠搬运重物，遇到下斜坡时，前后应用绳索牵引。（√）

Jd1B5082 对于长大物件，选择吊点时，应将远离中心的对称点作为吊点，吊索的合力通过重心。（√）

Je1B1083 运行较长时间的变压器，其分接开关触头表面常覆有氧化膜和污垢。（√）

Je1B2084 变压器绕组进行大修后，如果匝数不对，进行变比试验时即可发现。（√）

Je1B3085 色谱分析结果显示油中一氧化碳、二氧化碳含量显著增加，则会出现固体绝缘老化或涉及固体绝缘的故障。（√）

Je1B4086 色谱分析结果显示乙烯浓度高，其次是甲烷和氧，则有局部过热。（√）

Jf1B1087 接地片插入铁轭深度对配电变压器不得小于 30mm；主变压器不得小于 70mm（大型为 140mm）。（√）

Jf1B1088 红外线是一种电磁波，它在电磁波连续频谱中的位置处于无线电波与可见光之间的区域。（√）

Jf1B2089 电流互感器准确度等级都有对应的容量，若负载超出规定的容量，其误差也将超出准确度等级。（√）

Jf1B2090 电压互感器（三相及供三相系统相间连接的单相电压互感器）额定二次电压为 100V。（√）

Jf1B3091 电流互感器二次侧额定容量有时可以用二次负载阻抗额定值来代替。（√）

Jf1B3092 中性点不接地系统的变压器套管发生单相接地，属于变压器故障，应将电源迅速断开。（×）

Jf1B3093 避雷器的冲击放电电压应高于受其保护的变压器的冲击绝缘水平。（×）

Jf1B4094 变压器新投入做冲击试验时，瓦斯保护压板应放在运行位置。（√）

Jf1B4095 变压器电流速断保护的动作电流按躲过变压器最大负荷电流来整定。（×）

Jf1B4096 规程规定：对于 800kV·A 以上变压器，针对变压器油箱内可能发生的各种故障和油面降低，应装设瓦斯保护。（√）

Jf1B5097 电流互感器的准确级次有：0.2，0.5，1，3 和 10 五个级次。保护用电流互感器的级号用"P"表示。（√）

1.3 多选题

La1C1001 器身绝缘装配这一阶段的装配质量十分重要，必需严格把好质量关，因为（   ）。

（A）器身绝缘装配一旦出现问题，将会导致绕组彻底损坏

（B）即使返修好了，质量也下降了

（C）返修容易

（D）返修困难

答案：BD

La1C1002 装配图的画法有（   ）规定。

（A）相邻两零件的剖面线的方向相反，或间隔相异，以便分清各零件的界限。在同一图纸上同一被剖的零件在所有视图上的剖面线方向，间隔都必须相同

（B）相接触和相配合的两零件表面接触面处各画一条轮廓线，非接触和非配合的两零件表面应画一条线

（C）对于紧固件、轴、连杆、球、钩头键、销等实心件，若按纵向剖切，且剖切平面通过其对称平面或轴线时，则这些零件均按不剖绘制

（D）相接触和相配合的两零件表面接触面处只画一条轮廓线，非接触和非配合的两零件表面应各画一条线

答案：ACD

La1C1003 未注公差的尺寸对公差的要求（   ）。

（A）在图纸上未注公差的尺寸，实际上没有公差，不受公差的约束

（B）在图纸上未注公差的尺寸，实际上并非没有公差，仍受一定公差带的约束

（C）国标对未注公差尺寸的公差等级，规定为 IT15～IT28

（D）国标对未注公差尺寸的公差等级，规定为 IT12～IT18

答案：BD

La1C1004 以下关于磁路的欧姆定律说法正确的是（   ）。

（A）磁路是线性的

（B）与电路的欧姆定律相似

（C）磁路是非线性的

（D）常用磁路的欧姆定律来作定量分析

（E）对于任一段均匀线路存在以下关系 $U_m = R_m$

答案：BCE

La1C1005 在磁路中下列叙述正确的有（　　）。

（A）磁路是非线性
（B）磁路是线性
（C）导磁率不是常数
（D）磁阻不是常数
（E）导磁率是常数

答案：ACD

La1C1006 通电线圈套在铁芯上，所产生的磁通会大大地增加的原因是（　　）。

（A）铁磁材料的内部分子磁矩在外磁场作用下，很容易偏转到与外磁场一致的方向
（B）排齐后的分子磁矩（磁畴）又对外产生附加磁场，这个磁场叠加在通电空心线圈产生的磁场上
（C）叠加后的总磁场比同样的空心线圈的磁场强，磁通量增加了

答案：ABC

Lb1C1007 造成绝缘电击穿因素有绝缘体内部场强过高、绝缘体存在内部缺陷和（　　）。

（A）电压的高低
（B）电压作用时间长短
（C）电压作用的次数多少
（D）绝缘的温度高低
（E）试验人员操作熟练程度

答案：ABCD

Lb1C1008 变压器进行冲击电压试验的原因是（　　）。

（A）考核变压器的动稳定和热稳定
（B）对变压器进行冲击耐压试验，以考核变压器主、纵绝缘对雷电冲击电的承受能力
（C）考核变压器的能否承受雷电流的冲击
（D）变压器在运行中经常受到大气中的雷电侵袭而承受过电压

答案：BC

Lb1C1009 在简述绝缘油中的"小桥"击穿原理时，可以用到的观点有（　　）。

（A）使用中的绝缘油不含杂质
（B）极性物质在电场作用下，将在电极间排列起来，并在其间导致轻微放电
（C）气泡和杂质一道形成放电的"小桥"，从而导致油隙击穿
（D）使用中的绝缘油含有各种杂质

答案：BCD

Lb1C1010 电压等级为 $63\sim110kV$ 互感器对绝缘油的介损、含水量的要求是（　　）。

（A）新油：$\tan\delta\%\leqslant1\%$（$90^\circ C$），微量水$\leqslant20\mu L/L$
（B）新油：$\tan\delta\%\leqslant2\%$（$90^\circ C$），微量水$\leqslant15\mu L/L$
（C）运行中：$\tan\delta\%\leqslant4\%$（$90^\circ C$），微量水$\leqslant30\mu L/L$

（D）运行中：tanδ%≤4%（90℃），微量水≤35μL/L

答案：**AD**

Lb1C2011 10kV 及 220kV 电压等级套管带电部分对地及其他带电体之间的空气间隙为（   ）。

（A）10kV 为 125mm   （B）10kV 为 120mm

（C）220kV 为 1800mm   （D）220kV 为 1600mm

答案：**BC**

Lb1C2012 MR 有载分接开关定期检修前应做（   ）准备工作。

（A）选择好合适的天气

（B）工具

（C）备品备件，最好有原厂家的备品备件

（D）准备好所需设备及部分材料

答案：**BCD**

Lb1C2013 器身大修时应进行（   ）项目检查。

（A）检查绕组和铁芯是否完好

（B）检查连接件是否紧固

（C）检查调压装置与引线

（D）电气试验、油箱清理、更换蝶阀和耐油垫

（E）检查储油柜及高低压套管

答案：**ABCD**

Lb1C2014 绝缘介质在交流电压作用下的介质损耗有（   ）。

（A）电阻损耗   （B）电导损耗

（C）空载损耗   （D）极化损耗

答案：**BD**

Lb1C2015 电压等级为 220～330kV 互感器对绝缘油的介损、含水量的要求是（   ）。

（A）新油：tanδ%≤1.5%（90℃），微量水≤20μL/L

（B）新油：tanδ%≤1%（90℃），微量水≤15μL/L

（C）运行中：tanδ%≤3%（90℃），微量水≤20μL/L

（D）运行中：tanδ%≤4%（90℃），微量水≤25μL/L

答案：**BD**

Lb1C2016 在应用多层电介质绝缘时要注意（   ）。

（A）在由不同介电常数的电介质组成的多层绝缘中，ε 大的电介质中 E 值大，ε 中小的电介质 E 值小

（B）在应用多层电介质绝缘时引入 ε 大的电介质会使 ε 小的电介质中的电场强度上升

（C）在应用多层电介质绝缘时引入 ε 小的电介质会使 ε 大的电介质中的电场强度上升

（D）在由不同介电常数的电介质组成的多层绝缘中，ε 大的电介质中 E 值小，ε 中小的电介质 E 值大

答案：CD

Lb1C2017 绝缘配合是（　　　）。

（A）不同的绝缘材料配合使用

（B）把作用于设备上的各种电压所引起的设备绝缘损坏和影响连续运行的概率，降低到经济上和运行上能接受的水平

（C）根据设备所在系统中可能出现的各种电压（正常工作电压和过电压），并考虑保护装置和设备绝缘特性来确定设备必要的耐电强度

（D）可以提高设备的绝缘水平

答案：BC

Lb1C2018 变压器内装接地片有（　　　）要求。

（A）变压器铁芯只允许一点接地，需接地的各部件间也只许单线连接；器身上的其他金属附件均应接地

（B）接地片表面不允许加包绝缘

（C）接地片应用 0.3mm×20mm；0.3mm×30mm；0.3mm×40mm 的镀锡紫铜片制成

（D）接地后用 DC2500V 摇表检验

（E）铁芯接地点一般设在高压侧，接地片应靠近夹件，不要碰铁轭端面

（F）铁芯接地点一般设在低压侧，接地片应靠近夹件，不要碰铁轭端面

答案：ACF

Lb1C2019 连续式绕组的线段辐向尺寸应相等；少数线段允许偏差正确的是（　　　）。

（A）线段辐向尺寸≤60mm 时，少数线段辐向尺寸允许偏差≤1.5mm

（B）线段辐向尺寸≤60mm 时，少数线段辐向尺寸允许偏差≤1mm

（C）线段辐向尺寸在 61～100mm 时，少数线段辐向尺寸≤1.5mm

（D）线段辐向尺寸在 61～100mm 时，少数线段辐向尺寸≤2.0mm

（E）线段辐向尺寸＞100mm 时，少数线段辐向尺寸≤1.5mm

（F）线段辐向尺寸＞100mm 时，少数线段辐向尺寸≤2mm

答案：BCF

Lb1C2020 变压器的铁芯叠片质量除要求硅钢片尺寸公差应符合图纸要求、硅钢片边缘毛刺应不大于 0.03mm 外，还必须满足下列要求（　　　）。

（A）硅钢片叠装整齐

（B）冷轧硅钢片必须垂直硅钢片碾压方向使用

(C) 冷轧硅钢片必须沿硅钢片碾压方向使用

(D) 硅钢片绝缘有老化、变质、脱落现象，影响特性及安全运行时，必须重新涂漆

(E) 硅钢片漆膜厚度不大于 0.015mm

答案：CDE

Lb1C2021 三相变压器组通常不作 Y/y 连接的原因(　　)。

(A) 三相变压器组作 Y，y 连接时，绕组中不可能有三次谐波电流通过

(B) 三相变压器组作 Y，y 连接时励磁电流为正弦波形电流，磁通则为平顶波形

(C) 三次谐波磁通在变压器一次、二次绕组中分别产生三次谐波电动势，与基波叠加将产生过电压

(D) 三相变压器组作 Y，y 连接时，绕组中能有三次谐波电流通过，产生三次谐波电动势，与基波叠加将产生过电压

答案：ABC

Lb1C2022 (　　)是有载分接开关 10191W 选择电路。

(A) 调压电路的细调侧 19 个分接和选择电路中对应位置相连接

(B) 选择器实际位置为 19 个，调压级数也为 19，即为 19 级有载分接开关，有一个中间位置

(C) 调压电路的细调侧 10 个分接和选择电路中对应位置相连接

(D) 选择器实际位置为 19 个，调压级数也为 10，即为 10 级有载分接开关，有三个中间位置

答案：BC

Lb1C2023 有载分接开关型号中 10193W 的含义是(　　)。

(A) 第 3、4 位数字表示细调分接数

(B) 第 3、4 位数字表示分接位置数

(C) 最后一个数字表示中间位置数

(D) 符号 W 表示正反调压，如果为 G 则表示粗细调压

(E) 前面两位数字表示细调分接数

(F) 前面两位数字表示分接位置数

答案：BDE

Lb1C2024 有载分接开关 14271G 选择电路是(　　)。

(A) 调压电路的细调侧，要抽出 14 个分接头，分别和选择电路中的对应位置相连接

(B) 开关的实际位置为 27 级，有一个中间位置 14，G 为粗细调压

(C) 开关的实际位置为 14 级，有一个中间位置 7，G 为正反调压

(D) 调压电路的细调侧，要抽出 27 个分接头，分别和选择电路中的对应位置相连接

答案：AB

Lb1C2025 有载分接开关的切换开关，在切换过程中产生的电弧使油分解产生的气体主要由( )组成，还有少量甲烷和丙烯。

(A) 甲烷（CH_4）   (B) 乙烷（C_2H_6）
(C) 乙炔（C_2H_2）   (D) 乙烯（C_2H_4）
(E) 氢气（H_2）

答案：CDE

Lb1C2026 切换开关油箱中的油被这些气体充分饱和，主要成分乙炔和乙烯达到( )是常见的。

(A) 乙炔的浓度超过 $100000\mu L/L$ (B) 乙炔的浓度超过 $100\mu L/L$
(C) 乙烯达到 $30\sim40\mu L/L$ (D) 乙烯达到 $30000\sim40000\mu L/L$

答案：AD

Lb1C2027 变压器正式投入运行前做空载冲击试验的原因是( )。

(A) 拉开空载变压器时，有可能产生操作过电压
(B) 拉开空载变压器时，有可能产生过电流
(C) 带电投入空载变压器时，会产生励磁涌流
(D) 带电投入空载变压器时，会产生过电压

答案：AC

Lb1C2028 变压器正式投入运行前做空载冲击试验可以考核变压器( )。

(A) 机械强度
(B) 励磁涌流对继电保护的影响
(C) 变压器的绝缘能否承受全电压或操作过电压
(D) 热稳定

答案：ABC

Lb1C2029 电压等级为 10kV、35kV、110kV 及 220kV 的有载分接开关 1min 对地全波冲击耐压正确的是( )。

(A) 对地绝缘等级 10kV 的有载开关，对地全波冲击耐压试验电压 95kV
(B) 对地绝缘等级 35kV 的有载开关，对地全波冲击耐压试验电压 250kV
(C) 对地绝缘等级 110kV 的有载开关，对地全波冲击耐压试验电压 500kV
(D) 对地绝缘等级 220kV 的有载开关，工频耐压 1050kV

答案：ABD

Lb1C2030 介质损失角正切 $\tan\delta$ 越大则( )。

(A) 介质中的有功分量越小   (B) 介质中的无功分量越大
(C) 介质中的有功分量越大   (D) 介质损耗越小

（E）介质损耗越大

答案：BE

Lb1C2031 变压器进行短路试验时对短接引线的要求有（　　）。

（A）足够的截面　　　　　　　　（B）尽可能短

（C）接触良好　　　　　　　　　（D）必须使用多股软铜线

答案：ABC

Lb1C2032 配电变压器预防性试验项目有（　　）。

（A）绝缘电阻测量　　　　　　　（B）绕组连同套管的介损

（C）测绕组直流电阻　　　　　　（D）绝缘油电气强度试验

（E）交流耐压试验、泄漏电流测定

答案：ACDE

Lb1C2033 对变压器等试品进行感应电压试验时，为了降低激磁电流，可以提高试验电压的频率，不同的频率加压时间为（　　）。

（A）试验电压的频率不超过 100Hz 时，耐压时间为 2min

（B）超过 100Hz 时，耐压时间按 $t=60\times100/f$（s）计算，但耐压时间不得少于 20s

（C）试验电压的频率不超过 100Hz 时，耐压时间为 1min

（D）超过 100Hz 时，耐压时间按 $t=60\times100/f$（s）计算，但耐压时间不得少于 15s

答案：BD

Lb1C2034 变压器大修后应进行的电气试验有（　　）。

（A）绕组连同套管一起的感应耐压、突发短路试验

（B）测量绕组连同套管的泄漏电流、介质损耗因数、交流耐压试验

（C）测量非纯瓷套管的介质损耗因数

（D）变压器及套管中的绝缘油试验及化学分析

（E）夹件与穿心螺杆的绝缘电阻

（F）各绕组的直流电阻、变比、组别（或极性）

（G）测量绕组的绝缘电阻和吸收比

答案：BCDFG

Lb1C3035 配电变压器预防性试验时交流耐压试验标准是（　　）。

（A）6kV 等级加 25kV　　　　　（B）10kV 等级加 30kV

（C）低压 400V 绕组加 4kV　　　（D）6kV 等级加 21kV

（E）10kV 等级加 35kV

答案：BCD

Lb1C3036 变压器进行短路试验前应反复检查（　　）事项。

（A）环境温度及空气湿度

（B）安全距离是否足够

（C）铁芯接地及中性点应牢固接地

（D）试验接线是否正确、牢固

（E）被试设备的外壳及二次回路是否已牢固接地

（F）所有绕组应在额定分接档位

答案：BDE

Lb1C3037 油经过过滤去除固体不纯物以后，油中水分对油的击穿电压有（　　）影响。

（A）当油中水分在 $30\mu L/L$ 以下时，击穿电压几乎不下降

（B）当油中水分超过 $40\mu L/L$ 以上时，击穿电压则急剧下降

（C）油中水分对油的击穿电压没有影响

（D）当油中水分超过 $30\mu L/L$ 以上时，击穿电压则急剧下降

（E）当油中水分在 $40\mu L/L$ 以下时，击穿电压几乎不下降

答案：BE

Lb1C3038 局部放电和局部放电试验的目的是（　　）。

（A）局部放电是指高压电器中的绝缘介质在高电场强度作用下，发生在电极之间的放电

（B）局部放电是指高压电器中的绝缘介质在高电场强度作用下，发生在电极之间的未贯穿的放电

（C）发现设备结构的缺陷

（D）发现制造工艺的缺陷

答案：BCD

Lb1C3039 配电变压器预防性试验项目和标准有（　　）。

（A）绝缘电阻测量：标准一般不做规定；与以前测量的绝缘电阻值折算至同一温度下进行比较，一般不得低于以前测量结果的 70%

（B）交流耐压试验：标准是 6kV 等级加 21kV；10kV 等级加 30kV；低压 400V 绕组加 4kV

（C）泄漏电流测定：一般不做规定，但与历年数值进行比较不应有显著变化

（D）测绕组直流电阻：标准是 630kV·A 及以上的变压器各相绕组的直流电阻相互间的差别不应大于三相平均值的 2%，与以前测量的结果比较（换算到同一温度）相对变化不应大于 2%；630kV·A 以下的变压器相间差别应不大于三相平均值的 4%，线间差别不大于三相平均值的 2%

（E）绝缘油电气强度试验：运行中的油试验标准为 20kV

答案：BDE

Lb1C3040　电压等级为 10kV、35kV、110kV 及 220kV 的有载分接开关 1min 对地工频耐压正确的是(　　)。

(A) 对地绝缘等级 10kV 的有载开关，工频耐压 35kV

(B) 对地绝缘等级 35kV 的有载开关，工频耐压 95kV

(C) 对地绝缘等级 110kV 的有载开关，工频耐压 240kV

(D) 对地绝缘等级 220kV 的有载开关，工频耐压 460kV

答案：**BD**

Lb1C3041　变压器进行短路试验时应合理选择电源容量、设备容量及表计，一般表计的准确级是(　　)。

(A) 互感器应不低于 0.2 级　　　　　　(B) 互感器应不低于 0.5 级

(C) 表计应不低于 0.2 级　　　　　　　(D) 表计应不低于 0.5 级

答案：**AD**

Lb1C3042　变压器内装接地片应用(　　)规格的镀锡紫铜片制成。

(A) 0.3mm×20mm　　　　　　　　　(B) 0.3mm×25mm

(C) 0.3mm×40mm　　　　　　　　　(D) 0.3mm×35mm

(E) 0.3mm×30mm　　　　　　　　　(F) 0.3mm×50mm

答案：**ACE**

Lb1C3043　在 DY 型绝缘板耐电压强度的试验中包括(　　)。

(A) 切取 200mm×200mm 试样，在真空度为 100.3kPa 和温度为（105±5）℃的变压器油中浸渍 5h

(B) 用直径 50mm 边缘圆弧半径 2.5mm 的铜电极，在油温为（90±5）℃变压器油中，以每秒提高电压 2kV 的速度连续稳步升压，达到规定电压后纸板不应击穿

(C) 每次测定的试样不应少于 20 张，用于浸渍纸板和耐电压试验的变压器油的耐压强度不应小于 40kV/mm

(D) 切取 150mm×150mm 试样，在真空度为 93.3kPa 和温度为（100±5）℃的变压器油中浸渍 4h（E）每次测定的试样不应少于 10 张，用于浸渍纸板和耐电压试验的

答案：**BDE**

Lb1C3044　变压器油气相色谱分析的优越性是(　　)。

(A) 易于提前发现变压器内部存在的潜伏性故障

(B) 灵敏度高，可鉴别十万分之几或百万分之几的气体组分含量

(C) 可以协助分析变压器内部故障

(D) 与其他试验配合能提高对设备故障分析准确性

答案：**ACD**

Lb1C3045 在现场无专用设备直接测定油中水分，可用测定油击穿电压的方法估计油中水分，相应的击穿电压管理值正确的是( )。

(A) 500kV 级，$10\mu L/L$，60kV   (B) 500kV 级，$15\mu L/L$，60kV

(C) 110kV 级，$25\mu L/L$，40kV   (D) 110kV 级，$20\mu L/L$，50kV

(E) 220kV 级，$20\mu L/L$，50kV   (F) 220kV 级，$15\mu L/L$，50kV

答案：**ADF**

Lb1C3046 能通过油中溶气色谱分析来检测和判断变压器内部故障的原因是( )。

(A) 故障类型、故障的严重程度与油中溶气的组成和含量有关

(B) 有故障的油中溶气的组成和含量与故障类型、故障的严重程度有密切关系

(C) 油中溶气的组成和含量与故障类型、故障的严重程度没有直接的关系

(D) 当变压器存在潜伏性过热或放电故障时，油中溶气的含量与正常情况下相比不同

答案：**BD**

Lc1C3047 形状公差有( )。

(A) 直线度、平面度   (B) 线轮廓度及面轮廓度

(C) 粗糙度、光洁度   (D) 圆度、圆柱度

答案：**ABD**

Lc1C3048 对( )的变压器可进行油中糠醛含量测定，以确定绝缘老化的程度，必要时可取纸样做聚合度测量，进行绝缘老化鉴定。

(A) 运行年久   (B) 温升过高

(C) 长期过载   (D) 短路冲击后

答案：**ABC**

Lc1C3049 如工地上没有可供查阅的资料，钢丝绳缠绕滑轮或卷筒的最小直径可按 $D \geqslant e_1 \times e_2 \times d$ 估算，式中的 D 代表滑轮或卷筒直径，e_1 是按起重工作类型决定的系数，e_1 可按下列方法选择( )。

(A) 轻型工作类型 $e_1 = 16$ (B) 轻型工作类型 $e_1 = 10$

(C) 中型工作类型 $e_1 = 18$ (D) 中型工作类型 $e_1 = 15$

(E) 重要工作类型 $e_1 = 20$ (F) 重要工作类型 $e_1 = 25$

答案：**ACE**

Lc1C3050 使用钢丝绳式电动葫芦应注意( )问题。

(A) 工作确有需要，可根据具体情况轻微超载使用

(B) 操作时应注意及时消除钢丝绳在卷桶上脱槽或绕有两层等不正常状况

(C) 不工作时禁止把重物吊在空中，以防机件产生永久性变形

(D) 经常检查电路及控制部分，防止漏电及操作失灵

（E）严禁超负荷使用，不准倾斜超吊或作拖拉工具使用

答案：BC

Lc1C3051 汽车吊在使用时应注意（   ）问题。

（A）撑好支腿，在支腿下垫 100mm 厚木块，并有插销固定，以防机架倾斜

（B）作业前旋紧调节螺杆，使后桥弹簧免于受力；作业后必须将调节螺杆旋松，并推至车尾方向

（C）作业前先作试吊，把重物吊离地面 50～100mm，试验制动器是否可靠；重载时还要检查支腿是否稳固

（D）起吊重物时，避免放起重臂，必要时先将重物放下，再放吊臂以防翻车；在起重臂竖起很高卸载时，应先将重物放在地上并保持钢丝绳处于拉紧状态，然后把起重臂放低一些再脱钩，以防起重机后翻

（E）回转时动作要和缓，以防载荷摇摆，造成翻车；卸载后起重臂应放在托架上

答案：ABCDE

Lc1C3052 大型变压器在运输过程中，按照相应规范安装具有时标且有合适量程的三维冲击记录仪。到达目的地后，（   ）人员应共同验收，记录纸和押运记录应提供用户留存。

（A）制造厂　　　　（B）运输部门　　　　（C）用户　　　　（D）设计部门

答案：ABC

Lc1C3053 500kV 电压等级大容量变压器新品安装工作程序包括（   ）。

（A）现场交接、绝缘油交接、用油置换气体

（B）安装外部附件、箱内作业

（C）热油循环、油面调整静置

（D）有载分接开关动作顺序试验，冷却装置、有载分接开关传动，电气试验

（E）一、二接线和相关保护的整定

答案：ABCD

Lc1C3054 MR 有载分接开关定期检修前，应准备好所需设备及部分材料有（   ）。

（A）油泵

（B）盛装新油用的容器，同时准备好合格的新油

（C）盛装排放脏油的容器

（D）满足要求的起吊设备

（E）工作台，清洗用刷子及吸收剂、干净不脱毛抹布

答案：ABCDE

Jd1C3055 如工地上没有可供查阅的资料，钢丝绳缠绕滑轮或卷筒的最小直径可按 $D \geqslant e_1 \times e_2 \times d$ 估算，式中的 D 代表滑轮或卷筒直径，e_1 是按起重工作类型决定的系数，e_2

是根据钢丝绳结构决定的系数，e_2 可按下列方法选取（   ）。

(A) 互捻 $e_2=1$

(B) 互捻 $e_2=1.2$

(C) 同向捻 $e_2=0.9$

(D) 同向捻 $e_2=0.8$

答案：**AC**

Je1C3056　电压等级为 500kV 互感器对绝缘油的介损、含水量和含气量的要求是（   ）。

(A) 新油：$\tan\delta\%\leqslant0.7\%$（90℃），微量水 $\leqslant10\mu L/L$，总含气量 $\leqslant1\%$

(B) 新油：$\tan\delta\%\leqslant0.5\%$（90℃），微量水 $\leqslant15\mu L/L$，总含气量 $\leqslant1\%$

(C) 运行中的油：$\tan\delta\%\leqslant2\%$（90℃），微量水 $\leqslant15\mu L/L$，总含气量 $\leqslant1\%$

(D) 运行中的油：$\tan\delta\%\leqslant4\%$（90℃），微量水 $\leqslant20\mu L/L$，总含气量 $\leqslant1\%$

答案：**AC**

Je1C3057　MR 有载分接开关检修时的注意事项有（   ）。

(A) 冲洗、切换开关油箱、部件及小油枕的油，必须合格

(B) 检修时加入分接开关油箱的油必须合格

(C) 在工作中应尽量缩短切换开关部件暴露在空气中的时间，最长不超过 10h

(D) 要保持各部件清洁，工作小心谨慎，检查迅速准确

答案：**ABCD**

Je1C3058　MR 有载分接开关或长征电器一厂的 ZY_1 有载分接开关，在分接开关与操动机构连接后，要求切换开关动作瞬间到操动机构动作完了之间的时间间隔，对于两个旋转方向应是相等的。校验步骤包括（   ）。

(A) 把分接开关及操动机构置于整定位置

(B) 用手柄向 1→N 方向摇，当听到切换开关动作响声时，开始记录并继续转，直到操动机构分接变换操作，指示盘上的绿色带域内的红色中心标志出现在观察窗中央时为止，记下旋转圈数 m；反方向 N→1 摇动手柄回到原整定位置，同样按上述方法记下圈数 K

(C) 若 $m=K$，说明连接无误；若 $m\neq K$ 且 $|m-K|>1$ 时，需要进行旋转差数的平衡，则把操动机构垂直传动轴松开，然后用手柄向多圈数方向摇动 $(m-K)/2$ 圈，最后再把垂直传动轴与操动机构重新连好

(D) 检查操动机构与分接开关连接旋转差数，一直到 $m=K$

答案：**ABCD**

Je1C3059　有载调压开关在运行中机械极限保护不起作用的的处理步骤包括（   ）。

(A) 仅断开操作电源，并取下操作保险

(B) 断开操作电源，用手动将开关复原

（C）将机械保护活动销子可取下打磨去锈，上点机油

（D）复装后检查活动销是否灵活

（E）拆下操作机构连动杆

答案：BCD

Je1C3060　有载调压开关在运行中电气极限保护不起作用是由（　　）原因造成的。

（A）微动开关位置不合适

（B）分接开关正、反动作圈数偏差太多

（C）微动开关损坏

（D）二次操作线相序错误

答案：ACD

Je1C3061　有载调压开关在运行中机械极限保护被卡住不起作用的原因多数是（　　）

（A）位置调整不当　　　　　　　　（B）内装弹簧动作不灵

（C）操作机构安装角度不正确　　　（D）活动销子生锈

答案：BD

Je1C3062　有载调压开关在运行中电气极限保护不起作用应（　　）处理。

（A）重新调整分接开关转差平衡

（B）更换损坏的微动开关

（C）倒相时只能倒电源不能倒操作箱内部接线

（D）重新调整微动开关

答案：BCD

Je1C3063　某一台强油风冷却器，控制回路接线正确，但运行一段时间后，用工作状态控制开关不能切除，只有断开电源自动开关，才能使其退出运行，处理时应从（　　）方面查找故障。

（A）控制开关接点短路　　　　　　（B）继电器主接点短路

（C）控制开关失灵　　　　　　　　（D）控制回路中靠近零线的某一点接地

答案：ACD

Je1C3064　下列容易产生局部放电的设备结构和制造工艺的缺陷是（　　）。

（A）绝缘内部局部电场强度过高

（B）金属部件有尖角

（C）绝缘混入杂质

（D）局部带有缺陷产品内部金属接地部件之间、导电体之间电气连接不良

答案：ABCD

Je1C3065 超高压大容量变压器安装作业复杂，所需时间长，现场作业主要管理事项有（   ）。

（A）防止绝缘材料吸湿受潮、运输中氮气压力的管理

（B）绝缘物暴露时间的管理、绝缘物暴露时使用干燥空气的管理

（C）防止箱内混入异物、绝缘物表面吸落尘土的处理

（D）绝缘油的管理、安装试验

（E）安全管理，包括人身及设备安全

（F）在现场作业前要周密计划，制定出作业工作网络计划，画网络图，作业中，按网络图组织施工

答案：ABCDEF

Je1C3066 对检修中互感器的引线有（   ）要求。

（A）外包绝缘和白布带应紧固、清洁

（B）一次、二次多股软引线与导电杆的连接，必须采用有镀锡层的铜鼻子或镀锡铜片连接

（C）引线长短应适中，应有一定的余量，但不宜过长；串级式电压互感器的一次引线，应采用多股软绞铜线，外穿一层蜡布管即可

（D）穿缆套管的引线，应用胶木圈或硬纸圈将引线固定在套管内部中间，并用布带绑扎固定

答案：ABCD

Je1C3067 对检修中互感器的引线有（   ）要求。

（A）电压互感器的引线，一次、二次必须使用独根引线其直径不得小于1.8mm

（B）引线采用搭接方法，搭接长度不得小于线径的5倍，个别情况允许等于3倍；应用磨光的细铜线绑扎后焊接，焊接时应使焊锡均匀地渗透，焊点应整洁无毛刺

（C）焊接完毕应把烤焦的绝缘削成锥状，重新按要求包好绝缘

（D）如重新配制引线鼻子，其截面积应比引线截面积大20%，鼻子孔应比导杆直径大1.5～2mm

（E）电压互感器的引线，一般采用多股软绞铜线，其截面积不得小于原引线截面积；二次引线原是独根铜线时，可配制独根铜线；一次独根引线其直径不得小于1.8mm

答案：BCDE

Je1C3068 有载调压配电变压器在吊检中对分接开关应做（   ）方面的检查。

（A）检查开关的密封轴承有无渗入变压器油

（B）拔去拉力弹簧固定销，用手摇动曲柄检查选择开关转动是否灵活，动、静触头间滑动是否正常，限位开关、位置指示开关及顺序开关接触是否良好，动作是否正常；检查各部件有无损坏，各处螺母有无松动，销子是否正常

（C）检查切换开关，钨铜合金块触头烧损情况，动触头及插入式弹簧动作是否灵活，

压力是否正常；检查过渡电阻有无过热现象，并测量其直流电阻与出厂数据比较是否正常

（D）检查选择开关，动轴、动触头盘、动触头 U 形槽及螺母等零件有无松动；检查快速机构转臂及槽轮圆弧面有无打毛，拉力弹簧是

答案：ABCD

Je1C4069 配电变压器器身绝缘装配过程包括（   ）步骤。

（A）在已拆除上铁轭叠片的芯柱上端用电缆纸包好后绑住

（B）按图纸装配铁芯柱和下铁轭绝缘，在铁芯柱上套装并固定低压绕组

（C）按图纸放置高、低压间绝缘，套装并固定高压绕组

（D）照图纸放置好上铁轭绝缘，插上铁轭片；紧固夹件夹紧铁轭

（E）在铁轭绝缘的垫块间引出低压引出线

（F）高低压引线焊接并加包绝缘

答案：ABCDE

Je1C4070 器身大修时，对绕组应检查（   ）项目。

（A）绕组无变形，绝缘完整，不缺少垫块

（B）引线绝缘距离应符合标准

（C）判定绕组的绝缘等级进行

（D）油隙不堵塞，绕组应压紧

答案：ACD

Je1C4071 变压器常规大修验收有（   ）内容。

（A）有技术改造项目的应按事先签定的施工方案、技术要求以及有关规定进行验收

（B）整理大修原始记录资料，特别注意对结论性数据的审查；作出大修技术报告

（C）工作场地清理验收

（D）对检修质量做出评价

（E）实际检修项目是否按计划全部完成，检修质量是否合格；审查全部试验结果和试验报告

答案：ABDE

Je1C4072 变压器常规大修的技术报告应附有（   ）。

（A）试验报告单　　　　　　　　　（B）工作票、开工送电申请

（C）其他必要的表格　　　　　　　（D）气体继电器试验票

（E）大修原始记录资料

答案：ACE

Je1C4073 运行中的配电变压器应做（   ）测试。

（A）温度及负荷测试　　　　　　　（B）过负荷能力及抗短路能力测试

（C）每 1～2 年做一次预防性试验　　　　（D）电压、绝缘电阻测试

答案：ACD

Je1C4074　在正常情况下，变压器油中所含气体的成分类似空气，大约含（　　　），运行中的油还含有少量一氧化碳、二氧化碳和低分子烃类气体。

（A）氧 30％　　　　　　　　　　　　（B）氮 70％

（C）二氧化碳 0.3％　　　　　　　　　（D）氮 60％

（E）氧 40％

答案：ABC

Je1C4075　器身大修时，对铁芯应进行（　　　）检查。

（A）电、磁屏蔽完好、接地可靠

（B）铁芯叠片绝缘无局部变色，油路畅通

（C）夹件及铁轭螺杆绝缘良好，铁芯接地片完好

（D）更换铁芯绝缘

（E）铁芯应夹紧，无松散变形

（F）接地套管清洁、密封良好

答案：BCE

Je1C4076　拆卸大型变压器上铁轭叠片拆卸步骤包括（　　　）。

（A）逐渐放松上铁轭的夹紧装置，同时插入 π 形夹，不使铁轭松散

（B）利用薄片形工具同时由两侧小级到中间大级逐渐拆下铁轭片

（C）逐级码放好，用纸或苫布盖好，保持叠片干净

（D）拆卸前后应根据具体条件尽量用卡具、绑带将铁芯柱上端夹紧、绑牢。

答案：ABCD

Je1C4077　变压器进行恢复性大修时器身绝缘装配包括（　　　）内容。

（A）检查并清理器身

（B）装配绝缘

（C）插铁轭片

（D）配制引线

（E）套装绕组

答案：BCE

Je1C4078　变压器恢复性大修后回装时工作基本上可分（　　　）阶段。

（A）本体注油　　　　　　　　　　　（B）器身引线装配

（C）器身的检查和清理　　　　　　　（D）器身装入油箱时的总装配

（E）器身的绝缘装配

答案：BDE

Je1C4079 器身大修时，对调压装置与引线连接应检查（　　）项目。

（A）检查调压装置与引线连接是否正确

（B）各分接头应清洁，接触压力适当，动触头正确停留在各个位置，且与指示器的指示相符

（C）调压装置的机械传动部位完整无损，动作正确可靠，绝缘筒无漏油，各部分坚固良好

（D）电动机构完好，档位指示一致

答案：ABC

Je1C4080 现场进行零序真空干燥时对器身部分应注意（　　）。

（A）断开铁芯和绕组中性点接地

（B）内部绕组上放置的测温元件应与绕组绝缘；所有引出线都要通过绝缘套管引出，以便通电和摇测绝缘

（C）做好上部盖保温，防止凝结水

（D）有垂直拉杆的应拆除；钢压圈与压钉间应绝缘良好

（E）打开不通电的三角形接线绕组

（F）在保温层外绕上磁化绕组，然后通单相交流电，使箱体钢板产生涡流而发热

答案：BCDE

Je1C4081 10kV 及 35kV 电压等级套管带电部分到接地部分的油间隙是（　　）。

（A）10kV 为 20mm　　　　　　　　（B）10kV 为 30mm

（C）35kV 为 80mm　　　　　　　　（D）35kV 为 90mm

答案：BD

Je1C4082 器身大修时，检查连接件所有螺栓包括（　　），均应紧固并有防松措施。

（A）分接开关接头　　（B）压钉　　　　（C）接紧螺杆　　　　（D）木件紧固螺栓

（E）导电杆　　　　　（F）夹件、铁轭螺杆

答案：BCDF

Je1C4083 器身大修时，应进行（　　）项目试验。

（A）测量绕组的直流电阻

（B）测量调压装置各触头的接触电阻

（C）测量绕组的绝缘电阻

（D）测量上、下夹件、穿芯螺杆和铁芯之间的绝缘电阻

答案：BD

Je1C4084 配电变压器器身绝缘装配过程中套装和固定绕组时，应注意（　　）。

（A）绕组的绕向要一致

（B）在油隙撑条外涂一点石蜡以便于打入；撑条应垂直打入，不可歪斜

（C）撑条不可与线匝直接接触，必要时可在撑条外敷纸板槽，以免打入时绝缘磨坏

（D）注意引线的出线位置

答案：BCD

Jf1C4085 不停电工作是指（   ）。

（A）高压设备部分停电，但工作地点完成可靠安全措施，人员不会触及带电设备的工作

（B）可在带电设备外壳上或导电部分上进行的工作

（C）高压设备停电的工作

（D）工作本身不需要停电并且不可能触及导电部分的工作

答案：BD

Jf1C4086 以下所列的安全责任中，（   ）是动火工作票负责人的一项安全责任。

（A）负责动火现场配备必要的、足够的消防设施

（B）工作的安全性

（C）向有关人员布置动火工作，交待防火安全措施

（D）向有关人员进行安全教育

（E）工作票所列安全措施是否正确完备，是否符合现场条件

答案：CD

Jf1C4087 MR 有载分接开关定期检修包括（   ）工作内容

（A）拆卸及重新安装切换开关

（B）检查并清洗切换开关油箱及部件，清洗切换开关小油枕

（C）测量触头磨损、测量过渡电阻、测量切换开关的动作顺序

（D）测量选择开关触头接触电阻

（E）检查保护继电器、驱动轴、电机传动机构，检查油滤清器及电压调节器

（F）更换切换开关油

答案：ABCEF

Jf1C4088 500kV 电压等级大容量变压器新品安装工作中，调整油位时要求（   ）。

（A）按油面温度曲线调整油面（厂方供给），静置时间 72h

（B）天气良好无风沙

（C）油中水分为 $10\mu L/L$ 以下

（D）油耐压为 60kV/2.5mm

答案：ACD

Jf1C4089 MR 有载分接开关检修时加入分接开关油箱的油，要求（   ）。MR 有载分接开关检修时加入分接开关油箱的油，要求（   ）。

（A）中性端分接开关的油，含水量不大于 $30\mu L/L$、耐压不小于 25kV/2.5mm

（B）中性端分接开关的油，含水量不大于 $40\mu L/L$、耐压不小于 $30kV/2.5mm$

（C）单极分接开关的油，含水量不大于 $40\mu L/L$、耐压不小于 $30kV/2.5mm$

（D）单极分接开关的油，含水量不大于 $30\mu L/L$、耐压不小于 $40kV/2.5mm$

答案：BD

Jf1C4090 电压等级为 10kV、35kV、110kV 及 220kV 的有载分接开关 1min 对地工频耐压正确的是( )。

（A）对地绝缘等级 10kV 的有载开关，工频耐压 38kV

（B）对地绝缘等级 35kV 的有载开关，工频耐压 85kV

（C）对地绝缘等级 110kV 的有载开关，工频耐压 240kV

（D）对地绝缘等级 220kV 的有载开关，工频耐压 460kV

答案：ABD

Jf1C4091 变压器进行短路试验时，应注意的事项是( )。

（A）被试绕组应在额定分接上，三绕组变压器，应每次试验一对绕组，试三次，非被试绕组应开路

（B）连接短路用的导线必须有足够的截面，并尽可能短，连接处接触必须良好

（C）被试绕组应短路，非被试绕组应开路并接地

（D）试验前应反复检查试验接线是否正确、牢固，安全距离是否足够，被试设备的外壳及二次回路是否已牢固接地

（E）合理选择电源容量、设备容量及表计，一般互感器应不低于 0.2 级，表计应不低于 0.5 级

答案：ABDE

Jf1C4092 进行工频电压试验时，对加压时间有( )具体规定。

（A）由瓷质和液体材料组成，加压时间为 1min；由多种材料组成的电器（如断路器），如在总装前已对其固体部件进行了 5min 耐压试验，可只对其总装部件进行 1min 耐压试验

（B）当电气产品需进行分级耐压试验时，应在每级试验电压耐受规定时间后，一般为 1min 或 5min，将电压降回零，间隔 1min 以后，再进行下一级耐压试验

（C）对电气产品进行干燥和淋雨状态下的外绝缘试验时，电压升到规定值后，即将电压降回零，不需要保持一定的时间

（D）被试品主要是由有机固体材料组成的，加压时间为 5min

答案：ABCD

Jf1C4093 监视充氮运输变压器的氮气有无泄漏的方法是( )。

（A）使用能测定 $-100kPa\sim+100kPa$ 的压力表监视内部压力，变压器到货后，在用油置换氮气之前应经常监视压力变化情况，根据法拉利定律判断氮气有无泄漏

（B）使用能测定 $-98\sim+98$ kPa 的压力表监视内部压力，变压器到货后，在用油置换氮气之前应经常监视压力变化情况，根据波义耳定律判断氮气有无泄漏

（C）使用公式 $P_1/(273+t_1)=P_2/(273+t_2)$ 判断氮气有无渗漏

（D）使用公式 $P_2/(273+t_1)=P_1/(273+t_2)$ 判断氮气有无渗漏

答案：**BD**

Jf1C4094 工作票签发人应是（　　）的生产领导人、技术人员或经本单位批准的人员。

（A）具有相关工作经验 　　　　　　（B）熟悉工作班成员的工作能力

（C）熟悉人员技术水平 　　　　　　（D）熟悉《电业安全工作规程》

（E）熟悉设备情况

答案：**ACDE**

Jf1C5095 有载开关的电动控制机构控制回路应设有变压器电流闭锁装置，其整定值取变压器额定电流的（　　）倍，电流继电器返回系数应大于或等于（　　）。

（A）1.2 　　　　（B）1.5 　　　　（C）0.9 　　　　（D）1.0

答案：**AC**

Jf1C5096 在中性点直接接地的电网中，变压器中性点装设避雷器的原因是（　　）。

（A）直接接地的中性点电压为零

（B）在三相侵入雷电波时，不接地的变压器中性点电压很高（可达进线端电压副值的 190%）

（C）在中性点直接接地的电网中变压器中性点全部接地

（D）在中性点直接接地的电网中，有部分变压器中性点不接地

（E）在中性点直接接地的电网中，变压器中性点绝缘不是按线电压设计

答案：**BDE**

Jf1C5097 MR 有载分接开关定期检修前，应准备的一般通用工具有（　　）。

（A）扳手尺寸 8×10mm、13×17mm、17×19mm、22×24mm 双头开口扳手各一件

（B）分接开关吊板

（C）扳手尺寸 4mm、5mm、8mm 内六角螺钉扳手各一件

（D）环形扳手为 13×17mm

答案：**ACD**

Jf1C5098 新安装的变压器，除按大修验收的内容进行验收之外，还应审查（　　）内容。

（A）冷却系统接线图

（B）变压器制造厂铭牌和技术规范的附件

（C）变压器吊芯（或进入油箱内）检查报告，交接试验及测量记录

（D）冷却系统管路连接图

（E）停送电申请及开、竣工报告

（F）变压器制造厂试验记录，现场如进行过干燥，应审查干燥过程及干燥记录

答案：BCDF

1.4 计算题

La1D2001 平板电容器极板面积 $S=15\mathrm{cm}^2$，极板间距离 $d=X_1\mathrm{mm}$，电容量 $C=132\mathrm{pF}$。则介电常数为_____ pF/mm。

X_1 的取值范围：0.1，0.2，0.3。

计算公式：

介电常数

$$\varepsilon = C \cdot \frac{d}{S} = 132 \times \frac{X_1}{15 \times 10^2}(\mathrm{pF/mm})$$

La1D5002 一电阻 $R=20\Omega$，与电感线圈串联在交流电源上，线圈电阻为 $X_1\Omega$，电阻 R 两端电压 U_R 为 120V，线圈电压 U_L 为 294.6V，求电源电压 $U=$_____ V。

X_1 的取值范围：10.0 到 50.0 的整数。

计算公式：

电路电流

$$I = \frac{U_R}{R} = \frac{120}{20} = 6 \ (\mathrm{A})$$

线圈阻抗

$$Z_L = \frac{U_L}{I} = \frac{294.6}{6} = 49.1 \ (\Omega)$$

线圈感抗

$$X_L = \sqrt{Z_L{}^2 - R_L{}^2} = \sqrt{49.1^2 - X_1{}^2} \ (\Omega)$$

电路总阻抗

$$Z = \sqrt{(R+R_L)^2 + X_L{}^2} = \sqrt{(20+X_1)^2 + (49.1^2 - X_1{}^2)} \ (\Omega)$$

电源电压

$$U = IZ = 6 \times \sqrt{(20+X_1)^2 + (49.1^2 - X_1{}^2)} \ (\mathrm{V})$$

La1D2003 一个 RLC 串联电路，电阻 $R=30\Omega$，$L=X_1\mathrm{mH}$，$C=X_2\mu\mathrm{F}$，$u=2.22\sin(314t+20°)$ V，则感抗 $X_L=$_____ Ω，容抗 $X_C=$_____ Ω。

X_1 的取值范围：120，125，127，130。

X_2 的取值范围：40，45，50。

计算公式：

感抗

$$X_L = 2\pi f L = 314 \times X_1 \times 10^{-3}(\Omega)$$

容抗

$$X_C = \frac{1}{2\pi f C} = \frac{1}{314 \times x_2 \times 10^{-6}} \ (\Omega)$$

La1D3004 已知负载电压 $U = (30 + jX_1)$ V，负载电流 $I = (8 + j6)$ A。求负载的功率因数 = _____。

X_1 的取值范围：40.0 到 50.0 的整数。

计算公式：

负载

$$Z = \frac{U}{I} = \frac{30 + jX_1}{8 + j6} = \frac{(30 + jX_1)(8 - j6)}{100} = \frac{240 + 6X_1}{100} + j\frac{8X_1 - 180}{100}$$
$$= 2.4 + 0.06X_1 + j(0.08X_1 - 1.8)(\Omega)$$

功率因数

$$\cos\varphi = \frac{U}{I} = \frac{2.4 + 0.06X_1}{\sqrt{(2.4 + 0.06X_1)^2 + (0.08X_1 - 1.8)^2}}$$

Lb1D4005 某台三相电动机绕组为 Y 接，接到 $U_1 = 380$V 的三相电源上，测得线电流 $I = X_1$A，电机输出功率 $P = 3.5$kW，效率 $\eta = 0.85$，电动机每相绕组的参数 $R =$ _____ Ω、$X_L =$ _____ Ω。

X_1 的取值范围：8.0 到 15.0 的整数。

计算公式：

$$\frac{P}{\eta} = \sqrt{3}UI\cos\varphi$$

功率因数

$$\cos\varphi = \frac{P}{\sqrt{3}UI\eta} = \frac{3500}{\sqrt{3} \times 380 \times X_1 \times 0.85} = \frac{6.256}{X_1}$$

电动机阻抗

$$Z = \frac{U}{\sqrt{3}I} = \frac{380}{\sqrt{3} \times X_1}$$

电阻

$$R = Z\cos\varphi = \frac{380}{\sqrt{3} \times X_1} \times \frac{6.256}{X_1} = \frac{1372.5}{X_1^2}$$

电抗

$$X_L = Z\sin\varphi = \frac{380}{\sqrt{3} \times X_1} \times \sin\left[\arccos\left(\frac{6.256}{X_1}\right)\right]$$

Lb1D4006 某台三相电力变压器 $S_e = 1000$kV·A，$U_{e1}/U_{e2} = 10000/3300$V，Y，d11 接法，短路阻抗标幺值 $Z_k^* = X_1 + j0.053\Omega$，带三相三角形接法的对称负载，每相负载阻抗 $Z_L = 50 + j85\Omega$。二次侧线电流 $I_2 =$ _____ A，二次侧线电压 $U_2 =$ _____ V。

X_1 的取值范围：8.0 到 15.0 的整数。

计算公式：

由采用 Y，d 接法，故变比

$$K = \frac{U_{e1}/\sqrt{3}}{U_{e2}} = \frac{10000/\sqrt{3}}{3300} = 1.75$$

阻抗基值

$$Z_e = \frac{U_{e1}}{\sqrt{3}\,I_{e1}} = \frac{U_{e1}^2}{S_e} = \frac{10000^2}{1000 \times 10^3} = 100 \ (\Omega)$$

短路阻抗

$$Z_k = Z_k^* \cdot Z_e = (X_1 + j0.053) \times 100 = 100X_1 + j5.3 \ (\Omega)$$

采用简化等值电路，从一次侧看总阻抗为

$$Z = Z_k + Z_L' = Z_k + K^2 Z_L = 100X_1 + j5.3 + 1.75^2 \times (50 + j85)$$

$$= (153.125 + 100X_1) + j265.6125 \ (\Omega)$$

一次侧、二次侧线电流

$$I_1 = \frac{U_{e1}/\sqrt{3}}{Z} = \frac{10000}{\sqrt{3} \times \sqrt{(153.125 + 100X_1)^2 + 265.6125^2}} \ (A)$$

$$I_2 = \sqrt{3}KI_1 = \sqrt{3} \times 1.75 \times \frac{10000}{\sqrt{3} \times \sqrt{(153.125 + 100X_1)^2 + 265.6125^2}}$$

$$= \frac{17500}{\sqrt{(153.125 + 100X_1)^2 + 70550}} \ (A)$$

二次侧线电压等于相电压

$$U_2 = \frac{I_2}{\sqrt{3}} Z_L = \frac{17500}{\sqrt{3} \times \sqrt{(153.125 + 100X_1)^2 + 70550}} \times \sqrt{50^2 + 85^2}$$

$$= \frac{996373.6}{\sqrt{(153.125 + 100X_1)^2 + 70550}} \ (V)$$

Lb1D5007 三相变压器额定数据为 $S_e = 1000\mathrm{kV \cdot A}$，额定电压 $U_{e1}/U_{e2} = 10000/6300\mathrm{V}$，Y，d11 接法。已知空载损耗 $P_0 = X_1\mathrm{kW}$，短路损耗 $P_K = 15\mathrm{kW}$，当变压器供给额定负载，且 $\cos\phi = 0.8$ 时的效率 $\eta = \underline{\hspace{2cm}}$%。

X_1 的取值范围：3.8 到 5.5 的一位小数。

计算公式：

因为负载系数 $\beta = 1$，所以效率为

$$\eta = (1 - \frac{P_0 + P_K}{S_e\cos\varphi + P_0 + P_K}) \times 100\% = (1 - \frac{X_1 \times 10^3 + 15 \times 10^3}{10^6 \times 0.8 + X_1 \times 10^3 + 15 \times 10^3}) \times 100\%$$

$$= (1 - \frac{X_1 + 15}{X_1 + 815}) \times 100\%$$

Lb1D5008 如图所示，铁芯磁路中，若磁路各处截面积均为 $S = 100\mathrm{cm}^2$，磁路平均长度 $L = X_1\mathrm{cm}$，激磁绕组匝数 $W = 1000$，磁路材料为 D_{41} 硅钢片，不考虑片间绝缘占去的空间尺寸，$\phi = 0.0145\mathrm{Wb}$，激磁电流 $I_o = \underline{\hspace{2cm}}$ A，磁阻 $R_M = \underline{\hspace{2cm}}$ H^{-1}。（$B = 1.45\mathrm{T}$ 时 $H = 1500\mathrm{A/m}$）

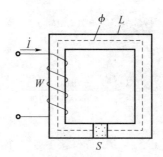

X_1 的取值范围：30.0 到 32.0 的一位小数。

计算公式：

磁通密度

$$B = \frac{\phi}{S} = \frac{0.0145}{0.01} = 1.45 \ (\text{T})$$

磁动势

$$F = HL = 1500 \times X_1 \times 10^{-2} = 15X_1 (\text{安匝})$$

激磁电流

$$I_0 = \frac{F}{W} = \frac{15X_1}{1000} = 0.015X_1 (\text{A})$$

磁路磁阻

$$R_M = \frac{F}{\Phi} = \frac{15X_1}{0.0145} \ (\text{H}^{-1})$$

Lb1D5009 如图所示，铁芯磁路中，铁芯磁路 $S=100\text{cm}$，$L=X_1\text{cm}$，气隙 $\delta=1\text{cm}$，$W=1000$ 匝，$\phi=0.0145\text{Wb}$，铁芯材料为 D_{41} 硅钢片，不考虑片间绝缘所占的空间尺寸，激磁电流 $I_0=$ _____ A，磁路磁阻＝ _____ H^{-1}。（$B=1.45\text{T}$ 时，$H=1500\text{A/m}$，$\mu_0 = 4\pi \times 10^{-7} \text{H/m}$）

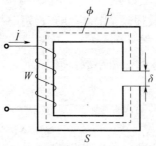

X_1 的取值范围：120.0 到 180.0 的整数。

计算公式：

铁芯磁通密度

$$B = \frac{\phi}{S} = \frac{0.0145}{0.01} = 1.45 \ (\text{T})$$

气隙 δ 的磁场强度

$$H' = \frac{B}{\mu_0} = \frac{1.45}{4\pi \times 10^{-7}} = 115.39 \times 10^4 (\text{A/m})$$

磁动势

$$F = HL + H'\delta = 1500 \times X_1 \times 10^{-2} + 115.39 \times 10^4 \times 0.01 = 15X_1 + 11539(A)$$

激磁电流

$$I_0 = \frac{F}{W} = \frac{15X_1 + 11539}{1000} = 0.015X_1 + 11.539 \ (A)$$

磁路磁阻

$$R_M = \frac{F}{\phi} = \frac{15X_1 + 11539}{0.0145} \ (H^{-1})$$

Lb1D4010 星形接线的三相绕组，中性点不引出时，测量各个线端之间的电阻 $R_{AB} = X_1\Omega$；$R_{BC} = 0.0016\Omega$；$R_{AC} = 0.0017\Omega$，则 A 相绕组电阻 $R_A = $ _____ Ω、C 相绕组电阻 $R_C = $ _____ Ω。

X_1 的取值范围：0.0012 到 0.0018 的四位小数。

计算公式：

A 相绕组

$$R_A = \frac{R_{AB} + R_{AC} - R_{BC}}{2} = \frac{X_1 + 0.0017 - 0.0016}{2} \ (\Omega)$$

C 相绕组

$$R_C = \frac{-R_{AB} + R_{AC} + R_{BC}}{2} = \frac{-X_1 + 0.0017 + 0.0016}{2} \ (\Omega)$$

Jd1D4011 有一台变压器重 X_1kN，采用钢拖板在水泥路面上滑移至厂房内安装。拖动变压器需要 _____ kN 的力。（钢板与水泥地面的摩擦系数为 0.3，路面不平的修正系数 $K = 1.5$）

X_1 的取值范围：45.2 到 60.8 的一位小数。

计算公式：

设备在拖运时的摩擦力 f 为

$$f = 0.3 \times 1.5 \times X_1 \times 10^3 (N) = 0.3 \times 1.5 \times X_1 (kN)$$

Jd1D3012 如图所示，已知变压器及木排总重为 X_1t，滚杠直径为 120mm，滚杠总质量为 0.3t，滚杠与道木之间、滚杠与木排之间的滚动摩擦系数均为 0.2，启动系数取 1.3，2—2 滑轮组的效率为 0.9，变压器油箱上牵引绳套所受的力 $P = $ _____ N；滑轮上牵引绳受的力 $S = $ _____ N。

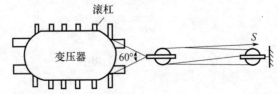

X_1 的取值范围：28.0 到 38.0 的整数。

计算公式：

变压器滚动摩擦力

$$f = 9.8 \frac{(G+g)f' + Gf}{d} = 9.8 \frac{(X_1 \times 1000 + 300) \times 0.2 + X_1 \times 0.2}{12}$$

$$= 163.5X_1 + 49.02 \text{ (N)}$$

考虑启动系数，所需牵引力为

$$T = 1.3f = 212.55X_1 + 63.726 \text{ (N)}$$

油箱上所用绳套受力

$$P = \frac{T}{2\cos\frac{\varphi}{2}} = \frac{212.55X_1 + 63.726}{2\cos\frac{60°}{2}} = 122.719X_1 + 36.79 \text{ (N)}$$

牵引钢绳所受力

$$S = \frac{P}{4\eta} = \frac{122.719X_1 + 36.79}{4 \times 0.9} = 34.09X_1 + 10.22 \text{(N)}$$

Jd1D3013　一个三轮滑轮的滑轮直径为 X_1mm，则估算其允许使用负荷为
_____ kg。

X_1 的取值范围：150，160，170。

计算公式：

利用经验公式估算得其允许使用负荷为

$$P = \frac{nD^2}{16} = \frac{3 \times X_1^2}{16} \text{ (kg)}$$

Jd1D2014　多级铁芯柱的直径为 X_1cm，铁芯的填充系数为 0.93，硅钢片的叠片系数
为 0.94，则铁芯的净面积为_____。

X_1 的取值范围：45.2 到 60.8 的一位小数。

计算公式：

铁芯的净面积为

$$S = \left(\frac{X_1}{2}\right)^2 \times \pi \times 0.93 \times 0.94 = 0.686X_1^2 \text{(cm}^2)$$

Jd1D3015　有一台三相双绕组容量为 X_1kV·A 的铝线变压器，试估算其铁芯直径 =
_____ mm。

X_1 的取值范围：630，800，700。

计算公式：

用经验公式

$$D = 52 \times \sqrt[4]{X_1/3} \text{(mm)}$$

Jd1D3016　一电压互感器需重绕二次侧绕组，已知铁芯有效截面积为 X_1cm^2，二次电
压为 100V，磁通密度取 $B = 1.1$T。求二次绕组匝数 $N_2 =$_____ 匝。

X_1 的取值范围：19.5 到 22.5 的一位小数。

计算公式：

二次绕组匝数为

$$N_2 = \frac{U_2}{4.44fBS} = \frac{100}{4.44 \times 50 \times 1.1 \times X_1 \times 10^{-4}} = \frac{4095}{X_1} \text{（匝）}$$

Jd1D5017 1 台 SFZ—20000/35 电力变压器，接线为 Y_N，d_u，高压分接范围 $35\pm3\times$ 2.5%，有载开关型号为 SYXZ—35/400，则电阻丝直径＿＿＿＿＿＝mm 和长度＝＿＿＿＿＿ m（电阻丝为铬铝合金丝，已知电阻丝允许温升为 $\Delta T=300℃$；热容量 $C=0.4186J/g℃$，密度 $\gamma=X_1 g/cm^3$；电阻系数 $\rho=1.4\Omega mm^2/m$，20℃时电阻丝每米电阻 $R'=0.36\Omega/m$；电阻通过电流的时间 $\Delta t=0.04s$）。

X_1 的取值范围：6.9 到 7.4 的一位小数。

计算公式：

变压器额定电流

$$I = \frac{S}{\sqrt{3}U} = \frac{20000 \times 10^3}{\sqrt{3} \times 35000} = 330 \text{（A）}$$

相电压

$$\Delta E = \frac{U}{\sqrt{3}} \times 0.025 = 505 \text{（V）}$$

过渡电阻

$$R = \frac{505}{330} = 1.53 \text{（}\Omega\text{）}$$

电阻丝的电流密度

$$\Delta i = \sqrt{\frac{\Delta T \cdot C \cdot \gamma}{\rho \cdot \Delta t}} = \sqrt{\frac{300 \times 0.4186 \times X_1}{1.4 \times 0.04}} = \sqrt{2242.5X_1} \text{（A/mm}^2\text{）}$$

若通过电流取 1.5 倍的额定电流，即电阻丝截面

$$S = \frac{1.5I}{\Delta i} = \frac{1.5 \times 330}{\sqrt{2242.5X_1}} \text{（mm}^2\text{）}$$

电阻丝直径

$$D = \sqrt{\frac{4S}{\pi}} = \sqrt{\frac{4 \times 1.5 \times 330}{3.14 \times \sqrt{2242.5X_1}}} = \sqrt{\frac{13.32}{\sqrt{X_1}}} \text{（mm}^2\text{）}$$

电阻丝长度

$$L = \frac{R}{R'} = \frac{1.53}{0.36} = 4.25 \text{（m）}$$

1.5 识图题

Lb1E5001 变压器容性负载时的相量图是( )。

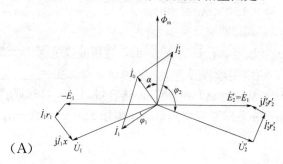

（A）

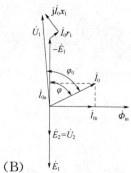

（B）

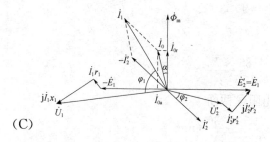

（C）

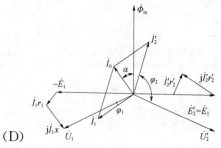

（D）

答案：A

Lb1E3002 已知三相变压器的连接组标号为 Y，d7，其向量图和接线图是( )。

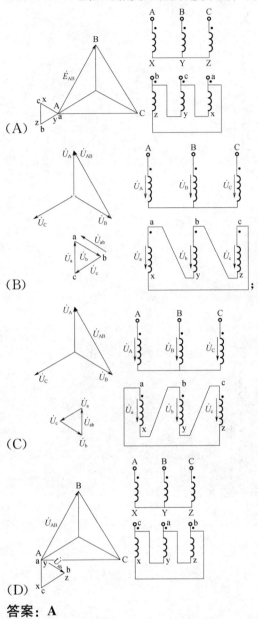

(A)

(B)

(C)

(D)

答案：A

Lb1E4003 三相变压器连接组标号为 Y，d3，其相量图和接线图是（　　）。

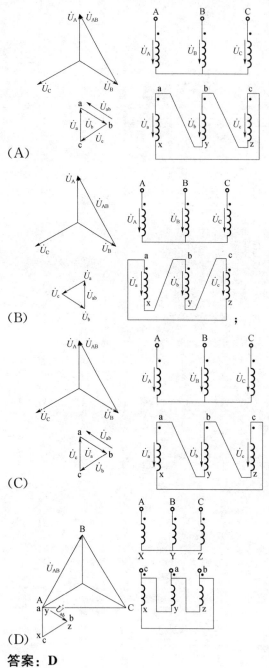

（A）

（B）

（C）

（D）

答案：D

Lb1E5004 M 型 10193 有载分接开关由 $n \to 1$ 调压时，由 5 分接向 4 分接调压的动作顺序，并标出负载电流和循环电流的流通路径。则下列哪组图是正确的（　　）？

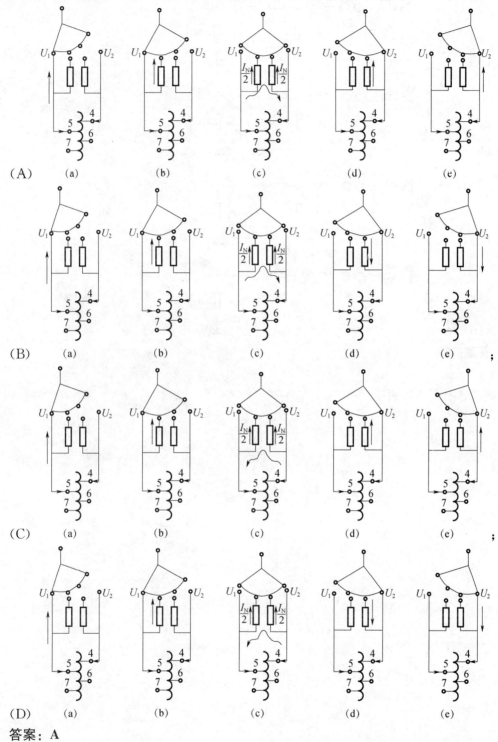

（A）　　(a)　　　　　　(b)　　　　　　(c)　　　　　　(d)　　　　　　(e)

（B）　　(a)　　　　　　(b)　　　　　　(c)　　　　　　(d)　　　　　　(e)　　　；

（C）　　(a)　　　　　　(b)　　　　　　(c)　　　　　　(d)　　　　　　(e)　　　；

（D）　　(a)　　　　　　(b)　　　　　　(c)　　　　　　(d)　　　　　　(e)

答案：**A**

Lb1E5005 下列冲击电压发生器的工作原理图哪个是正确的(   )。

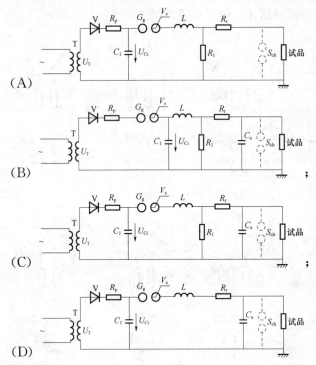

(A)

(B)　；

(C)　；

(D)

答案：C

1.6 论述题

Lb1F4001 铁芯多点接地的原因有哪些？

答：原因有如下 7 点：

（1）铁芯夹件肢板距心柱太近，硅钢片翘起触及夹件肢板。

（2）穿心螺杆的钢套过长，与铁轭硅钢片相碰。

（3）铁芯与下垫脚间的纸板脱落。

（4）悬浮金属粉末或异物进入油箱，在电磁引力作用下形成桥路，使下铁轭与垫脚或箱底接通。

（5）温度计座套过长或运输时芯子窜动，使铁芯或夹件与油箱相碰。

（6）铁芯绝缘受潮或损坏，使绝缘电阻降为零。

（7）铁压板位移与铁芯柱相碰。

Lb1F3002 有载分接开关的基本原理是什么？

答：有载分接开关是在不切断负载电流的条件下，切换分接头的调压装置。因此，在切换瞬间，需同时连接两分接头。分接头间一个级电压被短路后，将有一个很大的循环电流。为了限制循环电流，在切换时必须接入一个过渡电路，通常是接入电阻。其阻值应能把循环电流限制在允许的范围内。因此，有载分接开关的基本原理概括起来就是：采用过渡电路限制循环电流，达到切换分接头而不切断负载电流的目的。

Lb1F3003 变压器突然短路有什么危害？

答：其危害主要表现在两个方面：

（1）变压器突然短路会产生很大的短路电流。持续时间虽短，但在断路器来不及切断前，变压器会受到短路电流的冲击，影响热稳定，可能使变压器受到损坏。

（2）变压器突然短路时，过电流会产生很大的电磁力，影响动稳定，使绕组变形，破坏绕组绝缘，其他组件也会受到损坏。

Lb1F3004 什么是有载分接开关 10191W 选择电路？10191W 的含义是什么？

答：10191W 选择电路是指调压电路的细调侧 10 个分接和选择电路中对应位置相连接，选择器实际位置为 19 个，调压级数也为 19 级有载分接开关，有一个中间位置。

10191W 的含义：前面两位数字表示细调分接数，第 3、4 位数字表示分接位置数，最后一个数字表示中间位置数，符号 W 表示正反调压。如果为 G 则表示粗细调压。

Lb1F3005 运行中更换潜油泵的步骤和方法？

答：在运行中更换变压器潜油泵：

（1）新泵应进行直阻、绝缘试验。绝缘试验时，500V 兆欧表绝缘应不低于 1MΩ。应通电试转，检查泵音是否正常，检查叶轮转动是否灵活，与蜗壳是否有卡蹭现象。

（2）更换潜油泵前，重瓦斯继电器回路应停运。

（3）拆下损坏的潜油泵电源线，关好潜油泵两侧的蝶门，确认关好后，放出泵中的残油，拆下潜油泵。

（4）安装新潜油泵时，要放好密封胶垫。

（5）稍微打开油泵出油口蝶门和泵上放气堵，对潜油泵充分充油放气后，才能打开油泵两侧蝶门。

（6）接通电源，启动潜油泵，检查转向是否正常，声音是否正常，油流继电器是否正确动作。

（7）检查泵体和两侧法兰是否有渗漏。

（8）冷却器运行30min后检查瓦斯继电器是否气体，确认无问题后，重瓦斯继电器投入运行。

Lb1F2006 目前常用的油箱检漏方法主要有哪几种？

答：油箱检漏方法主要有：

（1）在油箱及各部件上涂撒白土，直接观察渗漏。

（2）在接缝处涂肥皂水，看是否起泡来判断。

（3）对小的油箱及散热器可充以压缩空气浸在水中试验。

（4）对于不能加压的焊件可在焊缝正面涂白土，背面涂煤油，观察30min看有无渗漏痕迹。

（5）压缩空气试验，主要以观察压力下降的速度来判断。

Lb1F1007 采用三相五柱式铁芯有什么好处？

答：对于大容量、高电压的三相五柱式铁芯式电力变压器，体积、重量都很大，当其受到铁路运输条件或者安装场所空间高度的限制时，必须设法降低铁芯的高度。为此可采用具有分支磁路的三相五柱式铁芯型式，它可以降低上、下铁扼的高度，从而降低了变压器的高度。

Lb1F2008 变压器大修检查铁芯时应注意什么问题？

答：变压器大修检查铁芯时应注意：

（1）检查铁芯各处螺钉是否松动。

（2）检查可见硅钢片、绝缘漆膜应完整、清洁、无过热等现象。硅钢片应无损伤断裂，否则应处理。

（3）用摇表摇测穿芯螺钉及夹件绝缘电阻，一般不得低于$10M\Omega$。如不合格应检查处理。

（4）铁芯只许一点接地，如发现多点接地，应查明原因，彻底处理。

（5）铁压环接地片无断裂，应压紧且接地良好。

（6）检查铁芯表面有无杂物、油垢、水锈。

（7）接地片良好，不松动，插入深度不小于70mm（配电不小于30mm）。

Lb1F4009 有载开关快速机构动作的故障特征？

答：快速机构的动作故障包括：

（1）过死点释放的快速机构不切换故障；快速机构出现不切换故障，继续再次操作，分接选择器触头切断负载电流产生电弧，造成分接选择器触头烧熔和主变压器跳闸的事故。

（2）快速机构释放速度快慢故障；释放机构切换速度过快，可造成切换开关的触头在变换时间内来不及断弧，严重的可因燃弧时间过长造成级间短路事故；过死点释放机构切换速度过慢，可能引起触头断不了弧而烧毁过渡电阻器或级间短路事故。

（3）枪机释放机构爪卡不复位（或脱扣）故障；枪机释放机构爪卡卡涩或复位弹簧失效的不复位，导致枪机释放机构脱扣，过渡触头桥接时间过长，易引发过渡电阻器烧毁。

（4）快速机构动作起止两点不准确，可造成分接选择器触头未选好相邻分接位置就释放切换，会造成分接选择器的严重烧毁事故。

Lb1F4010 试述变压器并联运行应满足哪些要求？若不满足这些要求会出现什么后果？

答：

（1）电压比不等的两台变压器，二次侧会产生环流，增加损耗，占据容量。在任何一台都不会过负荷的情况下，可以并联运行。

（2）如果两台接线组别不一致的变压器并联运行，二次回路中将会出现相当大的电压差。由于变压器内阻很小，将会产生几倍于额定电流的循环电流，使变压器烧坏。

（3）如果两台变压器的阻抗电压（短路电压）百分数不等，则变压器所带负载不能按变压器容量的比例分配。例如，若电压百分数大的变压器满载，则电压百分数小的变压器将过载。只有当并联运行的变压器任何一台都不会过负荷时，才可以并联运行。

Lb1F1011 试述变压器保护装置的作用。

答：变压器保护装置是由储油柜等几部分组成，其作用分述如下：

（1）储油柜：也叫油枕或油膨胀器，主要用以缩小变压器油与空气的接触面积，减少油受潮和氧化的程度，减缓油的劣化，延长变压器油的使用寿命。同时，随温度、负荷的变化给变压器油提供缓冲空间。

（2）吸湿器：内装吸湿剂，如变色硅胶等，能吸收进入储油柜的潮气，确保变压器油不变质。

（3）安全气道：又称防爆管。当变压器内发生故障时，如发生短路等，绝缘油即燃烧并急剧分解成气体，导致变压器内部压力骤增，油和气体将冲破防爆管的玻璃膜喷出泄压，避免变压器油箱破裂。

（4）气体继电器：又叫瓦斯继电器。当变压器内部发生故障（如绝缘击穿；绕组匝间或层间短路等）产生气体时，或变压器油箱漏油使油面降低时，则气体继电器动作，发出报警信号，或接通继电保护回路，使开关跳闸，以保证故障不再扩大。

（5）净油器：也叫热虹吸器或热滤油器，内充吸附剂。当变压器油流经吸附剂时，油中所带水分、游离酸加速油老化的氧化物皆被吸收，达到变压器油连续净化的目的。

（6）测温装置：用来测量变压器的油温。

Lb1F3012　如何重新安装 MR 有载分接开关的切换开关？

答：在安装前把切换开关置于其拆卸位置，然后按下列步骤安装：

（1）卸下封好的开关顶盖。

（2）重新检查切换开关，确定没有任何异物之后吊到分接开关顶部开口的上方，然后慢慢地放入油箱，轻轻地转动切换开关绝缘轴，直到连轴节接合为止。

（3）切换开关支承板和分接开关顶部的标志应对齐，然后用支撑板固定螺栓（M8）将切换开关固定（都应有锁定垫片锁定）。最大扭矩 22N·m。重新安装位置指示盘。

（4）油箱内加入新油直到没过支承板为止，然后用盖子封好顶部。打开位于气体继电器与小油枕之间的阀门。打开盖上的排放阀门排出分接开关顶部的空气。有线开关油枕加新油到适当油位。

Lb1F3013　如何进行"分接开关和操动机构的连接校验"？

答：分接开关与操动机构连接后，要求切换开关动作瞬间到操动机构动作完了之间的时间间隔，对于两个旋转方向应是相等的。校验步骤如下：

（1）把分接开关及操动机构置于整定位置。

（2）用手柄向 $1 \rightarrow N$ 方向摇，当听到切换开关动作响声时，开始记录并继续转，直到操动机构分接变换操作，指示盘上的绿色带域内的红色中心标志出现在观察窗中央时为止，记下旋转圈数 m。

（3）反方向 $N \rightarrow 1$ 摇动手柄回到原整定位置，同样按上述方法记下圈数 K。

（4）若 $m = K$，说明连接无误。若 $m \neq K$ 且 $|m - K| > 1$ 时，需要进行旋转差数的平衡，则把操动机构垂直传动轴松开，然后用手柄向多圈数方向摇动 $(m - K)/2$ 圈，最后再把垂直传动轴与操动机构重新连好。

（5）按上述步骤检查操动机构与分接开关连接旋转差数，一直到 $m = K$。较小的不相称是允许的。

Lb1F3014　如何鉴定胶垫是否耐油？

答：鉴定方法如下：

（1）油煮法。取试样一小块，测量其体积、厚度及质量并在纸上划一下（一般不会留下痕迹），然后放在 80℃ 的变压器油中煮 24h。取出后重新测量其体积、厚度及质量，并在纸上再划一下查看。耐油的橡胶油煮后无变化。

（2）燃烧特征试验。取试样一小条，在酒精灯上点燃，观察其燃烧特征，丁腈橡胶易燃烧无自熄灭，火焰为橙黄色，喷射火花与火星，冒浓黑烟，残渣略膨胀、带节、无黏性。

Lb1F2015 防止电力变电器火灾可采取哪些措施？

答：

（1）安装变压器前，检查绝缘和使用条件应符合变压器的有关规定。

（2）变压器应正确安装保护装置，当发生故障时应迅速切断电源，对大容量变压器要装设气体继电器。

（3）变压器应安装在一、二级耐火的建筑物内，并通风良好。变压器安装在室内时，应有挡油设施或蓄油坑。蓄油坑之间应有防火分隔。安装在室外的变压器，其油量在 600kg 以上时，应有卵石层作为贮油池。

（4）大型变压器可设置专用灭火装置，如 1211 灭火剂组成固定式灭火装置。

（5）大容量超高压变压器，可安装变压器自动灭火装置。这种装置在 15s 内能把火扑灭。

（6）注意巡视、监视油面温度不能超过 85℃。

Lb1F4016 导致切换开关油室渗漏油的主要原因有哪些？

答：

（1）有载分接开关油底部放油阀门未紧固，致使变压器本体油箱中油与有载分接开关油箱中的油混合。

（2）两部件间密封胶垫材料不良或装配工艺不佳。

（3）中心传动轴油封不严或快速机构拨臂传动轴轴封不严。

（4）静触头从油室内引至油室外的密封不严。

（5）外壳机件有砂眼或密封面螺丝扣渗漏。

（6）绝缘筒以前不是酚醛环氧玻璃丝筒，而是纸质筒，容易层间脱壳而渗油。

（7）以前密封条是氟橡胶材料，永久压缩变形率大，耐油性差，日久失去弹性并腐烂，尤其触头密封胶垫最为明显，如不及时更换，渗漏严重。

（8）早期的有机玻璃防爆膜日光照射后易龟裂，受热后变形，一周固定螺栓直径太小，运行中易渗油。

Lb1F5017 变压器发生穿越性故障时，瓦斯保护会不会发生误动作？怎样避免？

答：当变压器发生穿越性故障时，瓦斯保护可能会发生误动作。其原因是：

（1）在穿越性故障电流作用下，绕组或多或少产生辐向位移，将使一次和二次绕组间的油隙增大，油隙内和绕组外侧产生一定的压力差，加速油的流动。当压力差变化大时，气体继电器就可能误动。

（2）穿越性故障电流使绕组发热。虽然短路时间很短，但当短路电流倍数很大时，绕组温度上升很快，使油的体积膨胀，造成气体继电器误动。

这类误动作，可用调整流速定值来躲过。

Lb1F4018 为什么铁芯只允许一点接地？

答：铁芯如果有两点或两点以上接地，各接地点之间会形成闭合回路，当交变磁通穿过此闭合回路时，会产生循环电流，使铁芯局部过热，损耗增加，甚至烧断接地片使铁芯产生悬浮电位。不稳定的多点接地还会引起放电。因此，铁芯只能有一点接地。

Lb1F3019 使用吊环应注意什么问题？

答：

（1）使用前应检查螺杆是否有弯曲变形，丝扣规格是否符合要求，丝牙有无损伤等。

（2）吊环拧入螺孔时，一定要拧到螺杆根部，不宜将吊环螺杆部露在外面，以免螺钉受力后，产生弯曲而断裂。

（3）两个以上的吊点使用吊环时，两根钢丝绳角不宜大于60°，以防吊环受力过大而造成弯曲变形，甚至断裂。如遇特殊情况，可以在两吊绳之间加横吊梁以减小吊环受到的水平力。

（4）吊环的允许吊重可根据吊环丝杆直径查表。

Lb1F4020 变压器运行时，出现油面过高或有油从油枕中溢出，应如何处理？

答：应首先检查变压器的负荷和温度是否正常，如果负荷和温度均正常，则可以判断是因呼吸器或油标管堵塞造成的假油面。此时应经当值调度员同意后，将重瓦斯保护改接信号，然后疏通呼吸器或油标管。如果环境温度过高引起油枕溢油时，应放油处理。

Lb1F1021 变压器吊芯（罩）时使用的主要设备和材料是什么？

答：

（1）起重设备：吊车、U形环、钢丝套、绳索、道木等。

（2）油容器及滤油设备。

（3）电气焊设备。

（4）一般工具及专用工具。

（5）布带、干燥的绝缘纸板、电缆纸等。

（6）梯子。

（7）消防设备。

（8）摇表、双桥电阻计、温度计等。

Lb1F3022 如何鉴定绕组绝缘的老化程度？如何处理？

答：鉴定绕组绝缘的老化程度一般为4级：

1级：弹性良好，色泽新鲜。

2级：绝缘稍硬，色泽较暗，手按无变形。

3级：绝缘变脆、色泽较暗，手按出现轻微裂纹，变形不太大。绕组可以继续使用，但应酌情安排更换绕组。

4级：绝缘变脆，手按即脱落或断裂。达到4级老化的绕组不能继续使用。

Lb1F2023 变压器大修有哪些项目？

答：变压器的大修项目一般有：

（1）对外壳进行清洗、试漏、补漏及重新喷漆。

（2）对所有附件（油枕、安全气道、散热器、所有截门、气体继电器、套管等）进行检查、修理及必要的试验。

（3）检修冷却系统。

（4）对器身进行检查及处理缺陷。

（5）检修分接开关（有载或无励磁）的接点和传动装置。

（6）检修及校对测量仪表。

（7）滤油。

（8）重新组装变压器。

（9）按规程进行试验。

Lb1F2024 组合式有载分接开关检修时，切换开关要检查哪些项目？

答：检查项目有：

（1）检查过渡电阻是否有裂纹、烧断、过热及短路现象，电阻值应与铭牌相符或符合厂家规定。

（2）切换开关触头烧伤情况，触头厚度不小于厂家规定值。

（3）触头压紧弹簧是否损坏，压力应合适。

（4）检查软铜线是否损坏，触头是否正确可靠接触。

（5）各紧固部件是否松动，紧固部位应牢固。

（6）检查绝缘表面是否损坏，是否有放电痕迹。

（7）检查切换开关触头是否就位，动作顺序是否正确。

（8）清擦桶底及芯子，更换合格油。

Lb1F2025 有载分接开关操纵机构运行前应进行哪些项目的检查？

答：应检查的项目有：

（1）检查电动机轴承、齿轮等部位是否有良好的润滑。

（2）做手动操作试验，检查操作机构的动作是否正确和灵活，位置指示器的指示是否与实际相符，到达极限位置时电气和机械限位装置是否正确可靠地动作。

（3）手动操作时，检查电气回路能否断开。

（4）接通临时电源进行往复操作，检查刹车是否正确、灵活，顺序接点及极限位置电气闭锁接点能否正确动作。

（5）远距离位置指示器指示是否正确。

Lb1F3026 有载分接开关操作机构产生连调现象是什么原因？

答：产生连调现象的原因有：

（1）顺序接点调整不当，不能断开或断开时间过短。

（2）交流接触器铁芯有剩磁或结合面上有油污。

（3）按钮接点粘连。

Lb1F1027　强油风冷却器油流继电器常开常闭接点接错后有什么后果？

答：接错后产生的后果为：

（1）冷却器正常工作时，红色信号灯反而不亮。

（2）冷却器虽然正常工作，但备用冷却器却起动。

Lb1F2028　安装油纸电容式套管应注意哪些问题？

答：首先核对套管型号是否正确，电气试验、油化验是否合格。检查套管油面是否合适，是否有漏油或瓷套损坏等。核对引线长度是否合适。将套管擦拭干净，检查引线头焊接情况。起吊套管要遵守起重操作规程，防止损坏瓷套。套管起吊时的倾斜度应根据变压器套升高座的角度而定。拉引线的细绳要结实并挂在合适的位置，随着套管的装入，逐渐拉出引线头。注意引线不得有扭曲和打结。引线拉不出时应查明原因，不可用力猛拉或用吊具硬拉。套管落实后，引线和接线端子要有足够的接触面积和接触压力。接线端要可靠密封，防止进水。

Lb1F3029　组合式有载分接开关过渡电阻烧毁的原因有哪些？

答：烧毁的原因有：

（1）过渡电阻质量不良或有短路，电阻值不能满足要求。

（2）由于快速机构故障，如弹簧拉断或紧固件损坏，使切换开关触头停在过渡位置，过渡电阻长期通过电流。

（3）缓冲器不能正常工作，使触头就位后又弹回，过渡电阻长时间通电。

（4）由于制造工艺或安装不良，使主触头不就位而过渡电阻长时间通电。

Lb1F2030　电阻式复合型和电阻式组合型有载调压装置有何区别？

答：（1）复合型：复合型开关本体，切换开关和选择开关合并为一体，又称为切换开关，即选择开关兼有切换触头并设置在一个绝缘筒内。

（2）组合型：组合型的切换开关和选择开关是分开的，切换开关单独放在绝缘筒内，选择开关放在与器身相连的油箱内。

Lb1F3031　简述如何检查和清洗 MR 有载分接开关的切换开关。

答：首先用肉眼直观检查切换开关各部件。再用新变压器油把切换开关外表面清洗干净。检查和清洗之前，记录下切换开关的实际位置（即拆卸位置及弹簧储能器的跳闸杆位置）。检查过渡电阻应无过热现象。测量每个过渡电阻器的数值，并将测量值与铭牌上的标称值相比较，允许有±10％以内的偏差）。

拆卸扇形接触器外壳，并用新变压器油对可动触头及带有过渡电阻器的扇形接触器外壳进行清洗。由于触头外壳和过渡电阻器是一组接一组地分解和重新组装，因此，必须在这些工序之间完成清洗。

清洗切换开关绝缘轴，如果轴为管形，轴的内部也必须清洗。在清洗绝缘件时特别小心。所有零件应用新的合格的变压器油清洗。

拆卸灭弧槽，检查可动触头的末端。应注意两个端部灭弧槽在下个扇形板邻接处都有一个由绝缘材料制成的白色末端。应注意两个端部灭弧槽在与下个扇形板邻接处都有一个由绝缘材料制成的白色隔墙，在重新安装时不要混淆。

用游标卡尺测量固定及可动主弧触头和辅助触头的最大允许接触磨损为4mm（新触头厚约8mm±0.3mm）。主弧触头与辅助触头的接触层厚度（即触头厚度）之间的最在大允许差值为2.5~2.6mm，如超过，有关的触头必须更换或与其他触头互换或通过铣削达到要求为止，否则不能保证正确的切换操作顺序。

Lc1F2032 使用滑轮组应注意哪些事项？

答：使用滑轮组应注意下列事项：

（1）使用滑轮组应严格遵照滑轮出厂时的允许使用负荷吊重，不得超载。如滑轮没有标注允许使用负荷时，可按公式进行估算，但此估算只允许一般吊装作业中使用。

（2）滑轮在使用前应检查各部件是否良好，如发现滑轮和吊钩有变形、裂痕和轴的定位装置不完善等缺陷时，不得使用。

（3）选用滑轮时，滑轮直径的大小，轮槽的宽窄应与配合使用的钢丝绳直径相适应。如滑轮直径过小，钢丝绳将会因弯曲半径过小而受损伤，从而缩短使用寿命。如滑轮轮槽太窄，钢丝绳过粗，将会使轮槽边缘受挤而损坏，钢丝绳也会受到损伤。

（4）在受力方向变化较大和高空作业中，不宜使用吊钩式滑轮，应选用吊环式滑轮，以免脱钩。使用吊钩式滑轮，必须采用铁线封口。

（5）滑轮在使用过程中应定期润滑，减少轴承磨损和锈蚀。

Lc1F2033 使用钢制三角架应注意什么问题？

答：

（1）使用前应对三角架的载荷进行验算并对各部件进行检查，符合要求，方可使用。

（2）三角架竖立时，三个脚腿之间距离应相等。

（3）每根支腿与地面水平夹角不应小于60°。

（4）脚腿与坚硬地面接触时，腿外可用木楔顶垫，防止滑动。

Lb1F5034 试列出超高压大容量变压器现场作业的管理事项。（不必叙述要求的标准）

答：超高压大容量变压器安装作业复杂，所需时间长，现场作业主要管理事项如下：

（1）防止绝缘材料吸湿受潮：

①运输中氮气压力的管理。

②绝缘物暴露时间的管理。

③绝缘物暴露时使用干燥空气的管理。

（2）防止箱内混入异物。

（3）绝缘物表面吸落尘土的处理。

（4）绝缘油的管理：设法除去绝缘油的水分及气体。

（5）安装试验：为判断现场是否正确及变压器投入运行后，作为逐年变化的维护标准，必须做油中气体分析。对220kV电压等级，还必须做现场局部放电试验。

（6）安全管理，包括人身安全及设备安全。

（7）在现场作业前要周密计划，制定出作业工作网络计划，画网络图，作业中，按网络图组织施工。

Lb1F4035 变压器内装接地片有哪些要求？

答：

（1）变压器铁芯只允许一点接地。需接地的各部件间也只许单线连接。

（2）接地片应用0.3mm×20mm；0.3mm×30mm；3mm×40mm的镀锡铜片制成。接地后用DC500V摇表检验。

（3）接地片应靠近夹件，不要碰铁轭端面，以防铁轭端面短路。

（4）器身上的其他金属附件均应接地。

（5）铁芯接地点一般设在低压侧。

Lb1F5036 新安装的变压器，除按大修验收的内容进行验收之外，还应审查哪些内容？

答案：新安装的变压器，除按大修验收的内容进行验收之外，还应审查以下内容：

（1）变压器制造厂试验记录。

（2）变压器制造厂铭牌和技术规范的附件。

（3）变压器吊芯（或进入油箱内）检查报告。

（4）如进行过干燥，应审查干燥过程及干燥记录。

（5）交接试验及测量记录。

（6）冷却系统管路连接图。

Lb1F5037 造成绝缘电击穿因素有哪些？

答：

（1）电压的高低，电压越高越容易击穿。

（2）电压作用时间的长短，时间越长越容易击穿。

（3）电压作用的次数，次数越多电击穿越容易发生。

（4）绝缘体存在内部缺陷，绝缘体强度降低。

（5）绝缘体内部场强过高。

（6）与绝缘的温度有关。

Lb1F3038 简述绝缘油中的"小桥"击穿原理。

答：使用中的绝缘油含有各种杂质，特别是极性物质在电场作用下，将在电极间排列起来，并在其间导致轻微放电，使油分解出气体，进而逐步扩大产生更多的气泡，和杂质一道形成放电的"小桥"，从而导致油隙击穿。

Lb1F4039　大型变压器运输时为什么要充氮气？对充氮的变压器要注意什么？

答：大型变压器由于质量过大，不能带油运输，因此要充入氮气，使器身不与空气接触，避免绝缘受潮。充氮的变压器要经常保持氮气压力为正压，防止密封破坏。氮气放出后，要立即注满合格的变压器油。放出氮气时，要注意人身安全。

Lb1F3040　为确保安装的法兰不渗漏油，对法兰和密封垫有哪些要求？安装时注意哪些问题？

答：安装要求及应注意的问题如下：

（1）法兰应有足够的强度，紧固时不得变形。法兰密封面应平整清洁，安装时要认真清理油污和锈斑。

（2）密封垫应有良好的耐油和抗老化性能，以及比较好的弹性和机械强度。安装应根据连接处形状选用不同截面和尺寸的密封垫，并安放正确。

（3）法兰紧固力应均匀一致，胶垫压缩量应控制在1/3左右。

2 技能操作

2.1 技能操作大纲

变压器检修工（高级技师）技能鉴定 技能操作考核大纲

等级	考核方式	能力种类	能力项	考核项目	考核主要内容
高级技师	技能操作	基本技能	识绘图	220kV 风冷控制箱缺陷消除	掌握 220kV 风冷控制箱原理、接线图及缺陷消除方法
		专业技能	01. 变压器类设备小修及维护	01. 电容式套管解体检修	掌握电容式套管解体检修工艺
				02. 大修时变压器器身检查	掌握大修时变压器器身、铁芯、夹件、铁轭、引线的检查方法
				03. 储油柜胶囊更换	掌握胶囊式储油柜胶囊的更换工艺及反措要求
			02. 变压器类设备小修及维护	01. 变压器吊罩	掌握变压器吊罩大修流程
				02. 变压器真空注油	掌握变压器真空注油方法
				03. 变压器风冷控制箱更换	掌握变压器风冷控制箱更换流程
				04. 无励磁分接开关解体检修	掌握无励磁分接开关解体检修工艺
			03. 恢复性大修	01. 铁芯多点接地的消除	掌握铁芯多点接地的消除方法
		相关技能	其他	变压器温升异常分析	掌握变压器温升异常分析方法

2.2 技能操作项目

2.2.1 BY1JB0101 220kV风冷控制箱缺陷消除

1. 作业

1）工器具、材料、设备

（1）工器具：万用表，500V兆欧表，十字、一字螺丝刀各一把，尖嘴钳，常用工具一套。

（2）材料：变压器XKWFP－21/8＋6风冷控制箱图纸、备品备件、短路线、绝缘垫。

（3）设备型号：XKWFP－21/8＋6变压器风冷控制箱。

2）安全要求

（1）按要求着装。

（2）现场设置遮栏及相关标示牌。

（3）使用电工工具注意做好防护措施。

3）操作步骤及工艺要求

（1）作业前准备

①做好个人安全防护措施，着装齐全。

②做好安全措施，办理第二种工作票。

③选择工器具、检查工器具齐全。

④选择图纸，检查图纸齐全正确。

（2）安全措施

详细要求见评分标准。

（3）表计的正确使用

详细要求见评分标准。

（4）消除缺陷

详细要求见评分标准。

（5）控制箱外观检查

对箱体外观、外壳接地、密封情况、元器件、接线紧固情况等进行检查。

（6）电源开关检查

①电源检查，两段进线电缆端及空气开关是否有电压，连接引线和固定螺栓是否有松动现象。

②接触器和热继电器外观和外挂触点应完好无烧损或接触不良，接线牢固可靠。

③电器元件有烧损变色现象必要时进行更换。

（7）切换开关外观检查

切换开关外观检查完好，接线牢固可靠，手动切换，同时用万用表检查切换开关动作和接触情况，切换到位，指示位置正确。

（8）运行试验

①手动投入风扇功能正常。

②校验按温度自动启动及保持功能正常。

③校验按负荷自动启动及延时功能正常。

④强投风扇回路功能检查。

（9）信号回路检查

①缺相保护回路功能检查。

②"工作电源"信号灯检查。

③"本地全停"信号灯检查。

④"工作电源缺相"信号灯检查。

⑤"风机故障"信号灯检查。

⑥箱内照明、加热控制设置、远传信号功能检查。

（10）元件绝缘电阻试验

用 500V 绝缘电阻表测量风冷控制箱电器元件的绝缘电阻应大于 1MΩ。

（11）工作结束

①填写检修记录。填写内容完整、准确、文字工整。

②工器具、材料放回原位，清理现场，退场。

2. 考核

1）考核场地

实训场地。

2）考核时间

参考时间为 120min，考评员允许开工开始计时，到时即停止工作。

3）考核要点

（1）正确着装、独立完成作业。

（2）工器具、图纸选择正确。

（3）查找故障点、排查故障。

3. 评分标准

行业：电力工程　　　　　　　　工种：变压器检修工　　　　　　　　等级：一

编号	BY1JB0101	行为领域	d	鉴定范围			
考核时限	120min	题型	A	满分	100 分	得分	
试题名称	220kV 风冷控制箱缺陷消除						
考核要点及其要求	（1）严格执行有关规程、规范 （2）工器具、图纸选择正确 （3）查找故障点、排查故障						
现场设备、工器具、材料	（1）工器具：万用表，500V 兆欧表，十字、一字螺丝刀各一把、尖嘴钳、常用工具一套 （2）材料：变压器 XKWFP－21/8＋6 风冷控制箱图纸、备品备件、短路线、绝缘垫 （3）设备：型号：XKWFP－21/8＋6 变压器风冷控制箱						
备注							

			评分标准				
序号	考核项目名称	质量要求		分值	扣分标准	扣分原因	得分
1	作业前准备	（1）做好个人安全防护措施，着装齐全 （2）做好安全措施，办理第二种工作票 （3）选择工器具、检查工器具齐全 （4）选择图纸，检查图纸齐全正确		5	（1）着装不规范扣 1 分 （2）安全措施不当扣 1 分 （3）工器具选择不齐全扣 1 分 （4）图纸选择错误扣 2 分		

序号	考核项目名称	质量要求	分值	扣分标准	扣分原因	得分
2	安全措施	做好停电验电，悬挂"禁止合闸，有人工作"标示牌；检查测量电阻前，做停电措施	5	（1）未挂牌扣2分 （2）测量电阻未停电扣3分		
3	表计的正确使用	（1）万用表档位切换和测量范围正确 （2）兆欧表测量绝缘电阻应接线正确，转动达到所要求的转速（120r/min），摇速稳定	5	（1）万用表操作方法不正确扣2分 （2）兆欧表操作方法不正确扣3分		
4	消除缺陷	缺陷设置： （1）主回路缺相 （2）风扇电机不转 （3）控制回路缺零线 （4）电源Ⅰ不能正常工作，电源Ⅱ延时投入	20	（1）每项任务未完成扣5分 （2）该项分值扣完为止		
5	控制箱外观检查	外观检查：对箱体外观、外壳接地、密封情况、元器件、接线紧固情况等进行检查	5	（1）控制箱外观检查项目不全，每项扣2分 （2）该项分值扣完为止		
6	电源开关检查	（1）电源检查，两段进线电缆端及空气开关是否有电压，连接引线和固定螺栓是否有松动现象 （2）接触器和热继电器外观和外挂触点应完好无烧损或接触不良，接线牢固可靠 （3）电器元件有烧损变色现象必要时进行更换	15	（1）电源检查项目不全，每项扣2分 （2）电器元件未检查扣2分 （3）电器元件有损坏未更换扣2分 （4）该项分值扣完为止		
7	切换开关外观检查	切换开关外观检查完好，接线牢固可靠，手动切换，同时用万用表检查切换开关动作和接触情况，切换到位，指示位置正确	5	（1）切换开关外观检查项目不全，每项扣2分 （2）该项分值扣完为止		
8	运行试验	（1）手动投入风扇功能正常 （2）校验按温度自动启动及保持功能正常 （3）校验按负荷自动启动及延时功能正常 （4）强投风扇回路功能检查	10	（1）未检测手动功能扣2分 （2）未检测按温度自动启动功能扣3分 （3）未检测按负荷自动启动功能扣3分 （4）未检测强投风扇回路功能扣2分		

序号	考核项目名称	质量要求	分值	扣分标准	扣分原因	得分
9	信号回路检查	(1) 缺相保护回路功能检查 (2) "工作电源"信号灯检查 (3) "本地全停"信号灯检查 (4) "工作电源缺相"信号灯检查 (5) "风机故障"信号灯检查 (6) 箱内照明、加热控制设置、远传信号功能检查	10	(1) 未检查缺相保护回路扣2分 (2) 未检查"工作电源"信号灯扣1分 (3) 未检查"本地全停"信号灯扣2分 (4) 未检查"工作电源缺相"信号灯扣1分 (5) 未检查"风机故障"信号灯扣2分 (6) 未检查箱内照明、加热控制设置、远传信号功能扣2分		
10	元件绝缘电阻试验	用500V绝缘电阻表测量风冷控制箱电器元件的绝缘电阻应大于1MΩ	5	元件绝缘电阻试验不规范扣5分		
11	填写检修记录	(1) 填写检修记录内容齐全、准确 (2) 结束工作票 (3) 字迹工整	5	填写内容不齐全、不准确、字迹缭乱扣5分		
12	安全文明生产	(1) 严格遵守《电业安全工作规程》 (2) 现场清洁 (3) 工具、材料、设备摆放整齐	10	(1) 违章作业每次扣3分 (2) 不清洁扣2分 (3) 工具、材料、设备摆放凌乱扣2分 (4) 该项分值扣完为止		
11	否决项	否决内容				
11.1	安全否决	缺陷处理过程中出现严重危及人身安全及设备安全的现象	否决	整个操作项目得0分		

2.2.2　BY1ZY0101　电容式套管解体检修

1. 作业

1）工器具、材料、设备

（1）工器具：专用工具1套；28件套筒板手1盒、10寸活动板手2把；18寸管钳子1把；千分尺1个；150漏斗1个；22L塑料桶1个；三通管1个，压力表、真空表各1块；2寸毛刷2把；套管检修架1个。

（2）材料：300kg变压器油、BRLW2－126/630A电容型套管定型密封胶垫1套；$\phi4$线绳12m；$\phi4$耐油胶管10m；$\phi10$气焊胶管8m；$\phi5$棕绳10m；高纯氮气1瓶；清洁无绒布块足量；酒精2kg；塑料布适量。

（3）设备：2.5t桥式吊车、KCB手提式滤油机1台、ZJB真空泵1台、不小于1t储油罐1个、BRLW2－126/630A电容型套管1个。

2）安全要求

（1）现场设置遮栏、标示牌：在检修现场四周设一留有通道口的封闭式遮栏，字面朝里挂适当数量"止步，高压危险！"标示牌，并挂"在此工作"标示牌，在通道入口处挂"从此进入"标示牌。

（2）防高空坠落：高处作业中安全带应系在安全带专用构架或牢固的构件上，不得系在支柱绝缘子或不牢固的构件上，作业中不得失去监护。

（3）防坠物伤人或设备：作业现场人员必须戴好安全帽，严禁在作业点正下方逗留，高处作业要用传递绳传递工具材料，严禁上下抛掷。

3）操作步骤及工艺要求

（1）作业前准备

①做好个人安全防护措施，着装齐全。

②做好安全安全措施，办理第一种工作票。

③向工作人员交待安全措施，并履行确认手续。

④准备所需的工器具、备品备件、材料。

（2）解体前准备

①将套管垂直放置在套管架上，并安装牢固。套管尾端均压球至检修地面保持500mm距离。

②下瓷套应用$\phi4$线绳与套管架固定4点，并绑扎牢。

③拆下均压球，用千斤顶垫木方顶在套管尾端。

④做好套管各连接处相对位置标记，以保证分解检修安装后，各部件相对空间位置不变。

⑤打开套管底座放油塞，靠自然压力排净套管内部绝缘油。排油时适当调解储油柜上的放气塞，以控制排油速度。

（3）套管解体

①拆除中部法兰上的接地小套管，将引线推入套管内。

②拆除储油柜及其附件，此时测量定位螺母至导管顶部的距离，并做好记录，作为复装的参考数据。

③紧固弹簧架上的 4 个螺母，使 4 个张力弹簧均匀受压，取出定位螺母。

④吊出上瓷套妥善存放。

⑤记录导管末端至套管底座之间的距离尺寸，作为复装时的参考数据。

⑥拆除套管底座。

⑦抽出电容芯子，用塑料布封好。

⑧拆除拉绳，取出下瓷套。

（4）检修

①清洗储油柜套管底座及各种零件，达到清洁无油坛。

②检查并清洗中部法兰，达到清洁无油垢。检查两侧密封面，应平整无径向沟痕。

③清洗上下瓷套达到清洁无油垢。检查上下瓷套应无裂纹、闪络放电痕迹，瓷伞及密封面无损伤。

④清洗电容芯子达到清洁无油垢。检查电容芯子绝缘应无放电痕迹，电容末屏引线应焊接牢固。

⑤更换全部密封胶垫及密封环。

（5）组装

①根据记录数据和解体时的相对位置标志，按解体检修的相反程序组装。

②组装后套管的 4 处主密封胶垫外缘应呈鼓肚形，否则应调整弹簧张力。

（6）真空注油

①在储油柜放气塞上安装三通连管。一端接通手提滤油机至储油罐，一端接通油气分离器至真空泵。

②预抽真空 2h，真空度不大于 133Pa。关闭真空阀门，打开注油阀门向套管内注油至油位计高度的 2/3 停止注油。

③关闭注油阀门，打开真空阀门，净抽真空 8h，真空度不大于 133Pa，之后解除真空，进一步调整油面，安装放气塞。

（7）密封试验

向套管内充入 99.99％高纯氮气，压力为 0.2MPa，保持 30min 观察各处应无渗漏油。

2. 考核

1）考核场地

变压器检修实训室。

2）考核时间

参考时间为 180min，考评员允许开工开始计时，到时即停止工作。

3）考核要点

（1）严格执行《电业安全工作规程》，有关规程、规范。

（2）现场以 BRLW2－126/630A 电容型套管为考核设备。

（3）套管按标准项目进行大修。

（4）现场由 2 名检修工、1 名安全员协助完成。

3. 评分标准

行业：电力工程　　　　工种：变压器检修工　　　　等级：一

编号	BY1ZY0101	行为领域	e	鉴定范围	
考核时限	180min	题型	B	满分	100分	得分

试题名称	电容式套管解体检修			
考核要点及其要求	(1) 严格执行《电业安全工作规程》，有关规程、规范 (2) 现场以 BRLW2－126/630A 电容型套管为考核设备 (3) 套管按标准项目进行大修 (4) 现场由2名检修工、1名安全员协助完成			
现场设备、工器具、材料	(1) 工器具：专用工具1套；28件套筒板手1盒、10寸活动板手2把；18寸管钳子1把；千分尺1个；150漏斗1个；22L塑料桶1个；三通管1个，压力表、真空表各1块；2寸毛刷2把；套管检修架1个 (2) 材料：300kg 变压器油、BRLW2－126/630A 电容型套管定型密封胶垫1套；φ4 线绳12m；φ4 耐油胶管10m；φ10 气焊胶管8m；φ5 棕绳10m；高纯氮气1瓶；清洁无绒布块足量；酒精2kg；塑料布适量 (3) 设备：2.5t 桥式吊车、KCB 手提式滤油机1台、ZJB 真空泵1台、不小于1t储油罐1个、BRLW2－126/630A 电容型套管1个			
备注				

评分标准

序号	考核项目名称	质量要求	分值	扣分标准	扣分原因	得分
1	作业前准备	(1) 做好个人安全防护措施，着装齐全 (2) 做好安全措施，办理第一种工作票 (3) 向工作人员交待安全措施，并履行确认手续 (4) 准备所需的工器具、备品备件、材料	10	(1) 着装不规范扣3分 (2) 安全措施不当及．没办理开工手续及扣3分 (3) 没向工作人员交代安全措施扣2分 (4) 工器具、备品备件、材料准备不齐全扣2分		
2	解体前准备	(1) 将套管垂直放置在套管架上，并安装牢固。套管尾端均压球至检修地面保持500mm距离 (2) 下瓷套应用 φ4 线绳与套管架固定4点，并绑扎牢 (3) 拆下均压球，用千斤顶垫木方顶在套管尾端 (4) 做好套管各连接处相对位置标记，以保证分解检修安装后，各部件相对空间位置不变 (5) 打开套管底座放油塞，靠自然压力排净套管内部绝缘油。排油时适当调解储油柜上的放气塞，以控制排油速度	15	(1) 未采用套管架检修扣3分 (2) 下瓷套未绑扎固定扣3分 (3) 未采取措施顶住套管尾端扣3分 (4) 未做好相对标记扣3分 (5) 方法不符合工艺要求扣3分		

序号	考核项目名称	质量要求	分值	扣分标准	扣分原因	得分
3	套管解体	（1）拆除中部法兰上的接地小套管，将引线推入套管内 （2）拆除储油柜及其附件，此时测量定位螺母至导管顶部的距离，并做好记录，作为复装的参考数据 （3）紧固弹簧架上的 4 个螺母，使 4 个张力弹簧均匀受压，取出定位螺母 （4）吊出上瓷套妥善存放 （5）记录导管末端至套管底座之间的距离尺寸，做为复装时的参考数据 （6）拆除套管底座 （7）抽出电容芯子，用塑料布封好 （8）拆除拉绳，取出下瓷套	20	（1）解体程序错误扣 5 分 （2）解体过程中未进行标记和记录，扣 5 分 （3）磕碰瓷套扣 5 分 （4）未采取防潮措施扣 5 分		
4	检修	（1）清洗储油柜套管底座及各种零件，达到清洁无油垢 （2）检查并清洗中部法兰，达到清洁无油垢。检查两侧密封面，应平整无径向沟痕 （3）清洗上下瓷套达到清洁无油垢。检查上下瓷套应无裂纹、闪络放电痕迹，瓷伞及密封面无损伤 （4）清洗电容芯子达到清洁无油垢。检查电容芯子绝缘应无放电痕迹，电容末屏引线应焊接牢固 （5）更换全部密封胶垫及密封环	20	（1）各种零部件清洗不洁净扣 3 分 （2）两侧密封面存在缺陷未处理扣 5 分 （3）上下瓷套清洗不净，存在明显缺陷未处理扣 3 分 （4）电容芯子清洗不洁净，存在缺陷未处理每项扣 5 分 （5）未更换密封胶垫每项扣 1 分该项最多扣 4 分		
5	组装	（1）根据记录数据和解体时的相对位置标志，按解体检修的相反程序组装 （2）组装后套管的 4 处主密封胶垫外缘应呈鼓肚形，否则应调整弹簧张力	10	（1）组装程序错误或组装方法不符合工艺要求每项扣 1 分，扣分最多不得超过 8 分 （2）组装后主密封胶垫压缩量未控制在 1/3 左右扣 2 分		

序号	考核项目名称	质量要求	分值	扣分标准	扣分原因	得分
6	真空注油	（1）在储油柜放气塞上安装三通连管；一端接通手提滤油机至储油罐，一端接通油气分离器至真空泵 （2）预抽真空 2h，真空度不大于 133Pa；关闭真空阀门，打开注油阀门向套管内注油至油位计高度的 2/3 停止注油 （3）关闭注油阀门，打开真空阀门，净抽真空 8h，真空度小大于 133Pa，之后解除真空，进一步调整油面，安装放气塞	10	（1）未正确连接抽空注油管路扣 3 分 （2）预抽真空时间小 2h 或真空度大于 133Pa 扣 3 分 （3）净抽真空时间小于 8h，真空度大于 133Pa，扣 2 分 （4）油面未按照周围环境温度调整扣 2 分		
7	密封试验	向套管内充入 99.99％高纯氮气，压力为 0.2MPa，保持 30min 观察各处应无渗漏油	5	（1）发现渗漏油每处扣 1 分 （2）该项分值扣完为止		
8	现场规范	现场清洁、无油迹、工器具摆放凌乱、不方便检修	5	现场不清洁、大量跑油扣 5 分		
9	工作结束填写检修记录	（1）填写检修记录内容完整、准确 （2）结束工作票 （3）字迹工整	5	内容不全、不准确、字迹潦草每项扣 5 分		
10	否决项	否决内容				
10.1	安全否决	解体检修过程中出现严重危及人身安全及设备安全的现象	否决	整个操作项目得 0 分		

2.2.3 BY1ZY0102 大修时变压器器身检查

1. 作业

1) 工器具、材料、设备。

(1) 工器具：电工钳子1把、螺丝刀1把、电工刀1套、万用表、2500V兆欧表、600mm×1000mm油盘1个、150mm漏斗1个、油灰铲刀1把、2寸毛刷1把、50L塑料桶1个、18L塑料桶1个、12mm活动扳手2把、4m梯子2个、灭火器1只、有载开关吊具1套、干湿温度计1个。

(2) 材料：SFSZ10-800/35变压器胶垫1套、1t变压器油、吊环4个、3t吊带2根、清洁无绒布块足量、白土足量、塑料布足量、苫布1块。

(3) 设备：SFSZ10-800/35变压器一台、5t桥式吊车一台、ZJB真空滤油机1套、KCB手提式滤油机1套、5t油罐1个、ZJ15/79真空泵1套、电焊机一套。

2) 安全要求

(1) 现场设置遮栏、标示牌：在检修现场四周设一留有通道口的封闭式遮栏，字面朝里挂适当数量"止步，高压危险！"标示牌，并挂"在此工作"标示牌，在通道入口处挂"从此进入"标示牌。

(2) 防高空坠落：高处作业中安全带应系在安全带专用构架或牢固的构件上，不得系在支柱绝缘子或不牢固的构件上，作业中不得失去监护。

(3) 防坠物伤人或设备：作业现场人员必须戴好安全帽，严禁在作业点正下方逗留，高处作业要用传递绳传递工具材料，严禁上下抛掷。

3) 操作步骤及工艺要求

(1) 作业前准备

①做好个人安全防护措施，着装齐全。

②做好安全措施，办理第一种工作票。

③向工作人员交待安全措施，并履行确认手续。

④备齐所需的工器具、备品备件、材料。

(2) 变压器附件的拆除

影响吊罩作业的变压器一次引线、二次引线已拆除并做好保护，所有附件已拆除，确认钟罩箱沿紧固螺钉全部拆除。

(3) 起重工具、吊绳、绑扎情况检查

①起重工具及吊绳符合吊罩的相关要求，绑扎牢固可靠。

②现场环境符合吊罩要求。

(4) 钟罩起升过程的检查

①派专人监视上钟罩与变压器身之间的距离。

②四周应绑好拉绳并有专人负责。

③钟罩放置平整、地基牢固可靠、干燥的位置。

(5) 铁芯外观检查

铁芯应平整，清洁，绝缘漆膜无脱落、无锈蚀，片间应无短路、变色烧伤痕迹、无搭接现象，接缝间隙符合要求，油路应通畅。

（6）铁芯及夹件绝缘试验

铁芯接地引线对地（油箱）、夹件接地引线对地、铁芯对夹件的绝缘电阻应不小于1500MΩ，并分别引出接地。

（7）铁芯拉带的检查

必须对拉带接地引线及其连接情况进行检查，引线绝缘应无损伤，紧固螺栓应无松动现象，拉带与夹件之间的绝缘套应无破损。保证每根拉带与夹件之间只有一点可靠连接。

（8）隔板和围屏检查

检查隔板和围屏有无破损、变色、变形、放电痕迹。

（9）检查绕组表面及匝绝缘

①绕组应清洁，表面无油垢，无变形。

②整个绕组无倾斜、位移，导线辐向无明显弹出现象。

（10）检查绕组各部垫块情况

各部垫块应排列整齐，支撑牢靠，有适当压紧力，垫块外露出绕组的长度至少应超过绕组导线的厚度。

（11）绕组外观检查

①油路保持畅通，无油垢及其他杂物积存。

②外观整齐清洁，绝缘及导线无破损。

③检查绕组绝缘有无破损、油道有无被绝缘、油垢或杂物有无堵塞现象。

（12）用手指按压绕组表面检查其绝缘状态

各级绝缘根据其弹性特点，判断准确：

①良好绝缘状态，又称一级绝缘：绝缘有弹性，用手指按压后无残留变形；或聚合度在750 mm 以上。

②合格绝缘状态，又称二级绝缘：绝缘稍有弹性，用手指按压后无裂纹、脆化；或聚合度在500～750 mm 之间。

③可用绝缘状态，又称三级绝缘：绝缘脆化，呈深褐色，用手指按压时有少量裂纹和变形；或聚合度在250～500 mm 之间。

④不合格绝缘状态，又称四级绝缘：绝缘已严重脆化，呈黑褐色，用手指按压时即酥脆、变形、脱落；或聚合度在250 mm 以下。

（13）引线锥的绝缘包扎、引线有无断股、引线接头焊接检查

引线及引线锥的绝缘包扎应无变形、变脆、破损，引线无断股，引线接头处焊接（是否磷铜焊接）良好，无过热。

（14）绝缘支架及支架内引线的固定情况检查

①绝缘支架应无破损、裂纹、弯曲变形及烧伤现象。

②绝缘支架与铁夹件的固定螺栓均需有防松措施。

③绝缘夹件固定引线处应垫以附加绝缘，以防卡伤引线绝缘。

④引线固定用绝缘夹件的间距，应考虑在电动力的作用下，不致发生引线短路。

（15）检查引线与各部位之间的绝缘距离

①引线与各部位之间的绝缘距离，符合规程的规定。

②对大电流引线（铜排或铝排）表面应包扎一层绝缘，以防异物形成短路或接地。

2. 考核

1）考核场地

变压器检修实训室。

2）考核时间

参考时间为480min，考评员允许开工开始计时，到时即停止工作。

3）考核要点

（1）严格执行有关规程、规范。

（2）现场以指定的SFSZ10－800/35变压器为考核设备。

（3）现场由3名检修工协助完成。

（4）工作服、绝缘鞋、安全帽自备。

（5）现场工作要求：应在天气干燥清朗环境下变压器大修。

3. 评分标准

行业：电力工程		工种：变压器检修工			等级：一	
编号	BY1ZY0102	行为领域	e	鉴定范围		
考核时限	480min	题型	B	满分	100 分	得分
试题名称	大修时变压器器身检查					
考核要点及其要求	（1）严格执行有关规程、规范 （2）现场以指定 SFSZ10－800/35 变压器为考核设备 （3）现场由3名检修工协助完成 （4）工作服、绝缘鞋、安全帽自备 （5）现场工作要求：应在天气干燥清朗环境下变压器大修					
现场设备、工器具、材料	（1）工器具：电工钳子1把、螺丝刀1把、电工刀1套、万用表、2500V 兆欧表、600mm×1000mm 油盘1个、150mm 漏斗1个、油灰铲刀1把、2寸毛刷1把、50L 塑料桶1个、18L 塑料桶1个、12mm 活动扳手2把、4m 梯子2个、灭火器一只、有载开关吊具1套、干湿温度计1个 （2）材料：SFSZ10－800/35 变压器胶垫1套、1t 变压器油吊环4个、3t 吊带2根、清洁无绒布块足量、白土足量、塑料布足量、苫布1块 （3）设备：SFSZ10－800/35 变压器一台、5t 桥式吊车一台、ZJB 真空滤油机1套、KCB 手提式滤油机1套、5t 油罐1个、ZJ15/79 真空泵1套、电焊机一套					
备注						

<table>
<tr><td colspan="7" align="center">评分标准</td></tr>
<tr><td>序号</td><td>考核项目名称</td><td>质量要求</td><td>分值</td><td>扣分标准</td><td>扣分原因</td><td>得分</td></tr>
<tr><td>1</td><td>作业前准备</td><td>（1）做好个人安全防护措施，着装齐全
（2）做好安全措施，办理第一种工作票
（3）向工作人员交待安全措施，并履行确认手续
（4）备齐所需的工器具、备品备件、材料</td><td>5</td><td>（1）未办理工作票、不交待安全措施项扣2分
（2）人员分工不明确扣1分
（3）工器具、备品备件、材料准备不齐全扣2分</td><td></td><td></td></tr>
</table>

序号	考核项目名称	质量要求	分值	扣分标准	扣分原因	得分
2	变压器附件的拆除	影响吊罩作业的变压器一次引线、二次引线已拆除并做好保护，所有附件已拆除，确认钟罩箱沿紧固螺钉全部拆除	5	(1) 发现影响钟罩起吊的每项扣1分 (2) 该项分值扣完为止		
3	起重工具、吊绳、绑扎情况检查	(1) 起重工具及吊绳符合吊罩的相关要求，绑扎牢固可靠 (2) 现场环境符合吊罩要求	5	(1) 未检查吊罩安全措施扣2分 (2) 未检查环境湿度扣3分		
4	钟罩起升过程的检查	(1) 派专人监视上钟罩与变压器身之间的距离 (2) 四周应绑好拉绳并有专人负责 (3) 钟罩放置平整、地基牢固可靠、干燥的位置	5	(1) 未派专人监视距离扣2分 (2) 无拉绳扣2分 (3) 钟罩放置位置不合理扣1分		
5	铁芯外观检查	铁芯应平整、清洁、绝缘漆膜无脱落、无锈蚀，片间应无短路、变色烧伤痕迹、无搭接现象、接缝间隙符合要求、油路应通畅	5	(1) 检查项目不全，缺少一项扣1分 (2) 该项分值扣完为止		
6	铁芯及夹件绝缘试验	铁芯接地引线对地(油箱)、夹件接地引线对地、铁芯对夹件的绝缘电阻应不小于1500MΩ，并分别引出接地	10	(1) 试验项目不全，缺少一项扣1分 (2) 该项分值扣完为止		
7	铁芯拉带的检查	必须对拉带接地引线及其连接情况进行检查，引线绝缘应无损伤，紧固螺栓应无松动现象，拉带与夹件之间的绝缘套应无破损；保证每根拉带与夹件之间只有一点可靠连接	5	(1) 检查项目不全，缺少一项扣1分 (2) 该项分值扣完为止		
8	隔板和围屏检查	检查隔板和围屏有无破损、变色、变形、放电痕迹	5	(1) 检查项目不全，缺少一项扣1分 (2) 该项分值扣完为止		
9	检查绕组表面及匝绝缘	(1) 绕组应清洁，表面无油垢，无变形 (2) 整个绕组无倾斜、位移，导线辐向无明显弹出现象	10	(1) 检查项目不全，缺少一项扣1分 (2) 该项分值扣完为止		
10	检查绕组各部垫块情况	各部垫块应排列整齐，支撑牢靠，有适当压紧力，垫块外露出绕组的长度至少应超过绕组导线的厚度	5	(1) 检查项目不全，缺少一项扣1分 (2) 该项分值扣完为止		

序号	考核项目名称	质量要求	分值	扣分标准	扣分原因	得分
11	绕组外观检查	（1）油路保持畅通，无油垢及其他杂物积存 （2）外观整齐清洁，绝缘及导线无破损 （3）检查绕组绝缘有无破损、油道有无被绝缘、油垢或杂物有无堵塞现象	5	（1）检查项目不全，缺少一项扣1分 （2）该项分值扣完为止		
12	用手指按压绕组表面检查其绝缘状态	各级绝缘根据其弹性特点，判断准确： （1）良好绝缘状态，又称一级绝缘：绝缘有弹性，用手指按压后无残留变形；或聚合度在750 mm以上 （2）合格绝缘状态，又称二级绝缘：绝缘稍有弹性，用手指按压后无裂纹、脆化；或聚合度在500～500 mm之间 （3）可用绝缘状态，又称三级绝缘：绝缘脆化，呈深褐色，用手指按压时有少量裂纹和变形；或聚合度在250～500 mm之间 （4）不合格绝缘状态，又称四级绝缘：绝缘已严重脆化，呈黑褐色，用手指按压时即酥脆、变形、脱落；或聚合度在250 mm以下	10	（1）检查项目不全，缺少一项扣1分 （2）该项分值扣完为止		
13	引线锥的绝缘包扎、引线有无断股、引线接头焊接检查	引线及引线锥的绝缘包扎应无变形、变脆、破损，引线无断股，引线接头处焊接（是否磷铜焊接）良好，无过热	5	（1）检查项目不全，缺少一项扣1分 （2）该项分值扣完为止		
14	绝缘支架及支架内引线的固定情况检查	（1）绝缘支架应无破损、裂纹、弯曲变形及烧伤现象 （2）绝缘支架与铁夹件的固定螺栓均需有防松措施 （3）绝缘夹件固定引线处应垫以附加绝缘，以防卡伤引线绝缘 （4）引线固定用绝缘夹件的间距，应考虑在电动力的作用下，不致发生引线短路	5	（1）检查项目不全，缺少一项扣1分 （2）该项分值扣完为止		

序号	考核项目名称	质量要求	分值	扣分标准	扣分原因	得分
15	检查引线与各部位之间的绝缘距离	（1）引线与各部位之间的绝缘距离，符合规程的规定 （2）对大电流引线（铜排或铝排）表面应包扎一层绝缘，以防异物形成短路或接地	5	（1）检查项目不全，缺少一项扣1分 （2）该项分值扣完为止		
16	工作结束填写检修记录	（1）填写检修记录内容完整、准确 （2）结束工作票 （3）字迹工整	5	（1）内容不全、不准确每项扣3分 （2）字迹潦草扣2分		
17	安全文明生产	（1）严格遵守《电业安全工作规程》 （2）现场清洁 （3）工具、材料、设备摆放整齐	5	（1）违章作业每次扣1分，该项最多扣3分 （2）不清洁扣1分 （3）工具、材料、设备摆放凌乱扣1分		
18	否决项	否决内容				
18.1	安全否决	作业工程中出现严重危及人身安全及设备安全的现象	否决	整个操作项目得0分		

2.2.4 BY1ZY0103 储油柜胶囊更换

1. 作业

1）工器具、材料、设备

（1）工器具：2m绝缘单梯2个、手电筒1个、钳子、螺丝刀、电工刀、12寸活动扳手2把、28件套筒扳手1套、4寸毛刷2把、温湿度仪1只。

（2）材料：胶囊1个、吊环4个、3t吊带2根、清洁无绒布块足量、白土足量、灭火器1只、塑料布足量。

（3）设备：SFSZ10−800/35变压器一台、2.5t桥式吊车一台、ZJB真空滤油机1套、KCB手提式滤油机1套、5t油罐1个、ZJ15/70真空泵1套、空气压缩机1台、电焊机1台。

2）安全要求

（1）现场设置遮栏、标示牌：在检修现场四周设一留有通道口的封闭式遮栏，字面朝里挂适当数量"止步，高压危险！"标示牌，并挂"在此工作"标示牌，在通道入口处挂"从此进入"标示牌。

（2）防高空坠落：高处作业中安全带应系在安全带专用构架或牢固的构件上，不得系在支柱绝缘子或不牢固的构件上，作业中不得失去监护。

（3）防坠物伤人或设备：作业现场人员必须戴好安全帽，严禁在作业点正下方逗留，高处作业要用传递绳传递工具材料，严禁上下抛掷。

3）操作步骤及工艺要求

（1）作业前准备

①做好个人安全防护措施，着装齐全。

②做好安全措施，办理第一种工作票。

③向工作人员交待安全措施，并履行确认手续。

④备齐所需的工器具、备品备件、材料。

（2）排油

①滤油机电源（拆装电源必须有人监护）、油管连接正确，无渗漏油现象。

②变压器油放至本体瓦斯没油后，再放3min，油位大约在器身顶部。

（3）储油柜拆除

①起重工具及吊具符合吊储油柜的相关要求，吊车有专人指挥。

②拆除储油柜呼吸器及联管；拆除储油柜各辅助联管；拆除储油柜下部固定螺栓；由瓦斯继电器外侧拆除与本体联管的法兰。

③吊起储油柜时注意与套管的安全距离，防止碰碎套管。

④防止大量漏油，各暴露部位做好密封。

⑤将储油柜放置宽敞、平坦的位置。

（4）取出胶囊

①拆除储油柜顶部与呼吸器连接口的法兰螺栓，把胶囊上径口放进油枕内部。

②拆除磁力油位计。

③拆除油储油柜侧面螺栓，打开储油柜侧面的端盖，拆除胶囊吊带后并取出胶囊。

（5）储油柜内部清理

①将储油柜内及积污室残油清理干净。

②检查确认储油柜内无异物。

（6）新胶囊检查

①外观检查胶囊完好无破损。

②胶囊充气膨胀后检查无漏气现象（0.02～0.03MPa）。

③胶囊长度与储油柜合适，保持平行，不应扭曲，胶囊口密封良好，互相应畅通。

（7）回装胶囊

①将干净的胶囊送入储油柜内部，胶囊口与储油柜联接口连接好。

②胶囊两侧吊带分别挂好。

③储油柜侧面的端盖胶垫更换（胶垫粘口应在6点钟左右方位），螺栓紧固力均匀压缩量1/3。

④储油柜上部端口与胶囊口密封连接紧固螺栓紧固力均匀压缩量1/3。

⑤磁力油位计回装，检查浮球无损坏变形渗油现象，紧固螺栓紧固力均匀压缩量1/3。

（8）回装储油柜

①起重工具及吊具符合吊储油柜的相关要求，吊车专人指挥。

②吊起储油柜时注意与套管的安全距离，防止碰碎套管。

③安装储油柜固定螺栓，连接瓦斯与本体的端口，安装储油柜联管及呼吸器，连接油位计信号线。

（9）储油柜注油校油面、放气

①变压器补油时，需经储油柜注油管注入，严禁从下部油门注入。

②注油时，应使油流缓慢注入变压器至规定的油面为止。

③气体继电器、对散热器及连管、套管及升高座、储油柜集气室等所有附件的死角部位进行多次充分放气。

（10）储油柜调同步

①关闭储油柜与本体之间阀门拆除呼吸器。

②通过储油柜呼吸器连管向胶囊充气加压，使储油柜中残气经储油柜排气塞排出直至出油，随即迅速拧紧排气塞并停止充气。

③拆除充气管路及充气设备，开启储油柜与本体间阀门。

④安装呼吸器。

2. 考核

1）考核场地

变压器检修实训室。

2）考核时间

参考时间为180min，考评员允许开工开始计时，到时即停止工作。

3）考核要点

（1）严格执行有关规程、规范。

（2）现场以SFSZ10－800/35有载调压变压器为考核设备。

（3）现场由 2 名检修工、1 名安全员协助完成。

（4）天气晴朗的情况下进行工作。

三、评分标准

行业：电力工程　　　　　　　　工种：变压器检修工　　　　　　　　等级：一

编号	BY1ZY0103	行为领域		e	鉴定范围		
考核时限	180min	题型		B	满分	100 分	得分
试题名称	储油柜胶囊更换						
考核要点及其要求	（1）严格执行有关规程、规范 （2）现场以 SFSZ10－800/35 有载调压变压器为考核设备 （3）现场由 2 名检修工、1 名安全员协助完成 （4）工作服、绝缘鞋、安全帽自备 （5）天气晴朗的情况下进行工作						
现场设备、工器具、材料	（1）工器具：2m 绝缘单梯 2 个、手电筒 1 个、钳子、螺丝刀、电工刀、12 寸活动扳手 2 把、28 件套筒扳手 1 套、4 寸毛刷 2 把、温湿度仪 1 只 （2）材料：胶囊 1 个、吊环 4 个、3t 吊带 2 根、清洁无绒布块足量、白土足量、灭火器一只、塑料布足量 （3）设备：SFSZ10－800/35 变压器一台、2.5t 桥式吊车一台、ZJB 真空滤油机 1 套、KCB 手提式滤油机 1 套、5t 油罐 1 个、ZJ15/70 真空泵 1 套、空气压缩机 1 台、电焊机 1 台						
备注							

评分标准

序号	考核项目名称	质量要求	分值	扣分标准	扣分原因	得分
1	作业前准备	（1）做好个人安全防护措施，着装齐全 （2）做好安全措施，办理第一种工作票 （3）向工作人员交待安全措施，并履行确认手续 （4）备齐所需的工器具、备品备件、材料	5	（1）未办理工作票、不交待安全措施项扣 2 分 （2）人员分工不明确扣 1 分 （3）工器具、备品备件、材料准备不齐全扣 2 分		
2	排油	（1）滤油机电源（拆装电源必须有人监护）、油管连接正确，无渗漏油现象 （2）变压器油放至本体瓦斯没油后，再放 3min，油位大约在器身顶部	5	（1）油管渗漏油扣 3 分 （2）放油量过多或过少扣 2 分		

序号	考核项目名称	质量要求	分值	扣分标准	扣分原因	得分
3	储油柜拆除	(1) 起重工具及吊具符合吊储油柜的相关要求，吊车有专人指挥 (2) 拆除储油柜呼吸器及联管；拆除储油柜各辅助联管；拆除储油柜下部固定螺栓；由瓦斯继电器外侧拆除与本体联管的法兰 (3) 吊起储油柜时注意与套管的安全距离，防止碰碎套管。 (4) 防止大量漏油，各暴露部位做好密封 (5) 将储油柜放置宽敞、平坦的位置	10	(1) 吊车无专人指挥，扣1分 (2) 附件拆除不完全，发现一件扣1分，该项最多扣5分 (3) 磕碰套管扣2分 (4) 大量漏油扣2分		
4	取出胶囊	(1) 拆除储油柜顶部与呼吸器连接口的法兰螺栓，把胶囊上径口放进储油柜内部 (2) 拆除磁力油位计 (3) 拆除储油柜侧面螺栓，打开储油柜侧面的端盖，拆除胶囊吊带后并取出胶囊	10	顺序不正确扣10分		
5	储油柜内部清理	(1) 将储油柜内及积污室残油清理干净 (2) 检查确认储油柜内无异物	5	(1) 未清理残油扣2分 (2) 未检查扣3分		
6	新胶囊检查	(1) 外观检查胶囊完好无破损 (2) 胶囊充气膨胀后检查无漏气现象（0.02～0.03MPa） (3) 胶囊长度与储油柜合适，保持平行，不应扭曲，胶囊口密封良好，互相应畅通	10	(1) 未检查胶囊完好扣2分 (2) 未充气检查扣3分 (3) 安装扭曲扣5分		
7	回装胶囊	(1) 将干净的胶囊送入储油柜内部，胶囊口与储油柜联接口连接好 (2) 胶囊两侧吊带分别挂好 (3) 储油柜侧面的端盖胶垫更换（胶垫粘口应在6点钟左右方位），螺栓紧固力均匀压缩量1/3 (4) 储油柜上部端口与胶囊口密封连接紧固螺栓紧固力均匀压缩量1/3 (5) 磁力油位计回装，检查浮球无损坏变形渗油现象，紧固螺栓紧固力均匀压缩量1/3	20	(1) 胶囊不干净扣4分 (2) 胶囊两侧吊带不全扣4分 (3) 端盖胶垫未更换扣4分 (4) 胶囊口密封不严扣4分 (5) 磁力油位计渗油扣4分		

序号	考核项目名称	质量要求	分值	扣分标准	扣分原因	得分
8	回装储油柜	（1）起重工具及吊具符合吊储油柜的相关要求，吊车专人指挥 （2）吊起储油柜时注意与套管的安全距离，防止碰碎套管 （3）安装储油柜固定螺栓，连接瓦斯与本体的端口，安装储油柜联管及呼吸器，连接油位计信号线	10	（1）吊车无专人指挥，扣2分 （2）储油柜磕碰套管扣3分 （3）安装不到位扣5分		
9	储油柜注油校油面、放气	（1）变压器补油时，需经储油柜注油管注入，严禁从下部油门注入 （2）注油时，应使油流缓慢注入变压器至规定的油面为止 （3）气体继电器、对散热器及连管、套管及升高座、储油柜集气室等所有附件的死角部位进行多次充分放气	5	（1）补油方法不正确扣3分 （2）发现未放气扣2分		
10	储油柜调同步	（1）关闭储油柜与本体之间阀门，拆除呼吸器。 （2）通过储油柜呼吸器连管向胶囊充气加压，使储油柜中残气经储油柜排气塞排出直至出油，随即迅速拧紧排气塞并停止充气。 （3）拆除充气管路及充气设备，开启储油柜与本体间阀门 （4）安装呼吸器	10	（1）未关闭阀门扣3分 （2）未打开储油柜排气塞扣5分 （3）未开启阀门扣2分		
11	工作结束	（1）填写检修记录内容完整、准确 （2）结束工作票 （3）字迹工整	5	（1）内容不全、不准确扣3分 （2）字迹潦草扣2分		
12	安全文明生产	（1）严格遵守《电业安全工作规程》 （2）现场清洁 （3）工具、材料、设备摆放整齐	10	（1）违章作业每次扣1分该项最多扣5分 （2）不清洁扣2分 （3）工具、材料、设备摆放凌乱扣3分		
13	否决项	否决内容				
13.1	安全否决	作业工程中出现严重危及人身安全及设备安全的现象	否决	整个操作项目得0分		

2.2.5 BY1ZY0201 变压器吊罩

1. 作业

1) 工器具、材料、设备。

(1) 工器具：电工钳子1把、螺丝刀1把、电工刀1套、600mm×1000mm油盘1个、150mm漏斗1个、油灰铲刀1把、2寸毛刷1把、50L塑料桶1个、18L塑料桶1个、12mm活动扳手2把、4m梯子2个、有载开关吊具1套、干湿温度计1个。

(2) 材料：SFSZ10-800/35变压器胶垫1套、1t变压器油、吊环4个、3t吊带2根、清洁无绒布块足量、白土足量、塑料布足量、苫布1块。

(3) 设备：SFSZ10-800/35变压器一台、5t桥式吊车一台、ZJB真空滤油机1套、KCB手提式滤油机1套、5t油罐1个、ZJ15/70真空泵1套。

2) 安全要求

(1) 现场设置遮栏、标示牌：在检修现场四周设一留有通道口的封闭式遮栏，字面朝里挂适当数量"止步，高压危险！"标示牌，并挂"在此工作"标示牌，在通道入口处挂"从此进入"标示牌。

(2) 防高空坠落：高处作业中安全带应系在安全带专用构架或牢固的构件上，不得系在支柱绝缘子或不牢固的构件上，作业中不得失去监护。

(3) 防坠物伤人或设备：作业现场人员必须戴好安全帽，严禁在作业点正下方逗留，高处作业要用传递绳传递工具材料，严禁上下抛掷。

3) 操作步骤及工艺要求

(1) 作业前准备

①做好个人安全防护措施，着装齐全。

②做好安全措施，办理第一种工作票。

③向工作人员交待安全措施，并履行确认手续。

④准备所需的工器具、备品备件、材料。

(2) 安全防护措施确认

①核实起吊设备及操作人员（具有起重资质），详细检查核实起重工具、绳索、吊环应满足起重系数。

②起吊工作应由专人统一指挥，信号（手势）统一，与带电部分保持足够的安全距离。

③吊车外壳应可靠接地。

(3) 拆除有碍起吊工作的所有附件

①一次、二次引线拆除。

②放油。

③先拆除瓷质部分各侧套管、升高座。

④拆除有载开关本体、气体继电器、油枕、联管、风机、潜油泵、散热器等所有附件。

⑤钟罩下箱沿螺钉确认全部拆除。

⑥认真检查确定上下油箱没有连接部分。

（4）起吊钟罩前对吊车、吊具要求

①起吊钟罩时，钢丝绳应分别挂在专用起吊装置上，遇棱角应放置衬垫。

②吊臂和起重物下不得站人。

③起吊时钢丝绳的夹角不应大于 60°。

（5）钟罩起吊时的注意事项。

①钟罩起吊时四角应系缆绳，专人扶持以保持平稳。

②起吊 20～50mm 时应停止，进行检查（悬挂、起吊、刹车及捆绑等情况是否正常），确认无问题后继续起吊。

③起吊时速度要均匀，掌握好重心，防倾斜，防碰撞。

④未完全吊起过程中严禁向钟罩内部观望，手臂严禁拔扶变压器下油箱箱沿。

⑤钟罩放置平整、地基牢固可靠、干燥的位置。

（6）吊罩工作对现场环境的要求

①吊罩工作应在良好天气下进行，并做好防雨、防风沙工作。

②器身暴露时间为：空气湿度小于等于 75％时，12h；小于等于 65％时，16h。

（7）钟罩、附件回装，抽真空、真空注油补油

①钟罩回装时与吊罩顺序相反

②抽真空及真空注油和补油要执行变压器检修导则。

2. 考核

1）考核场地

变压器检修实训室。

2）考核时间

参考时间为 300min，考评员允许开工开始计时，到时即停止工作。

3）考核要点

（1）严格执行有关规程、规范。

（2）现场以 SFSZ10－800/35 变压器为考核设备。

（3）现场由 3 名检修工协助完成。

（4）工作服、绝缘鞋、安全帽自备。

3. 评分标准

行业：电力工程　　　　　　　　**工种：变压器检修工**　　　　　　**等级：一**

编号	BY1ZY0201	行为领域	e	鉴定范围		
考核时限	300min	题型	B	满分	100 分	得分
试题名称	变压器吊罩					
考核要点 及其要求	（1）严格执行有关规程、规范					
	（2）现场以 SFSZ10－800/35 变压器为考核设备					
	（3）现场由 3 名检修工协助完成					
	（4）工作服、绝缘鞋、安全帽自备					

现场设备、工器具、材料	(1) 工器具：电工钳子1把、螺丝刀1把、电工刀1套，600mm×1000mm油盘1个、150mm漏斗1个、油灰铲刀1把、2寸毛刷1把、50L塑料桶1个、18L塑料桶1个、12mm活动扳手2把、4m梯子2个、有载开关吊具1套、干湿温度计1个 (2) 材料：SFSZ10—800/35变压器胶垫1套、1t变压器油、吊环4个、3t吊带2根、清洁无绒布块足量、白土足量、塑料布足量、苫布1块 (3) 设备：SFSZ10—800/35变压器一台、5t桥式吊车一台、ZJB真空滤油机1套、KCB手提式滤油机1套、5t油罐1个、ZJ15/70真空泵1套
备注	

评分标准

序号	考核项目名称	质量要求	分值	扣分标准	扣分原因	得分
1	作业前准备	(1) 做好个人安全防护措施，着装齐全 (2) 做好安全措施，办理第一种工作票 (3) 向工作人员交待安全措施，并履行确认手续 (4) 准备所需的工器具、备品备件、材料	10	(1) 着装不规范扣3分 (2) 安全措施不当扣3分 (3) 工器具、备品备件、材料准备不齐全扣4分		
2	安全防护措施确认	(1) 核实起吊设备及操作人员(具有起重资质)，详细检查核实起重工具、绳索、吊环应满足起重系数 (2) 起吊工作应由专人统一指挥，信号(手势)统一，与带电部分保持足够的安全距离 (3) 吊车外壳应可靠接地	10	(1) 未做好起吊工作的安全措施扣1分 (2) 未核对及检查起吊设备扣2分 (3) 起吊安全措施不全，每项扣2分 (4) 吊车外壳未接地扣5分		
3	拆除有碍起吊工作的所有附件	(1) 一次、二次引线拆除 (2) 放油 (3) 先拆除瓷质部分各侧套管、升高座 (4) 拆除有载开关本体、气体继电器、油枕、联管、风机、潜油泵、散热器等所有附件 (5) 钟罩下箱沿螺钉确认全部拆除 (6) 认真检查确定上下油箱没有连接部分	10	(1) 未放油至适当位置扣2分 (2) 未拆除妨碍起吊工作的所有连接件，每项扣1分 (3) 该项分值扣完为止		

序号	考核项目名称	质量要求	分值	扣分标准	扣分原因	得分
4	起吊钟罩前吊车、吊具的注意事项	（1）起吊钟罩时，钢丝绳应分别挂在专用起吊装置上，遇棱角应放置衬垫 （2）吊臂和起重物下不得站人 （3）起吊时钢丝绳的夹角不应大于60°	15	（1）未使用专用吊点起吊、棱角未放置衬垫扣5分 （2）人员进入吊臂和起重物下扣5分 （3）夹角大于60°扣5分		
5	钟罩起吊时的注意事项	（1）钟罩起吊时四角应系缆绳，专人扶持以保持平稳 （2）起吊20～50mm时应停止，进行检查（悬挂、起吊、刹车及捆绑等情况是否正常），确认无问题后继续起吊 （3）起吊时速度要均匀，掌握好重心，防倾斜，防碰撞 （4）未完全吊起过程中严禁向钟罩内部观望，手臂严禁拔扶变压器下油箱箱沿 （5）钟罩放置平整、地基牢固可靠、干燥的位置	20	（1）四角未系缆绳，未设专人扶持扣3分 （2）未按要求停车检查扣5分 （3）速度不均匀，吊罩倾斜、碰撞器身，扣4分 （4）出现拔扶、观望扣4分 （5）钟罩放置位置不当扣4分		
6	吊罩工作对现场环境的要求	（1）吊罩工作应在良好天气下进行，并做好防雨、防风沙工作 （2）器身暴露时间为：空气湿度小于等于75%时，12h；小于等于65%时，16h	5	（1）未做好防雨防风沙措施扣2分 （2）环境湿度不符合要求扣3分		
7	钟罩、附件回装，抽真空、真空注油补油	（1）钟罩回装时与吊罩顺序相反 （2）抽真空及真空注油和补油要执行变压器检修导则	15	（1）钟罩与附件回装顺序发生错误每项扣1分，最多扣10分 （2）抽真空及真空注油和补油不符合变压器检修导则要求每项扣2分，最多扣5分		
8	现场规范	现场清洁、无油迹、工器具摆放整洁方便检修	10	（1）现场不清洁、大量跑油扣5分 （2）工器具摆放凌乱、不方便检修扣5分		
9	工作结束填写检修记录	（1）填写检修记录内容完整、准确 （2）结束工作票 （3）字迹工整	5	（1）检修记录内容不全、不准确扣3分 （2）未结束工作票扣1分 （3）字迹潦草，看不清扣1分		
10	否决项	否决内容				
10.1	安全否决	作业工程中出现严重危及人身安全及设备安全的现象	否决	整个操作项目得0分		

2.2.6 BY1ZY0202 变压器真空注油

1. 作业

1) 工器具、材料、设备

(1) 工器具：28 件套筒板手 1 盒、10 寸活动板手 2 把、18 寸管钳子 1 把、钢丝钳、电源盘、干湿温度计、万用表。

(2) 材料：无水酒精、棉丝若干、4t 变压器油、检修苫布、白土若干。

(3) 设备：SFSZ10－800/35 变压器一台、ZJB 真空滤油机 1 套、KCB 手提式滤油机 1 套、5t 油罐 1 个、ZJ15/70 真空泵 1 套。

2) 安全要求

(1) 现场设置遮栏、标示牌：在检修现场四周设一留有通道口的封闭式遮栏，字面朝里挂适当数量"止步，高压危险！"标示牌，并挂"在此工作"标示牌，在通道入口处挂"从此进入"标示牌。

(2) 防高空坠落：高处作业中安全带应系在安全带专用构架或牢固的构件上，不得系在支柱绝缘子或不牢固的构件上，作业中不得失去监护。

(3) 防坠物伤人或设备：作业现场人员必须戴好安全帽，严禁在作业点正下方逗留，高处作业要用传递绳传递工具材料，严禁上下抛掷。

3) 操作步骤及工艺要求

(1) 作业前准备

①做好个人安全防护措施，着装齐全。

②做好安全措施，办理第一种工作票。

③向工作人员交待安全措施，并履行确认手续。

(2) 变压器真空度核实

①抽真空对主变油箱真空度的要求，按照生产厂家要求执行（是否能承受全真空还是半真空）。

②抽真空前应核实变压器油箱承受的设计真空度（变压器资料或铭牌）。

③不能承受真空的部件应拆除或用挡板封堵。变压器油枕不是全真空的应封闭主油箱的接口。

(3) 真空泵及真空滤油机管路及电源连接

①真空泵管路安装在变压器顶部专用抽真空口。

②真空滤油机进油口管路连接到储油罐，滤油机出油口连接到变压器底部专用口处，严禁出现渗漏油现象。

③真空泵及真空滤油机的外壳可靠接地，电源安全正确（根据使用的电气设备容量核对施工电源的容量。拆装电源必须有人监护，相序正确，拆装电源有人监护），使用合格的漏电保护器；

④真空注油时，为防止真空泵停用或发生故障时，真空泵润滑油被吸入变压器本体，真空系统应装设逆止阀或缓冲罐。

(4) 有载调压分接开关连接要求：有载调压分接开关与变压器本体联管连好，保持两面真空度平衡。

（5）真空注油注意事项。

①抽真空速度不宜过快，一般抽真空时间为 $1/3\sim1/2$ 器身暴露在空气中的时间，达到真空度要求后并保持 2h。

②通过滤油机向变压器油箱内注油，注油温度宜略高于器身温度，变压器进油口油温应在 40℃以上 60℃以下。

③注油过程中继续抽真空，一般以 $3\sim5t/h$ 的速度将油注入变压器。

④注油距箱顶约 200mm 时停止，并继续抽真空 4h 以上，对油进行脱气。

2. 考核

1）考核场地

变压器检修实训室。

2）考核时间

参考时间为 120min，考评员允许开工开始计时，到时即停止工作。

3）考核要点

（1）工作服、绝缘鞋、安全帽自备，要求一人操作，一人协助。

（2）不能承受真空的部件应拆除或用挡板封堵。

（3）变压器在安装、大修抽真空处理后的真空注油。

3. 评分标准

行业：电力工程　　　　　　　　工种：变压器检修工　　　　　　　等级：一

编号	BY1ZY0202	行为领域	e	鉴定范围	
考核时限	120min	题型	B	满分	100 分	得分	

试题名称	变压器真空注油
考核要点及其要求	（1）工作服、绝缘鞋、安全帽自备，要求一人操作，一人协助 （2）不能承受真空的部件应拆除或用挡板封堵 （3）变压器在安装、大修抽真空处理后的真空注油
现场设备、工器具、材料	（1）工器具：28 件套筒扳手 1 盒、10 寸活动扳手 2 把、18 寸管钳子 1 把、钢丝钳、电源盘、干湿温度计、万用表 （2）材料：无水酒精、棉丝若干、4t 变压器油、检修苫布、白土若干 （3）设备：SFSZ10－800/35 变压器一台、ZJB 真空滤油机 1 套、KCB 手提式滤油机 1 套、5t 油罐 1 个、ZJ15/70 真空泵 1 套
备注	

		评分标准				
序号	考核项目名称	质量要求	分值	扣分标准	扣分原因	得分
1	作业前准备	（1）做好个人安全防护措施，着装齐全 （2）做好安全措施，办理第一种工作票 （3）向工作人员交待安全措施，并履行确认手续	10	（1）着装不规范扣 3 分 （2）安全措施不当扣 3 分 （3）没有履行开工手续扣 4 分		

序号	考核项目名称	质量要求	分值	扣分标准	扣分原因	得分
2	变压器真空度核实	抽真空对变压器油箱真空度的要求，按照生产厂家要求执行	10	未核对生产厂家说明书扣10分		
3	真空泵及真空滤油机管路及电源连接	（1）真空泵管路安装在变压器顶部专用抽真空口 （2）真空滤油机进油口管路连接到储油罐，滤油机出油口连接到变压器底部专用口处，严禁出现渗漏油现象 （3）真空泵及真空滤油机的外壳可靠接地，电源安全正确（根据使用的电气设备容量核对施工电源的容量；拆装电源必须有人监护，相序正确，拆装电源有人监护），使用合格的漏电保护器 （4）真空注油时，为防止真空泵停用或发生故障时，真空泵润滑油被吸入变压器本体，真空系统应装设逆止阀或缓冲罐	20	（1）真空泵管路连接错误扣5分 （2）真空滤油机管路连接错误扣5分 （3）电源容量没有核对扣2分 （4）真空泵、真空滤油机没有接地扣4分 （5）出现渗漏油扣2分 （6）没有使用逆止阀扣2分		
4	不能承受真空措施	（1）抽真空前应核实变压器油箱承受的设计真空度（变压器资料或铭牌） （2）不能承受真空的部件应拆除或用挡板封堵；变压器油枕不是全真空的应封闭主油箱的接口	10	（1）未核实真空度扣5分 （2）未封堵的每处扣1分，该项最多扣5分		
5	有载调压分接开关连接要求	有载调压开关与变压器本体联管连好，保持两面真空度平衡	10	未安装联管扣10分		
6	变压器油温度要求	通过滤油机向变压器油箱内注油，注油温度宜略高于器身温度，变压器进油口油温应在40℃以上60℃以下	5	油温不满足要求扣5分		
7	时间要求	以3～5t/h的速度将油注入变压器	5	速度不满足要求扣5分		
8	油位要求	注油距箱顶约200mm时停止，并继续抽真空保持4h以上	5	未按照检修工艺进行扣5分		
9	恢复未连接部位	恢复拆除用挡板封堵与变压器本体的连接部位	10	（1）恢复连接部位不全，发现一处扣2分 （2）该项分值扣完为止		

序号	考核项目名称	质量要求	分值	扣分标准	扣分原因	得分
13	工作结束填写检修记录	(1) 填写检修记录内容完整、准确 (2) 结束工作票 (3) 字迹工整	5	(1) 内容不全、不准确每项扣3分 (2) 字迹潦草扣2分		
14	安全文明生产	(1) 严格遵守国家电网公司《电力安全工作规程》 (2) 现场清洁 (3) 工具、材料、设备摆放整齐	10	(1) 违章作业每次扣2分，该项最多扣5分 (2) 不清洁扣2分 (3) 工具、材料、设备摆放凌乱扣3分		
15	否决项	否决内容				
15.1	安全否决	工作过程中出现严重危及人身安全及设备安全的现象	否决	整个操作项目得0分		

536

2.2.7　BY1ZY0203　变压器风冷控制箱更换

1. 作业

1）工器具、材料、设备

（1）工器具：28 件套筒板手 1 盒、10 寸活动板手、十字改锥、一字改锥、钢丝钳、尖嘴钳、万用表、盒尺、水平尺、手电钻、500V 兆欧表、电源盘、撬棍、毛刷、手锤。

（2）材料：XKWFP－21/8＋6 变压器风冷控制箱原理接线图、1.5～4.0 平方独股铜线、绝缘胶布、油漆若干。

（3）设备：XKWFP－21/8＋6 变压器风冷控制箱、电焊机一套、灭火器 1 只。

2）安全要求

（1）现场设置遮栏、标示牌：在检修现场四周设一留有通道口的封闭式遮栏，字面朝里挂适当数量"止步，高压危险！"标示牌，并挂"在此工作"标示牌，在通道入口处挂"从此进入"标示牌。

（2）工作过程中着工作服，使用劳动防护用品。

（3）操作过程中防止低压触电，工作中一人监护一人操作并执行呼唱制度。

3）操作步骤及工艺要求（含注意事项）

（1）作业前准备

①做好个人安全防护措施，着装齐全。

②做好安全措施，办理第一种工作票。

③向工作人员交待安全措施，并履行确认手续。

④备齐所需的工器具、备品备件、材料。

⑤灭火器放置醒目位置。

（2）新风冷箱柜体检查

①箱体清洁无损坏、无划伤。

②电缆槽盒无损坏。

③螺栓无锈蚀。

④电器元件、接线端子无松动。

⑤各柜门等电位接地连线齐全。

⑥控制面板、元器件标示清晰。

⑦接线端子无损坏。

（3）原控制箱拆除

①交流电源电缆拆除用绝缘胶布包裹好。

②控制电缆拆除用绝缘胶布包裹好。

③地脚螺栓拆除。

④箱体拆除，放置于不妨碍工作的地方。

⑤安装基础表面处理妥当。

（4）新控制箱安装

①新控制箱就位，地脚螺栓紧固，安装符合要求，水平及垂直偏差不大于 2mm。

②把电缆沟内电缆按位置分别穿入控制箱不同进线孔内。

③控制箱外壳可靠接地，接地线符合实际要求的接地线或使用镀锌接地扁铁焊接并做

好接地标识（40mm 以上）。

（5）电缆连接

①严格按照图纸接线施工。

②电缆外皮一侧必须可靠接地。

③电缆必须使用铠甲电缆。

④交流电源线连接，强迫油循环变压器交流总线电缆每相截面不小于 16mm² 。

⑤控制电缆连接，端子排引线连接正确紧固无松动。

⑥严禁电源电缆与控制电缆接在一个端子排上面。

（6）调试

①交流电源失电告警（单相和三相）。

②双路交流电源自动切换。具有三相电压监测，任一相故障失电应保证自动切换到备用电源供电。

③工作冷却器故障告警，辅助冷却器自动投入。

④潜油泵逐台启动/停止冷却器，操作开关与冷却器编号一致。

⑤冷却器全停告警。

⑥高压断路器控制信号与控制箱联动启动信号连接。

⑦温度控制辅助冷却器自动投切。

⑧"冷却器自动"调到"工作"位置，断路器分位时，冷却器应当停止，转到"停止"时工作冷却器工作。

⑨控制箱内所有信号灯正常。

（7）电器元件绝缘试验

用 500V 绝缘电阻表测量新控制箱内部电器元件的绝缘电阻，应大于 $1M\Omega$ 。

（8）控制箱密封

控制箱箱门防雨密封条弹力和恢复力良好，粘结可靠无松脱现象，连接处应留在侧面。

（9）控制箱刷漆

控制箱安装使用电焊后，认真处理焊口，先刷底漆然后刷面漆。

2. 考核

1）考核场地

变压器检修实训室。

2）考核时间

参考时间为 180min，考评员允许开工开始计时，到时即停止工作。

3）考核要点

（1）工作负责人交代工作票和危险点，工作班成员明确后在工作票上签名。

（2）合理布置工器具、材料、备品备件。

（3）工作服、绝缘鞋、安全帽自备。

3. 评分标准

行业：电力工程		工种：变压器检修工			等级：一		
编号	BY1ZY0203	行为领域	e	鉴定范围			
考核时限	180min	题型	B	满分	100 分	得分	

试题名称	变压器风冷控制箱更换
考核要点及其要求	（1）工作负责人交代工作票和危险点，如需动火，应办理动火工作票，工作班成员明确后在工作票上签名 （2）合理布置工器具、材料、备品备件 （3）工作服、绝缘鞋、安全帽自备 （4）现场由2名检修工协助完成
现场设备、工器具、材料	（1）工器具：28件套筒板手1盒、10寸活动扳手、十字改锥、一字改锥、钢丝钳、尖嘴钳、万用表、盒尺、水平尺、手电钻、500V兆欧表、电源盘、撬棍、毛刷、手锤 （2）材料：XKWFP－21/8＋6变压器风冷控制箱原理接线图、1.5～4.0平方独股铜线、绝缘胶布、油漆若干 （3）设备：XKWFP－21/8＋6变压器风冷控制箱、电焊机一套、灭火器一只
备注	

评分标准

序号	考核项目名称	质量要求	分值	扣分标准	扣分原因	得分
1	作业前准备	（1）做好个人安全防护措施，着装齐全 （2）做好安全措施，办理第一种工作票 （3）向工作人员交待安全措施，并履行确认手续 （4）备齐所需的工器具、备品备件、材料 （5）灭火器放置醒目位置	10	（1）着装不规范扣2分 （2）安全措施不当扣3分 （3）工器具、备品备件、材料准备不齐全扣3分 （4）未放置灭火器扣2分		
2	新风冷箱柜体检查	（1）箱体清洁无损坏、无划伤 （2）电缆槽盒无损坏 （3）螺栓无锈蚀 （4）电器元件、接线端子无松动 （5）各柜门等电位接地连线齐全 （6）控制面板、元器件标示清晰 （7）接线端子无损坏	10	（1）柜体检查项目不全，缺少一项扣2分 （2）该项分值扣完为止		
3	原控制箱拆除	（1）交流电源电缆拆除用绝缘胶布包裹好 （2）控制电缆拆除用绝缘胶布包裹好 （3）地脚螺栓拆除 （4）箱体拆除，放置不妨碍工作的地方 （5）安装基础表面处理妥当	5	（1）交流电源线未包裹扣1分 （2）控制电缆未包裹扣1分 （3）控制箱拆除放置位置妨碍工作扣1分 （4）安装基础未处理扣2分		

序号	考核项目名称	质量要求	分值	扣分标准	扣分原因	得分
4	新控制箱安装	（1）新控制箱就位，地脚螺栓紧固，安装符合要求，水平及垂直偏差不大于2mm （2）把电缆沟内电缆按位置分别穿入控制箱不同进线孔内 （3）控制箱外壳可靠接地，接地线符合实际要求的接地线或使用镀锌接地扁铁焊接并做好接地标识（40mm以上）	15	（1）水平及垂直偏差大于2mm扣5分 （2）电缆未按位置穿入控制箱扣5分 （3）控制箱外壳接地线不符合要求扣5分		
5	电缆连接	（1）严格按照图纸接线施工 （2）电缆外皮一侧必须可靠接地 （3）电缆必须使用铠甲电缆 （4）交流电源线连接，强迫油循环变压器交流总线电缆每相截面积不小于16mm² （5）控制电缆连接，端子排引线连接正确紧固无松动 （6）严禁电源电缆与控制电缆接在一个端子排上面	15	（1）未按图纸施工扣2分 （2）电缆外皮未接地扣3分 （3）未使用铠甲电缆扣2分 （4）电缆截面积不足扣2分 （5）端子排引线松动扣3分 （6）电源电缆与控制电缆接在一个端子排上面，扣3分		
6	调试	（1）交流电源失电告警（单相和三相） （2）双路交流电源自动切换；具有三相电压监测，任一相故障失电应保证自动切换到备用电源供电 （3）工作冷却器故障告警，辅助冷却器自动投入 （4）潜油泵逐台启动/停止冷却器，操作开关与冷却器编号一致 （5）冷却器全停告警 （6）高压断路器控制信号与控制箱联动启动信号连接 （7）温度控制辅助冷却器自动投切 （8）"冷却器自动"调到"工作"位置，断路器分位时，冷却器应当停止，转到"停止"时工作冷却器工作 （9）控制箱内所有信号灯正常	15	（1）调试过程中出现故障每项扣2分 （2）该项分值扣完为止		

序号	考核项目名称	质量要求	分值	扣分标准	扣分原因	得分
7	电器元件绝缘试验	用500V绝缘电阻表测量新控制箱内部电器元件的绝缘电阻，应大于1MΩ	5	未测量绝缘电阻扣5分		
8	控制箱密封	控制箱箱门防雨密封条弹力和恢复力良好，粘结可靠无松脱现象，连接处应留在侧面	5	密封未检查处理扣5分		
9	控制箱刷漆	控制箱安装使用电焊后，认真处理焊口，先刷底漆然后刷面漆	5	（1）未刷漆扣3分 （2）刷漆不均匀扣2分		
10	工作结束填写检修记录	（1）填写检修记录内容完整、准确 （2）结束工作票	5	（1）内容不全、不准确每项扣3分 （2）字迹潦草扣2分		
11	安全文明生产	（1）严格遵守《电业安全工作规程》 （2）现场清洁 （3）工具、材料、设备摆放整齐	10	（1）违章作业每次扣2分，该项最多扣5分 （2）不清洁扣2分 （3）工具、材料、设备摆放凌乱扣3分		
12	否决项	否决内容				
12.1	安全否决	作业工程中出现严重危及人身安全及设备安全的现象	否决	整个操作项目得0分		

2.2.8 BY1ZY0204 无励磁分接开关解体检修

1. 作业

1) 工器具、材料、设备

(1) 工器具：钳子、螺丝刀、电工刀、12寸活动扳手2把、28件套筒扳手1套、4寸毛刷2把、直组测试仪1台、温湿度仪1只等。

(2) 材料：WDG无励磁分接开关配件及胶垫1套、200kg变压器油、清洁无绒布块足量、白土足量、塑料布足量。

(3) 设备：WDG无励磁分接开关1台、ZJB真空滤油机1套、5t油罐1个、ZJ15/70真空泵1套、空气压缩机1台。

2) 安全要求

(1) 现场设置遮栏、标示牌：在检修现场四周设一留有通道口的封闭式遮栏，字面朝里挂适当数量"止步，高压危险！"标示牌，并挂"在此工作"标示牌，在通道入口处挂"从此进入"标示牌。

(2) 防高空坠落：高处作业中安全带应系在安全带专用构架或牢固的构件上，不得系在支柱绝缘子或不牢固的构件上，作业中不得失去监护。

(3) 防坠物伤人或设备：作业现场人员必须戴好安全帽，严禁在作业点正下方逗留，高处作业要用传递绳传递工具材料，严禁上下抛掷。

3) 操作步骤及工艺要求

(1) 作业前准备

①做好个人安全防护措施，着装齐全。

②做好安全措施，办理第一种工作票。

③向工作人员交待安全措施，并履行确认手续。

④备齐所需的工器具、备品备件、材料。

(2) 排油

①滤油机外壳可靠接地，电源（拆装电源必须有人监护）相序正确。

②滤油机油管连接正确，无渗漏油现象。

③放净变压器油。

(3) 检修前检查

变压器吊罩前对无励磁分接开关检查检修：

①检查每相分接开关缺陷类型。

②检查分接位置做好标记，做好记录，检查开关各个部件应完整、无缺损。

③三相不能同时取出，检查完一相，再检查另一相；需要三相同时取出一定做好记号防止回装时混乱，造成不必要的麻烦。

(4) 操动机构检查

①打开防雨帽，松开定位螺栓，转动操作手柄，检查动触头转动是否灵活，若转动不灵活应进一步检查卡滞的原因。

②检查操动机构传动轴的密封良好，更换其密封胶垫。

③检查绕组实际分接是否与上部指示位置一致，否则应进行调整。

（5）操动轴检查

①应无变形，端部插口或插销完整无损伤，无放电现象。

②柱销的接触是否良好，如有接触不良或放电痕迹应加装弹簧片。

③操作杆拆下后，应放入油中或用塑料布包上，外观无变形、损伤，放电痕迹。

（6）绝缘筒、绝缘件检查

变压器吊罩后对无励磁分接开关检查检修：

①检查分接开关绝缘件有无受潮、剥裂或变形，表面是否清洁。

②发现表面脏污应用无绒毛的白布擦拭干净。

③绝缘筒如有严重剥裂变形时应更换。

（7）开关触头检查

①检查动静触头间接触是否良好，触头接触电阻不大于 $500\mu\Omega$。

②触头表面是否清洁，有无氧化变色、镀层脱落及碰伤痕迹。

③触头接触压力用弹簧秤测量应在 $0.25\sim0.5$MPa 之间，或用 0.02mm 塞尺检查应无间隙、接触严密，弹簧有无松动、变形。

（8）开关触柱检查

触柱发现氧化膜，用无绒白布带穿入触柱来回擦拭清除，触柱如有严重烧损时应更换。

（9）触头接线检查

检查触头分接线应紧固，发现松动应拧紧、锁住。

（10）回装试验

①回装前指示位置必须一致，各相手柄及传动机构不得互换。

②确认切换开关本体经检查合格后，恢复到原始工作位置。

③测量直流电阻，变比均合格。

2. 考核

1）考核场地

变压器检修实训室。

2）考核时间

参考时间为 180min，考评员允许开工开始计时，到时即停止工作。

3）考核要点

（1）严格执行有关规程、规范。

（2）现场以 WDG 无励磁分接开关为考核设备。

（3）现场由 1 名检修工协助完成。

（4）天气晴朗的情况下进行工作。

三、评分标准

编号	BY1ZY0204	行为领域	e	鉴定范围		
考核时限	180min	题型	B	满分	100 分	得分
试题名称	无励磁分接开关解体检修					
考核要点及其要求	(1) 严格执行有关规程、规范 (2) 结合变压器大修时对 WDG 无励磁分接开关进行解体检修 (3) 现场由 1 名检修工协助完成 (4) 现场要求：天气晴朗的情况下进行工作					
现场设备、工器具、材料	(1) 工器具：钳子、螺丝刀、电工刀、12 寸活动扳手 2 把、28 件套筒扳手 1 套、4 寸毛刷 2 把、直组测试仪 1 台、温湿度仪 1 只等 (2) 材料：WDG 无励磁分接开关配件及胶垫 1 套、200kg 变压器油、清洁无绒布块足量、白土足量、塑料布足量 (3) 设备：WDG 无励磁分接开关一台、ZJB 真空滤油机 1 套、5t 油罐 1 个、ZJ15/70 真空泵 1 套、空气压缩机 1 台					
备注						

评分标准

序号	考核项目名称	质量要求	分值	扣分标准	扣分原因	得分
1	作业前准备	(1) 做好个人安全防护措施，着装齐全 (2) 做好安全措施，办理第一种工作票 (3) 向工作人员交待安全措施，并履行确认手续 (4) 备齐所需的工器具、备品备件、材料	5	(1) 未办理工作票、不交待安全措施项扣 2 分 (2) 人员分工不明确扣 1 分 (3) 工器具、备品备件、材料准备不齐全扣 2 分		
2	排油	(1) 滤油机外壳可靠接地，电源（拆装电源必须有人监护）相序正确 (2) 滤油机油管连接正确，无渗漏油现象 (3) 放净变压器油	5	(1) 滤油机外壳谓接地扣 3 分 (2) 漏油扣 2 分		
3	检修前检查	变压器吊罩前对无励磁分接开关检查检修： (1) 检查每相分接开关缺陷类型 (2) 检查分接位置做好标记，做好记录，检查开关各个部件应完整、无缺损 (3) 三相不能同时取出，检查完一相，再检查另一相；需要三相同时取出一定做好记号防止回装时混乱，造成不必要的麻烦	10	(1) 未作检查记录扣 5 分 (2) 标记混乱扣 5 分		

544

序号	考核项目名称	质量要求	分值	扣分标准	扣分原因	得分
4	操动机构检查	（1）打开防雨帽，松开定位螺栓，转动操作手柄，检查动触头转动是否灵活，若转动不灵活应进一步检查卡滞的原因 （2）检查操动机构传动轴的密封良好，更换其密封胶垫 （3）检查绕组实际分接是否与上部指示位置一致，否则应进行调整	15	（1）未检查操动机构扣5分 （2）未更换密封胶垫扣5分 （3）未核对指示位置扣5分		
5	操动轴检查	（1）应无变形，端部插口或插销完整无损伤，无放电现象 （2）柱销的接触是否良好，如有接触不良或放电痕迹应加装弹簧片 （3）操作杆拆下后，应放入油中或用塑料布包上，外观无变形、损伤，放电痕迹	10	（1）检查项目不全，缺少一项扣1分，该项最多扣7分 （2）未采取防潮措施扣3分		
6	绝缘筒、绝缘件检查	变压器吊罩后对无励磁分接开关检查检修： （1）检查分接开关绝缘件有无受潮、剥裂或变形，表面是否清洁 （2）发现表面脏污应用无绒毛的白布擦拭干净 （3）绝缘筒如有严重剥裂变形时应更换	5	（1）检查项目不全，缺少一项扣2分 （2）该项分值扣完为止		
7	开关触头检查	（1）检查动静触头间接触是否良好，触头接触电阻不大于 $500\mu\Omega$ （2）触头表面是否清洁，有无氧化变色、镀层脱落及碰伤痕迹 （3）触头接触压力用弹簧秤测量应在 $0.25\sim0.5$MPa 之间，或用 0.02mm 塞尺检查应无间隙、接触严密，弹簧有无松动、变形	10	（1）试验项目不全，缺少一项扣2分 （2）该项分值扣完为止		
8	开关触柱检查	触柱发现氧化膜，用无绒白布带穿入触柱来回擦拭清除，触柱如有严重烧损时应更换	10	（1）检查项目不全，缺少一项扣2分 （2）该项分值扣完为止		
9	触头接线检查	检查触头分接线应紧固，发现松动应拧紧、锁住	5	操作方法不正确扣5分		

序号	考核项目名称	质量要求	分值	扣分标准	扣分原因	得分
10	回装试验	（1）回装前指示位置必须一致，各相手柄及传动机构不得互换 （2）确认切换开关本体经检查合格后，恢复到原始工作位置 （3）测量直流电阻，变比均合格	15	（1）操作方法不正确每项扣2分 （2）该项分值扣完为止		
11	工作结束填写检修记录	（1）填写检修记录内容完整、准确 （2）结束工作票 （3）字迹工整	5	（1）内容不全、不准确每项扣3分 （2）字迹潦草扣2分		
12	安全文明生产	（1）严格遵守《电业安全工作规程》 （2）现场清洁 （3）工具、材料、设备摆放整齐	5	（1）违章作业每次扣1分该项最多扣3分 （2）不清洁扣1分 （3）工具、材料、设备摆放凌乱扣1分		
13	否决项	否决内容				
13.1	安全否决	作业工程中出现严重危及人身安全及设备安全的现象	否决	整个操作项目得0分		

546

2.2.9 BY1ZY0301 铁芯多点接地的消除

1. 作业

1）工器具、材料、设备

（1）工器具：2m绝缘单梯2个、手电筒1个、40×60×300（mm）木打板2个、电工8寸钳子、螺丝刀、电工刀1套、12寸活动扳手2把、28件套筒扳手1套、铜锤1对、塞尺1把、4寸毛刷2把、温湿度仪1只。

（2）材料：25mm平纹、斜纹白布带各2卷、40mm皱纹纸2卷、1.0mm绝缘纸板足量、清洁无绒布块足量、合格变压器油200kg、4寸耐油胶管8m长2根、废油桶。

（3）设备：KCB手提式滤油机1台，2500V兆欧表1块，SFSZ10－800/35变压器1台。

2）安全要求

（1）现场设置遮栏、标示牌：在检修现场四周设一留有通道口的封闭式遮栏，字面朝里挂适当数量"止步，高压危险！"标示牌，并挂"在此工作"标示牌，在通道入口处挂"从此进入"标示牌。

（2）防高空坠落：高处作业中安全带应系在安全带专用构架或牢固的构件上，不得系在支柱绝缘子或不牢固的构件上，作业中不得失去监护。

（3）防坠物伤人或设备：作业现场人员必须戴好安全帽，严禁在作业点正下方逗留，高处作业要用传递绳传递工具材料，严禁上下抛掷。

3）操作步骤及工艺要求

（1）作业前准备

①做好个人安全防护措施，着装齐全。

②做好安全措施，办理第一种工作票。

③向工作人员交待安全措施，并履行确认手续。

④备齐所需的工器具、备品备件、材料。

（2）铁芯多点接地试验

①打开铁芯接地片，用2500V兆欧表摇测铁芯对地绝缘，表针指示"0"时，证明是铁芯多点接地。

②查找并排除铁芯所有接地点，再次测量铁芯对地绝缘电阻应达到规定值。

（3）铁芯外观检查

铁芯应平整、锈蚀、清洁，绝缘漆膜无脱落；片间应无短路、变色烧伤痕迹，无搭接现象，接缝间隙符合要求，油路应通畅。

（4）铁芯及夹件绝缘检查

①铁芯接地引线对地（油箱）夹件接地引线对地。

②铁芯与夹件间绝缘空隙内硅钢片变形与夹铁接触。

③夹件绝缘损坏。

④器身下垫脚绝缘损坏。

（5）铁芯拉带的检查

①必须对拉带接地引线及其连接情况进行检查，引线绝缘应无损伤，紧固螺栓应无松

动现象，拉带与夹件之间的绝缘套应无破损。

②保证每根拉带与夹件之间只有一点可靠连接。

（6）铁轭检查

①铁轭大螺杆的钢护筒太长。

②上铁轭夹件长触及钟罩油箱。

③钢压圈位移触及铁芯柱。

（7）钟罩与铁芯间检查

①温度计盲孔过长触及上铁轭。

②油箱底部的金属削或杂质受电磁力影响与下铁轭接触成导电小桥。

③变压器进水使纸板受潮形成短路接地。

④变压器在制作、安装、运行、检修过程中落入异物等均能导致铁芯故障造成多点接地。

（8）铁芯接地消除

①检查处理铁芯、铁轭四周应清洁无异物。

②检查铁芯端面应清洁，对翘出个别芯片应处理（按照生产厂家要求）。

③对局部过热及片间短路现象应处理（按照生产厂家要求）。

④分别检查处理铁芯夹件紧固情况，处理拉带绝缘损伤部位。

⑤处理温度计盲孔过长触及上铁轭（更换）。

⑥处理铁轭大螺杆的钢护筒太长、上铁轭夹件长触及钟罩油箱、钢压圈位移触及铁芯（按照生产厂家要求）。

⑦处理铁芯接地引线对地（油箱）夹件接地引线对地。

⑧处理夹件绝缘损坏、器身下垫脚绝缘损坏（按照生产厂家要求）。

（9）器身清洗

①用变压器油清洗器身，达到清洁、无杂质、无油垢。

②下节油箱内清洁无油垢、绝缘碎屑及杂物。

（10）铁芯绝缘试验

采用 2500V 兆欧表测量不小于 1500MΩ，持续时间为 1min，应无闪络及击穿现象，并符合要求。

2. 考核

1）考核场地

实训场地。

2）考核时间

参考时间为 120min，考评员允许开工开始计时，到时即停止工作。

3）考核要点

（1）严格遵守《电业安全工作规程》，按照变压器检修规程执行。

（1）现场以 SFSZ10－800/35 有载调压变压器为考核设备，考核时变压器钟罩已拆除。

（3）现场由 2 名检修工、1 名安全员协助完成。

（4）现场随机设置多点接地，供考生排除。

（5）天气晴朗的情况下进行工作。

3. 评分标准

行业：电力工程		工种：变压器检修工			等级：一	
编号	BY1ZY0301	行为领域	e	鉴定范围		
考核时限	120min	题型	B	满分	100分	得分
试题名称	铁芯多点接地的消除					
考核要点及其要求	（1）严格遵守《电业安全工作规程》，按照变压器检修规程执行 （2）现场以 SFSZ10－800/35 有载调压变压器为考核设备，考核时变压器钟罩已拆除 （3）现场由 2 名检修工、1 名安全员协助完成 （4）现场随机设置多点接地，供考生排除 （5）天气晴朗的情况下进行工作					
现场设备、工器具、材料	（1）工器具：2m 绝缘单梯 2 个、手电筒 1 个、40×60×300（mm）木打板 2 个、电工 8 寸钳子、螺丝刀、电工刀 1 套、12 寸活动扳手 2 把、28 件套筒扳手 1 套、铜锤 1 对、塞尺 1 把、4 寸毛刷 2 把、温湿度仪 1 只 （2）材料：25mm 平纹、斜纹白布带各 2 卷、40mm 皱纹纸 2 卷、1.0mm 绝缘纸板足量、清洁无绒布块足量、合格变压器油 200kg、4 寸耐油胶管 8m 长 2 根、废油桶 （3）设备：KCB 手提式滤油机 1 台、2500V 兆欧表 1 块、SFSZ10－800/35 变压器 1 台。					
备注						

<table>
<tr><td colspan="7" align="center">评分标准</td></tr>
<tr><td>序号</td><td>考核项目名称</td><td>质量要求</td><td>分值</td><td>扣分标准</td><td>扣分原因</td><td>得分</td></tr>
<tr><td>1</td><td>作业前准备</td><td>（1）做好个人安全防护措施，着装齐全
（2）做好安全措施，办理第一种工作票
（3）向工作人员交待安全措施，并履行确认手续
（4）备齐所需的工器具、备品备件、材料</td><td>5</td><td>（1）未办理工作票、不交待安全措施项扣 2 分
（2）人员分工不明确扣 1 分
（3）工器具、备品备件、材料准备不齐全扣 2 分</td><td></td><td></td></tr>
<tr><td>2</td><td>铁芯多点接地试验</td><td>（1）打开铁芯接地片，用 2500V 兆欧表摇测铁芯对地绝缘，表针指示"0"时，证明是铁芯多点接地
（2）查找并排除铁芯所有接地点，再次测量铁芯对地绝缘电阻应达到规定值</td><td>10</td><td>未测试扣 10 分</td><td></td><td></td></tr>
<tr><td>3</td><td>铁芯外观检查</td><td>铁芯应平整、锈蚀、清洁，绝缘漆膜无脱落、片间应无短路、变色烧伤痕迹，无搭接现象，接缝间隙符合要求，油路应通畅</td><td>10</td><td>（1）检查项目不全，缺少一项扣 1 分
（2）该项分值扣完为止</td><td></td><td></td></tr>
</table>

序号	考核项目名称	质量要求	分值	扣分标准	扣分原因	得分
4	铁芯及夹件绝缘检查	（1）铁芯接地引线对地（油箱）夹件接地引线对地 （2）铁芯与夹件间绝缘空隙内硅钢片变形与夹铁接触 （3）夹件绝缘损坏 （4）器身下垫脚绝缘损坏	10	（1）检查项目不全，缺少一项扣1分 （2）该项分值扣完为止		
5	铁芯拉带的检查	（1）必须对拉带接地引线及其连接情况进行检查，引线绝缘应无损伤，紧固螺栓应无松动现象，拉带与夹件之间的绝缘套应无破损 （2）保证每根拉带与夹件之间只有一点可靠连接	5	（1）检查项目不全，缺少一项扣1分 （2）该项分值扣完为止		
6	铁轭检查	（1）铁轭大螺杆的钢护筒太长 （2）上铁轭夹件长触及钟罩油箱 （3）钢压圈位移触及铁芯柱	10	（1）检查项目不全，缺少一项扣1分 （2）该项分值扣完为止		
7	钟罩与铁芯间检查	（1）温度计盲孔过长触及上铁轭 （2）油箱底部的金属削或杂质受电磁力影响与下铁轭接触成导电小桥 （3）变压器进水使纸板受潮形成短路接地 （4）变压器在制作、安装、运行、检修过程中落入异物等均能导致铁芯故障造成多点接地	10	（1）检查项目不全，缺少一项扣1分 （2）该项分值扣完为止		
8	铁芯接地消除	（1）检查处理铁芯、铁轭四周应清洁无异物 （2）检查铁芯端面应清洁，对翘出个别芯片应处理（按照生产厂家要求） （3）对局部过热及片间短路现象应处理（按照生产厂家要求） （4）分别检查处理铁芯夹件紧固情况，处理拉带绝缘损伤部位 （5）处理温度计盲孔过长触及上铁轭（更换） （6）处理铁轭大螺杆的钢护筒太长、上铁轭夹件长触及钟罩油箱、钢压圈位移触及铁芯（按照生产厂家要求） （7）处理铁芯接地引线对地（油箱）夹件接地引线对地 （8）处理夹件绝缘损坏、器身下垫脚绝缘损坏（按照生产厂家要求）	20	（1）发现未处理部位，每处扣2分 （2）该项分值扣完为止		

序号	考核项目名称	质量要求	分值	扣分标准	扣分原因	得分
9	器身清洗	（1）用变压器油清洗器身，达到清洁、无杂质、无油垢 （2）下节油箱内清洁无油垢、绝缘碎屑及杂物	5	（1）器身不洁净扣3分 （2）油箱不清洁扣2分		
10	铁芯绝缘试验	采用2500V兆欧表测量不小于1500MΩ，持续时间为1min，应无闪络及击穿现象，并符合要求	5	不符合要求扣5分		
11	工作结束	（1）填写检修记录内容完整、准确 （2）结束工作票 （3）字迹工整	5	（1）内容不全、不准确每项扣3分 （2）字迹潦草扣2分		
12	安全文明生产	（1）严格遵守《电业安全工作规程》 （2）现场清洁 （3）工具、材料、设备摆放整齐	5	（1）违章作业每次扣1分该项最多扣3分 （2）不清洁扣1分 （3）工具、材料、设备摆放凌乱扣1分		
13	否决项	否决内容				
13.1	安全否决	作业工程中出现严重危及人身安全及设备安全的现象	否决	整个操作项目得0分		

2. 2. 10 BY1XG0101 变压器温升异常分析

1. 作业

1）工器具、材料、设备

（1）工器具：红外测温仪 1 台，一字、十字改锥各 1 把，10 寸活动扳手 2 把，钢丝钳 1 把，电源盘 1 个。

（2）材料：棉丝若干、A4 纸若干、碳素笔 1 只。

（3）设备：SFSZ10－800/35 变压器一台。

2）安全要求

（1）按要求着装。

（2）现场设置遮栏及相关标示牌。

（3）使用电工工具注意做好防护措施。

（4）工作中严格遵守国家电网公司《电力安全工作规程》与带电点保持足够安全距离。

3）操作步骤及工艺要求（含注意事项）

（1）作业前准备

①做好个人安全防护措施，着装齐全。

②做好安全措施，办理第二种工作票。

③向工作人员交待安全措施，并履行确认手续。

（2）原因一

风冷故障。潜油泵故障，散热器内部堵塞及阀门关闭状态，造成变压器油温升高。最后检查风冷设备是否正常投入工作。

（3）原因二

①负荷过大造成的温升首先应检查变压器的负荷大小，同时与以往同样负荷时的温度相比较。

②周围环境温度过高造成的变压器油温度升高。

③检查温度计本身是否有误差。

（4）原因三

铁芯内部故障造成变压器油温升的分析：

①铁芯硅钢片片间短路、极间或者硅钢片绝缘降低、硅钢片翘起等。

②由于外力损伤或绝缘老化等原因，使片间发生短路，造成铁芯涡流损耗增加而局部过热。

③穿心螺杆绝缘损坏也是产生涡流造成过热温升原因。

④铁芯内部油道堵塞。

⑤铁芯多点接地。

⑥硅钢片材质质量问题和制造工艺等多方面的原因造成变压器油过热温升。

（5）原因四

线圈内部故障造成变压器油温升的分析：

①线圈匝间短路或者匝间绝缘降低。

②当几个相邻线圈匝间的绝缘损坏，它们之间将会出现短路电流此短路电流使油温迅速上升。

③造成线圈绝缘损伤的原因很多，包括：外力、高温、制造工艺等多方面的原因。

④引起匝间短路的主要原因是过电流和过电压。

⑤线圈内部油路堵塞。

（6）原因五

有载调压选择开关接触不良：运行中选择开关的接触点压力不够或接触处污秽等原因，使接触电阻增大，从而导致接触点的温升而发热，在调压过后变压器过负荷运行时，易使分接头接触不良而发热，致使调压线圈连接部位过热，引起变压器油温过高。

2. 考核

1）考核场地

变压器检修实训室。

2）考核时间

参考时间为 120min，考评员允许开工开始计时，到时即停止工作。

3）考核要点

（1）严格遵守电业安全工作规程。

（2）工作服、绝缘鞋、安全帽自备。

（3）独立完成作业。

3. 评分标准

行业：电力工程　　　　　　　　工种：变压器检修工　　　　　　　　等级：一

编号	BY1XG0101	行为领域	f	鉴定范围		
考核时限	120min	题型	B	满分	100分	得分
试题名称	变压器温升异常分析					
考核要点及其要求	（1）严格遵守《电业安全工作规程》 （2）工作服、绝缘鞋、安全帽自备 （3）独立完成作业					
现场设备、工器具、材料	（1）工器具：红外测温仪1台，一字、十字改锥各1把，10寸活动板手2把，钢丝钳1把，电源盘1个 （2）材料：棉丝若干、A4纸若干、碳素笔1只 （3）设备：SFSZ10－800/35变压器一台					
备注						

评分标准

序号	考核项目名称	质量要求	分值	扣分标准	扣分原因	得分
1	作业前准备	（1）做好个人安全防护措施，着装齐全 （2）做好安全措施，办理第二种工作票 （3）向工作人员交待安全措施，并履行确认手续	10	（1）着装不规范扣3分 （2）安全措施不当扣3分 （3）没有履行开工手续扣4分		
2	原因1	风冷故障：潜油泵故障，散热器内部堵塞及阀门关闭状态，造成变压器油温升高。最后检查风冷设备是否正常投入工作	15	（1）风冷系统故障造成的温升，原因分析不清楚，每处扣3分 （2）该项分值扣完为止		

序号	考核项目名称	质量要求	分值	扣分标准	扣分原因	得分
3	原因2	（1）负荷过大造成的温升首先应检查变压器的负荷大小，同时与以往同样负荷时的温度相比较 （2）周围环境温度过高造成的变压器油温度升高 （3）检查温度计本身是否有误差	15	（1）负荷过大造成的温升原因分析不清楚每处扣5分 （2）未分析环境造成温升扣5分 （3）未检查温度计误差扣5分		
4	原因3	铁芯内部故障造成变压器油温升的分析： （1）铁芯硅钢片片间短路、极间或者硅钢片绝缘降低、硅钢片翘起等 （2）由于外力损伤或绝缘老化等原因，使片间发生短路，造成铁芯涡流损耗增加而局部过热 （3）穿芯螺杆绝缘损坏也是产生涡流造成过热温升原因 （4）铁芯内部油道堵塞 （5）铁芯多点接地 （6）硅钢片材质质量问题和制造工艺等多方面的原因造成变压器油过热温升	15	（1）铁芯内部故障造成的温升原因分析不清楚每处扣3分 （2）该项分值扣完为止		
5	原因4	线圈内部故障造成变压器油温升的分析： （1）线圈匝间短路或者匝间绝缘降低 （2）当几个相邻线圈匝间的绝缘损坏，它们之间将会出现短路电流此短路电流使油温迅速上升 （3）造成线圈绝缘损伤的原因很多，包括：外力、高温、制造工艺等多方面的原因 （4）引起匝间短路的主要原因是过电流和过电压 （5）线圈内部油路堵塞	15	（1）线圈内部故障造成的温升原因分析不清楚每处扣3分 （2）该项分值扣完为止		
6	原因5	有载调压选择开关接触不良：运行中选择开关的接触点压力不够或接触处污秽等原因，使接触电阻增大，从而导致接触点的温升而发热，在调压过后变压器过负荷运行时，易使分接头接触不良而发热，致使调压线圈连接部位过热，引起变压器油温过高	15	（1）有载调压开关选择开关接触不良造成的温升原因分析不清楚每处扣3分 （2）该项分值扣完为止		

554

序号	考核项目名称	质量要求	分值	扣分标准	扣分原因	得分
7	工作结束填写分析报告	（1）填写内容完整、准确、字迹工整 （2）结束工作票	5	（1）内容不全、不准确扣3分 （2）字迹潦草扣2分		
8	安全文明生产	（1）严格遵守《电业安全工作规程》 （2）现场清洁 （3）工具、材料、设备摆放整齐	10	（1）违章作业每次扣2分，该项最多扣5分 （2）不清洁扣2分 （3）工具、材料、设备摆放凌乱扣3分		